高等学校计算机教育规划教材

MCS-51单片机原理、系统设计与应用

万福君 潘松峰 刘芳 吴贺荣 王秀梅 编著

清华大学出版社
北京

内容简介

本书以MCS-51系列单片机为基本内容，介绍了微型机的基本概念，阐明了8051机的内核结构、工作原理、面向用户的特性、指令系统、程序设计以及常用外围芯片；叙述了单片机存储器系统设计、输入输出接口设计、A/D、D/A转换技术和中断系统的设计与应用；讨论了用户系统软硬件的设计方法；C51高级语言程序设计等；最后还介绍了最新的MCS-51系列中独具特色的新型兼容机及其新增特性。各章均附有习题与思考题。

本书内容丰富、深入浅出、理论联系实际、阐述清楚、通俗易懂、便于自学，可作为高等院校微机原理和单片机原理课程的教材(40～60学时)，也可作为从事单片机应用和研发相关的工程技术人员的参考书。

图书在版编目(CIP)数据

MCS-51单片机原理、系统设计与应用/万福君等编著. —北京：清华大学出版社，2008.6（2025.1重印）
(高等学校计算机教育规划教材)
ISBN 978-7-302-16959-8

Ⅰ. M…　Ⅱ. 万…　Ⅲ. 单片微型计算机　Ⅳ. TP368.1

中国版本图书馆CIP数据核字(2008)第012412号

责任编辑：张瑞庆　赵晓宁
责任校对：李建庄
责任印制：杨　艳

出版发行：清华大学出版社
网　址：https://www.tup.com.cn，https://www.wqxuetang.com
地　址：北京清华大学学研大厦A座　　**邮　编**：100084
社总机：010-83470000　　**邮　购**：010-62786544
投稿与读者服务：010-62776969，c-service@tup.tsinghua.edu.cn
质 量 反 馈：010-62772015，zhiliang@tup.tsinghua.edu.cn
印 装 者：三河市春园印刷有限公司
经　销：全国新华书店
开　本：185mm×260mm　　**印　张**：26.75　　**字　数**：634千字
版　次：2008年6月第1版　　**印　次**：2025年1月第17次印刷
定　价：69.00元

产品编号：026245-05

编 委 会

序 言 PREFACE

随着信息社会的到来，我国的高等学校计算机教育迎来了大发展时期。在计算机教育不断普及和高等教育逐步走向大众化的同时，高校在校生的人数也随之增加，就业压力随之加大。灵活应用所学的计算机知识解决各自领域的实际问题已经成为当代大学生必须具备的能力。为此，许多高等学校面向不同专业的学生开设了相关的计算机课程。

时代的进步与社会的发展对高等学校计算机教育的质量提出了更高、更新的要求。抓好计算机专业课程以及计算机公共基础课程的教学，是提高计算机教育质量的关键。现在，很多高等学校除计算机系（学院）外，其他系（学院）也纷纷开设了计算机相关课程，在校大学生也必须学习计算机基础课程。为了适应社会的需求，满足计算机教育的发展需要，培养基础扎实、能力卓越的计算机专业人才和掌握计算机基础知识、基本技能的相关专业的复合型人才迫在眉睫。为此，在进行了大量调查研究的基础上，通过借鉴国内外最新的计算机科学与技术学科和计算机基础课程体系的研究成果，规划了这套适合计算机专业及相关专业人才培养需要的、适用于高等学校学生学习的《高等学校计算机教育规划教材》。

"教育以人为本"，计算机教育也是如此，"以人为本"的指导思想则是将"人"视为教学的主体，强调的是"教育"和"引导"，而不是"灌输"。本着这一初衷，《高等学校计算机教育规划教材》注重体系的完整性、内容的科学性和编写理念的先进性，努力反映计算机科学技术的新技术、新成果、新应用、新趋势；针对不同学生的特点，因材施教、循序渐进、突出重点、分散难点；在写作方法上注重叙述的逻辑性、系统性、适用性、可读性，力求通俗易懂、深入浅出、易于理解、便于学习。

本系列教材突出计算机科学与技术学科的特点，强调理论与实践紧密结合，注重能力和综合素质的培养，并结合实例讲解原理和方法，引导学生学会理论方法的实际运用。

本系列教材在规划时注重教材的立体配套，教学资源丰富。除主教材外，还配有电子课件、习题集与习题解答和实验上机指导等辅助教学资源。有些课程将开设教学网站，提供网上信息交互、文件下载，以方便师生的教与学。

《高等学校计算机教育规划教材》覆盖计算机公共基础课程、计算机应用技术课程和计算机专业课程。既有在多年教学经验和教学改革基础上新编著的教材，也有部分已经出版教材的更新和修订版本。这套教材由国内三十余所知名高校从事计算机教学和科研工作的一线教师、专家教授编写，并由相关领域的知名专家学者审读全部书稿，多数教材已经经受了教学实践的检验，适用于本科教学，部分教材可用于研究生学习。

我们相信通过高水平、高质量的编写和出版，这套教材不仅能够得到大家的认可和支持，也一定能打造成一套既有时代特色，又特别易教易学的高质量的系列教材，为我国计算机教材建设及计算机教学水平的提高，为计算机教育事业的发展和高素质人才的培养作出我们的贡献。

《高等学校计算机教育规划教材》编委会

前言 FOREWORD

MCS-51 系列是我国较早引进的 Intel 公司的单片机产品，由于其性能优良，已被国内用户广泛认可和采用，占有了主要的市场份额。同时，单片机产品的性能在不断提高，技术在不断更新换代。近几年，一些公司面向市场推出以 8051 为内核，独具特色、性能卓越的新型系列单片机，如：ATMEL 公司的 AT89 系列，Philips 公司的 80C51 系列，ADI 公司的 ADuC 系列，以及 SIEMENS 等公司也都在 8051 的基础上先后推出了新型兼容机。这些产品不仅具有相同的 CPU 和指令系统，有些产品的引脚功能也完全相同，而其 CPU 的速度、功能、内部资源以及寻址范围、可扩展性等方面都有大幅度提高。凡是学习和使用过 MCS-51 单片机的人，再学习、掌握和使用该系列兼容机的新增特性就非常容易了。这样既保护了广大用户早期对产品的软硬件投资，又使产品升级换代了，保持了计算机类教材内容的先进性。

由于 MCS-51 系列单片机具有体积小、功能全、价廉、面向控制、应用软件丰富、技术在不断更新、开发应用方便等优点，可以适应各个应用领域的不同需要，因而具有极强的竞争力和生命力，应用前景广阔。今后它仍将是科技界、工业界广泛选择应用的 8 位微控制器，仍将是单片机应用的主流机种。各高校实验室大多都配备了 MCS-51 系统仿真实验装置。所以，它今后仍将是高等院校教材的首选内容之一。

本书详尽阐述了 MCS-51 基本型面向用户的特性及其系统设计方法，以较大篇幅介绍了 MCS-51 系列新型兼容机的性能。力求做到深入浅出、条理清楚、重点突出、理论联系实际、例题多、便于自学。另外，其内容的逻辑结构合理、可选择性好、便于按课程规定的学时数组织教学，将作者多年的教学经验和科研经验融于书中。作为教材文字严谨，内容丰富实用，系统全面，覆盖面宽，特别适合教学体系。

本书由万福君教授主持编写，潘松峰教授编写了第 9 章，刘芳老师编写了第8章，参加编写的人员还有吴贺荣、王秀梅老师等。编写过程中，各兄弟院校的专家、教授和同行都提出了很好的意见，在此向他们表示诚挚的谢意。

由于作者水平有限，书中仍难免有错误和不妥之处，恳请读者批评指正。

编　者

2008年4月于青岛

目录 CONTENTS

第0章 绪论

0.1 微型计算机发展史

1946年世界上诞生了第一台电子计算机ENIAC，在短短五十多年的时间里，已经历了电子管计算机、晶体管计算机、集成电路计算机、大规模集成电路和超大规模集成电路计算机等大致五代的发展历程。每一代计算机之间的更替，不仅表现在电子元件的更新换代，还表现在计算机的系统结构及其软件技术的进步。正是这些技术的迅速发展，才使得计算机每更新一代，其性能都提高一个数量级，而其体积和价格都降低一个数量级。因此，今天的一台计算机其性能价格比和性能体积比，较第一代电子管计算机提高了成千上万倍，甚至成万上亿倍。

作为第四代计算机的重要代表，20世纪70年代初诞生了一种新型电子计算机——微型计算机(microcomputer)。它的中央处理单元(central processing unit，CPU)是把运算器、控制器和寄存器组集成在一块芯片上，称为微处理器(microprocessor)。以微处理器为核心，以系统总线为信息传输的中枢，配以大规模集成电路的存储器、输入输出接口电路所组成的计算机，称为微型计算机。以微型计算机为中心，配以电源、辅助电路和相应的外设，以及指挥协调微型计算机工作的系统软件，就构成了微型计算机系统(microcomputer system)。

微处理器和微型计算机问世二十多年来，微处理器的集成度几乎每两年提高一倍，产品每3～4年更新一代。按CPU的字长、集成度和速度划分，已经历五代的演变(仅以Intel公司的产品为例，综观其发展)。

第一代(1971—1973年)是4位和8位低档微机，以4004微处理器为代表，它集成了1200个晶体管，基本指令执行时间为20μs。它虽然功能简单，速度不快，但它却标志着计算机的发展进入了一个新纪元。

第二代(1974—1978年)是8位中高档微机，以8008/8080/8085处理器为典型代表，其集成度达9000个晶体管，基本指令执行时间为1μs。

第三代(1979—1982年)是16位微机,以8086/8088/80186/80286/处理器为代表,集成度已达13.4万个晶体管,指令执行速度为1～2百万条指令/秒(million of instructions per second,MIPS)。

第四代(1983—1993年)是32位微机,其典型产品是80386/80486/Pentium系列处理器,内含120万个晶体管,运算速度为12～36MIPS。

第五代(1993年以后)是64位微机,64位微处理器内含950多万个晶体管,其整数和浮点运算部件采用了超级流水线结构,从而使它的性能达到了现代巨型机的水平,向巨型机发起了强有力的挑战。微处理器体系结构和PC机性能引入了全新的概念。

当今的微处理器和微型计算机正向着功能更强、速度更快、价格更廉和网络化、智能化以及多图形、超媒体的方向发展。不仅导致了各种便携式微机的大量涌现,而且将超级微机和巨型机融为一体的微巨机、乃至将其单片化的超级单片机也将不断问世。

今天,微机性能价格比大幅度提高,其可靠性、灵活性、方便性以及神奇的功能令世人关注,随着网络通信技术和多媒体技术的发展,微机及其应用技术将以前所未有的速度、深度和广度向前发展,将迅速改变人们传统的生活方式,给未来的政治、经济发展带来日益深远的影响。

0.2 微型计算机的分类

微机分类方法有多种。按位数可分为1位机、4位机、8位机、16位机、32位机和64位机等;按结构分为单片机和多片机;按组装方式分为单板机和多板机;按外形分为台式机、笔记本式和掌上机等;按使用目的分为通用微机和专用微机等。

单片机(single chip microcomputer或one chip microcomputer)是将微机的CPU、存储器、I/O接口和总线制作在一块芯片上的超大规模集成电路。由于单片机具有体积小、功能全、价格低、软件丰富、面向控制、开发应用方便等优点,又可将其嵌入产品内部,使产品智能化,因此得到极其广泛的应用。本书主要以MCS-51系列单片机为模型,介绍其结构、原理、系统设计与应用。

单板机(single board microcomputer)是将CPU、存储器、I/O接口及多片附加逻辑电路和简单的键盘、显示器组装在一块印制版上。单板机结构简单,价格低廉,易于使用,便于学习,一般用作微机原理实验室的学习机。也可作过程控制的主机使用。

多板机一般指台式微机,由主机板(又称系统板)、扩充板、磁盘、光盘驱动器和系统电源等组装在一个机箱中,配以必要的外设(键盘、显示器等)和系统软件。这便是一台完整的微机。这种微机既可作为通用机,用于办公、科学计算和数据处理,又可通过系统板的扩展槽(总线接口插槽),插入测控板,构成一台专用机,用于实时控制和管理的工业控制平台。

笔记本式、膝上机和掌上机是一种便携式微机,具有体积小、重量轻、功能强、携带方便等优点。它将成为信息时代人们不可缺少的工具。

0.3 微型计算机的应用

科学计算与数据处理。在科学研究、工程设计和经济发展规划中,有大量数学计算问题。有时,需要同时列出几十阶微分方程组、几百个线性联立方程组和大型矩阵,要解决这些问题,没有计算机是无法想象的。

生产过程中的实时控制和自动化管理。利用计算机对生产过程进行实时监控,能迅速获得被控系统的随机变化情况,根据确定的工艺要求,自动实施控制,以使生产过程保持最佳状态。这样,可排除人工干预,降低成本,提高产品质量和生产效率。

计算机辅助设计。在工程设计、产品设计中,为了提高精度,缩短周期,目前普遍借助计算机来设计,即计算机辅助设计(computer aided design,CAD)。随着CAD技术的发展,又出现了计算机辅助制造(computer aided manufacture,CAM)、计算机辅助测试(computer aided test,CAT)和将设计、制造、测试融为一体的计算机集成制造系统(computer integration and manufacture system,CIMS)等新技术。

计算机在军事领域的应用也十分广泛,通常可以用来帮助指挥和协调作战,如军事通信、侦察、搜集情报、信息管理,并可直接用在坦克、火炮、军舰、潜艇、军用飞机、巡航导弹等武器的自动控制中。

多媒体系统是一种集声音、动画、文字和图像等多种媒体于同一载体或平台的系统,可实现和外部进行多功能和多用途的信息交流。若把具有多媒体功能的微型计算机挂到网络上,用户便可得到有声有色和图文并茂的屏幕服务。伴随着多媒体技术,网络技术也得到了迅速的发展。"信息高速公路"的狂潮方兴未艾,人们可以坐在家里,通过电脑即可迅速获得大量信息,高效率地进行工作。计算机在人工智能、模拟仿真、家用电器、信息管理、办公自动化以及文化、教育、娱乐等领域都有十分美好的应用前景。从科学计算到百姓生活的应用,从宇宙空间的探索到基本粒子的研究,无论哪一领域,几乎无不记录着计算机的丰功伟绩。无论你在攻克哪一项技术难关,计算机都将成为你得心应手的工具,助你走向成功。总之,计算机在工业、农业、国防、科学技术和社会生活等方面的应用,将会继续给人类社会带来巨大的冲击和变革。

第1章 微型机的基本知识

1.1 微处理器、微型机和单片机的概念

1. 微处理器

微处理器又称为中央处理单元，它利用半导体集成技术，将运算器(arithmetic logic unit，ALU)、控制器(control unit，CU)和寄存器组(registers，R)等功能部件，通过内部总线集成在一块硅片上。它虽然不是一台计算机，但却是组成微型机的核心部分。

2. 微型机

具有完整运算和控制功能的计算机。它以微处理器CPU为核心，以系统的三条总线——地址总线(address bus，AB)，控制总线(control bus，CB)和双向数据总线(data bus，DB)为信息传输中枢，配上大规模集成电路的存储器(memory，M)、输入输出接口(input/output，I/O)电路组成的计算机，称为微型计算机，如图1-1所示。以微型计算机为中心，配以电源、辅助电路和相应的外设，以及指挥协调微型计算机工作的系统软件及应用软件，就构成了微型计算机系统(microcomputer system)。

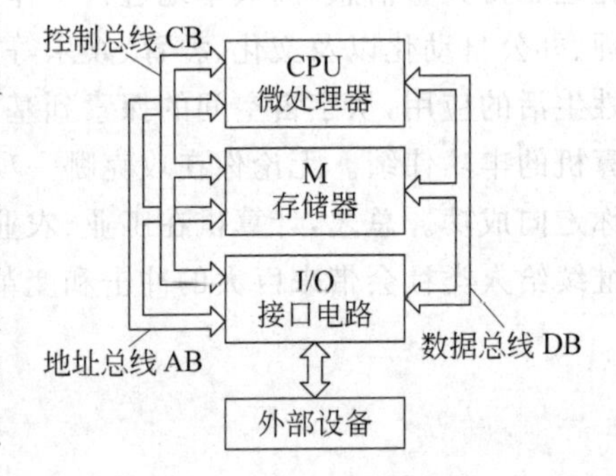

图1-1 微型计算机组成

3. 单片机

利用半导体集成技术将中央处理单元CPU和一定容量的数据存储器RAM、程序存储器ROM、定时/计数器T/C、并行输入输出接口I/O和串行通信接口(universal asynchronous receiver/transmitter，UART)等多个功能部件集成在一块芯片上，是一台具有完整计算机功能的大规模集成电路。由于单片机面向控制，又被称为微控制器(microcontroller)。并因其体积小

可嵌入产品内部，成为产品的一个元件，使产品智能化，因而又被称为电控单元(electronic control unit，ECU)。

1.2 微型机模型的组成

一个实际的微型计算机结构，无论对哪一位初学者来说都显得太复杂了，因而不得不将其简化、抽象成为一个模型机。先从模型机入手，然后逐步深入分析其基本工作原理。图 1-2 是一个较详细的由微处理器(CPU)、存储器(M)和 I/O 接口组成的微型机硬件模型。为了说明其原理，在 CPU 中仅画出主要的功能部件，并假设其中的所有功能部件，如寄存器、计数器和内部总线都简化为 8 位宽度，即可以保存、处理和传送 8 位二进制数据。在计算机术语中被称为一个字节，因而本模型机为字节机。

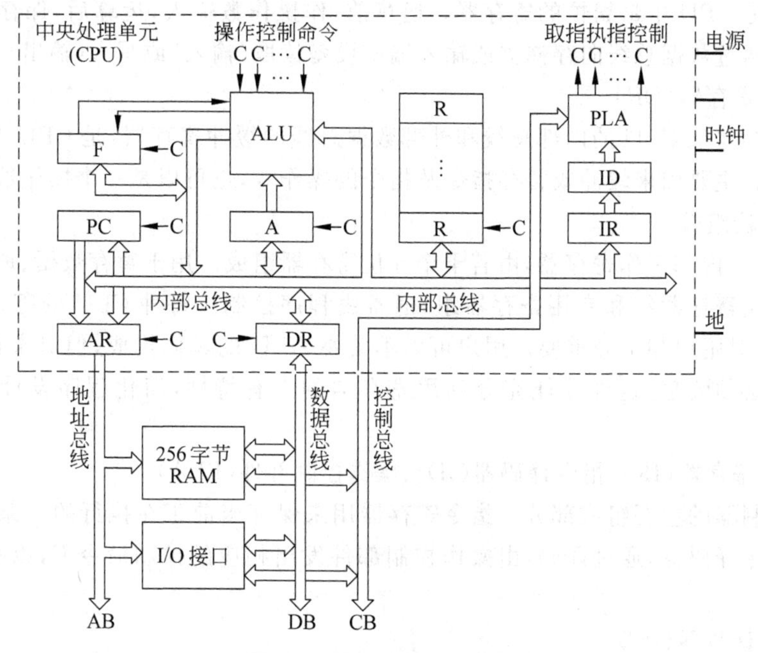

图 1-2 微机硬件模型框图

1.2.1 CPU 的内部结构

1. 运算器

运算器由算术逻辑单元 ALU、累加器(accumulator，A)、标志寄存器(flag，F)和寄存器组、相互之间通过内部总线连接而成。它的主要作用是进行数据处理与加工，所谓数据处理即数值运算或非数值运算，如进行加、减、乘、除等算术运算或进行与、或、非、异或、移位、比较等逻辑运算。这些数据的处理与加工都是在 ALU 中进行的，不同的运算用不同的操作控制命令(在图 1-2 框图上用 C 表示)来确定。ALU 有两个输入端，通常接受两个操作数，一个操作数来自累加器 A，另一个操作数由内部数据总线提供，它可以是寄存器组的某个寄存器 R 中的内容，也可以是由数据寄存器 DR 提供的某个内存单元中的内容。

ALU的运算结果一般放在累加器A中。标志寄存器F的分析将在后面讨论。

2. 控制器

控制器CU由程序计数器(program counter,PC)、指令寄存器(instruction register,IR)、指令译码器(instruction decoder,ID)、操作控制部件或称为组合逻辑阵列(programmed logic array,PLA)和时序发生器(图1-2中略)等电路组成,是发布操作命令的"决策机构"。控制器的主要作用有解题程序与原始数据的输入、从内存中取出指令并译码、控制运算器对数据信息进行传送与加工、运算结果的输出、外部设备与主机之间的信息交换、计算机系统中随机事件的自动处理等,都是在控制器的指挥、协调与控制下完成的。

3. CPU中的主要寄存器

1) 累加器(A)

累加器是CPU中最繁忙的寄存器。运算前,作操作数输入;运算后,保存运算结果;累加器还可通过数据总线向存储器或输入输出设备读取(输入)或写入(输出)数据。

2) 数据寄存器(DR)

数据寄存器是CPU的内部总线和外部数据总线的缓冲寄存器,是CPU与系统的数据传输通道。主要用来缓冲或暂存指令及指令的操作数,也可以是一个操作数地址。

3) 寄存器组(R)

这是CPU内部工作寄存器,由若干个8位寄存器组成。用于暂存数据、地址等信息。一般分为通用寄存器组和专用寄存器组,通常由程序控制。每种CPU的寄存器组构成均有不同,但对用户却十分重要。用户可以不关心ALU的具体构成,但对寄存器组的结构和功能都必须清楚,这样才能充分利用寄存器的专有特性,简化程序设计,提高运算速度。

4) 指令寄存器(IR)、指令译码器(ID)、操作控制部件(PLA)

这是控制器的主要组成部分。指令寄存器用来保存当前正在执行的一条指令,这条指令送到指令译码器,通过译码,由操作控制部件发出相应的控制命令C,以完成指令规定的操作。

5) 程序计数器(PC)

程序计数器又称指令地址指针,是控制器的一部分,用来存放下一条从内存中取出并要执行的指令地址。由于通常程序是以指令的形式存放在内存中一个连续的区域中,当程序顺序执行时,第一条指令地址(即程序的起始地址)被置入PC,此后每取出一个指令字节,程序计数器便自动加"1"。当程序执行转移、调用或返回指令时,其目标地址自动被修改并置入PC,程序便产生转移。总之,它总是指向下一条要执行的指令地址。

6) 地址寄存器(address register,AR)

地址寄存器是CPU内部总线和外部地址总线的缓冲寄存器,是CPU与系统地址总线的连接通道。当CPU访问存储单元或I/O设备时,用来保持其地址信息。

以下两部分也在CPU内部,由于与程序设计密切相关,在此需专门分析讨论之。

4. 标志寄存器F

标志寄存器(flags,F)也称程序状态字(program state word,PSW),是用来存放ALU运算结果的各种特征状态的,如运算有无进(借)位、有无溢出、结果是否为零等。这些都可通过标志寄存器的相应位来反映。程序中经常要检测这些标志位的状态以决定下一步的操作。状态不同，操作处理方法就不同。微处理器内部都有一个标志寄存器，但不同型号的 CPU 其标志寄存器的标志数目和具体规定亦有不同。下面介绍几种常用的标志位：

1）进位标志（carry，C 或 Cy）

两个数在做加法或减法运算时，如果最高位产生了进位或借位，该进位或借位就被保存在 C 中，有进（借）位 C 被置“1”，否则 C 被置“0”。另外，ALU 执行比较、循环或移位操作也会影响 C 标志。

2）零标志（zero，Z）

当 ALU 的运算结果为零时，零标志（Z）即被置“1”，否则 Z 被置“0”。一般加法、减法、比较与移位等指令会影响 Z 标志。$Z=\overline{D_7+D_6+\cdots+D_0}$。

3）符号标志（sign，S）

符号标志供有符号数使用，它总是与 ALU 运算结果的最高位的状态相同。在有符号数的运算中，S=1 表示运算结果为负，S=0 表示运算结果为正。

4）奇偶标志（parity，P）

奇偶标志用来表示逻辑运算结果中“1”的个数为奇数还是偶数，一般规定“1”的个数为奇数时，P=1，“1”的个数为偶数时，则 P=0，但不同的机器规定亦有不同。

5）溢出标志（overflow，OV）

在有符号数的二进制算术运算中，如果其运算结果超过了机器数所能表示的范围，并改变了运算结果的符号位，则称之为溢出，因而 OV 标志仅对有符号数才有意义。

例 1-1

```
   +107              01101011
+)   92          +)  01011100
---------        -------------
   +199              11000111=-71
```

两正数相加，结果却为一个负数，这显然是错误的。原因就在于，对于 8 位有符号数而言，它表示的范围为－128～＋127。而我们相加后得到的结果已超出了范围，这种情况即为溢出。当运算结果产生溢出时，置 OV ＝“1”，反之 OV ＝“0”，即：

$$OV=D_{6CY}\oplus D_{7CY}$$

表示不同时有进/借位时发生溢出。

6）辅助进位标志（auxiliary carry，AC）

辅助进位标志亦称半进位标志 H。当两个 8 位数进行加、减运算时，若 D_3 位向 D_4 位产生进位或借位时，则该标志置“1”，否则置“0”。这个标志用于 BCD 码运算，用来进行十进制调整。

5. 堆栈与堆栈指示器

堆栈与堆栈指示器（stack pointer，SP）在图 1-2 的模型机框图中被省略，堆栈通常是存储器中划分出的一个特殊区域，用来存放一些特殊数据，实际上是一个数据的暂存区。这种暂存数据的存储区域由堆栈指示器 SP 中的内容决定，它有三个主要特点。

① 按照先进后出（first in last out，FILO）顺序向堆栈读/写数据。

② SP 始终指向栈顶。

③ 堆栈的两种操作压入（push）和弹出（pop）应该成对进行。所谓压入就是将数据

写入堆栈,弹出则是从堆栈中读出数据。简而言之,堆栈是由堆栈指针 SP 按照“先进后出”或“后进先出”原则组织的一个存储区域。

1.2.2 存储器

图 1-3 是假设的模型机随机读写存储器(random access memory,RAM)框图。存储器 RAM 基本结构一般由 4 个部分组成:存储矩阵、地址译码器、读写控制电路和三态双向缓冲器。

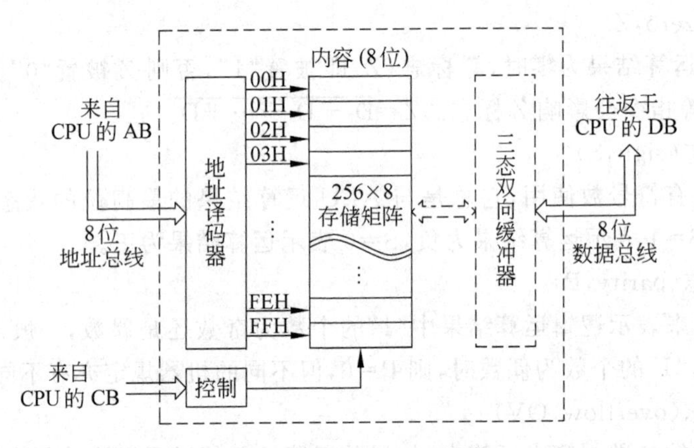

图 1-3 存储器 RAM 结构

1. 存储矩阵

存储器 RAM 矩阵是一个按地址访问的一维线性空间。由 256 个存储单元组成,每个存储单元有 8 位基本存储电路,这就是图中所示的 256×8 存储矩阵。1 位基本存储电路可视为一个“R—S”型触发器,能够存储一位二进制数,这样每个存储单元可存放一个 8 位二进制数,这就是它们的内容(content)。存储容量取决于矩阵的大小,即矩阵中存储单元的数目。

2. 地址译码器

由于模型机的存储矩阵是由 256 个存储单元组成的,需要 8 位地址参与译码。所谓地址(address)就是该单元在存储矩阵中的相对位置编号。如:00H、01H、02H…FFH 等,不要把地址和内容两者混淆起来。当 CPU 访问某一存储单元时,首先通过地址总线 AB 给出该单元的地址,由地址译码器唯一地“选中”与该地址对应的存储单元,便可对其进行读写操作,以读取或改变其中的内容(即数据)。

3. 读写控制

当 CPU 访问存储器 RAM 单元时,不仅要给出地址,同时要通过控制总线 CB 给出读写控制信号,以交换数据。数据的流向受读写信号的控制,“读”信号表明要读出被选单元的内容,并通过双向缓冲器放到数据总线上,由总线送到 CPU。“写”信号表明 CPU 要写入的数据是通过数据总线送存到指定的存储单元中。数据写入后,便记录在存储单元中,即便读出是破坏性的(内部有自动再生电路),只要不断电,其存储单元内容不变。

4. 三态双向缓冲器(图 1-3 中虚线框所示)

在一个实际系统中,不仅需要存储器芯片,常常使用多片电路,如 I/O 电路或其他芯片才能构成系统。这样三态双向缓冲器不仅作 RAM 总线接口与数据总线连接，以进行数据缓冲，而且系统中没有被选中的 RAM 或其他芯片的数据缓冲器输出三态，即高阻状态与数据总线断开。这样在系统中，CPU 总是访问“唯一”被选中的芯片，从而保证任一时刻总线上流通的只有一个数据。

1.2.3 I/O 接口和外设

如图 1-1 所示，I/O 接口与地址总线、控制总线和数据总线的连接同存储器一样，而外部设备与 CPU 的连接必须通过 I/O 接口电路。每个 I/O 接口及其对应的外设都有一个固定的地址，在 CPU 的控制下实现其输入(读)输出(写)操作。

1.2.4 模型机的工作过程

计算机之所以能够脱离人的干预自动运算，就是因为它具有记忆功能，可预先把解题程序和数据存放在存储器中。在工作过程中，再由存储器快速将程序和数据提供给 CPU 进行运算。这就是所谓“程序存储”工作方式。而计算器虽然也有运算和控制功能，但它不能脱离人的干预，不是“程序存储”自动工作方式，因而不能称其为计算机。

仅有硬件计算机无法工作，必须使用各种程序，这就是计算机软件。程序即用户要解决某一特定问题所编排的指令序列，编排的过程称为程序设计。

1. 指令和指令系统

所谓指令就是使计算机完成某种基本操作，如加、减、乘、除、移位、与、或、非等操作命令。全部指令的集合构成指令系统。任何一台计算机都有它的指令系统，少则几十条，多则几百条。这些指令都各有自己的寻址方式。

1) 指令的格式

指令通常由两部分组成：第一部分为操作码(OP)，它表示计算机的操作性质；第二部分为操作数，它代表参加运算的操作数或存放该数的地址。指令的一般格式如下。

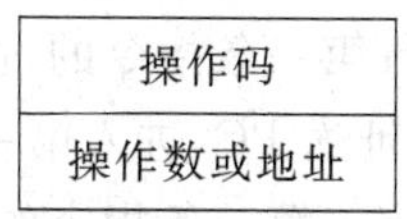

操作码
操作数或地址

在计算机中，指令是以一组二进制编码的数来表示和存储的，称这样的编码为机器码或机器指令。

2) 指令执行过程

指令的执行过程分为两个阶段，即取指阶段与执行指令阶段，这样执行该指令占用了三个 CPU 周期，如图 1-4 所示。

① 第一个 CPU 周期是取指阶段，由 PC 给出指令地址，从存储器中取出指令 (PC+1，为取下一条指令做好准备)，并进行指令译码。

② 第二、三个 CPU 周期是执行指令阶段，取操作数地址并译码，获得操作数，同时执行这条指令。然后取下一条指令，周而复始。图 1-4 是直接寻址的指令执行过程。

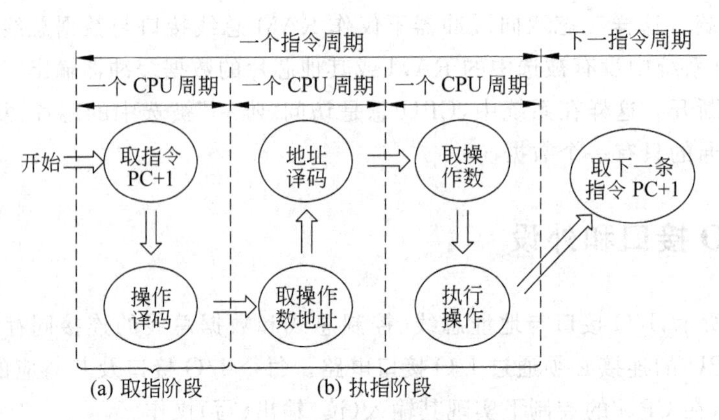

图 1-4 直接寻址的指令执行周期

2. 程序的执行过程

程序是按照某种要求编排的指令序列，这些指令有次序地存放在存储器中，在计算机工作时，逐条取出并加以翻译执行。

下面采用立即寻址方式，执行一个"15H＋30H"的简单程序为例，说明程序的执行过程，如表1-1所示。

表 1-1 "15H＋30H"程序执行过程

地　址	内　　容	助　记　符	注　　释
00H	0111 0100	MOV　A,＃15H	取数指令，第一字节是操作码
01H	0001 0101		第二字节就是指令的操作数
02H	0010 0100	ADD　A,＃30H	加法指令，第一字节是操作码
03H	0011 0000		第二字节也是指令的操作数
04H	1000 0000	SJMP　$	两字节指令
05H	1111 1110		执行原地踏步操作
…	…	…	

假如程序存放在起始地址为00H单元中。地址00H和01H存放第一条指令"MOV A,＃15H"这是一条两字节指令，执行第一条指令的过程如图1-5所示。

计算机启动运行后，程序起始地址送PC，进入第一条指令的取指阶段。在执行时，给PC赋以第一条指令地址00H，然后进入第一条指令的取指阶段，具体如下。

① PC的内容00H送地址寄存器(AR)。

② 当PC的内容可靠地送入地址寄存器后，PC的内容加1，为取下一字节做好准备。

③ AR的内容为00H，通过地址总线AB送至存储器，经地址译码选中00H单元。

④ CPU发读命令。

⑤ 读出的操作码74H经数据总线(DB)、数据寄存器(DR)、指令寄存器(IR)、送指令译码器(ID)进行译码。

经对操作码译码后，发现是取数操作，而且是立即寻址方式，于是指令进入执指阶段，执行过程如图1-6所示。

PC的内容01H送至AR。

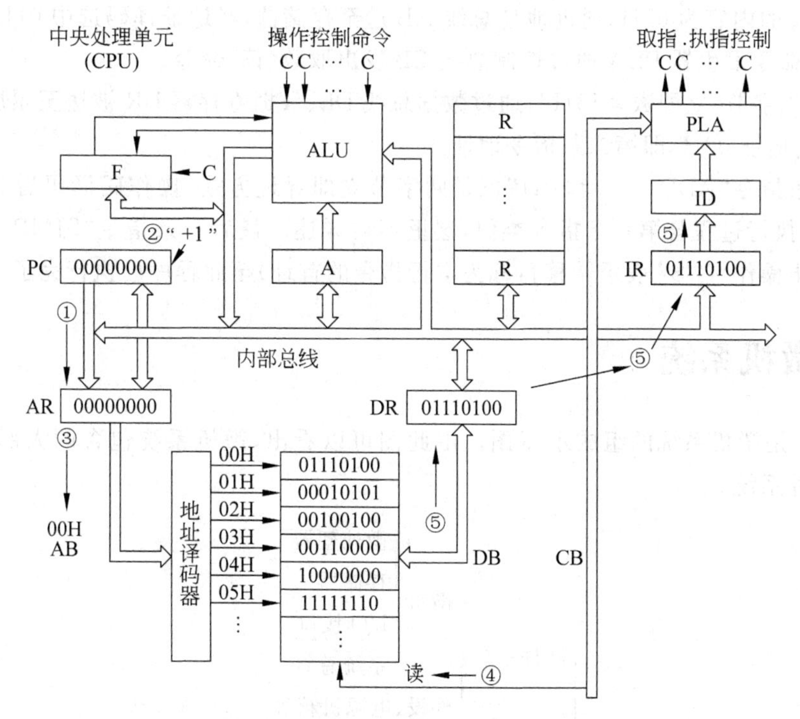

图 1-5　取第一条指令操作码示意图

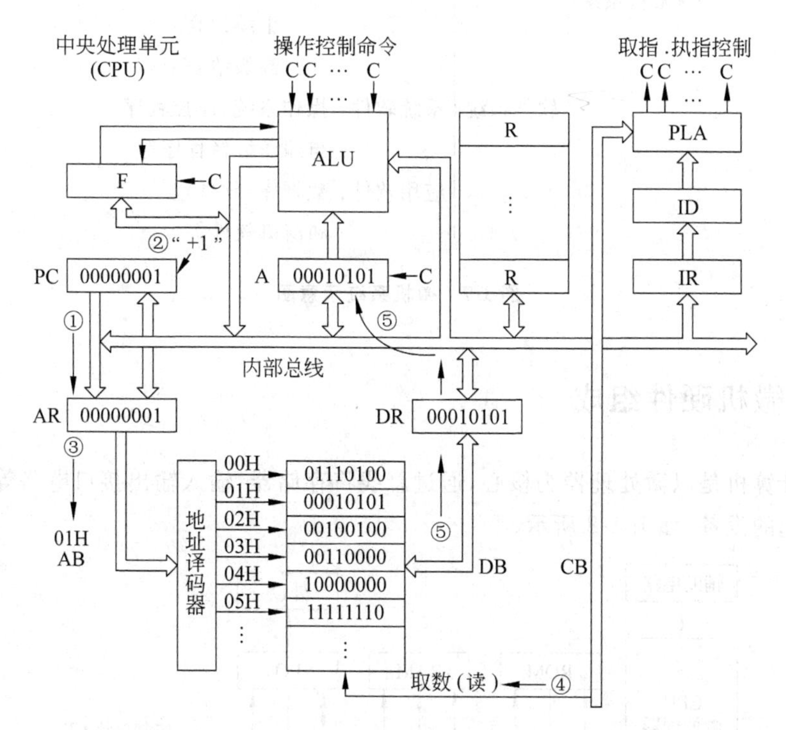

图 1-6　指令执行过程示意图

① 当 PC 的内容可靠地送入 AR 后，PC 自动加 1 变为 02H，做好取下一条指令的准备。

② AR的内容为01H，通过地址总线AB送至存储器，经地址译码选中01H单元。

③ 由命令发生器PLA通过控制总线CB发出取数(读)命令。

④ 第二字节"立即数＃15H"，通过数据总线DB、数据寄存器DR被送至累加器A，此时PC指向地址02H，即第二条指令地址。

第二条指令"ADD　A，＃30H"也是两字节立即寻址方式，操作码译码后PLA发出"加"命令，执行过程与第一条指令类似，这里不再详述。最后一条指令"SJMP　＄"是一条原地踏步操作，("＄"表示转移目标为本行指令的首址)至此程序已执行完了。

1.3 微机系统

图1-7是微机系统的组成示意图。由此图可以看出，微机系统包含两大部分：硬件系统和软件系统。

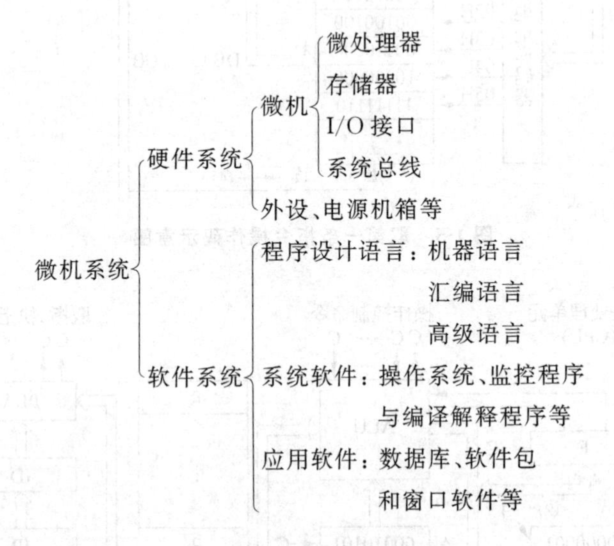

图1-7　微机系统示意图

1.3.1 微机硬件组成

微型计算机是以微处理器为核心，通过总线将存储器、输入输出接口电路等功能部件连接在一起的设备，如图1-8所示。

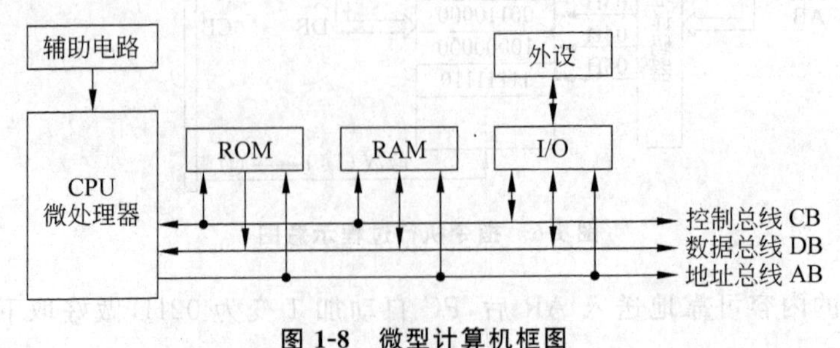

图1-8　微型计算机框图

如果根据不同要求配置外部设备、电源及辅助电路，并根据系统要求在存储器ROM中驻留系统软件，就构成微型计算机系统。

1. 总线

由图1-8可见，整个计算机采用了总线结构，所有功能部件都连接在三条总线上，各个部件之间的数据和信息都通过总线传送。换言之，总线是将多个装置或功能部件连接起来，并用来传送信息的公共通道。实际上，总线就是一组导线，导线的数目取决于微处理器的结构，总线有三种类型。

1）数据总线

数据总线用来在微处理器、存储器以及输入输出接口之间传送数据。如CPU可通过数据总线从ROM中读出数据，通过该总线对RAM读出或写入数据，亦可把运算结果通过I/O接口送至外部设备等。微处理器的位数与外部数据总线的位数一致。数据总线是双向三态的，数据既可从CPU中送出，也可从外部送入CPU，通过三态控制使CPU内部数据总线与外部数据总线连接或断开。

2）地址总线

CPU对各功能部件的访问是按地址进行的，地址总线用来传送CPU发出的地址信息，以访问被选择的存储器单元或I/O接口电路。地址总线是单向三态的，只要CPU向外送出地址即可；通过三态控制可使CPU内部地址总线与外部地址总线连接或断开。地址总线的位数决定了可以直接访问的存储单元（或I/O口）的最大可能数量（即容量）。

3）控制总线

控制总线较数据总线与地址总线复杂。可以是CPU发出的控制信号，也可以是其他部件送给CPU的控制信号。对于某条具体的控制线，信号的传送方向则是固定的，不是从CPU输出，就是输入到CPU。控制总线的位数与CPU的位数无直接关系，一般受CPU的控制功能与引脚数目的限制。

计算机采用总线结构，不仅使系统中传送的信息有条理、有层次，便于进行检测，而且其结构简单、规则、紧凑，易于系统扩展。只要系统中其他功能部件符合总线规范，就可以接入系统，从而可方便地扩展系统功能。但采用总线结构后，某一时刻，一种总线上只能传送一组信号，这就必须使用三态逻辑元件。

2. 三态逻辑元件

1）单向三态缓冲器

单向三态电路如图1-9所示，真值表如表1-2所示。当三态控制端（three state control，TSC）为低电平时，即TSC＝0时，为使能允许控制，此时D→Y。若D＝0，则“或

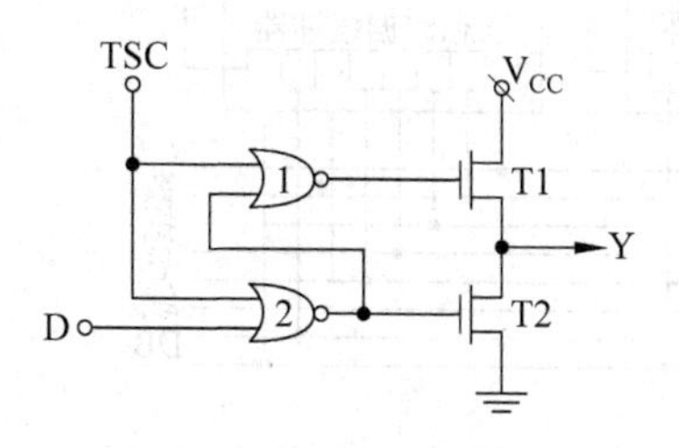

图1-9 单向三态电路图

表1-2 真值表

TSC	D	Y
0	0	0
	1	1
1	0	高阻
	1	

非门"2输出高电平,"或非门"1输出低电平,T1管截止,而T2管导通,Y=0;反之,若D=1,则Y=1,数据单向传送。当TSC=1时,为使能禁止,"或非门1"、"或非门2"均输出低电平,使T1和T2管截止,Y呈高阻状态,相当于断开。其逻辑符号如图1-10所示。

图1-9所示的单向缓冲电路和逻辑符号如图1-10(a)所示,为低电平使能,而高电平禁止。图1-10(b)所示符号为高电平使能,而低电平禁止。它们都是三态同相缓冲器,两者的区别仅仅在于三态控制端的电平不同。图1-10(c)和图1-10(d)为三态反相缓冲器,区别亦是三态控制端的电平不同。

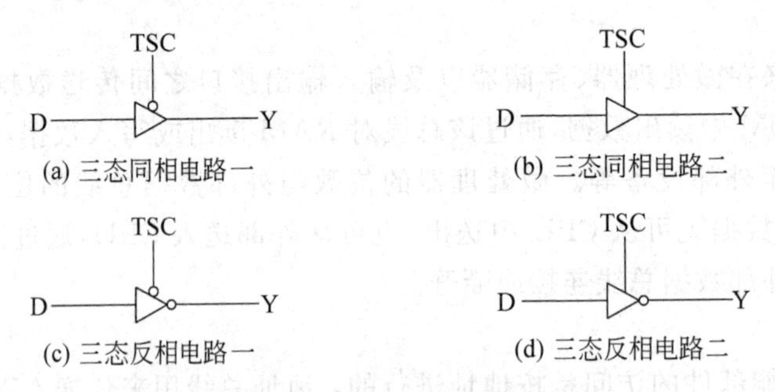

图1-10 单向三态电路符号图

2) 三态双向缓冲器

三态双向缓冲器逻辑符号如图1-11所示。当$TSC_1=1$,$TSC_2=0$时,输出等于输入。当$TSC_1=0$,$TSC_2=1$时,输入等于输出。当TSC_1、$TSC_2=0$,均为低电平时,呈高阻状态,即相当于断开。

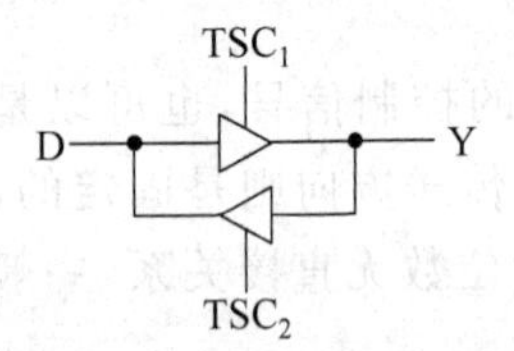

图1-11 三态双向缓冲器逻辑符号图

综上所述,微型计算机是由CPU通过总线将各种存储器芯片、I/O接口芯片以及各种控制芯片连接在一起的装置。为了解决信息对总线的相互竞争,它要求凡是接入总线的功能部件,在其输出端不仅能呈"0"或"1"两种信息状态,而且亦能呈现第三种逻辑状态,即高阻状态。此时,它的输出与总线断开,而仅有被CPU所访问(选中)的器件与总线连通,防止了总线上的信息相互干扰与竞争,使计算机可靠地工作。

如图1-12所示,这里以数据总线为例讨论之。如果CPU正在访问RAM芯片,则控制端$\overline{E}_1$为低电平,RAM的三态数据缓冲器与数据总线连通;而不被CPU访问的ROM、

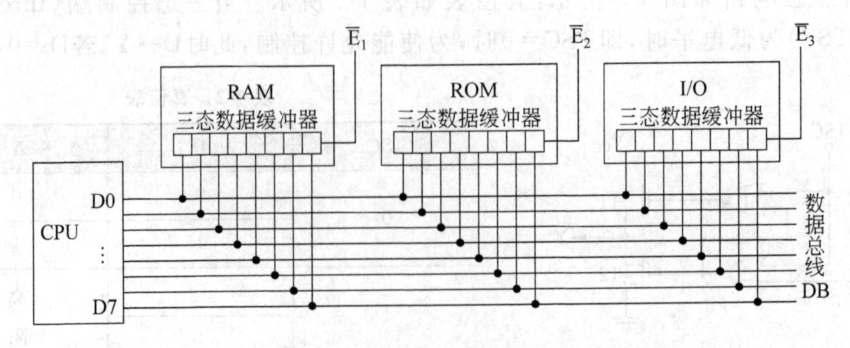

图1-12 CPU数据总线与其他芯片连接图

I/O接口芯片的控制端$\bar{E}_2$、$\bar{E}_3$都为高电平，它们的数据线呈高阻态与总线断开。因而，在CPU访问RAM时，总线上流通的信息只有一个。若使用两态元件，将会出现总线竞争，计算机亦无法采用总线结构。

1.3.2 软件系统

计算机的工作需要软件强有力的支持，CPU根据需要来运行既定的程序。换言之，就是计算机的软硬件协同工作完成既定的任务。

1. 程序设计语言

1）机器语言

如上节所述，用机器能够直接识别的二进制指令代码（即机器码或可执行的目标代码）编写的程序称为机器语言。计算机的硬件结构按照既定的逻辑识别并执行这些指令码所规定的操作，从而使计算机一步步按机器语言编写的程序工作下去。显然，由于机器语言是由"0"或"1"构成的字符串，机器能直接识别与操作的是机器码，它执行速度快。但它们既无明显操作特征，又不易记忆，十分繁琐。因而用机器语言编写程序是极其困难的。

2）汇编语言

用机器指令系统的助记符（能反映指令特征和操作性质的英文单词或英文缩写），用符号代替操作数来编写的程序称为汇编语言程序。这种程序能反映指令功能，人们容易辨识、记忆和阅读。由于指令助记符与机器码有一一对应关系，因此，它仍是一种依赖于机器硬件结构和指令系统的语言，是一种面向机器的语言。由于每个机型指令系统和硬件结构不同，用汇编语言编写的程序不仅执行速度快，又可以有效地利用机器本身的专有特性，从而提高机器的工作效率。然而，用汇编语言编写的程序由于面向机器，在一种机型上不能运行另一种机型的汇编程序，不仅通用性差，而且编程时必须深入了解机器内部结构，熟悉掌握机器指令系统。因此，用汇编语言编程工作量仍很庞大，是一项十分困难的工作。

3）高级语言

为了方便用户，程序所用的语句与实际问题更接近，而且用户不必了解具体机器结构，就能编写程序，只考虑要解决的问题即可，这就是面向问题的语言，如BASIC、FORTRAN、PASCAL等各种高级语言。高级语言容易理解、学习和掌握，用户用高级语言编写程序就方便多了，可大大减少工作量。但计算机执行时，必须将高级语言编写的源程序翻译成机器语言表示的目标代码方能执行。这个"翻译"就是各种编译程序(compiler)或解释程序(interpreter)。

2. 系统软件

系统软件是用来提高计算机的使用效率、增加计算机的功能、简化程序设计、方便用户使用的一类程序，一般由专门的计算机软件技术人员开发。如操作系统(operating system)、监控程序、诊断程序、编译和解释程序统称为系统软件。

3. 应用软件

应用软件是用户利用计算机各种程序设计语言和计算机系统软件编制的，用来解决用户各种实际问题的程序，统称为应用软件。应用软件可以逐步标准化、模块化，形成各种典型问题应用程序的子程序库或软件包以及窗口软件等。

1.3.3 衡量计算机性能的主要技术指标

1. 字长

所谓字长就是计算机的运算器一次可处理(运算、存取)二进制数的位数。字长越长，一个字能表示数值的有效位就越多，计算精度也就越高，速度就越快。然而，字长越长其硬件代价也相应增大，计算机的设计要考虑精度、速度和硬件成本等方面因素。

通常，8位二进制数称为1个字节，以B(byte)表示；2个字节定义为1个字，以W(word)表示；32位二进制数就定义为双字，以DW(double word)表示。

一般一台计算机的字长由运算器一次能处理的二进制数长度、数据总线的宽度及内部寄存器和存储器的长度等因素决定。

2. 存储容量

存储容量是表征存储器存储二进制信息多少的一个技术指标。内存储容量以字节为单位计算。并将1024B(即1024×8)简称为1KB，1024KB简称为1MB(兆字节)，1024MB简称为1GB(吉字节)，存储容量越大，能存放的信息量就越大。高档微机一般具有128MB以上的内存容量和30GB以上的外存容量。

3. 指令系统

指令系统是计算机所有指令的集合，其中包含的指令越多，计算机功能就越强。机器指令功能取决于计算机硬件结构的性能。丰富的指令系统是构成计算机软件的基础。

4. 指令执行时间

指令执行时间是反映计算机运算速度快慢的一项指标，它取决于系统的主时钟频率、指令系统的设计以及CPU的体系结构等。对于微型机而言，一般仅给出主时钟频率为多少兆赫兹，并且给出每条指令执行所用的机器周期数。所谓机器周期就是计算机完成一种独立操作所持续的时间，这种独立操作是指像存储器读或写、取指令操作码等。计算机的主频高，指令的执行时间就短，其运算速度就快，系统的性能就好。如果强调平均每秒可执行多少条指令，则根据不同指令出现的频度，乘以不同的系数，求得平均运算速度，这时常用MIPS作单位，因此指令执行时间是一项评价速度的重要技术指标。

5. 外设扩展能力及配置

外设的扩展能力是指计算机系统配接多种外部设备的可能性和灵活性，一台计算机允许配接多少外部设备，对系统接口和软件的研制有重大影响。外部设备是实现人机对话的设备。一台计算机所配置的外部设备种类多、型号齐全，人机对话的手段就多，人机界面就越“友好”，系统的适应能力就强，通用性也就好。

6. 软件配置

所谓软件是指能完成各种功能的计算机程序的总和。软件是计算机的灵魂。计算机配置的系统软件丰富、应用软件多、程序设计语言齐全，系统的性能就优越。

综上所述，对一台计算机性能的评价，要综合它的体系结构、存储器容量、运算速度、指令系统、外设的多寡以及软件配置是否丰富等各项技术指标，才能正确评价与衡量其性能的优劣。在选购计算机时要充分考虑系统性能的各项主要技术指标。

1.4 单片微型计算机

1.4.1 单片机发展史

单片机的发展可分为4个阶段。

第一阶段(1974—1976年)为单片机初级阶段。由于受工艺及集成度的限制,单片机采用双片形式。且功能比较简单。例如,Fairchild公司1974年推出的8位单片机F8,它只包含8位CPU、64字节RAM和2个并行I/O口,需外接一片3851(内含1KB ROM、1个定时/计数器和2个并行I/O口)电路才能构成一个完整的微型计算机。

第二阶段(1976—1979年)为低性能单片机阶段。此时的单片机是"小而全"。如Intel公司1976年推出的MCS-48系列单片机,CPU的功能不太强,却是真正的8位单片微机。它把单片机推向市场,促进了单片机的变革。

第三阶段(1979—1982年)为高性能单片机阶段。此时的单片机品种多、功能强,一般片内RAM、ROM都相对增大,寻址范围可达64K,并配有串行口,还可以进行多级中断处理。如Intel公司的MCS-51系列单片机。

第四阶段(1982—1993年),16位单片机阶段。其最大特点是增加了内部资源,实时处理能力更强。如Intel公司的MCS-96系列,集成度达12万个晶体管/片,而且有多通道10位A/D转换器、高速输入输出部件HSIO和脉宽调制输出装置PWM。近几年又推出8XC196系列单片机,它是MCS-96系列增强型的升级换代产品,无论是速度还是控制功能,都是16位机的佼佼者。

在单片机的应用中,MCS-51系列单片机已被国内用户广泛认可和采用。然而,产品性能需要提高,技术需要更新,而用户更希望自己对产品的软硬件投资能得到保护。近几年一些公司推出了以MCS-51为内核,独具特色而性能卓越的新型系列单片机,如ATMEL公司的AT89系列,Philips公司的80C51系列产品,ADI公司的ADuC系列,以及SIEMENS等公司也都在MCS-51的基础上先后推出了新型兼容机,使单片机的发展步入一个新阶段。

1.4.2 单片机发展趋势

从各种新型单片机的性能上可以看出,单片机正朝着多层次用户的多品种、多规格、高性能的方向发展,各个公司将根据市场需要不失时机地研制并推出各种优秀的单片机。

1. 高档单片机性能不断提高

在实时控制系统、军工产品和一些高级家用电器等领域中,需要高性能单片机,以满足其功能、速度、可靠性方面的特殊要求,高档高性能主要表现在如下一些方面。

1) CPU功能的加强

CPU的能力主要体现在数据处理的速度和精度的提高。一般通过CPU的字长的增加、硬部件的扩充、总线速度的提高、指令系统的扩充和效率的提高来实现。

2）内部资源的增加

单片机内部除CPU以外还包括各种类型的存储器、I/O口等部件。高档单片机存储器种类多、容量大，一般作为程序存储器的ROM、EPROM、E^2PROM或FLAHS达几十KB，作为数据存储器的RAM达几KB。I/O口包括并行口、串行口、串行扩展口、定时/计数器（具有定时输出、捕捉输入、监视器Watchdog等功能）。有的还配置了A/D转换器、脉宽调制输出PWM、正弦波发生器、CRT控制器、LED和LCD驱动器等。

3）寻址范围的增加

一些高性能单片机对外部存储器、I/O口的寻址范围高达几兆字节，有的单片机还可以选择某些I/O口作为系统的扩展总线使用。

2. 超小型、低功耗、廉价

在简单的家用电器、智能玩具、仪器仪表、智能IC卡等领域。对功能要求不高，但在体积上、价格上和功耗上有着明显的优势，市场需求量特大的兼容产品，也是未来市场的重要角色，有着广阔的应用前景。

3. 微巨机单片化

自1992年美国推出的i80860超级单片机，轰动了整个计算机界。它的运算速度为1.2亿次/秒，可进行32位整数运算、64位浮点运算，同时片内具有一个三维图形处理器，可构成超级图形工作站。成功的尝试将使巨型机单片化成为现实。

1.4.3 单片机内部结构

单片机内部含有计算机的基本功能部件，典型的单片机内部结构如图1-13所示。

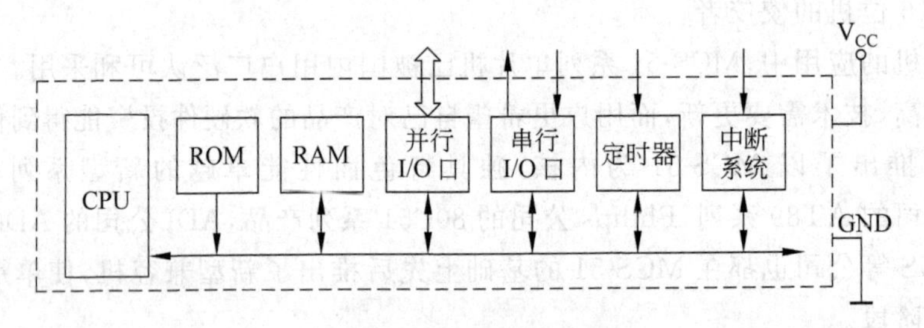

图1-13 单片机内部结构图

1. 中央处理器CPU

中央处理器CPU是单片机的核心部件，根据CPU字长可分为1位机、4位机、8位机、16位机和32位机等。不同单片机CPU的速度、数据处理能力、中断和实时控制功能差别较大，这都是衡量CPU功能的主要技术指标。

2. 存储器

单片机的程序存储器和数据存储器通常都是分开的。因为单片机面向控制，一般需要较大容量的程序存储器和较少的数据存储器，而且其电路类型也不一样。

1）程序存储器ROM

单片机内部程序存储器一般为1～64KB，通常采用只读存储器。一般用单片机构成的系统都是专用控制系统。一旦研制成功,其控制程序也就定型。因此,用只读存储器作程序存储器,不仅提高了可靠性,而且由于只读存储器的集成度高、价格低,也降低了成本。

2) 数据存储器 RAM

单片机内部的数据存储器容量一般为64～256B,由静态随机存储器RAM构成,少数特殊单片机内部含有E^2PROM作数据存储器。单片机内部数据存储器可作为工作寄存器、堆栈、位标志和数据缓冲器使用。

3. I/O接口和特殊功能部件

单片机内部有数量不等的并行接口,可以用于外接输入输出设备。大多数单片机都有一两个串行口,可实现异步串行通信。特殊功能部件通常包括定时/计数器,而其他功能部件(如A/D、PWM、DMA、HSIO)的种类和数量,不同类型的单片机其配置不同。

1.4.4 单片机应用系统

由于单片机的应用场合及系统功能要求不同,用单片机构成的应用系统在规模上、结构上区别很大,大致可分为基本系统和扩展系统两种类型。

1. 基本系统

单片机基本系统。这种应用系统的单片机外部没有程序存储器、数据存储器或I/O接口等扩展部件,是由ROM型或EPROM型单片机构成的应用系统。换言之,它是由一片片内含有程序存储器和数据存储器的单片机构成,仅在外部配以电源、输入输出设备,因而也称为最小应用系统。批量较大的单片机应用系统往往为降低成本,提高可靠性而采用这种结构。单片机基本系统结构如图1-14所示。

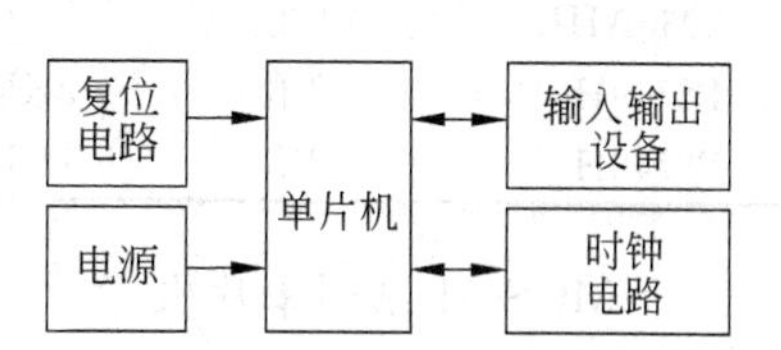

图1-14　单片机基本系统结构图

2. 扩展系统

为了满足一些应用系统的特殊需要,有时要进行系统的扩展设计以弥补单片机内部资源的不足。单片机的扩展系统通过并行I/O口或串行口作总线,在外部扩展了程序存储器、数据存储器或I/O口及其他功能部件,以满足一些控制系统的特殊需要。单片机扩展系统结构如图1-15所示。

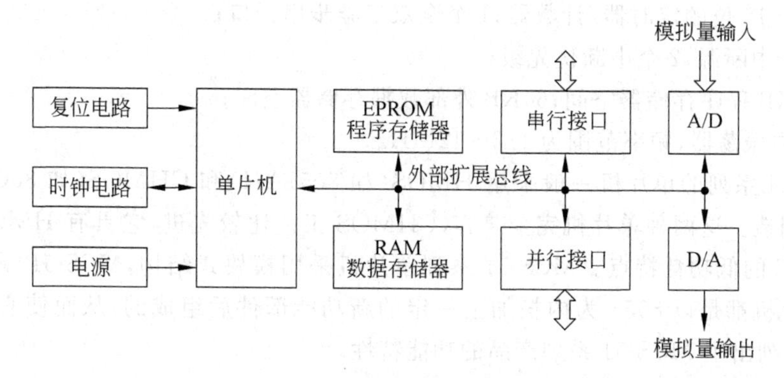

图1-15　单片机扩展系统结构图

1.4.5 单片机典型产品

现在有许多半导体公司生产多种单片机，下面分类介绍目前应用较多的几种产品。

1. 8位单片机

1）MCS-48系列单片机

MCS-48系列单片机是Intel公司于1976年推出的8位单片机，其典型产品为8048，它在一个40引脚的大规模集成电路内包含有8位CPU、1KB ROM程序存储器、64B RAM数据存储器、一个8位的定时器/计数器、27根输入输出线。MCS-48系列单片机及其性能如表1-3所示。

表1-3 MCS-48单片机特性

型　号	CPU	ROM	RAM	定时器	I/O线
8050AH	8位	4KB	256B	1	27
8049AH	8位	2KB	128B	1	27
8048AH	8位	1KB	64B	1	27
8040AHL	8位	无	256B	1	15
8039AHL	8位	无	128B	1	15
8035AHL	8位	无	64B	1	15
P8749H	8位	2KB EPROM	128B	1	27
P8748H	8位	1KB EPROM	64B	1	27

2）MCS-51系列单片机

Intel公司于1980年推出了MCS-51系列单片机，这是一个高性能的8位单片机。和MCS-48相比，MCS-51系列单片机无论在片内RAM、ROM容量、种类和数量还是在系列扩展能力、指令系统功能等方面都有很大增强。其典型产品为8051，其内部资源如下。

- 8位CPU；1位布尔处理机；
- 4KB ROM程序存储器；128B RAM数据存储器；
- 32根I/O线；
- 2个16位的定时器/计数器；1个全双工异步串行口；
- 5个中断源，2个中断优先级；
- 64KB程序存储器空间；64KB外部数据存储器空间；
- 片内振荡器，频率范围为1.2～12MHz。

MCS-51系列的单片机一般采用HMOS（如8051AH）和CHMOS（如80C51BH）这两种工艺制造。这两种单片机完全兼容，CHMOS工艺比较先进，它具有HMOS的高速度和CMOS的低功耗特点。MCS-51系列单片机采用模块式结构，MCS-51系列中各种加强型单片机都是以8051为内核加上一定的新功能部件后组成的，从而使它们完全兼容。表1-4列出了MCS-51系列产品的功能特性。

表 1-4 典型的 MCS-51 系列产品特性

产品型号		程序存储器	RAM	定时器	I/O 线	速度(MHz)	主要特性
8051	8031AH	ROMLESS	128B	2	32	12	
	8051AH	4KB ROM	128B	2	32	12	
	8051BH	4KB ROM	128B	2	32	12	保密 ROM
	8751AH	4KB EPROM	128B	2	32	12	一级程序存储器保密位
	8751BH	4KB EPROM	128B	2	32	12	二级程序存储器保密位
8052	8032AH	ROMLESS	256B	3	32	12	三个定时器/计数器
	8052AH	8KB ROM	256B	3	32	12	三个定时器/计数器
	8752BH	8KB EPROM	256B	3	32	12	二级程序存储器保密位
80C51	80C31BH	ROMLESS	128B	2	32	12,16	节电方式
	80C51BH	4KB ROM	128B	2	32	12,16	
	80C51BHP	4KB ROM	128B	2	32	12,16	保密 ROM
	87C51	4KB EPROM	128B	2	32	12,16	二级程序存储器保密位
80C51FA	80C51FA	ROMLESS	256B	3	32	12,16	可编程计数器阵列(PCA)
	83C51FA	8KB ROM	256B	3	32	12,16	
	87C51FA	8KB EPROM	256B	3	32	12,16	
8×C51FB	83C51FB	16KB ROM	256B	3	32	12,16	可编程计数器阵列(PCA)
	87C51FB	16KB EPROM	256B	3	32	12,16	
8×C51FC	83C51FC	32KB ROM	256B	3	32	12,16,20	可编程计数器阵列(PCA)\
	87C51FB	32KB EPROM	256B	3	32	12,16,20	可编程时钟输出
80C52	80C32	ROMLESS	256B	3	32	12,16	加减计数器 T2
80C54	80C52	8KB ROM	256B	3	32	12,16	
80C58	80C54	16KB ROM	256B	3	32	12,16,20	
	87C54	16KB EPROM	256B	3	32	12,16,20	
	87C58	32KB EPROM	256B	3	32	12,16,20	
8×F51FC	88F51FC	32KB Flash	256B	3	32	12,16	4KB/28KB 快速 ROM PCA
	8×F51FC	4KB Flash/28KB ROM	256B	3	32	12,16	
80C51GB	80C51GB	ROMLESS	256B	3	48	12,16	8 路 8 位 A/D,2PCA 监视
	83C51GB	8KB ROM	256B	3	48	12,16	定时器
	87C51GB	8KB EPROM	256B	3	48	12,16	
80C152JX	80C152JA	ROMLESS	256B	2	40	12,16.5	SDLC/HDLC 和用户定义
	80C152JB	ROMLESS	256B	2	56	12,16.5	多规约串行口
	80C152JC	ROMLESS	256B	2	40	12,16.5	
	80C152JD	ROMLESS	256B	2	56	12,16.5	
	83C152JA	8KB ROM	256B	2	40	12,16.5	
	83C152JC	8KB ROM	256B	2	40	12,16.5	

3）Philips 51 系列单片机

Philips 公司也生产和 MCS-51 兼容的 80C51 系列单片机，片内具有 I^2C 总线、A/D 等丰富的功能部件。其主要型号及内部资源见表 1-5。

表 1-5 **Philips 51 系列单片机**

型号			存储器		定时器	I/O 口	串行接口	外部中断源	特殊功能特性
无 ROM	ROM	EPROM	ROM	RAM					
—	83C751	87C751	2KB	64B	1 个 16 位	19 位	I²C	2	低功耗、24 脚封装
—	83C752	87C752	2KB	64B	1 个 16 位	21 位	I²C	2	5 路 8 位 A/D,2 路 PWM
8031AH	8051AH	—	4KB	128B	2 个 16 位	32 位	UART	2	NMOS
80C31B	80C51B	87C51	4KB	128B	2 个 16 位	32 位	UART	2	CMOS
80CL410	83CL410	—	4KB	128B	2 个 16 位	32 位	I²C	10	低电压(1.5～6V),低功耗
80C451	83C451	87C451	4KB	128B	2 个 16 位	56 位	UART	2	扩展了 I/O 口,处理器总线口
80C550	83C550	87C550	4KB	128B	2 个 16 位	32 位	UART	2	8 路 8 位 A/D,定时监视器
80C851	83C851	—	4KB	128B	2 个 16 位	32 位	UART	2	256B E²PROM
8032AH	8052AH	—	8KB	256B	3 个 16 位	32 位	UART	2	NMOS
80C32	80C52	87C52	8KB	256B	3 个 16 位	32 位	UART	2	CMOS
80C552	83C552	87C552	8KB	256B	3 个 16 位	48 位	UART,I²C	6	8 路 10 位 A/D,2 路 PWM,监视定时器
80C562	83C562	—	8KB	256B	3 个 16 位	48 位	UART,I²C	6	8 路 8 位 A/D,2 路 PWM,监视定时器
80C652	83C652	87C652	8KB	256B	2 个 16 位	32 位	UART,I²C	2	
—	83C053	—	8KB	192B	2 个 16 位	28 位	—	3	CRT 控制器(OSD),9 路 PWM
—	83C054	87C54	16KB	192B	2 个 16 位	28 位	—	3	CRT 控制器(OSD),9 路 PWM
—	83C654	87C654	16KB	256B	2 个 16 位	32 位	UART,I²C	2	
80C528	83C528	87C528	32KB	512B	3 个 16 位	32 位	UART,I²C	2	

4）ATMEL 51 系列单片机

ATMEL 公司生产 CMOS 的 E²PROM 型 51 系列单片机,用 E²PROM 代替 ROM 作为程序存储器,具有价格低、编程方便等特点。

例如：89C51 就是用 4KB E²PROM 代替 4KB ROM 的 80C51 单片机。

5）ADuC 系列单片机

ADuC 类芯片是 ADI 公司的产品,典型芯片有 ADuC812、ADuC816、ADuC824。是将 ADC、DAC 等转换部件以及单片机高度集成在一起,其核心仍然是 MCS-51 内核,内部存储器组织、片内外功能部件等与 MCS-51 相似;与 MCS-51 的指令系统完全一样,定时器/计数器和串行接口等工作方式也与 MCS-51 完全相同。所以,在使用 ADuC 类芯片时,可以参考 MCS-51 单片机的有关资料。但是,ADuC 类芯片仍有一些结构和功能与 MCS-51 单片机有别。例如,ADuC 类芯片的闪速/电擦除(Flash/EE)程序存储器和数据存储器与 MCS-51 单片机的存储器不同,尤其是该类芯片中所集成的模/数转换器 ADC 的工作方式比传统的 ADC 芯片的工作方式灵活得多,这使得用户利用 ADuC 类器件构成数据采集系统快捷方便且价廉。

6）PIC16C 5X 系列单片机

PIC16C 5X 是 Microchip 公司推出的一种 8 位单片机。它的典型产品为 PIC16C57,具有 8 位 CPU、2KB×12 E²PROM 程序存储器、80B×8RAM、一个 8 位定时/计数器,21 根 I/O 线,其指令系统采用 RISC 指令,只有 33 条基本指令,工作速度较高,指令字长为 12 位。PIC16C 5X 的典型机型及其性能见表 1-6,它的内部总线不对外开放。现在 Microchip 推出的 16C6X、16C7X、16C8X、17C4X 系列的 OTP(one time programable)芯片，在仪器仪表、家用电器、智能玩具等领域中大量应用。读者可查阅有关技术手册。

表 1-6　PIC16C 5X 单片机特性

型　　号	EPROM	RAM	定时器	I/O 线	引　脚	中　断
PIC16C54	512B×12	32×8	8 位×1	13	18	无
PIC16C55	512B×12	32×8	8 位×1	21	28	无
PIC16C56	1KB×12	32×8	8 位×1	13	18	无
PIC16C57	1KB×12	80×8	8 位×1	21	28	无

7）M68HC05

M68HC05 是 Motorola 公司推出的一种采用 HCMOS 技术的 8 位单片机。其典型代表为 MC68HC705C8，有 8 位 CPU、8KB EPROM、304B RAM、16 位三功能定时器、34 根 I/O 线(31 根双向 I/O 线和 3 根中断和定时器输入输出线)、串行通信口、串行扩展口、Watchdog、5 个中断向量(9 个中断源)。它有上百种型号，它们的 ROM(EPROM)、RAM 容量、引脚和封装各不相同，I/O 功能也千变万化，有 LCD、LED、VFT 等显示驱动、屏幕显示(OSD)、PWM、实时时钟、锁相环、D/A、A/D、串行通信口(SCI)、串行扩展口(SPI)、DTMF(双音频)等各种 I/O 功能，以适应各种不同应用场合的需要。表 1-7 列出了几种应用较广的 M68HC05 及其功能。

表 1-7　M68HC05 单片机特性

型　　号	引脚	ROM	EPROM	E^2PROM	RAM	I/O	定时器	串行口	A/D	其　他
68HC05B4	52	4KB	—	—	176B	32	16 位 5 功能	SCI	8×8	2PWM，Watchdog
68HC05B6	52	6KB	—	256B	176B	32	16 位 5 功能	SCI	8×8	2PMM，Watchdog
68HC705B5	52	—	6KB	—	176B	32	16 位 5 功能	SCI	8×8	2PMM，Watchdog
68HC05C4	40	4KB	—	—	176B	31	16 位 3 功能	SCI，SPI	—	
68HC05C8	40	8KB	—	—	176B	31	16 位 3 功能	SCI，SPI	—	
68HC05C9	40	16KB	—	—	352B	31	16 位 3 功能	SCI，SPI	—	Watchdog
68HC705C8	40	—	8KB	—	304B	31	16 位 3 功能	SCI，SPI	—	Watchdog
68HC705C9	40	—	16KB	—	352B	31	16 位 3 功能	SCI，SPI	—	Watchdog
68HC05C5	40	5KB	—	128B	176B	32	14 位 3 功能	SIOP	—	Watchdog
68HC705C5	40	—	5KB	128B	176B	32	14 位 3 功能	SIOP	—	Watchdog
68HC05D9	40	16KB	—	—	352B	31	16 位 3 功能	SCI	—	5PWM，25mA 吸流
68HC705D9	40	—	16KB	—	352B	31	16 位 3 功能	SCI	—	5PWM，25mA 吸流
68HC05J1	20	1KB	—	—	64B	14	15 位	—	—	Watchdog
68HC705J2	20	—	2KB	—	128B	14	15 位	—	—	Watchdog
68HC05K0	16	0.5KB	—	—	32B	10	15 位	—	—	KEY 中断 Watchdog
68HC05K1	16	0.5KB	8KB		32B	10	15 位	—	—	KEY 中断 Watchdog
68HC705K1	16	—	0.5KB+8	—	32B	10	15 位	—	—	KEY 中断 Watchdog
68HC05L1	56	4KB	—	—	128B	34	16 位 5 功能	—	4×8	64 段 LCD
8HC705L1	56	—	4KB	—	128B	34	16 位 5 功能	—	4×8	64 段 LCD
68HC05P1	28	2KB	—	—	128B	21	16 位 3 功能	—	—	
68HC05P4	28	4KB	—	—	176B	21	16 位 3 功能	SIOP	—	Watchdog
68HC05P6	28	4.6KB	—	—	176B	21	16 位 3 功能	SIOP	4×8	Watchdog

续表

型　号	引脚	ROM	EPROM	E^2PROM	RAM	I/O	定时器	串行口	A/D	其　他
68HC05P7	28	2KB	—	—	128B	21	16 位 3 功能	SIOP	—	Watchdog
68HC05P9	28	2KB	—	—	128B	21	16 位 3 功能	SIOP	4×8	Watchdog
68HC705P6	28		4.6KB	—	176B	21	16 位 3 功能	SIOP	4×8	Watchdog
68HC705P9	28		2KB	—	128B	21	16 位 3 功能	SIOP	4×8	

8) M68HC11

M68HC11 是 Motorola 公司生产的一种超级 8 位单片机。它的典型代表是 MC68HC11A8,具有准 16 位 CPU、8KB ROM、256B RAM、512B E^2PROM、16 位 9 功能定时器、38 根 I/O 线、2 个串行口(SCI、SPI)、8 位脉冲累加器、8 路 8 位 A/D、实时中断、Watchdog、17 个中断向量等功能。指令系统含有 150 多条指令,包括 16 位整数和小数除法指令和其他 16 位运算、取数、存数指令。M68HC11 可以单片方式工作,也可以扩展方式工作(外接程序存储器等)。

M68HC11 有几十种型号,表 1-8 列出了几种常用的 M68HC11 及它们的功能。

表 1-8　M68HC11 单片机特性

型　号	无 ROM 型	引脚	ROM	RAM	E^2PROM	定时器	串行 I/O	A/D	I/O	其　他
68HC11A8	68HC11A1	52	8KB	256B	512B	9 功能	SCI,SPI	8×8	38	
68HC11E9	68HC11E1	52	12KB	512B	512B	9 功能	SCI,SPI	8×8	38	
68HC711E9	—	52	12KB(E)	512B	512B	9 功能	SCI,SPI	8×8	38	
68HC811E2	—	52	—	256B	2KB	9 功能	SCI,SPI	8×8	38	
68HC11D3	68HC11D0	44	4KB	192B	—	9 功能	SCI,SPI	—	32	
68HC711D3	—	44	4KB(E)	192B	—	9 功能	SCI,SPI	—	32	
68HC11F1	—	68	—	1KB	512B	9 功能	SCI,SPI	8×8	30	4 片选
68HC11L6	68HC11L1	68	16KB	512B	512B	9 功能	SCI,SPI	8×8	46	
68HC711J6	—	68	16KB(E)	512B	—	9 功能	SCI,SPI	—	54	
68HC11K4	68HC11K1	84	24KB	768B	640B	9 功能	SCI,SPI	8×8	62	4 PWM MMU
68HC711K4	—	84	24KB(E)	768B	640B	9 功能	SCI,SPI	8×8	62	4 PWM MMU
68HC11G5	68HC11G0	84	16KB	512B	—	11 功能	SCI,SPI	8×10	62	4 PWM 2 计数器
68HC711G5	—	84	16KB(E)	512B	—	11 功能	SCI,SPI	8×10	62	4 PWM 2 计数器

9) Z8

Z8 是 Zilog 公司生产的中档 8 位单片机。其典型代表是 Z8601,具有 8 位 CPU、2KB ROM、124B RAM、2 个 8 位定时器、32 根 I/O 线、1 个串行通信口、6 个中断向量等功能。指令系统有 43 条基本指令,具有立即、直接、寄存器、间接、变址、相对等寻址方式,CPU 采用多累加器结构,方便程序设计。表 1-9 列出了 Z8 的部分型号及其功能。

表 1-9 Z8 单片机特性

型号	引脚	ROM	RAM	I/O	定时器	串行口	其他
Z8600/10	28	2KB/4KB	144B	32	8位×2	—	
Z8601/11	40	2KB/4KB	144B	32	8位×2	UART	
Z86C06	18	1KB	144B	14	8位×2	SPI	Watchdog
Z86C21	40	8KB	256B	32	8位×2	UART	
Z86C40	40	4KB	256B	32	8位×2	—	Watchdog
Z86C93	40	—	256B	32	16位×2	UART	16位乘/除

2. 16位单片机

现在已有多种16位单片微机，它们适合于在复杂的工业控制系统中使用，具有速度快、功能强等特点。下面简单介绍几种目前使用较多的16位单片机。

1）MCS-96

MCS-96是Intel公司推出的一种16位单片机，它可分为两大类：一类是采用HMOS工艺生产，其典型代表为8397BH，具有16位CPU、8KB ROM、232B RAM、2个16位定时器、8路高速输入输出、串行通信口、5个8位I/O口、8路10位A/D、20个中断源、Watchdog等功能；另一类采用HCMOS工艺生产，其典型代表为83C196KC，与8397BH向上兼容，但速度快了一倍左右，增加了10条指令，I/O功能也有很大增强，特别是增加了外围传送服务(PTS)功能，大大加快了I/O处理能力。MCS-96共有100～110条指令，能完成各种16位运算，执行一次16位乘法不到2μs。CPU采用多累加器结构，编程十分方便。表1-10列出了MCS-96的各种型号和功能。

表 1-10 MCS-96 单片机特性

型号	引脚	ROM	RAM	定时器	HSIO/EPA	A/D	串行口	PWM	PTS	其他
8398	48	8KB	232B	16×2	HSIO	4×10	SIO	1		
8397BH	68	8KB	232B	16×2	HSIO	8×10	SIO	1		
8397JF	68	16KB	488B	16×2	HSIO	8×10	SIO	1		
83C198	52	8KB	232B	16×2	HSIO	4×10	SIO	1		
83C196KB	68	8KB	232B	16×2	HSIO	8×10	SIO	1		
83C196KC	68	16KB	488B	16×2	HSIO	8×10	SIO	3	PTS	
83C196KR	68	16KB	744B	16×2	EPA	8×10	SIO,SSP		PTS	从机口
83C196MC	84	16KB	488B	16×2	EPA	13×10	SIO		PTS	三相波形发生器

注：表中列出的为有ROM的型号。具有EPROM的型号为8798、8797BH、8797JF、87C198、87C196KB/KC/KR/MC，无ROM的型号为8098、8097BH、8097JF、80C198、80C196KB/KC/KR/MC。另外，它们还有引脚较少或无A/D的变形型号，如8×95BH为48脚的8×97BH；8×96BH为无A/D的8×97BH；8×94BH为无A/D、48脚的8×97BH。

2）M68HC16

M68HC16是Motorola公司推出的一种高性能16位单片机，它的典型代表产品是MC68HC16Z1，具有高速16位CPU、20根外部地址总线和16位数据总线、1KB RAM、9功能16位定时器、脉冲累加器、2路PWM、串行通信口SCI、列队串行外围接口QSPI、高速8路10位A/D、46根I/O线、12根片选输出、200多个中断向量、Watchdog等功能。

指令系统有260多条指令、支持位、字节、字和32位运算，具有立即、扩展、直接、变址等12种寻址方式，执行16位乘法时间少于0.5μs，具有DSP功能。M68HC16采用模块化结构，由CPU(16位)、内部模块总线(IMB)、系统集成模块(SIM)、各种存储器模块、各种I/O模块等构成。改变存储器或I/O模块可形成不同的M68HC16。表1-11列出了几种M68HC16及其功能。

表1-11 M68HC16单片机特性

型号	引脚	ROM	RAM	E^2PROM	定时器	A/D	串行口
68HC16Z1	132	—	1KB	—	GPT	8×10	SCI,QSPI
68HC16Z2	132	8KB	2KB	—	GPT	8×10	SCI,QSPI
68HC16Y1	160	48KB	2KB	—	GPT,TPU	8×10	2SCI,SPI
68HC916Y1	160	48KB(FEE)	4KB	—	GPT,TPU	8×10	2SCI,SPI
68HC916X1	120	48KB(FEE)	2KB	2KB	GPT	8×10	SCI,QSPI

注：GPT为包括9功能16位定时器、脉冲累加器、2路PWM的定时器模块；TPU为16路16位智能定时器模块；FEE为Flash E^2PROM的缩写。

3) HPC

HPC是NS公司推出的一种16位CMOS单片机。它的典型代表产品为HPC46083，具有高速16位CPU、8KB ROM、256B RAM、8个16位定时器、4个输入捕捉寄存器(ICR)、1个串行通信口UART、1个串行扩展口SIO、52根I/O线、Watchdog、8个中断源等功能。指令系统有54条指令，具有立即、直接、间接、寄存器间接等9种寻址方式，指令周期仅为67ns，执行一次16位乘、除法时间少于4μs。

1.4.6 单片机的应用

1. 单片机的应用特性

单片微机和一般的微型机(它们由微处理器μP、存储器和I/O接口电路等芯片组成，我们称之为多片微机，如IBM PC机)相比，具有下面一些特性。

1) 体积小

由于单片机内部包含了计算机的基本功能部件，能满足很多应用领域对硬件功能的基本要求，因此由单片机组成的应用系统结构简单，"小而全"。

2) 可靠性高

单片机内CPU访问存储器、I/O接口的信息传输线(即总线——地址总线、数据总线和控制总线)大多数在芯片内部，因此不易受外界的干扰；另一方面，由于单片微机体积小，在应用环境比较差的情况下，容易采取对系统进行电磁屏蔽等措施。所以单片机应用系统的可靠性比一般的微机系统高得多。

3) 控制功能强

单片机面向控制，它的实时控制功能特别强，CPU可以直接对I/O口进行各种操作(输入输出、位操作以及算术逻辑操作等)，运算速度高，时钟达16MHz以上。对实时事件的响应和处理速度快。

4）使用方便

由于单片机内部功能强，系统扩展方便，因此应用系统的硬件设计非常简单，又因为市场上提供多种多样的单片机开发工具，它们具有很强的软硬件调试功能和辅助设计的手段。

5）性能价格比高

由于单片机功能强、价格便宜，其应用系统的印版小、接插件少、安装调试简单等一系列原因，使单片机应用系统的性能价格比高于一般的微机系统。

6）容易产品化

单片机以上的特性，缩短了单片机应用系统样机至正式产品的过渡过程，缩短了研制周期，可使科研成果迅速转化成生产力。

2. 单片机的应用

单片机的应用具有面广量大的特点。国际上从20世纪70年代开始，国内自20世纪80年代以来，单片机已广泛地应用于国民经济的各个领域，对各个行业的技术改造和产品智能化的更新换代起重要的推动作用。

1）单片机在智能仪表中的应用

单片机广泛地用于各种仪器仪表，使仪器仪表智能化，提高它们的测量速度和测量精度，加强控制功能，简化仪器仪表的硬件结构，便于使用、维修和改进。

2）单片机在机电一体化中的应用

机电一体化是机械工业发展的方向。机电一体化产品是指集机械技术、微电子技术、自动化技术和计算机技术于一体，具有智能化特征的机电产品。例如，微机控制的铣床、车床、钻床、磨床等，使得机械零件的超精密加工成为现实；自动点钞机、验钞机等机电产品，使得金融业劳动强度降低，假币原形毕露；IC卡的应用使得消费方式发生了巨大变化。单片微机的出现促进了机电一体化，它作为机电产品的控制器，充分地发挥了体积小、可靠性高、功能强、现场安装灵活方便等优点，大大强化了机器的功能，提高了机器的精度、自动化和智能化水平。

3）单片机在实时控制中的应用

单片机也广泛地用于各种实时测控系统中，对于过程控制中的各种物理参数：如转速、位移、压力、流量、液位、温度、湿度、酸碱度、化学成分的测量和控制。将测量技术、自动控制技术和计算机技术相结合，充分发挥数据处理和实时控制功能，使系统工作在最佳状态，提高系统的生产效率和产品的质量。在航空航天、通信、遥控、遥测等各种实时控制系统中都可以使用单片机作为控制器。

4）单片机在分布式多机系统中的应用

分布式多机系统具有功能强、可靠性高的特点，在比较复杂的系统中，都采用分布式多机系统。系统中有若干台功能各异的计算机，各自完成特定的任务，它们又通过通信相互联系、协调工作。单片机在这种多机系统中，往往作为一个终端机，安装在系统的某些节点上，对现场信息进行实时的测量和控制。高档单片机多机通信（并行或串行）功能很强，它们在分布式多机系统中将发挥很大作用。

5）单片机在家用电器中的应用

家用电器涉及千家万户，生产规模大。如全自动洗衣机、热水器、高级音响设备、高级玩具、电子游戏机等，配上微电脑后使其身价百倍，深得用户的欢迎。廉价的单片微机在家用电器中应用前途十分广阔。

习题与思考

1. 计算机由哪几部分组成？什么是微处理器、微型机、微机系统、单片机？

2. ALU 单元的作用是什么？一般能完成哪些操作？

3. 程序计数器 PC 内容代表什么？它是怎样工作的？

4. 标志寄存器 F 的作用是什么？其各位有何意义？

5. 什么是堆栈？它按何种方式工作？

6. 存储器由哪几部分组成？它是怎样工作的？各个部分起何作用？

7. 指令由哪几部分组成？

8. 一条指令的执行包括哪些步骤？各步骤具体是怎样操作的？

9. 请将表 1-1 中的第二条指令“ADD A，＃30H”的执行过程叙述出来。

10. 什么叫内部总线、外部总线？说出各自的特征（包括传输信息的类型、单向的还是双向的）。

11. 设某 CPU 有 16 条地址线，8 条数据线，该 CPU 最大可能寻址范围是多少？什么是微处理器、微型机、微机系统、单片机？

12. ALU 单元的作用是什么？一般能完成哪些操作？程序计数器 PC 内容代表什么？它是怎样工作的？

第2章

MCS-51单片机硬件结构

1980年Intel公司在MCS-48系列单片机的基础上，又推出了MCS-51系列8位高档单片机。MCS-51系列单片机无论是片内RAM容量、I/O口功能、系统扩展能力，还是指令系统和CPU的处理功能都非常强。尤其是MCS-51所特有的布尔处理机，在逻辑处理与控制方面具有突出优点。MCS-51系列单片机适合于实时控制，可构成工业控制器、智能仪表、智能接口、智能武器装置以及通用测控单元等。目前世界上各大半导体公司推出的系列化新型兼容单片机，都是以最早的8051为内核，增加一定的功能部件构成的，不仅具有相同的指令系统、地址空间和寻址方式，有些甚至连引脚功能也完全兼容，而且各具特色、阵容强大、品种齐全，可以满足各类用途的系统设计需要，同时也保护了用户早期的软硬件投资。由于MCS-51系列单片机具有体积小、功能全、价廉、面向控制、开发应用方便等优点，具有极强的竞争力，今后它仍然是工业界、科技界广泛选择应用的8位微控制器。本章首先介绍MCS-51系列单片机基本型（8051内核）的结构与工作原理，并从用户使用的角度，重点分析与讨论其面向用户的特性。在熟练掌握基本型单片机的基本特性后，再去学习掌握新型系列兼容机的新增特性就可举一反三，触类旁通。

2.1 MCS-51单片机主要功能特点

MCS-51系列单片机最早的典型代表为8051、8751、8031，其指令系统完全兼容，仅在内部结构和应用特性方面稍有差异，主要功能特点如下。

- 8位CPU；
- 片内128B RAM（MCS-52子系列有256字节RAM）；
- 片内4KB ROM/EPROM（8051/8751）；
- 特殊功能寄存器区；
- 2个优先级的5个中断源结构；
- 4个8位并行I/O口（P0、P1、P2、P3）；

- 2个16位定时/计数器(MCS-52子系列为3个);
- 全双工串行口;
- 布尔处理器;
- 64KB外部数据存储器地址空间;
- 64KB外部程序存储器地址空间;
- 片内振荡器及时钟电路。

8051片内程序存储器为掩膜ROM,可根据特殊要求和用途在制造芯片时将专用程序固化进去,成为专用单片机。8031单片机内部没有ROM,使用时需外接EPROM芯片,其他与8051完全一样。而8751是片内ROM采用EPROM形式的8051,能方便地改写程序。

以上器件都是采用HMOS工艺制造的,另外还有采用低功耗的CHMOS工艺制造的器件,它们是80C31、80C51和87C51等,分别与上述器件兼容。

8052单片机是增强型的MCS-51系列单片机,它除了兼容8051的全部功能外,还增强了其他功能,它有256字节片内RAM,3个定时器/计数器,6个中断源和8KB片内ROM。同样8032是无片内ROM的8052,8752是由8KB EPROM代替ROM的8052。表2-1列出MCS-51系列单片机片内功能配置。

表2-1 MCS-51系列单片机片内功能配置

芯片种类 \ 功能配置		ROM	EPROM	RAM	定时器计数器	I/O		中断源
						并行	串行	
51	8031	/	/	128B	2×16位	4×8位	1	5
	8051	4KB	/	128B	2×16位	4×8位	1	5
	8751	/	4KB	128B	2×16位	4×8位	1	5
52	8032	/	/	256B	3×16位	4×8位	1	6
	8052	8KB	/	256B	3×16位	4×8位	1	6
	8752	/	8KB	256B	3×16位	4×8位	1	6

综上所述,8051与8751本身即可构成一个小而完整的微机系统,而8031则需外加一片EPROM电路方能构成系统。8051片内ROM中的程序是制造商代为用户固化的,用户只需将程序清单交给厂家,出厂的8051便成为具有特殊用途的专用单片机。8751片内具有4KB EPROM,EPROM是面向用户的,用户可方便地将工作程序固化到EPROM中。8751价格昂贵,不宜大量应用到产品中去。8031/8032内部无ROM,但外接一片EPROM,亦可构成一个完整的系统。它具有价格低、功能强、使用方便灵活的特点,用户在上述几种单片机中选择机型时,应根据系统需要来选择。国内用户更习惯使用8031/8032构成系统。

下面先重点介绍最基本的8031单片机,并使用MCS-51和8031两个术语,前者泛指8051、8751和8031,后者指特定的8031,同时还将介绍MCS-51系列的增强型单片机MCS-52子系列。

2.2　MCS-51 单片机内部结构分析

本节从硬件设计和程序设计的角度来分析 MCS-51 单片机的内部结构，即主要从系统设计的角度出发，重点介绍 MCS-51 单片机面向用户的内部资源，站在用户的角度上分析其内部结构，使读者学习这部分内容后对单片机有一个总体了解，并能理解和掌握单片机的应用特性。

MCS-51 系列典型产品 8051 的结构框图如图 2-1 所示，其各功能部件，如微处理器、存储器和 I/O 电路都通过内部总线紧密地连在一起。若图中的 ROM 部分用 EPROM 代替则为 8751，若去掉 ROM 部分就是 8031 的结构框图。

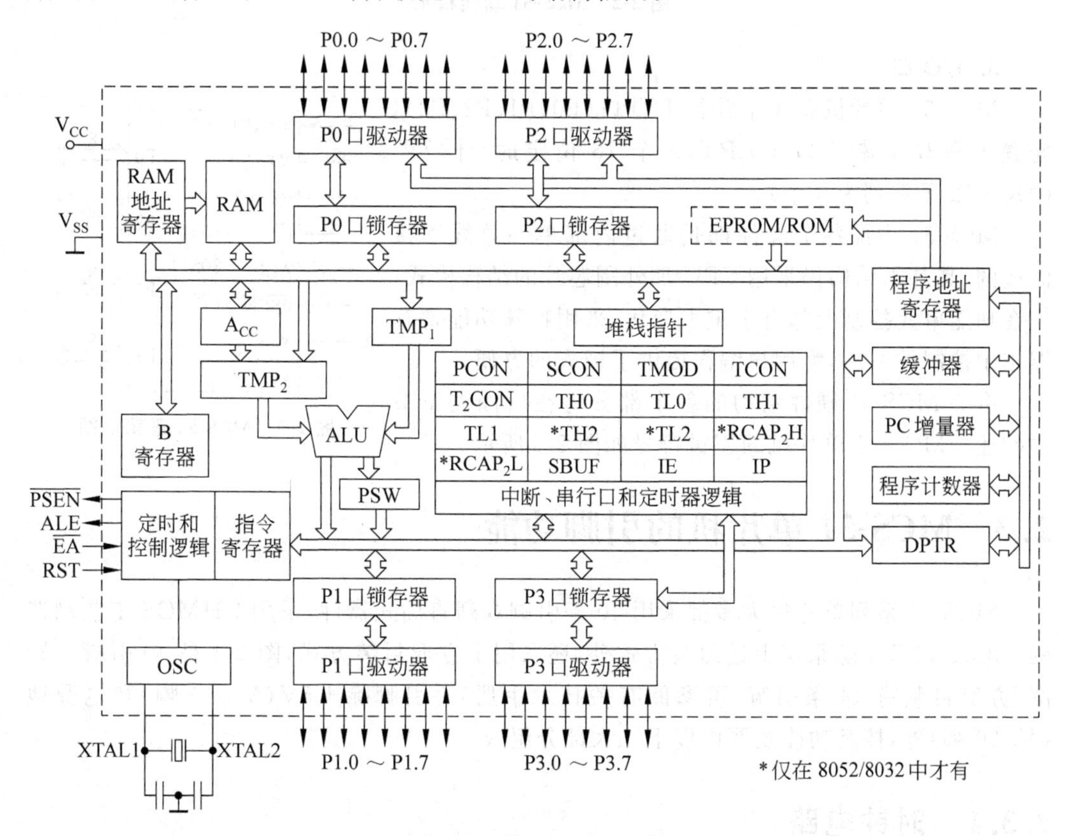

图 2-1　MCS-51 结构框图

在如图 2-1 所示的总体框图中，集成了一台微型计算机的各个部分，分析讨论该框图是十分繁琐的，如果将其简化为图 2-2 仅与用户有关的结构，学习掌握起来就容易多了。

1. 中央处理器

MCS-51 单片机的中央处理器由运算器与控制逻辑组成。同时还包括中断系统与部分特殊功能寄存器。

2. 存储器

对 8031 而言，只有数据存储器 RAM，而无图 2-2 的虚线部分（ROM/EPROM）。8051/8751 单片机中含有 ROM/EPROM。

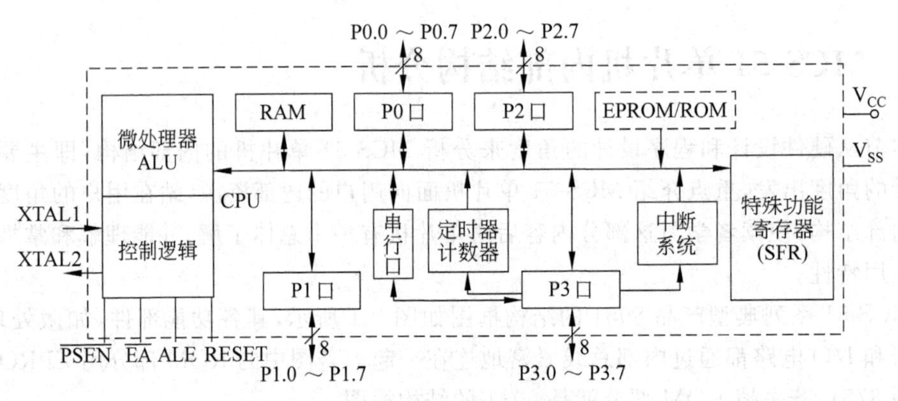

图 2-2 MCS-51 功能框图

3. I/O 口

MCS-51单片机有4个并行I/O口(P0、P1、P2、P3)，配置了全双工串行口UART，2个16位定时/计数器(MCS-52子系列为3个)。

MCS-51内部各个部件都是通过内部单一总线连接而成的，其基本结构仍采用CPU加外围芯片的结构模式，但在功能单元控制上却有了重大变化，采用特殊功能寄存器集中控制的方法，为用户编程提供了极大的方便。

有关MCS-51硬件结构的各个部分将在后面的章节中叙述。MCS-51单片机的逻辑符号如图2-3所示。

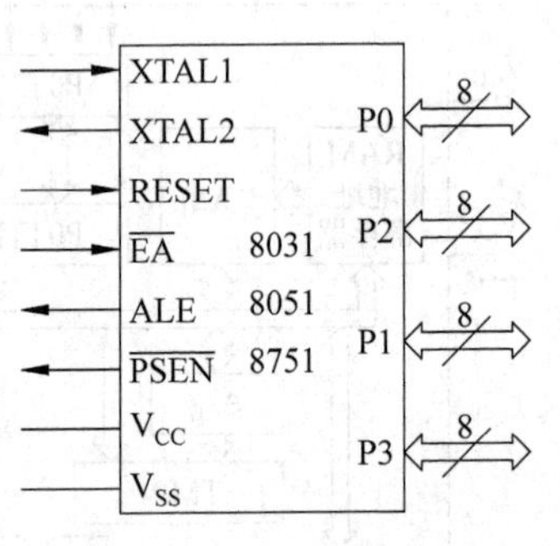

图 2-3 MCS-51 逻辑框图

2.3 MCS-51单片机的引脚功能

MCS-51系列单片机大多都采用40条引脚双列直插式器件，采用CHMOS工艺制造的80C51/80C31除采用上述封装方式外，还采用了方形封装方式，图2-4是40引脚配置图(方形封装有44条引脚，可参阅有关技术手册)。引脚除+5V(V_{CC}40脚)和电源地(V_{SS}20脚)外，按其功能主要由以下三大部分组成。

2.3.1 时钟电路

XTAL1(19脚)——芯片内部振荡电路(单级反相放大器)输入端。

XTAL2(18脚)——芯片内部振荡电路(单级反相放大器)输出端。

MCS-51的时钟可由内部方式或外部方式产生。

1. 内时钟方式

利用芯片内部振荡电路，在XTAL1,XTAL2的引脚上外接定时元件，内部振荡器便能产生自激振荡，用示波器便可以观察到XTAL2输出的正弦波，定时元件可以采用石英晶体和电容组成的并联谐振电路，其连接方法如图2-5(a)所示。晶体可以在1.2～12MHz之间任选，电容可以在20～60pF之间选择，通常选择为30pF左右，电容C_1、C_2的

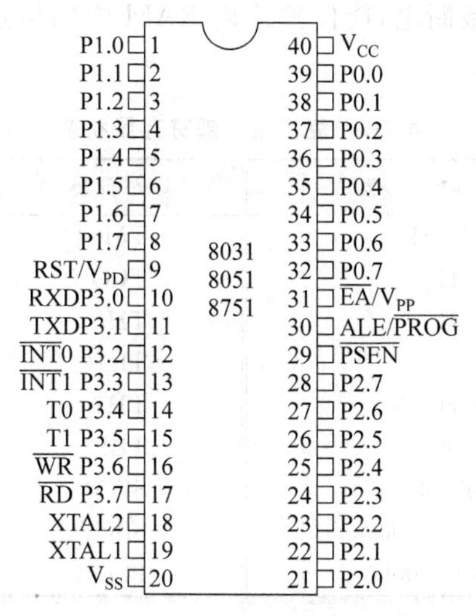

图 2-4 MCS-51引脚配置

大小对振荡频率有微小影响,可起频率微调作用。在设计印制版时,晶体和电容应尽可能与单片机芯片靠近,以减少寄生电容,保证振荡器可靠工作,一般采用瓷片电容。

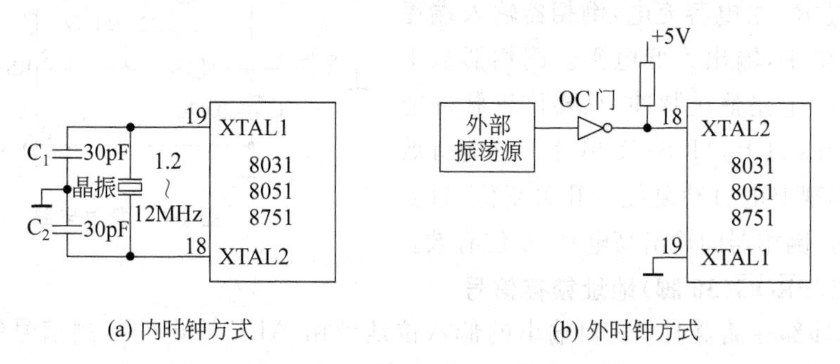

图 2-5 MCS-51时钟方式电路图

2. 外时钟方式

如图2-5(b)所示,XTAL1接地,XTAL2接外部振荡器,对外部振荡信号无特殊要求,由于XTAL2端的电平不是TTL电平,故应接一上拉电阻。外部振荡器的频率应低于12MHz的方波信号。

2.3.2 控制信号

1. RST/V_{PD}(9脚)复位信号

时钟电路工作后,在此引脚上出现两个机器周期的高电平,芯片内部进行初始复位,复位后片内寄存器状态如表2-2所示。P0口~P3口输出高电平,初值07H写入堆栈指针SP、清0程序计数器PC和其余特殊功能寄存器。但初始复位不影响片内RAM状态,只要该引脚保持高电平,MCS-51将循环复位。RST/V_{PD}从高电平变成低电平时,单片机将从0号单元开始执行程序。另外该引脚还具有复用功能。只要将V_{PD}接+5V备用电源，一旦 V_{CC} 电位突然下降或断电，能保护片内 RAM 中的信息不会丢失，复电后能正常工作。

表 2-2　复位后内部寄存器状态

寄存器	内　容	寄存器	内　容
PC	0000H	TMOD	00H
A_{CC}	00H	TCON	00H
B	00H	TH0	00H
PSW	00H	TL0	00H
SP	07H	TH1	00H
DPTR	0000H	TL1	00H
P0～P3	0FFH	SCON	00H
IP	×××00000	SBUF	不定
IE	0××00000	PCON	0×××0000

MCS-51 通常采用上电自动复位和开关复位两种方式，其逻辑如图 2-6 所示。上电自动复位通电瞬间，电容两端电压不能突变，倒相器输入端为低电平，RESET 保持高电平，随之+5V 通过 R1 给电容充电，倒相器输入端逐渐上升为高电平，输出为低电平。倒相器从上电开始输出一个完整正脉冲，只要该正脉冲能够保持约 10ms 以上，MCS-51 单片机就能有效复位，从而实现上电自动复位。开关复位，只要按下 K_R 按钮，倒相器即输出高电平，复位有效。

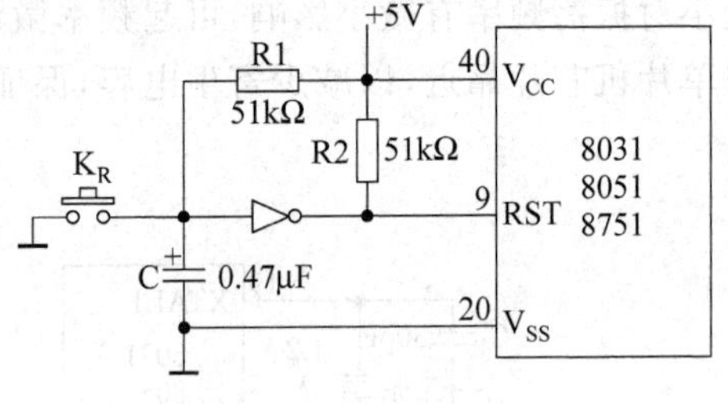

图 2-6　复位电路

2. ALE/$\overline{\text{PROG}}$(30 脚)地址锁存信号

当访问外部存储器时，P0 口输出的低八位地址由 ALE 输出的控制信号锁存到片外地址锁存器，P0 口输出地址低八位后，又能与片外存储器之间传送信息。换言之，由于 P0 口作地址/数据复用口，那么 P0 口上的信息究竟是地址还是数据完全由 ALE 来定义，ALE 高电平期间，P0 口上一般出现地址信息，在 ALE 下降沿时，将 P0 口上地址信息锁存到片外地址锁存器，在 ALE 低电平期间 P0 口上一般出现指令和数据信息。平时不访问片外存储器时，该端也以六分之一的时钟频率固定输出正脉冲。因而亦可作系统中其他芯片的时钟源。ALE 可驱动 8 个 TTL 门。

对于 EPROM 型单片机，在 EPROM 编程时，此脚用于编程脉冲$\overline{\text{PROG}}$。

3. $\overline{\text{PSEN}}$(29 脚)片外程序存储器读选通

$\overline{\text{PSEN}}$低电平有效，8051 访问片外程序存储器时，程序计数器 PC 通过 P2 口和 P0 口输出十六位指令地址，$\overline{\text{PSEN}}$作为程序存储器读信号，输出负脉冲将相应存储单元的指令读出并送到 P0 口上，供 8051 执行。$\overline{\text{PSEN}}$同样可驱动 8 个 TTL 门输入。

4. $\overline{\text{EA}}$/V_{PP}(31 脚)内部和外部程序存储器选择信号

对于 8051 和 8751 来说，内部有 4KB 的程序存储器，当$\overline{\text{EA}}$为高时，CPU 访问程序存储器有两种情况：

- 地址小于 4KB 时访问内部程序存储器。

• 地址大于 4KB 时访问外部程序存储器。

若$\overline{EA}$接地，则不使用内部程序存储器，不管地址大小，取指时总是访问外部程序存储器。由此可见，8031 单片机(无内部 ROM 型)的$\overline{EA}$必须接地。

对于 EPROM 型的单片机，在 EPROM 编程时，此引脚用于施加 21 伏编程电压 V_{PP}。

2.3.3 I/O 口

MCS-51 单片机有 4 个双向 8 位 I/O 口 P0～P3，P0 口为三态双向口，负载能力为 8 个 LSTTL 门电路，P1～P3 为准双向口(用作输入时，口锁存器必须先写"1")，负载能力为 4 个 LSTTL 门电路。

1. P0 口(P0.0～P0.7，39～32 脚)为三态双向口

图 2-7 是 P0 口位结构图，包括 1 个输出锁存器、2 个三态缓冲器、1 个输出驱动电路和 1 个输出控制端，输出驱动电路由一对场效应管组成，其工作状态受输出控制端的控制，它包括 1 个与门、1 个反相器和 1 个转换开关 MUX 组成。对 8051/8751 来讲，P0 口既可作地址/数据总线使用，又可作通用 I/O 口使用。

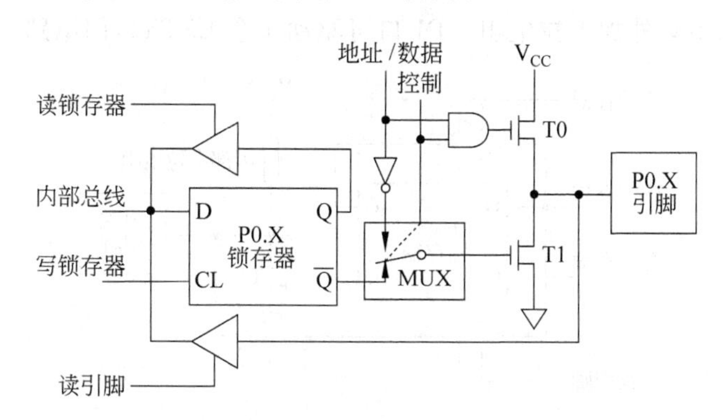

图 2-7　P0 口位结构

1) P0 口作地址/数据复用总线使用

若从 P0 口输出地址或数据信息，此时控制端应为高电平，转换开关 MUX 将反相器输出端与输出级 T1 管接通，同时与门开锁，内部总线上的地址或数据信号通过与门去驱动 T0 管，又通过反相器去驱动 T1 管，这时内部总线上的地址或数据信号就传送到 P0 口的引脚上；若从 P0 口输入指令或数据时，引脚信号应从输入三态缓冲器进入内部总线。对 8031 单片机来讲，P0 口只能作地址/数据复用总线用，不再把它当作通用 I/O 口使用，它可驱动 8 个 LSTTL 门电路。

2) P0 口作通用 I/O 口使用

对于有内部 ROM 型的单片机，P0 口也可以作通用 I/O 口，此时控制端为低电平，转换开关把输出级与锁存器的 $\overline{Q}$ 端接通，同时因与门输出为低电平，输出级 T0 管处于截止状态，输出级为漏极开路电路，在驱动 NMOS 电路时应外接上拉电阻；作输入口用时，应先将锁存器写"1"，这时输出级两个场效应管均截止，可作高阻抗输入，通过三态输入缓冲器读取引脚信号，从而完成输入操作。

3) P0～P3口线上的“读—修改—写”功能

图2-7上面一个三态缓冲器是为了读取锁存器Q端的数据。Q端与引脚的数据是一致的。结构上这样安排是为了满足“读—修改—写”指令的需要，这类指令的特点是：先读口锁存器，随之可能对读入数据进行修改再写入到端口上，例如：ANL P0,A;ORL P0,A;XRL P0,A;… 等指令。这类指令同样适用于P1～P3口，其操作是：先将口字节的全部8位数读入，再通过指令修改某些位，然后将新的数据写回到口锁存器中。

2. P1口(P1.0～P1.7,1～8脚)准双向口

1) P1口作通用I/O口使用

P1口是一个有内部上拉电阻的准双向口，位结构如图2-8所示，P1口的每一位口线能独立地用作输入线或输出线。作输出时：将“1”写入锁存器，使输出级的场效应管截止，输出线由内部上拉电阻提升为高电平，输出为“1”；将“0”写入口锁存器，场效应管导通，输出线为低电平，即输出为“0”。作输入时：必须先将“1”写入口锁存器，使场效应管截止。该口线由内部上拉电阻提拉成高电平，同时也能被外部输入源拉成低电平，即当外部输入“1”时该口线为高电平，而输入“0”时，该口线为低电平。P1口作输入时，可被任何TTL电路和MOS电路所驱动，由于具有内部上拉电阻，也可以直接被集电极开路和漏极开路电路所驱动，不必外加上拉电阻。P1口可驱动4个LSTTL门电路。

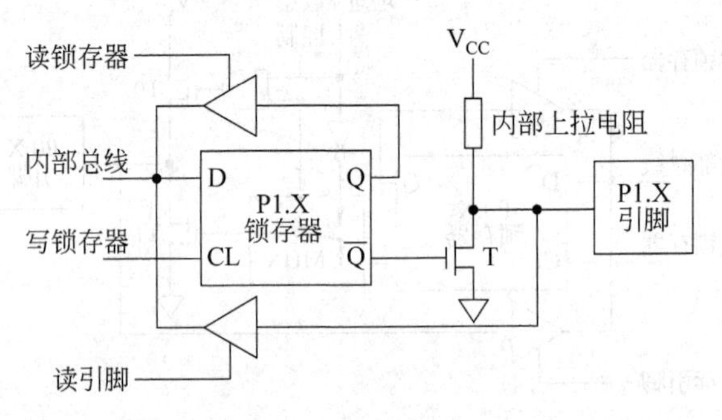

图2-8 P1口位结构

2) P1口其他功能

P1口在EPROM编程和验证程序时，它输入低八位地址；在8032/8052系列中，P1.0和P1.1是多功能的，P1.0可作定时器/计数器2的外部计数触发输入端T2，P1.1可作定时器/计数器2的外部控制输入端T2EX。

3. P2口(P2.0～P2.7,21～28脚)准双向口

P2口的位结构如图2-9所示，引脚上拉电阻同P1口。在结构上，P2口比P1口多一个输出控制部分。

1) P2口作通用I/O口使用

当P2口作通用I/O口使用时，是一个准双向口，此时转换开关MUX倒向左边，输出级与锁存器接通，引脚可接I/O设备，其输入输出操作与P1口完全相同。

2) P2口作地址总线口使用

当系统中接有外部存储器时，P2口用于输出高八位地址A15～A8。这时在CPU的控制下，转换开关MUX倒向右边，接通内部地址总线，P2口的口线状态取决于片内输出的地址信息，这些地址信息来源于PCH、DPH等。在外接程序存储器的系统中，由于访

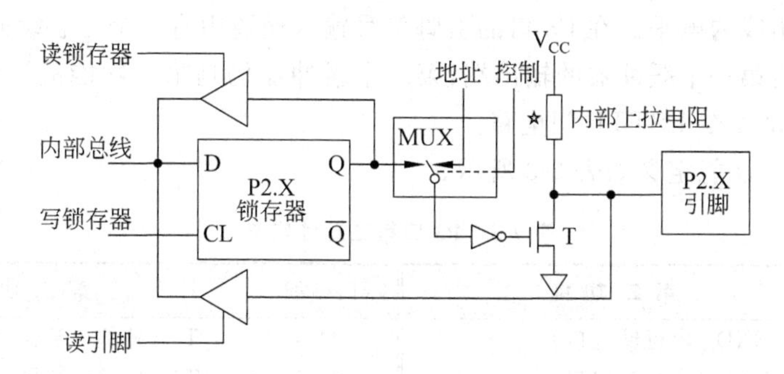

图 2-9 P2 口位结构

问外部存储器的操作连续不断,P2 口不断送出地址高八位,例如在 8031 构成的系统中,P2 口一般只作地址总线口使用,不再作 I/O 口直接连外部设备。

在不接外部程序存储器而接有外部数据存储器的系统中,情况有所不同,若外接数据存储器容量为 256B,则可使用 MOVX @Ri 类指令由 P0 口送出 8 位地址,P2 口上引脚的信号在整个访问外部数据存储器期间不会改变,故 P2 口仍可作通用 I/O 口使用。若外接存储器容量较大,需用 MOVX @DPTR 类指令由 P0 口和 P2 口送出 16 位地址。在读写周期内,P2 口引脚上将保持地址信息,但从结构可知,输出地址时,并不要求 P2 口锁存器锁存"1",锁存器内容也不会在送地址信息时改变。故访问外部数据存储器周期结束后,P2 口锁存器的内容又会重新出现在引脚上。这样,根据访问外部数据存储器的频繁程度,P2 口仍可在一定限度内作一般 I/O 口使用。P2 口可驱动 4 个 LSTTL 门电路。

4. P3 口(P3.0～P3.7,10～17 脚)双功能口

P3 口是一个多用途的端口,也是一个准双向口,可以同 P1 口一样作为第一功口,也可以每一位独立定义为第二功能。P3 口的位结构如图 2-10 所示。

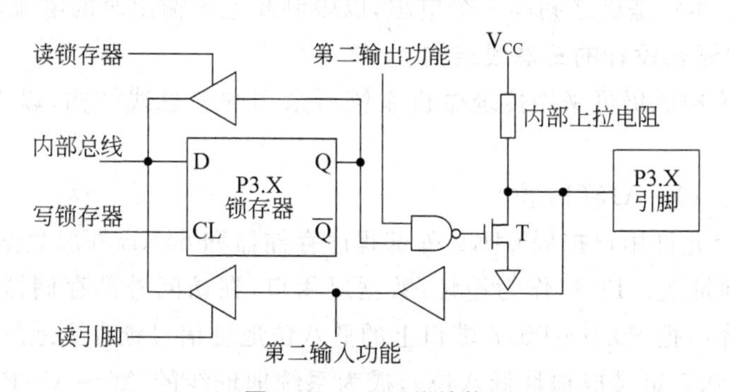

图 2-10 P3 口位结构

1) P3 口作第一功能口使用

P3 口作通用 I/O 口使用时,输出功能控制线为高电平,与非门的输出取决于锁存器的状态,此时锁存器 Q 端的状态与其引脚状态是一致的。在这种情况下,P3 口的结构和操作与 P1 口相同。

2) P3 口作第二功能口使用

P3 口的第二功能实际上就是系统具有控制功能的控制线。此时相应的口线锁存器必须为"1"状态,与非门的输出由第二功能输出线的状态确定,从而 P3 口线的状态取决于第二功能输出线的电平。在P3口的引脚信号输入通道中有2个三态缓冲器,第二功能的输入信号取自第一个缓冲器的输出端,第二个缓冲器仍是第一功能的读引脚信号缓冲器。P3口可驱动4个LSTTL门电路。

P3口的第二功能定义如表2-3所示。

表2-3 P3口第二功能定义

口 线	第二功能	口 线	第二功能
P3.0	RXD(串行输入口)	P3.4	T0(外部计数器0触发输入)
P3.1	TXD(串行输出口)	P3.5	T1(外部计数器1触发输入)
P3.2	$\overline{INT0}$(外部中断0输入)	P3.6	$\overline{WR}$(外部数据存储器写选通)
P3.3	$\overline{INT1}$(外部中断1输入)	P3.7	$\overline{RD}$(外部数据存储器读选通)

2.3.4 MCS-51单片机管脚的应用特性

1. 端口的负载能力和接口要求

综上所述,P0口的输出级与P1~P3口的输出级在结构上是不同的,因此它们的负载能力与接口要求也是不同的。P0口的每一位口线可驱动8个LSTTL门输入,当把它当作通用I/O口使用时,输出级是漏极开路,故用它去驱动NMOS输入时需外接上拉电阻;把它当作地址/数据总线口使用时,它为三态双向口,无需再外接上拉电阻。

P1~P3口输出级接有内部上拉电阻,它的每一位口线可驱动4个LSTTL门输入。输入端都可以被集电极开路或漏极开路电路所驱动,无需再外接上拉电阻。

CHMOS端口只提供几毫安输出电流,故当作为输出去驱动一个普通晶体管的基极时,应在端口与晶体管基极之间串一个电阻,以限制高电平输出时的电流。

2. 系统扩展逻辑设计的三总线结构

MCS-51系统构成仍可采用传统微机系统所采用的三总线结构,以方便地实现系统扩展的逻辑设计。

1) 地址总线A0~A15(16位)

MCS-51系统允许用户扩展64KB外部程序存储器和64KB外部数据存储器,故系统必须提供16位地址线。P0口作为地址/数据复用口,在访问外部存储器时,由地址锁存信号ALE的下降沿把P0.0~P0.7端口上的低八位地址信号锁存到地址锁存器中(即由ALE将P0.0~P0.7定义成地址低八位),成为系统地址线的A0~A7;P2口在系统访问外部存储器时由P2.0~P2.7送出系统地址的高八位A8~A15,从而构成系统的16位地址总线。

2) 数据总线D0~D7(8位)

P0口作为系统的地址/数据复用口,在访问外部程序存储器期间,即在取指周期程序存储器读选通$\overline{PSEN}$信号有效时,P0口作为数据总线将出现指令信号;在访问外部数据存储器期间,当读$\overline{RD}$信号和写$\overline{WR}$信号有效时,P0口上将出现数据信号;此时P0.0~P0.7就是系统数据总线上的数据信息D0~D7。

3）控制总线(12 位)

系统控制总线共 12 根，即 P3 口的第二功能状态加上控制线 RESET、$\overline{EA}$、ALE 和 $\overline{PSEN}$。这些控制信号前面已介绍，这里不再赘述。系统扩展三总线结构如图 2-11 所示。

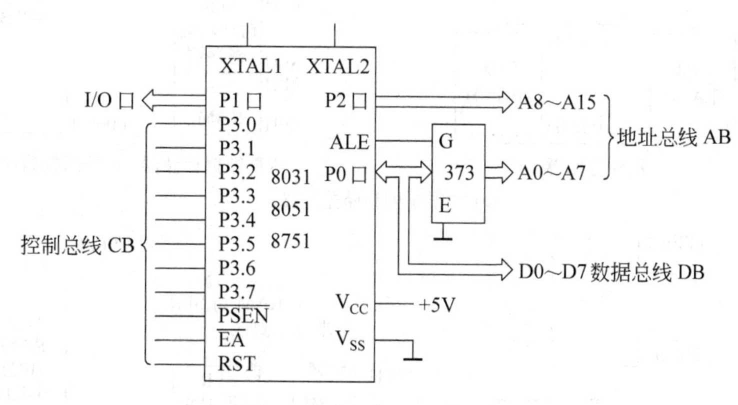

图 2-11 系统三总线结构

2.4 MCS-51 的存储器组织

一般微型计算机通常只有一个逻辑空间，在存储器的设计上，程序存储器 ROM、数据存储器 RAM 都要统一编址，即一个存储器地址对应一个唯一的存储单元。

单片机在存储器的设计上，其共同特点是将程序存储器 ROM 和数据存储器 RAM 分开，它们有各自的寻址机构和寻址方式。对于 MCS-51 片内集成了一定容量的程序存储器（8031/8032/80C31 除外）和数据存储器，同时还具有强大的外部存储器扩展能力，图 2-12 是 MCS-51 单片机存储器的配置图。

图 2-12(a)为 51 子系列芯片的存储器配置图，图 2-12(b)为 MCS-52 子系列存储器配置图。从物理上分，MCS-51 可分为 4 个存储空间：片内程序存储器和片外扩展的程序存储器，片内数据存储器和片外扩展的数据存储器。从逻辑上分，即从用户使用角度区分，MCS-51 可分为三个逻辑空间：片内外统一编址的 64KB 程序存储器地址空间；256B (MCS-51 子系列)或 384B(MCS-52 子系列)的片内数据存储器地址空间(其中 128B 地址空间中分布了二十几个字节专用的特殊功能寄存器，即在 80H～FFH 地址空间中仅有二十几个字节有实际意义)；以及 64KB 外部数据存储器地址空间。采用不同的指令形式和寻址方式，访问这三个不同的逻辑空间。

下面分别介绍程序存储器和数据存储器配置以及特殊功能寄存器 SFR 的功能特点。

2.4.1 MCS-51 程序存储器

程序存储器是以程序计数器 PC 作地址指针，MCS-51 的程序计数器 PC 是 16 位的，因此寻址的地址空间为 64KB。

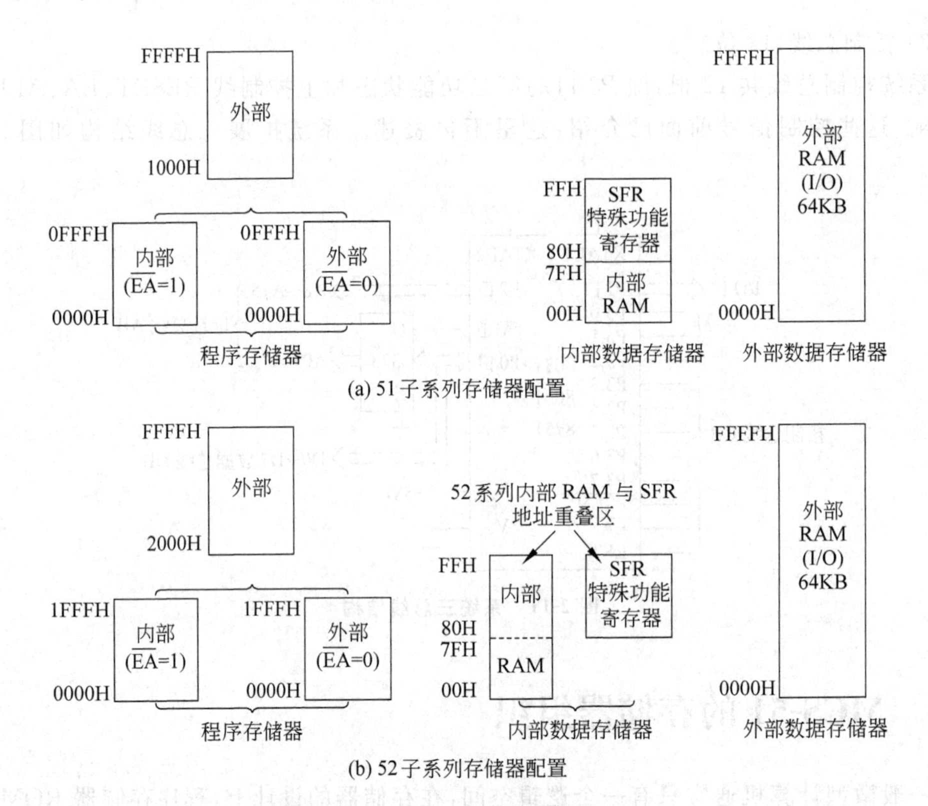

图 2-12　MCS-51存储器配置图

1. MCS-51内部程序存储器

在图2-12(a)中8051/8751内部有4KB ROM/EPROM程序存储器，地址为0000H～0FFFH，(在图2-12(b)中MCS-52子系列内部有8K字节ROM/EPROM，地址为0000H～1FFFH)，对于有内部ROM的单片机，应把控制线$\overline{\text{EA}}$接成高电平。正常运行时，使程序从内部ROM开始运行，当PC值超过0FFFH时，自动转到外部扩展的存储区1000H～FFFFH(MCS-52子系列则转到外部2000H～FFFFH)地址空间去执行程序。若把$\overline{\text{EA}}$接成低电平，可用于调试状态，把调试程序放置在与内部ROM空间重叠的外部存储器内。

2. 外部程序存储器

8031/8032/80C31/80C32片内无ROM，可扩展64KB外部程序存储器。对于这种芯片，其引脚控制线$\overline{\text{EA}}$应接成低电平，迫使PC从外部程序存储器取指。此时，指令地址由PC(PCL→P0口，PCH→P2口)送出，并在外部程序存储器读选通$\overline{\text{PSEN}}$有效时，从外部ROM中取出指令并执行之。

程序存储器可采用立即寻址和基址＋变址寻址方式。

64KB程序存储器中有7个地址具有特殊功能，MCS-51复位后，(PC)＝0000H，故系统程序必须从0000H单元开始，因而0000H是复位入口地址，也叫做系统程序的启动地址。一般在该单元中存放一条绝对跳转指令，从跳转地址开始安放初始化程序及主程序。

除0000H单元外，其他6个特殊单元分别对应于6种中断源的中断入口地址，如表2-4所示。通常在这些入口地址都安放一条绝对跳转指令，跳转到相应中断服务程序入口去执行中断服务程序。

表 2-4 各种中断服务子程序入口地址

中断源	入口地址
外部中断 0	0003H
定时器 0 溢出	000BH
外部中断 1	0013H
定时器 1 溢出	001BH
串行口	0023H
* 定时器 2 溢出或 T2EX(P1.1)端负跳	002BH

* 表 2-4 中第 6 种中断源为 52 子系列芯片所特有。

2.4.2 数据存储器

数据存储器分为片内和片外两种,无论在物理上还是逻辑上,其地址空间是彼此独立的。片内数据存储器地址范围为 00H～FFH,片外数据存储器地址空间为 0000H～FFFFH,访问片内 RAM 用“MOV”指令;访问片外 RAM 用“MOVX”指令。

片内数据存储器空间如图 2-13 所示。

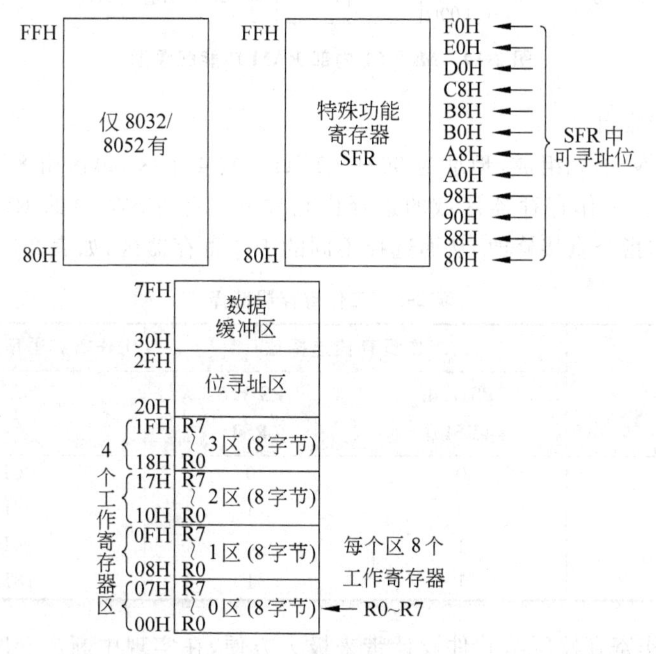

图 2-13 内部数据存储器

内部数据存储器在物理上可划分为三个不同的块: 00H～7FH(0～127)单元组成的 128 字节 RAM 块;80H～FFH(128～255)单元组成的 128 字节 RAM 块(仅在 MCS-52 子系列中有这一块);以及 128 字节专用特殊功能寄存器(SFR)块。

在 MCS-51 子系列中,只有 128 字节 RAM 块(地址为 00H～7FH)和 128 字节特殊功能寄存器块(地址为 80H～FFH),这两块地址空间是相连的。

在 MCS-52 子系列中,有 256 个 RAM 单元,高 128 字节 RAM 块与 SFR 块的地址是重叠的，都是 80H～FFH，究竟访问哪一块是通过不同的寻址方式来区分的。访问高128字节 RAM 采用寄存器间接寻址，访问 SFR 块时只能采用直接寻址方式。访问低128字节 RAM 时，则两种寻址方式都可采用。值得注意的是在128字节 SFR 块中仅有26个字节是有定义的，若访问这一块中一个无定义的单元，则将得到一个不确定的随机数。

如图2-14所示，在 MCS-51 片内真正可作数据存储器用的只有128个 RAM 单元，地址为 00H～7FH。它们可划为三个区域：工作寄存器区、位寻址区和数据缓冲区。

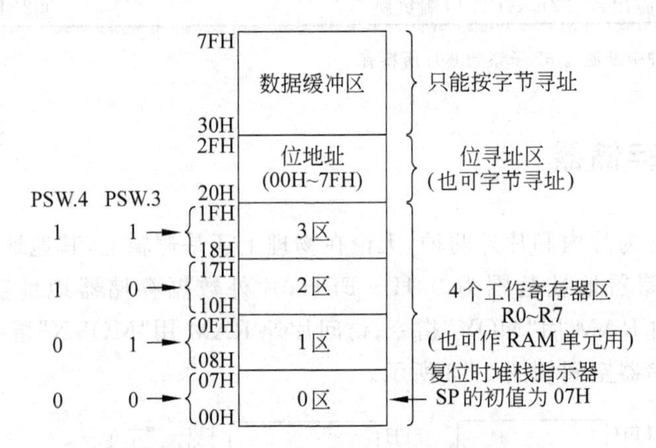

图 2-14 MCS-51 内部 RAM 功能配置图

1）通用寄存器组

由32个 RAM 单元组成，地址为 00H～1FH。共4个区，每区由8个通用工作寄存器 R0～R7 组成。工作寄存器区域的选择由程序状态字 PSW 中的 RS1 和 RS0 确定，PSW 可用位操作指令直接修改，从而选择不同的工作寄存器区，如表2-5所示。

表 2-5 工作寄存器选择

工作寄存器区	工作寄存器选择位		工作寄存器所占当前 RAM 地址
	PSW.4 (RS1)	PSW.3 (RS0)	R0～R7
0区	0	0	00H～07H
1区	0	1	08H～0FH
2区	1	0	10H～17H
3区	1	1	18H～1FH

4个通用工作寄存器区给软件设计带来极大方便，在实现中断嵌套时可灵活选择不同工作寄存器区以方便地实现现场保护。

2）位寻址区

RAM 位寻址区是布尔处理机数据存储器的主要组成部分，全部可以位寻址。其字节地址为 20H～2FH 16个 RAM 单元，这些 RAM 单元可按位操作（也可按字节操作）。这16个字节有128位，其位地址为 00H～7FH，如图2-15所示。另外在 SFR 块中有12个专用寄存器的字节地址能被8所整除，这12个 SFR 的93位（96位减去3个未定义位）具有位寻址功能，如图2-16所示。

RAM 地址	(MSB)							(LSB)	
7FH									127
2FH	7F	7E	7D	7C	7B	7A	79	78	47
2EH	77	76	75	74	73	72	71	70	46
2DH	6F	6E	6D	6C	6B	6A	69	68	45
2CH	67	66	65	64	63	62	61	60	44
2BH	5F	5E	5D	5C	5B	5A	59	58	43
2AH	57	56	55	54	53	52	51	50	42
29H	4F	4E	4D	4C	4B	4A	49	48	41
28H	47	46	45	44	43	42	41	40	40
27H	3F	3E	3D	3C	3B	3A	39	38	39
26H	37	36	35	34	33	32	31	30	38
25H	2F	2E	2D	2C	2B	2A	29	28	37
24H	27	26	25	24	23	22	21	20	36
23H	1F	1E	1D	1C	1B	1A	19	18	35
22H	17	16	15	14	13	12	11	10	34
21H	0F	0E	0D	0C	0B	0A	09	08	33
20H	07	06	05	04	03	02	01	00	32
1FH～18H	3 区								31～24
17H～10H	2 区								23～16
0FH～08H	1 区								15～8
07H～00H	0 区								7～0

图 2-15 内部 RAM 块中专用位地址

	(MSB)							(LSB)	
F0H	F7	F6	F5	F4	F3	F2	F1	F0	B
E0H	E7	E6	E5	E4	E3	E2	E1	E0	ACC
	CY	AC	F0	RS1	RS0	OV		P	
D0H	D7	D6	D5	D4	D3	D2	D1	D0	PSW
	TF2	EXF2	RCLK	TCLK	EXEN2	TR2	C/T2	CP/RI2	
C8H	CF	CE	CD	CC	CB	CA	C9	C8	T2CON
			PT2	PS	PT1	PX1	PT0	PX0	
B8H	—	—	BD	BC	BB	BA	B9	B8	IP
B0H	B7	B6	B5	B4	B3	B2	B1	B0	P3
	EA		ET2	ES	ET1	EX1	ET0	EX0	
A8H	AF	—	AD	AC	AB	AA	A9	A8	IE
A0H	A7	A6	A5	A4	A3	A2	A1	A0	P2
	SM0	SM1	SM2	REN	TB8	RB8	TI	RI	
98H	9F	9E	9D	9C	9B	9A	99	98	SCON
90H	97	96	95	94	93	92	91	90	P1
	TF1	TR1	TF0	TR0	IE1	IT1	IE0	IT0	
88H	8F	8E	8D	8C	8B	8A	89	88	TCON
80H	87	86	85	84	83	82	81	80	P0

图 2-16 SFR 块中专用位地址

这样位寻址区由 128 个 RAM 位与 93 个 SFR 位组成，共 221 位可由布尔指令直接按位操作。

3）用户 RAM 区

用户 RAM 区也称为数据缓冲区，地址为 30H～7FH，这些 RAM 单元只能按字节寻址，由于 8051 单片机在复位时，堆栈指针 SP 指向 07H 单元，当用户使用堆栈时，应该首先设置堆栈，用户堆栈一般设在 30H～7FH 范围之内。原则上栈深为 128 个字节，即以不超过 RAM 空间为限，对 MCS-51 子系列而言，实际堆栈空间比 128 字节小得多，SP 设的越大，堆栈就越浅。

2.4.3 专用寄存器

专用寄存器又称为特殊功能寄存器。MCS-51 片内的 I/O 口锁存器，定时器/计数器,串行口数据缓冲器以及各种控制寄存器(除 PC 外),都以特殊功能寄存器的形式出现,它们离散地分布在片内 80H～FFH 地址空间范围内。MCS-51 共有 23 个特殊功能寄存器(三个属于 8032/8052),其中 5 个是双字节寄存器,程序计数器 PC 在物理上是独立的,其余 22 个寄存器都属于片内数据存储器 SFR 块,共占 26 个字节。

片内的特殊功能寄存器 SFR 能综合地、实时地反映整个单片机内部工作状态及工作方式,因此,它们是极其重要的。对单片机用户来说,掌握各个 SFR 的工作状态及工作方式,实现对单片机系统的控制具有重要意义。表 2-6 列出了这些特殊功能寄存器的助记符、标识符、名称和地址。

表 2-6　专用寄存器(除 PC 外)

标识符	名　称	地　址
* ACC	累加器	0E0H
* B	B 寄存器	0F0H
* PSW	程序状态字	0D0H
SP	堆栈指针	81H
DPTR	数据指针(包括 DPH 和 DPL)	83H 和 82H
* P0	口 0	80H
* P1	口 1	90H
* P2	口 2	0A0H
* P3	口 3	0B0H
* IP	中断优先级控制	0B8H
* IE	允许中断控制	0A8H
TMOD	定时器/计数器方式控制	89H
* TCON	定时器/计数器控制	88H
+ * T2CON	定时器/计数器 2 控制	0C8H
TH0	定时器/计数器 0(高位字节)	8CH
TL0	定时器/计数器 0(低位字节)	8AH
TH1	定时器/计数器 1(高位字节)	8DH
TL1	定时器/计数器 1(低位字节)	8BH
+TH2	定时器/计数器 2(低位字节)	0CDH
+TL2	定时器/计数器 2(低位字节)	0CCH
+RLDH	定时器/计数器 2 自动再装载(高位字节)	0CBH
+RLDL	定时器/计数器 2 自动再装载(低位字节)	0CAH
* SCON	串行控制	98H
SBUF	串行数据缓冲器	99H
PCON	电源控制	97H

注：带 * 号的寄存器可按字节和按位寻址;带 + 号的寄存器是与定时器/计数器 2 有关的寄存器,仅在 8032/8052 芯片中存在。

下面介绍程序计数器 PC 和 SFR 块中各个寄存器,其他寄存器将在有关章节中叙述。

1. 程序计数器 PC

程序计数器 PC 用于存放下一条要执行指令的地址(PC 总是指向程序存储器地址),

是一个 16 位专用寄存器，寻址范围 64K 字节，PC 在物理结构上是独立的，不属于特殊功能寄存器 SFR 块。

2. 累加器 A

累加器 A 是一个最常用的专用寄存器，系统运转时工作最频繁，大部分单操作数指令的操作数取自累加器 A，很多双操作数指令的一个操作数取自 A；加、减、乘、除算术运算以及逻辑操作指令的结果都存放在累加器 A 或 AB 寄存器对中；输入输出大多数指令都以累加器 A 为核心操作。指令系统中采用 A 作累加器的助记符。

3. 寄存器 B

它是一个 8 位寄存器。一般用于乘除法指令，与累加器 A 配合使用。寄存器 B 存放第二操作数、乘积的高位字节或除法的余数部分。在其他指令中，可作为中间结果的暂存器使用，相当于 RAM 中的一个特殊单元。

4. 程序状态字 PSW

程序状态字是一个 8 位寄存器，用来存放程序的状态信息，表征指令的执行状态，供程序查询和判别之用。其格式如下：

							未用	
PSW	CY	AC	F0	RS1	RS0	OV	—	P

各位说明如下：

1) CY：(PSW.7)进/借位标志

在执行加/减法指令时，如果操作结果 D7 位有进/借位，CY 置“1”，否则清“0”。在布尔处理机中被定义为布尔(位)累加器。

2) AC：(PSW.6)辅助进位标志

AC 或称为半进位，当进行加法操作而产生由低 4 位数(十进数的 1 位数)向高 4 位数进位时，AC 将被硬件置“1”，否则被清“0”。AC 被用于 BCD 码加法调整，详见 DA 指令。

3) F0：(PSW.5)标志 0

由用户定义的一个状态标志。可以用软件来使它置“1”或清“0”，也可以由软件测试 F0 来控制程序流向。

4) RS1、RS0：(PSW.4、PSW.3)工作寄存器区选择控制位

可由软件来改变 RS1 和 RS0 的组合以确定当前工作寄存器区，详见表 2-5。

5) OV：(PSW.2)溢出标志

用于补码运算，以指示溢出状态。

当执行加法指令时，若以 C_i'表示 i 位向位 i+1 有进位，

$$OV = C_6' \oplus C_7'$$

即当位 6 向位 7 有进位，而位 7 不向 CY 进位时；或位 6 不向位 7 进位，而位 7 向 CY 进位时，溢出标志 OV 被置“1”，否则被清“0”。

同样若以 C_i'表示减法运算时，位 i 向位 i+1 有借位，则执行减法指令 SUBB 时，

$$OV = C_6' \oplus C_7'$$

因此，溢出标志在硬件上靠异或门获得。溢出标志常用于对有符号补码数作加减运算。OV=1 表示加减运算的结果已超出一个字节所能表示的范围(−128～+127)。

在MCS-51中，无符号数乘法指令MUL的执行结果也会影响溢出标志，若累加器A和寄存器B的乘积超过255时，OV=1，否则OV=0。此积的高8位放在B中，低8位放在A中，故OV=0意味着只要从A中取得乘积即可，否则要从BA寄存器对中取得乘积。

除法指令DIV也会影响溢出标志，当除数为0时，OV=1，否则OV=0。

6) P：(PSW.0)奇偶标志

每个指令周期都由硬件来置位或清零，以表示累加器A中值为"1"的位数的奇偶性。若P=1，则A中"1"的位数为奇数，否则P=0。

该标志对串行数据通信中的信息传输有重要意义。在串行通信中，常用奇偶校验的方法来检验数据传输的可靠性。在发送时可根据P值对数据的奇偶位置位或清除。

5. 堆栈指针SP

它是一个8位寄存器，用来存放栈顶地址。

MCS-51堆栈设在内部RAM中，是一个按"先进后出"顺序，受SP管理的存储区域。在程序中断、子程序调用等情况下，用于存放一些特殊信息(亦可作数据传送的中转站)。当数据压入堆栈时，SP就自动加"1"；当数据从堆栈中弹出时，SP就自动减"1"。因而SP指针始终指向栈顶。

MCS-51堆栈深度为128个字节，系统复位时硬件使SP=07H。堆栈在内部RAM区中的位置可根据程序要求由SP灵活编程来安排。

6. 数据指针DPTR

它是一个16位专用寄存器，其高字节寄存器用DPH表示，低字节寄存器用DPL表示。既可作为16位寄存器(DPTR)使用，又可作为两个独立的8位寄存器(DPH、DPL)来使用。DPTR主要用来保持16位地址，当对64KB外部数据存储器RAM(或I/O口)空间寻址时，作间址寄存器用，指向外部数据存储器地址。这时有两条传送指令MOVX A,@DPTR和MOVX @DPTR,A。在访问程序存储器时，DPTR可作为基址寄存器，采用基址+变址寻址方式的指令MOVC A,@A+DPTR，读取程序存储器内的表格常数。

7. I/O端口P0～P3

专用寄存器P0、P1、P2和P3分别是I/O端口P0～P3的锁存器。在上面章节已作介绍，这里不再赘述。

8. 串行数据缓冲器SBUF

串行数据缓冲器SBUF用于存放欲发送或已接收的数据。它由两个独立的寄存器组成，一个是发送缓冲器，一个是接收缓冲器(两个缓冲器共用一个地址)。当要发送的数据传送到(写入)SBUF时，进的是发送缓冲器；当要从SBUF取数据时，则取自接收缓冲器，取走(读出)的是刚刚接收到的数据。

9. 定时器/计数器

MCS-51子系列中有2个16位定时器/计数器T0和T1，MCS-52子系列则增加了一个16位定时器/计数器T2。它们各由2个独立的8位寄存器组成，共分为6个独立的寄存器：TH0、TL0、TH1、TL1、TH2和TL2。可以对这6个寄存器寻址，但不可把T0、T1和T2当作一个16位寄存器来对待。

10. 其他控制寄存器

IP、IE、TMOD、TCON、T2CON、SCON 和 PCON 寄存器分别包括有中断系统、定时器/计数器、串行口和供电方式的控制和状态位，这些寄存器将在有关章节中介绍。

2.4.4 外部数据存储器

MCS-51 外部数据存储器寻址空间为 64KB。对外部数据存储器的访问采用寄存器间接寻址方式。间址寄存器有 R0、R1(寻址范围仅 256B)和数据指针 DPTR(寻址范围达 64KB)。软件执行 MOVX 类指令时，单片机就会产生 $\overline{RD}$，$\overline{WR}$信号选通，以对外部数据存储器产生读写操作。

2.5 MCS-51 CPU 时序

CPU 执行一条指令的时间称为指令周期。指令周期是以机器周期为单位的。MCS-51 典型的指令周期为一个机器周期。

2.5.1 机器周期、状态、相位

如图 2-17 所示，MCS-51 单片机规定：一个机器周期包括 6 个状态 S1～S6，每个状态又分两部分：相位 1(P1)、相位 2(P2)，即每个状态包括 2 个振荡周期。因此，有下式成立：

1 个机器周期＝6 个状态＝12 个振荡周期

这样，一个机器周期包括编号为 S1P1(状态 1，相位 1)到 S6P2(状态 6，相位 2)共 12 个振荡周期。一般算术逻辑运算发生在相位 1(P1)，内部寄存器传送操作发生在相位 2(P2)。若采用 12MHz 振荡源，则每个机器周期为 1μs。

2.5.2 典型指令的取指和执行时序

由于单片机内部时钟信号无法在外部观察，在图 2-17 中以振荡信号 XTAL2 和 ALE 端信号作为参考信号。在每个机器周期，ALE 信号两次有效，一次发生在 S1P2～S2P1 期间，一次发生在 S4P2 到 S5P1 期间。

1. 单字节、单周期指令时序

单字节单周期指令是指令长度为一个字节，执行时间需一个机器周期的指令。如图 2-17(a)所示，执行一条单字节单周期指令时，在 S1P2 期间读入操作码并把它锁存在指令寄存器中，指令在本周期的 S6P2 期间执行完毕。虽然在 S4P2 期间读了下一个字节(下一条指令操作码)，但 CPU 不予处理，程序计数器 PC 也不加“1”，换言之，此次取指无效。

2. 双字节单周期指令时序

双字节单周期指令是长度为 2 个字节，执行时间为一个机器周期的指令。如图 2-17(b)

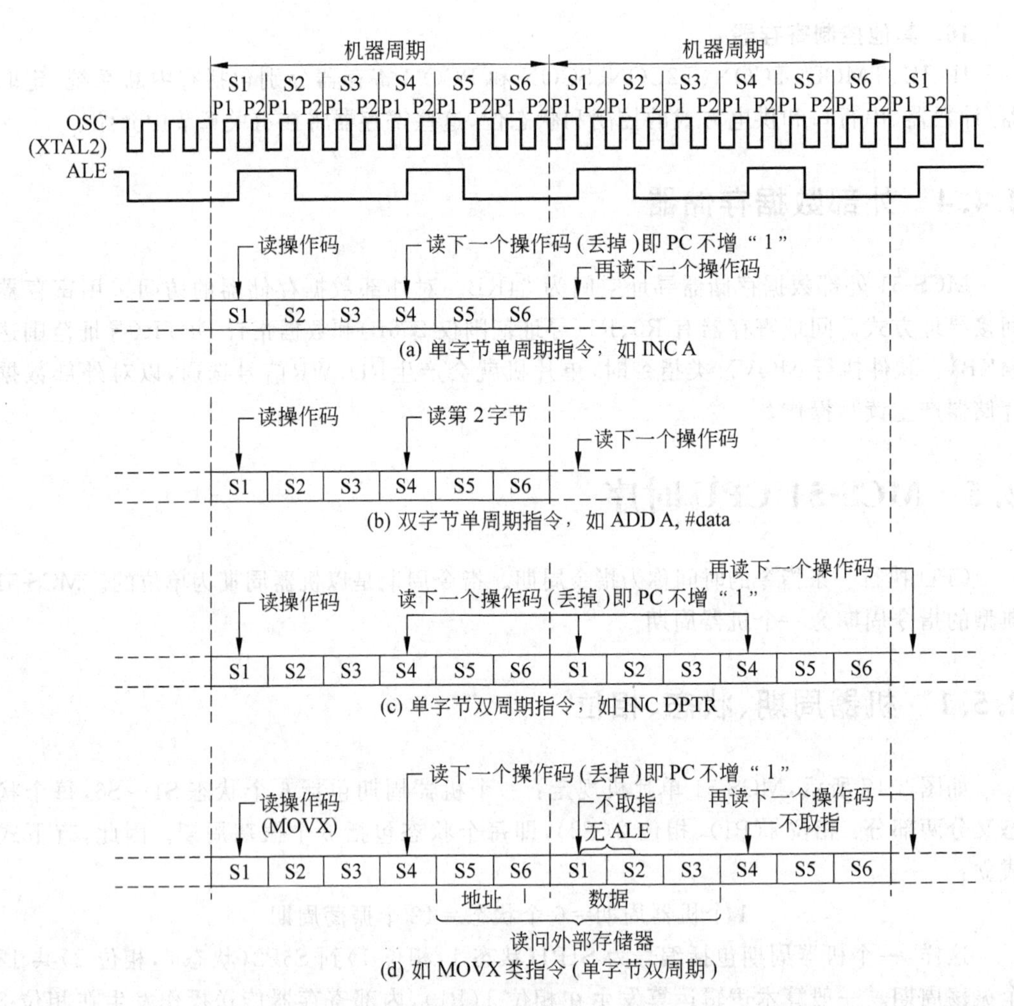

图 2-17 典型指令的取指/执行时序

所示。在执行一个双字节单周期指令时，在 S1P2 期间读入操作码并锁入指令寄存器中，在 S4P2 期间读入指令的第二个字节，指令在本周期 S6P2 期间执行完毕。

3. 单字节双周期指令时序

单字节双周期指令是指令长度为一个字节，执行时间需要两个机器周期的指令，如图 2-17(c)所示。执行一条单字节双周期指令时，在第一个周期 S1P2 期间读入操作码并锁存在指令寄存器中开始执行，在本周期的 S4P2 期间和下一机器周期的两次读操作全部无效，指令在第二周期 S6P2 期间执行完毕。

图 2-17(d)给出了一个单字节双周期指令实例：MOVX 指令执行情况。在第一周期的 S1P2 期间读取操作码送入指令寄存器，在 S5 期间送出外部数据存储器地址，随后在 S6 期间到下一周期 S3 期间送出或读入数据，访问外部存储器。在读写期间 ALE 端不输出有效信号，第一周期的 S4 期间与第二周期 S1、S4 的三次取指操作都无效，指令在第二周期的 S6P2 期间执行完毕。

在 MCS-51 指令系统中，单字节、双字节指令占绝大多数，三字节指令很少(13 条)。单字节或双字节指令可能是单周期或双周期的，三字节指令是双周期的，乘除指令是四个周期的。因此，当振荡频率为 12MHz 时，指令执行时间分别为 1μs、2μs、4μs。

2.6　MCS-51 低功耗运行方式

MCS-51 单片机具有低功耗运行方式。对于 CHMOS 型单片机有两种低功耗方式：待机方式与掉电方式；HMOS 型单片机仅有一种低功耗方式，即掉电方式。下面分别加以叙述。

2.6.1　HMOS 型单片机掉电运行方式

如图 2-18 所示，正常运行时，HMOS 型单片机由 V_{CC} 供电。当 V_{CC} 掉电时，在 V_{CC} 下降到操作允许极限之前，RST/V_{PD} 接上备用电源，向内部 RAM 供电。当 V_{CC} 恢复时，备用电源仍要保持一段时间，以便完成复位操作，然后重新开始工作。

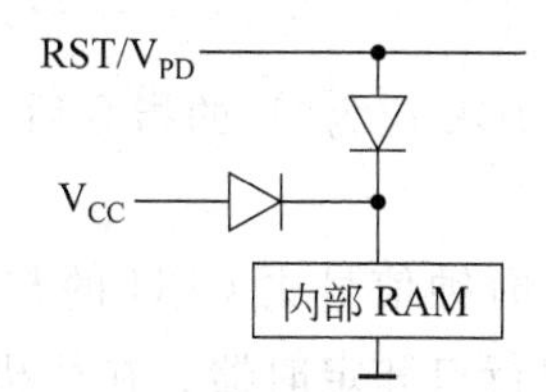

图 2-18　低功耗掉电方式

2.6.2　CHMOS 型单片机的掉电运行方式与待机方式

在 CHMOS 型单片机中，待机方式与掉电方式均由特殊功能寄存器 PCON 的有关位控制，其中各位意义如下：

	7	6	5	4	3	2	1	0	
PCON	SMOD	—	—	—	GF1	GF0	PD	IDL	字节地址 87H

SMOD：(PCON.7)波特率加倍位。当 SMOD＝1 时，串行口方式 1、2、3 的波特率提高一倍(详见第 5 章)。

PCON：6、5、4 保留位，无定义。

GF1：(PCON.3)通用标志位，供用户使用。

GF0：(PCON.2)通用标志位，供用户使用。

PD：(PCON.1)掉电方式位。当 PD＝1 时，机器进入掉电工作方式。

IDL：(PCON.0)待机方式位。当 IDL＝1 时，机器进入待机工作方式。

1. 掉电工作方式

当执行了使 PCON 寄存器中 PD 位置“1”的指令后，单片机进入掉电工作方式，如图 2-19 所示。当 PD＝1，$\overline{PD}$＝0 时，片内振荡器停止工作。由于时钟被冻结，一切功能都停止，只有片内 RAM 内容被保持。退出掉电方式的唯一途径是硬件复位。在掉电方式下 V_{CC} 可降到 2V，耗电电流仅 50μA。

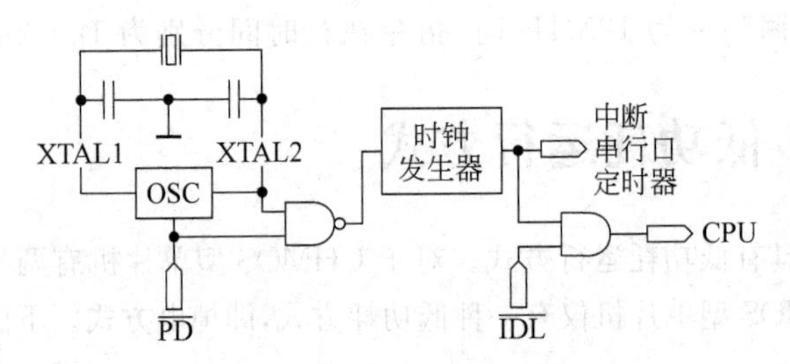

图 2-19 待机和掉电硬件结构

值得注意的是，在进入掉电方式前，V_{CC}不能下降；在结束掉电保护前，V_{CC}必须恢复正常工作电压。复位终止了掉电方式，同时释放了振荡器。在V_{CC}恢复到正常水平之前，不应该复位，要保持足够长的复位时间。通常需约10ms时间，以保证振荡器再启动并达到稳定。

2. 待机方式

当执行了使PCON寄存器中IDL位为"1"的指令后，单片机就进入了待机工作方式，参见图2-19。

当IDL=1，$\overline{IDL}$=0时封锁了时钟信号去CPU的与门，CPU处于冻结状态。然而，时钟信号仍能提供给中断逻辑、串行口和定时器。在待机期间CPU状态被完整保存，如程序计数器PC、堆栈指针SP、程序状态字PSW、累加器A及所有的工作寄存器等。而ALE和$\overline{PSEN}$变为无效状态。

有两种方法退出待机方式。

其一，任何一个允许的中断请求被响应时，内部硬件电路将IDL位清零，结束待机状态，进入中断服务程序。

其二，硬件复位，由于时钟振荡器仍在工作，只要复位信号保持两个机器周期以上，便可完成复位，结束待机状态。

2.7 MCS-51内部程序存储器的写入、校验和加密

2.7.1 8751片内EPROM的写入和擦除

1. EPROM写入

8751内部4KB EPROM可由用户写入。编程写入电路如图2-20所示，各参数如下。

① 8751 EPROM写入时振荡器频率应处于4～6MHz之间。

② EPROM编程地址由P1和P2口的P2.0～P2.3送入。

③ 写入数据由P0口进入。

④ P2.4～P2.6及$\overline{PSEN}$应保持低电平。

⑤ P2.7与RST端应为高电平(RST逻辑高电平为2.5V)。

⑥ $\overline{EA}/V_{PP}$通常保持TTL电平，写入时是编程电源，编程电压为21V脉冲。

⑦ ALE/$\overline{PROG}$端加入宽度为50ms负脉冲。图2-21给出了上述各信号的时序关

系。在地址线、数据线有效的条件下，ALE/$\overline{PROG}$加上50ms负脉冲且$\overline{EA}/V_{PP}$加上21V的编程脉冲，数据线上的数据就可写入被寻址单元。

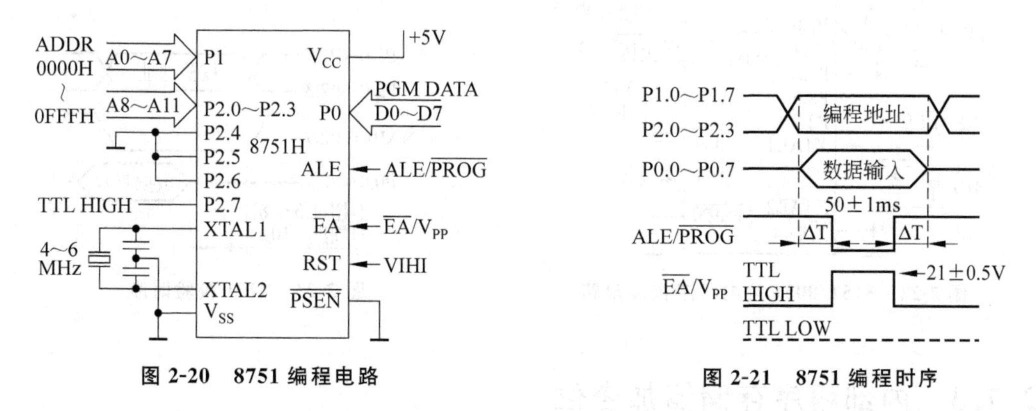

图2-20 8751编程电路　　图2-21 8751编程时序

请注意，$\overline{EA}/V_{PP}$引脚电压不能超过V_{PP}规定的21V。由于即使是一个瞬间超过该电平的尖脉冲也可能损坏芯片，因此要求V_{PP}电源非常稳定并且不能有毛刺。

2. EPROM擦除

写入到8751 EPROM中的程序，在波长为400nm的紫外线光照射下，可以被擦除。擦除后EPROM中各位内容均为“1”。

由于太阳光、日光灯光谱中都含有400nm波长的光，所以8751芯片在这些光源照射之下(太阳光大约一周，日光灯大约三年)，EPROM中内容会部分或全部丢失。因此，应将写好程序的EPROM芯片窗口用不透明的标签封贴，避免外部光线破坏EPROM内容。

有一种专门用于EPROM擦除的仪器叫EPROM擦除器。一般把8751芯片放置在距1200μW/cm^{2}紫外线光源约一英寸处，照射20～30min，即可擦除。

2.7.2 8751/8051内部程序校验

对于8751/8051内部程序常需读出进行校验和分析。8751/8051内部程序校验引脚接线电路如图2-22所示。比较图2-20和图2-22，程序校验与写入方法除以下三点外全部相同。

(1) 在程序写入时，P2.7保持TTL高，而在程序校验时，P2.7是选通信号，应为低电平。

(2) 在程序写入时，$\overline{EA}/V_{PP}$端接的是编程电压21V脉冲；而在程序校验时，它接的是TTL高电平。

(3) 在程序写入时，P0口是数据输入；而在程序校验时，P0口是数据输出口(输出程序代码)，且P0口各位要外接10kΩ上拉电阻。

图2-23给出了程序校验时序。在地址线有效条件下，当(P2.7为高，P0口处于悬浮状态)P2.7为低(3个机器周期加上10μs)，被寻址单元内容由P0口输出，即可完成校验。

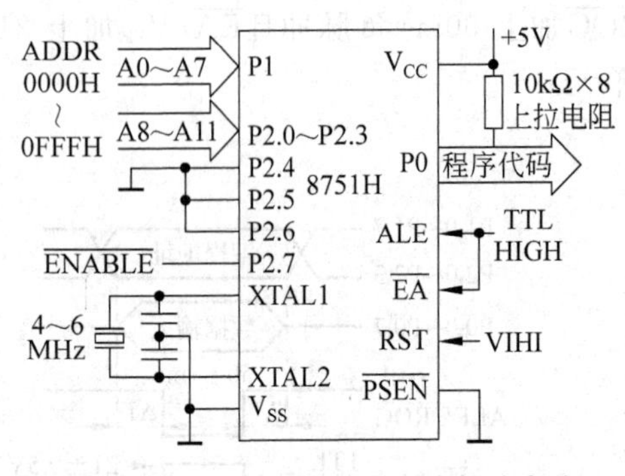

图 2-22　8751/8051片内程序校验电路

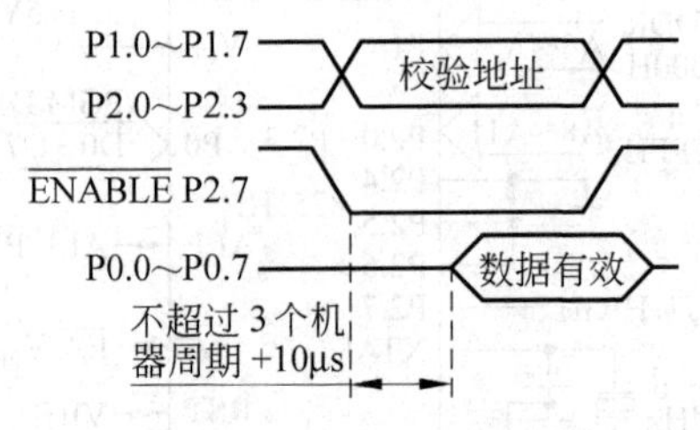

图 2-23　8751校验时序

2.7.3　内部程序存储器加密位

8751芯片内部有一位加密位，一旦该位被编程，便禁止用任何外部方法对内部程序进行读/写，进而实现对内部程序的保密。建立加密位的编程电路如图2-24所示。

与图2-20比较，建立加密过程除了P2.6接TTL高电平之外，基本与编程相似，而P0口、P1口、P2.0~P2.3可以为任意状态。

加密位编程后，照常可以执行内部程序存储器中的程序，但不能被外部读出或写入，也不能执行外部程序存储器程序。解密的唯一方法是EPROM擦除。一旦解密就恢复了芯片的全部功能，可重新编程。

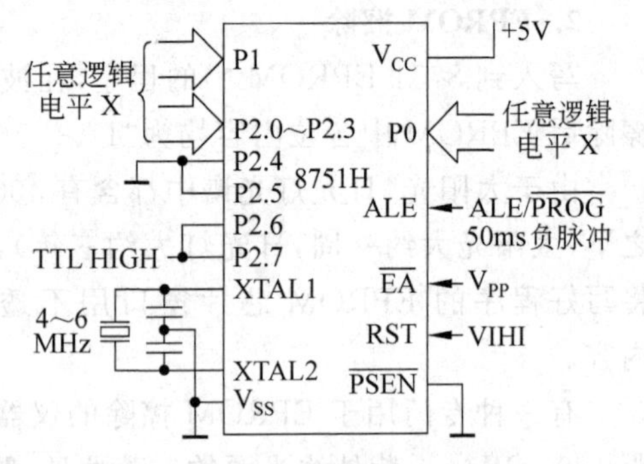

图 2-24　8751中加密位编程电路

MCS-51系列其他新型单片机的编程与加密会有些差异。

习题与思考

1. MCS-51单片机的主要功能特点？

2. 8051单片机有多少个特殊功能寄存器？它们可分为几组？各完成什么主要功能？

3. PC是否属于特殊功能寄存器区？它的作用是什么？

4. DPTR是由哪几个特殊功能寄存器组成？作用是什么？

5. 8051单片机堆栈可以设置在什么地方，如何实现？

6. PSW的作用是什么？常用的状态标志有哪几位？其作用是什么？能否位寻址？

7. MCS-51引脚中有多少I/O线？它们与地址总线和数据总线有什么关系？其中地址总线、数据总线与控制总线各是几位？

8. MCS-51中无ROM型单片机，在应用中P2口和P0口能否直接作为输入输出口使用，为什么？

9. 简述地址锁存信号 ALE 引脚的作用？

10. 如何用简单方法判断 8051 正在工作？

11. 什么是准双向口？准双向口作 I/O 输入时，要注意什么？

12. 8051 单片机有几个存储区？是如何分布的？

13. 8031 单片机外部程序存储器和外部数据存储器地址都是 0000H～FFFFH，在实际使用中是否存在地址重叠(即给出一个地址有两个单元响应)？如何区分？

14. 8052 内部 RAM 为 256 字节，其中 80H～FFH 与特殊功能寄存器区 SFR 地址空间重叠。使用中如何区分这两个空间？

15. 对于 8052 单片机，字节地址为 90H 的物理单元有哪些？它们具体在片内 RAM 中的什么位置？

16. 8051 单片机内部数据存储器可以分为几个不同的区域？各有什么特点？

17. MCS-51 内部 RAM 的位寻址区，位地址为 00H～7FH，和 RAM 字节地址相同(00H～7FH)，在实际使用中是否会发生冲突？如何区分？

18. 能否用间接寻址方式访问特殊功能寄存器？访问结果如何？

19. 什么叫时钟周期？什么叫机器周期？什么叫指令周期？在 MCS-51 中一个机器周期包括多少时钟周期？

20. 在使用外部程序存储器时，MCS-51 还有多少 I/O 口线可用？

21. 复位后，CPU 内部 RAM 各单元内容是否被清除？CPU 使用的是哪一组工作寄存器？它们的地址是什么？如何选择确定和改变当前工作寄存器组？

22. 指出复位后工作寄存器组 R0～R7 的物理地址，若希望快速保护当前工作寄存器组，应采取什么措施？

第3章 MCS-51指令系统

3.1 指令系统概述

3.1.1 指令与指令系统

微型计算机的功能是从外部世界接收信息，经CPU加工、处理，然后把结果送到计算机外部。设计一台计算机，首先要提供一套具有特定功能的操作命令，这种操作命令叫做指令。CPU所能执行的各种指令的集合称为指令系统。设计一种微处理器，一般从设计指令开始。指令系统因机种不同而异。例如01001111(4FH)代码，对Z80 CPU是完成累加器A中内容传送给寄存器C；对于M6800 CPU是完成累加器A清零操作；而对MCS-51单片机却是完成累加器A和工作寄存器R7的"与"运算。

一种机器的指令系统是该机器本身所固有的，用户无法改变，只能接受应用它。虽然各种机器指令系统各不相同，但它们的指令类型、指令格式、指令基本操作以及指令寻址方式都有很多共同之处。因此，学习好一种机器的指令系统，再学习掌握其他机器指令系统就容易了。

3.1.2 程序与程序设计

计算机完成一项工作，必须按要求去顺序地执行各种操作，即一步步地执行一条条指令，这些按预定要求编排的指令序列称为程序。编排程序的过程叫做程序设计。

程序必须存放在存储器中，CPU逐条取出指令并执行之，从而完成预定任务。

例3-1 在程序存储器中存放了一个ASCII码表，通过查表，将十六进制数转换成ASCII码。设十六进制数存放在R0中的低4位，要求将转换后的ASCII码送回R0中（用MCS-51指令）。

如图 3-1 所示，程序和数据表格已存放在存储器中，都是以二进制数的形式存放的，带“· ”的地址中存的是指令的操作码，这些操作码规定了机器执行什么操作；程序中还有指令的操作数，是指令的操作对象，地址 3008H～3017H 单元中存的是（0～F）的 ASCII 码。在微机应用中，大量的工作是编写程序。程序设计过程就是根据任务要求和算法，从指令系统中选取合适的指令，给出必须的操作数（或操作数地址），加以合理的排列而得到程序的一个过程。

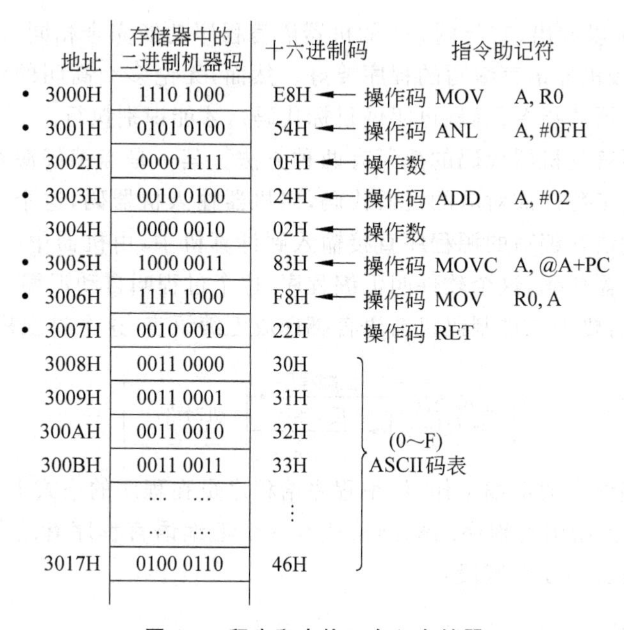

图 3-1 程序和表格已存入存储器

3.1.3 汇编语言

在例 3-1 中的二进制代码叫做指令代码。由于计算机的 CPU 只能认识和识别二进制代码，所以又称为机器码。一种计算机有几十种甚至上百种指令，若都是用二进制码表示，是很困难的。二进制代码，如果用十六进制形式书写，是很方便的，所以，通常用十六进制码表示指令码。但是仍解决不了记忆问题和阅读问题。

为了记忆和阅读方便，制造厂家对指令系统中每一条指令都给出了符号作指令助记符。如图 3-1 所示中第一个操作码“11101000”用 MOV A，R0 表示，“01010100”和“00001111”用 ANL A，#0FH 表示等，就容易记忆，容易理解，清晰可读。

用助记符（操作码），操作数（或其地址），标号编写的程序称之为汇编（符号）语言程序。

例 3-2 用汇编语言重新书写例 3-1 中的程序如下。

```
标    号      操作码      操作数                    注    释
              ORG         3000H
ASCCB:        MOV         A,R0                      ;取数
              ANL         A,#0FH                    ;屏蔽高 4 位
```

```
         ADD     A,#2                  ;变址调整
         MOVC    A,@A+PC               ;查表
         MOV     R0,A                  ;送结果
         RET                           ;返回主程序
ASCTAB:  DB      30H,31H,32H,33H,34H
         DB      35H,36H,37H,38H,39H
         DB      41H,42H,43H,44H,45H,46H
```

从例 3-2 中,可以看出,它与例 3-1 的机器语言程序功能完全相同,但其可理解性,可记忆性,可读性均较机器语言编写的程序要好。然而,无论多么高明的汇编程序,在执行时必须翻译成该机器的指令代码(也叫做目标代码),才能识别执行。

完成由汇编语言到机器代码的翻译有两种方法。其一是当编好源程序后,根据指令表将每一条指令人工翻译成对应的机器代码,向机器输入机器码,这个过程叫做"人工汇编";其二是把汇编语言编写的源程序直接输入到计算机中,由机器中一个软件将汇编语言源程序翻译成机器代码,这个软件叫汇编程序,这个过程叫自动汇编。在剖析现成产品的程序时,有时还需要把二进制码机器语言翻译成汇编语言,这个过程称为反汇编。

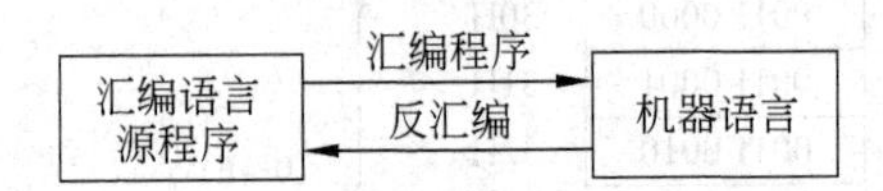

为了完成汇编语言的汇编工作,汇编程序给程序员在程序的格式上作了一些规定。

例 3-2 给出了汇编语言程序的标准格式。一个汇编语言程序有若干行组成,每行包含一条指令。每行分为 4 个区段:

[标号:]　操作码　[操作数]　　　　[;注释]

每行除操作码部分是必须的外,其他带中括号的区段是任选项。

在 4 个区段之间要用分隔符分开,标号后接一个冒号,操作码与操作数之间有一空格隔开,注释段用一分号开始。另外,使用汇编语言编写的程序(源程序)不要求每行的各个区段都一一对齐。然而,如果各个区段都对齐了,程序就更清晰、更可读。

1. 标号

标号是该指令的符号地址,可根据需要设定。标号必须以字母开始,以冒号":"结束,所用字符一般不超过 8 个(视汇编程序版本不同而异)。系统中保留使用的字符或字符组不能用作标号。如各种 SFR 名、硬、伪指令助记符等。一旦某个标号赋给某个语句,则其他语句的操作数可以直接引用该标号,以便寻址或控制程序转移。标号在每条语句中是任选项。

2. 操作码

由指令系统的助记符,伪(软)指令助记符组成。操作码是汇编语言程序每一句所必须的部分,它决定语句的操作性质。操作码与操作数之间用空格分开。

3. 操作数

操作数可以是数字,这些数字可以是二进制数,以 B(binary)结尾;可以是十进制数,以 D(decimal)结尾或无表示;可以是十六进制数,以 H(hexadecimal)结尾。若数字大于 9,则数字应以"0"开头。这些操作数可以是操作数地址,也可以是立即数。操作数区段可

以是标号或寄存器名，用以指示操作数地址。操作数又可分为目的操作数和源操作数两种，两者之间用逗号“，”分开。另外，有些语句中无操作数，只是一个命令。

4. 注释

以分号“；”开头，计算机在汇编时对这部分不予处理，是程序员对指令操作的解释，可有可无。它由任何可以打印的ASCII码字符组成。一般用英文或某种简洁的方式解释本行语句的意义。但不一定对每行都加以解释，仅在某些关键行加注释，以便使程序更可读。注释不影响汇编结果，不译成任何机器代码。

编程者（程序员）在编程序时，一定要严格按规定的格式书写程序。

3.1.4 伪指令

汇编程序中提供了一套伪指令，以支持汇编的运行。这些伪指令仅在汇编过程中起控制作用，不产生可执行目标代码，与机器指令代码无一一对应关系，只能被汇编程序识别。汇编后，目标程序中不再出现伪指令，故又称为软指令。

这里介绍一些常用的伪指令。

1. 起点命令 ORG

格式：

```
ORG  ××××H
```

给程序起始地址或数据块的起始地址赋值命令。总是出现在每段源程序或数据块的开始，它指明此语句后面的程序或数据块的起始地址为××××H。在一个源程序中可多次使用ORG命令，以规定不同程序段或数据块的起始位置，所规定的地址从小到大，不允许重叠。

例如：

```
            ORG     8000H
START:      MOV     A,#74H
              ⋮
```

表示源程序的入口地址为8000H，即程序从8000H开始执行。

2. 结束命令 END

格式：

```
END
```

汇编程序结束标志，该命令附在一个源程序的结尾。在END之后所写的指令，汇编时不予处理，因此一个源程序只能有一个END命令。

3. 定义字节命令 DB

格式：

```
标号：DB  字节常数或字符
```

从指定单元开始，定义了若干个8位存储单元，以存放指令给出的数据或字符，字符若用引号括起来，则表示ASCII码。

例如：

```
        ORG     8000H
TAB:    DB      45H,73,'5','A'
TAB1:   DB      101B
```

这里数据块的首址由ORG命令定义，即TAB＝8000H，则有：

(8000H)＝45H
(8001H)＝49H
(8002H)＝35H
(8003H)＝41H
(8004H)＝05H

由DB命令定义的标号可以任选，DB所确定的单元地址有两种方法。

① 若DB命令是在其他源程序之后，则源程序的最后一条指令地址之后，就是DB定义的数据或数据表格。

② 由ORG定义数据块首址。

4. 定义字命令DW

格式：

```
标号：DW  字或字表
```

从指定单元开始，定义若干个字(双字节数)。

例如：

```
        ORG         8000H
HETAB:  DW          7234H,8AH,10
```

汇编后则：

(8000H)＝72H
(8001H)＝34H
(8002H)＝00H
(8003H)＝8AH
(8004H)＝00H
(8005H)＝0AH

5. 定义空间命令DS

格式：

```
标号：DS  数据或字符表达式
```

从指定单元开始，由数据或表达式确定保留若干个字节内存空间备用。

例如：

```
ORG     8000H
DS      08H
DB      30H,8AH
```

即 8000H～8007H 单元保留备用

(8008H)＝30H

(8009H)＝8AH

以上 DB、DW、DS 伪指令只对程序存储器起作用。

6. 等值命令 EQU

格式：

```
字符名称   EQU   数据或汇编符号
```

此命令把一个数据或特定的汇编符号赋予标号段规定的字符名称。为“取代”之意，即以数据或汇编符号取代字符名称。用 EQU 定义的字符必须先定义后使用，这些被定义的字符名称可用作数据地址，位地址或立即数。

例如：

```
        ORG     8000H
AA      EQU     R6              ;AA 与 R6 等值
        MOV     A,AA            ;A(R6)
          ⋮
```

7. 数据地址赋值命令 DATA

格式：

```
字符名称   DATA   数据或表达式
```

此命令把数据地址或代码地址赋予标号段规定的字符名称。

例如：

```
INDEXJ    DATA    8389H
```

定义了 INDEXJ 这个字符名称的地址为 8389H，主要用于程序的模块式调试。

例如：

```
          ORG     8000H
INDEXJ    DATA    8096H
          LJMP    INDEXJ
          END
```

等价于

```
ORG       8000H
LJMP      8096H
END
```

被定义的字符名称也可先使用后定义。

DATA 和 EQU 的区别在于用 DATA 定义的字符名称作为标号登记在符号表中，故可先使用后定义；而用 EQU 定义的字符名称必须先定义后使用，其原因是 EQU 不定义在符号表中。

8. 位地址符号命令 BIT

格式：

```
字符名称  BIT  位地址
```

该命令把位地址赋予标号段的字符名称。

例如：

```
A1    BIT    P1.0
A2    BIT    P1.1
```

这里位地址 P1.0、P1.1 分别赋给标号段的字符 A1、A2，在编程中可将字符 A1、A2 当作位地址用。

3.1.5 MCS-51 指令系统的特点

MCS-51 指令系统用 42 种助记符表示了 33 种指令功能。有的功能需要几种助记符表示，如数据传送用 MOV、MOVC、MOVX 三种助记符表示。每一种指令对应机器操作码多达 8 种，如 MOV A,Rn 就有 8 种操作码(当 Rn：为 R0～R7 时操作码分别为 E8H～EFH)。这样，MCS-51 指令系统就有 111 条指令，其中单字节指令 49 条，双字节指令 45 条，三字节指令 17 条。在 111 条指令中有 64 条是单周期(12 个振荡周期)指令，45 条是双周期(24 个振荡周期)指令，只有乘、除法指令需 4 个周期(48 个振荡周期)。若晶振为 12MHz 则指令的执行时间分别为 1μs、2μs、4μs。

MCS-51 指令系统在存储空间和执行时间上的效率是比较高的。是一种简明、易掌握、功能强的指令系统。

MCS-51 指令系统中有一个处理布尔变量的指令子集。这个指令子集在设计处理大量位变量程序时十分有效、方便，使 MCS-51 单片机更适合于实时控制，使其指令系统大增特色。

1. 布尔处理机

为了充分地满足工业控制的需要，MCS-51 的设计者在单片机内部设置了功能很强的位处理机，即布尔处理机。

布尔处理机硬件主要由以下几部分支持。

(1) 布尔运算器 ALU。

(2) 布尔累加器 CY(PSW.7)。

(3) 布尔 RAM 区。

片内数据存储器 RAM 20H～2FH 字节(如图 2-15 所示)的 128 位，位地址为 00H～7FH；特殊功能寄存器(直接地址能被 8 整除的 12 个 SFR，如图 2-16 所示)的 93 位(其中 3 位未定义)，位地址分布在 80H～FFH 区间。共有 221 个布尔 RAM 单元构成布尔 RAM 区。

(4) 布尔 I/O 口。

P0～P3 口的每位都可独立地进行输入输出操作，构成布尔 I/O 口。

(5) 布尔指令子集。

由 17 条布尔指令组成，可对各种布尔变量进行处理，如置位、清除、求反、跳转、传送和逻辑运算等。

完善的布尔处理机，提供了最优化程序设计手段，免去了繁琐的数据传送、字节屏蔽、测试分支等操作，可以把复杂的组合逻辑直接转化为 MCS-51 软件，提高了抗干扰能力，加快了运算速度，降低了成本，充分地满足了实时控制的需要。

2. 寻址方式(7 种)

- 立即寻址；
- 直接寻址；
- 寄存器寻址；
- 寄存器间接寻址；
- 基址寄存器加变址寄存器的间接寻址；
- 相对寻址；
- 位寻址。

3. 指令分类(5 类)

- 数据传送(29 条)；
- 算术运算(24 条)；
- 逻辑运算(24 条)；
- 控制转移(17 条)；
- 布尔处理(17 条)。

在分类介绍指令之前，把描述指令的符号意义作一简单介绍。

Rn——当前选中的寄存器区的 8 个工作寄存器 R0～R7(n=0～7)。

Ri——当前选中的寄存器区中可作间址寄存器的 2 个寄存器 R0、R1(i=0,1)。

direct——8 位内部数据存储器单元的地址。可以是内部 RAM 单元的地址(0～127/255)或专用特殊功能寄存器 SFR 的地址，如 I/O 端口、控制寄存器、状态寄存器等。

＃data——包含在指令中的 8 位立即数。

＃data16——包含在指令中的 16 位立即数。

addr16——16 位目的地址。用于 LCALL 和 LJMP 指令中，它的地址范围是 64KB 程序存储器地址空间。

addr11——11 位目的地址。用于 ACALL 和 AJMP 指令中，它的地址必须放在与下一条指令的第一个字节同一个 2KB 程序存储器区地址空间之内。

rel——8 位带符号的偏移量(字节)。用于 SJMP 和所有的条件转移指令中。偏移字节相对于下一条指令的第一个字节计算，在－128～＋127 范围内取值。

DPTR——数据地址指针，可用作 16 位间址寄存器。

bit——内部 RAM 或专用寄存器中的直接寻址位。

A——累加器。

B——专用寄存器，用于 MUL 和 DIV 指令中。

C——进位或借位标志，或布尔处理机中的累加器。

@——间址寄存器或基址寄存器的前缀，如@Ri，@A，@DPTR。

/——位操作数的前缀，表示对该位操作数取反，如/bit。

(X)—— X 中的内容。

((X))—— 由 X 寻址的单元中的内容。

← ——箭头左边的内容被箭头右边的内容所代替。

各类指令采用先说明该类指令的共同特征，然后按助记符逐条描述指令，包括助记符、操作码、执行的具体内容及短小应用例子，最后以列表形式小结该类指令。

3.2 MCS-51指令的寻址方式

指令由操作码与操作数组成，除操作码外，另一组成部分是操作数(包括源操作数和目的操作数)，用何种方式寻找参与运算的操作数或操作数的真实地址，被称为指令的寻址方式。

寻址方式的多少，直接反映了机器指令系统功能的强弱，寻址方式越多，其功能越强，灵活性越大。这是衡量计算机性能的重要指标之一。

MCS-51单片机共有7种寻址方式，分别叙述如下。

3.2.1 立即寻址

1. 寻址空间

- 程序存储器。

指令的操作数以指令字节的形式存放在程序存储器中。即操作码后紧跟一个被称为立即数(8位或16位)的操作数。是在编程时由程序员给定，并存放在程序存储器中的常数，这种寻址方式称为立即寻址。

2. 指令形式

操作码
立即数

例如：

```
MOV  A,#30H              ;A←#30H
```

指令的功能是把操作码后面的立即数30H送入A中，执行过程如图3-2所示。

例如：

```
MOV  DPTR,#8000H        ;DPTR←#8000H
```

指令立即数为16位，其功能是把立即数高8位送入DPH，低8位送入DPL。指令执行过程如图3-3所示。

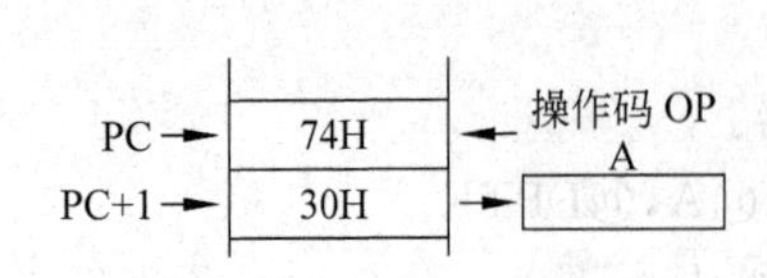

图3-2 指令MOV A,#30H执行过程

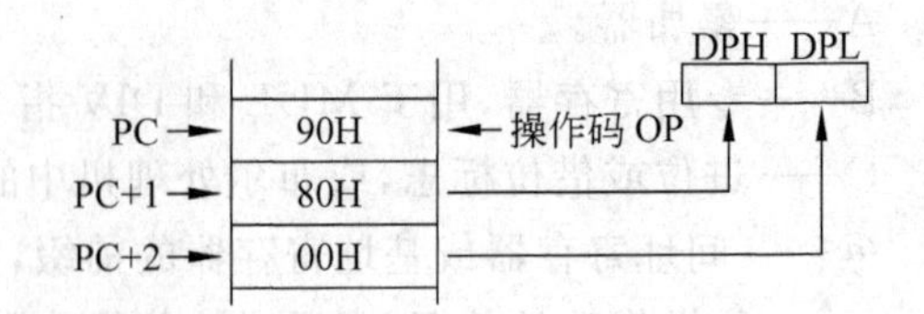

图3-3 指令MOV DPTR,#8000H执行过程

3.2.2　直接寻址

1. 寻址空间

- 内部 RAM 的低 128 字节；
- 特殊功能寄存器 SFR(直接寻址是访问 SFR 的唯一方式)。

操作码后面的一个字节是实际操作数地址。这种直接在指令中给出操作数真实地址的方式称为直接寻址。

2. 指令有三种形式

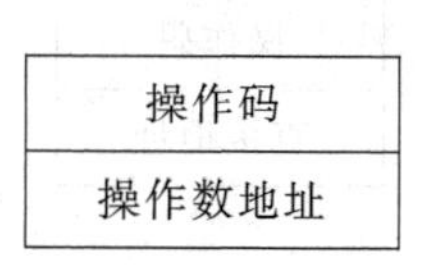

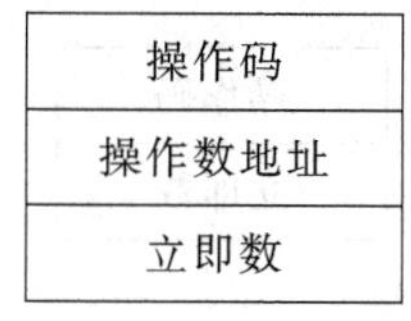

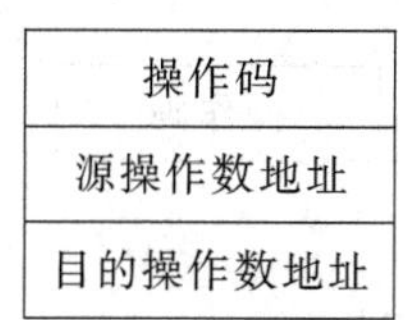

例如：

```
MOV  A,30H          ;A←(30H)
```

这是数据传送指令，30H 是内部 RAM 地址，功能是把 30H 单元内容读入 A 中，如图 3-4 所示。

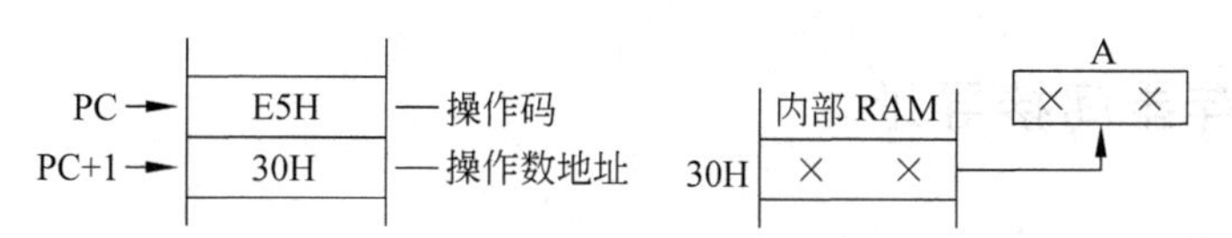

图 3-4　指令 MOV　A,30H 执行过程

例如：

```
ANL   30H,#30H        ;30H←(30H)∧#30H
```

这是逻辑"与"操作指令，操作码后面第一个 30H 是操作数地址，第二个 30H 是参加"与"运算的立即数，"与"的结果存入 30H 单元中，执行过程如图 3-5 所示。

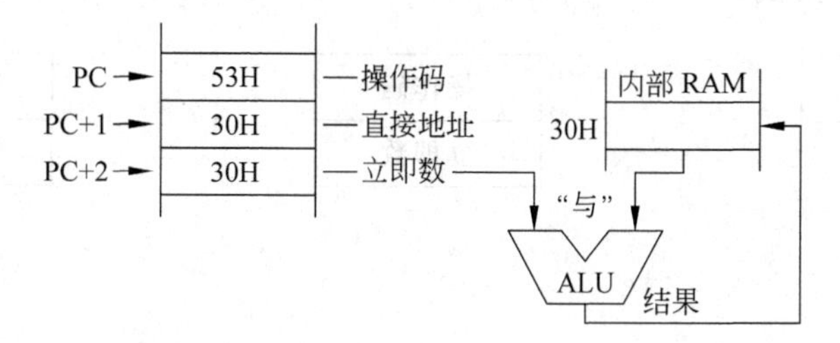

图 3-5　指令 ANL　30H,#30H 执行过程

3.2.3 寄存器寻址

1. 寻址空间

- R0～R7，由RS1、RS2两位的值选定工作寄存器区；
- A、B、CY(位)，DPTR。

指令选定的寄存器内容就是实际操作数，这种寻址方式称为寄存器寻址。其特点是被寻址的某个寄存器已隐含在操作码中，故有时称寄存器寻址为隐含寻址。

2. 有三种指令形式

操作码

操作码
立即数

操作码
直接地址

例如：

```
MOV   A,R3        ;A←(R3)
```

其功能是把当前所用的寄存器区R3的内容送入累加器A。值得注意的是在这条指令寻址前，要通过PSW中的RS1、RS0来设定当前工作寄存器区，或者说必须有一个确定的工作寄存器区。

3.2.4 寄存器间接寻址

1. 寻址空间

- 内部RAM(@R0，@R1，SP)；
- 外部数据存储器(@R0，@R1，@DPTR)。

指令所选中的寄存器内容是实际操作数地址(而不是操作数)，这种寻址方式称为寄存器间接寻址。当用R0、R1寄存器间接寻址之前，同样需要有一个确定的工作寄存器区；并且上述各寄存器中均是有值(操作数地址)的。

2. 指令有三种形式

操作码

操作码
立即数

操作码
直接地址

例如：

```
MOV    @R0,A
```

这是一条累加器传送指令，在寻址前R0是有值的(有定义的)，它指向目的操作数地址。设：(R0)＝30H，把累加器A的内容写入内部RAM的30H单元中；指令执行过程如图3-6所示。

若指令为：

```
MOV     A,@R0    ;R0内容则是指向源操作数地址
```

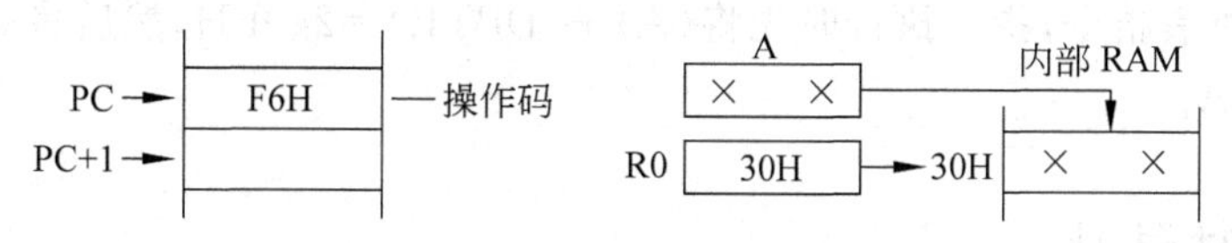

图 3-6 指令 MOV @R0,A 执行过程

例如：

```
MOVX    A,@DPTR
```

这是一条外部数据存储器读指令，在指令寻址前 DPTR 数据指针是有值的，它指向外部数据存储器即将访问的一个单元 2000H。当执行指令时，外部数据存储器 2000H 单元的内容读入累加器 A 中，如图 3-7 所示。

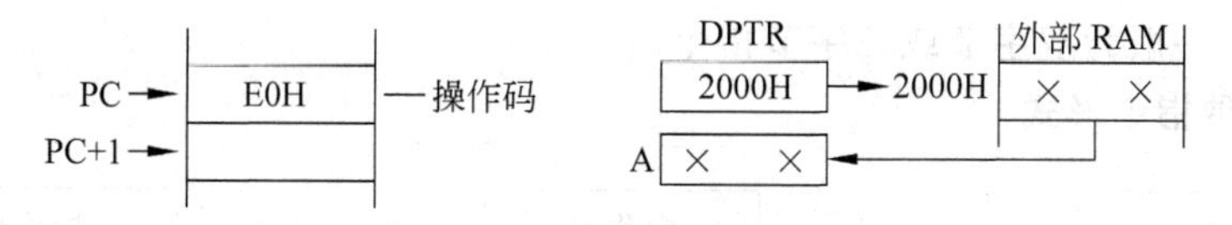

图 3-7 指令 MOVX A,@DPTR 执行过程

3.2.5 基址寄存器加变址寄存器间接寻址

1. 寻址空间

• 程序存储器(@A+DPTR,@A+PC)。

这是 MCS-51 指令系统特有的一种寻址方式，它以 DPTR 或 PC 作基址寄存器，A 作变址寄存器(存放 8 位无符号数)，两者相加形成 16 位程序存储器地址作操作数地址。这种寻址方式是单字节指令，用于读出程序存储器中数据表格的常数。

2. 指令形式

操作码

例如：

```
MOVC  A,@A+DPTR
```

设累加器 A 与数据指针 DPTR 在寻址前是有值(定义)的。

```
(A)=0FH  (DPTR)=2400H
```

指令的执行过程如图 3-8 所示。

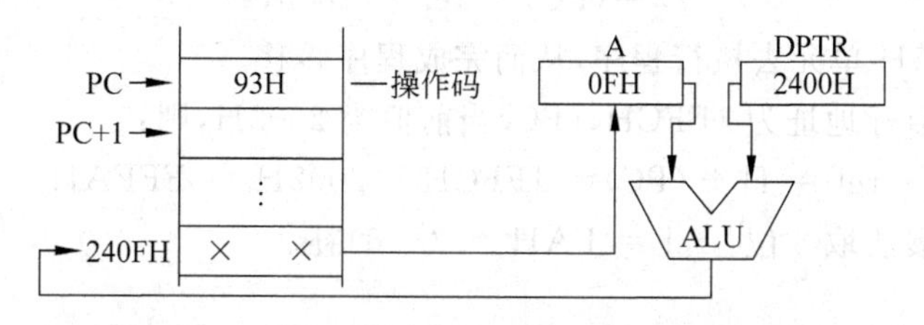

图 3-8 指令 MOVC A,@A+DPTR 执行过程

这是一条查表指令，指令执行时先将(A)+(DPTR)=240FH，然后将240FH单元内容××H读入A。

3.2.6 相对寻址

1. 寻址空间

• 程序存储器。

用于程序控制，利用指令修正PC指针的方式实现转移。即以程序计数器PC的内容为基地址，加上指令中给出的偏移量rel，所得结果为转移目标地址。

注意：偏移量rel是一个8位有符号补码数，范围－128～＋127。所以转移范围应在当前PC指针的－128～＋127之间某一程序存储器地址中。

相对寻址一般为双字节或三字节指令。

2. 有三种指令形式

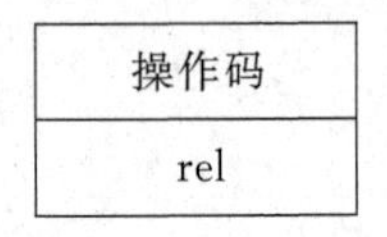

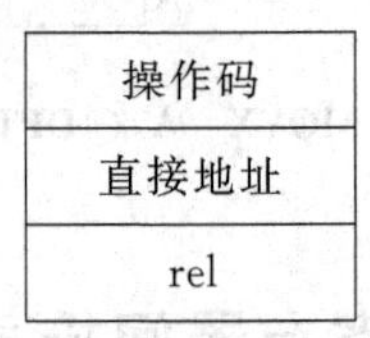

操作码
立即数
rel

例如：

```
JNZ    rel      ;累加器A不等于零则转移
```

设rel=23H，指令操作码存放在程序存储器2000H单元，并且在执行该指令前A中内容不为零，则执行过程如图3-9所示。

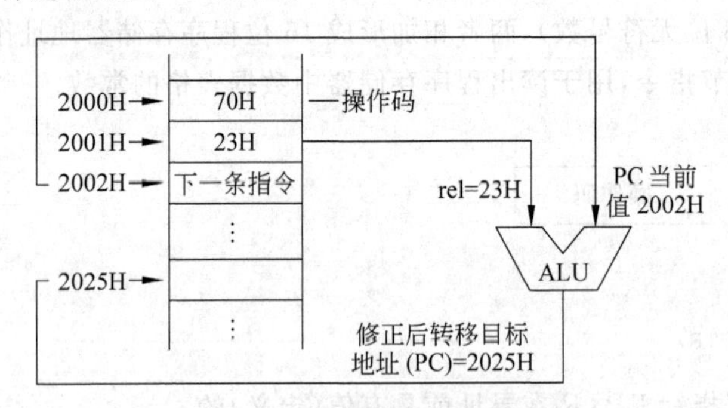

图3-9 指令JNZ rel执行过程

这条转移指令为2字节指令，当取指后PC当前值为2002H，转移目标地址：

$$D = (PC) + rel = 2025H$$

PC被修改成2025H单元去执行程序，从而完成程序转移。

若已知转移目标地址为1FFCH，(PC)当前值为2002H，则：

$$rel = D - (PC) = 1FFCH - 2002H = FFFAH$$

根据符号位的扩展法取8位：rel = FAH = (－6)补。

3.2.7 位寻址

寻址空间。

- 片内 RAM 的 20H～2FH；
- SFR 中 12 个能被 8 整除的字节地址。

以访问触发器的方式对内部 RAM，特殊功能寄存器 SFR 中的位地址空间进行访问称之为位寻址。

此寻址方式的具体内容将在布尔处理类指令中介绍。

在介绍了 MCS-51 寻址方式后，对其寻址方法以及相应寻址空间作一概括，见表 3-1。

表 3-1 寻址方式与相应的寻址空间

方　式	利用的变量	使用的空间
寄存器	R0～R7，A，B，CY，DPTR	片内
直接寻址	direct	片内 RAM 低 128 字节 特殊功能寄存器 SFR
寄存器间址	@R0，@R1，SP @R0，@R1，@DPTR	片内 RAM 片外 RAM 与 I/O 口
立即数	＃data	程序存储器
基址加变址	@A＋PC @A＋DPTR	程序存储器
相对寻址	PC＋rel	程序存储器
位寻址	bit	片内 RAM 的 20H～2FH 部分 SFR

3.3 MCS-51 指令系统介绍

MCS-51 单片机指令系统共由 111 条指令组成。

若按字节分类如下。

- 49 条单字节指令；
- 45 条双字节指令；
- 17 条三字节指令。

若按执行时间分类如下。

- 64 条单周期指令(1 个机器周期为 12 个振荡周期)；
- 45 条双周期指令；
- 2 条四周期指令。

若按操作功能分类如下。

- 数据传送类；
- 算术运算类；
- 逻辑运算类；

• 控制转移类；
• 布尔处理类。

下面将根据 MCS-51 指令的功能分类介绍该指令系统。

3.3.1 数据传送指令(共 29 条)

数据传送指令是向 CPU 提供运算操作数据的最基本和最主要的操作。这类指令往往在程序中占据很大比例，MCS-51 的数据传送指令相当丰富，共有 29 条。除了可以通过累加器进行传送外，还有不通过累加器的数据存储器之间或工作寄存器与数据存储器之间直接进行数据传送的指令。数据传送路径如图 3-10 所示。

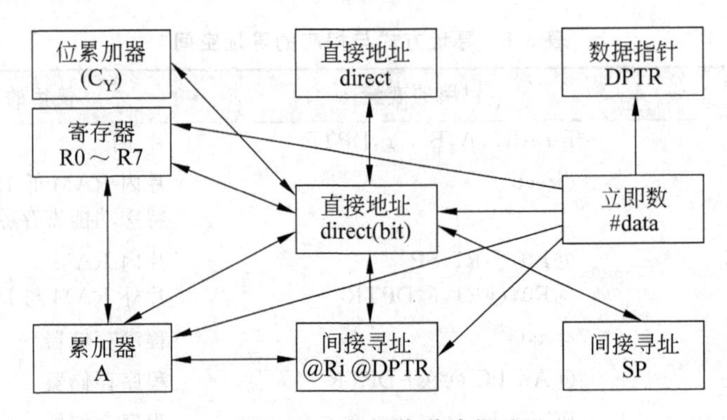

图 3-10 数据传送路径

数据传送类指令的一般操作是把源操作数传送到目的操作数。指令执行后，源操作数不变，目的操作数修改为源操作数。若要求在进行数据传送时，不丢失目的操作数，MCS-51 还提供了交换指令。数据传送指令不影响程序状态字 PSW 的各位(奇偶位 P 除外)，只有堆栈操作可以直接修改 PSW，使 PSW 的某些位发生变化。

数据传送指令共有 29 条，用到的指令助记符有 MOV，MOVX，MOVC，XCH，XCHD，SWAP，PUSH 和 POP 8 种。实际上传送指令归纳起来只有如下 5 种。

• 片内传送 MOV；
• 片外传送 MOVX；
• 查表传送 MOVC；
• 累加器交换 XCH、XCHD、SWAP；
• 堆栈操作 PUSH、POP。

1. MOV 类传送指令(16 条)

汇编格式为：

```
MOV 〈目标字节〉,〈源字节〉
```

MOV 是操作码助记符，功能是把源字节内容送目标字节，即源字节内容不变，以累加器 A 为目标字节的传送。

1) 立即数送累加器

助记符：

```
MOV  A,#data
```

代码：

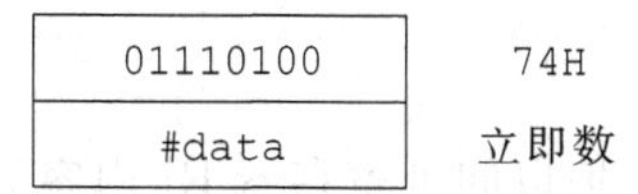

01110100	74H
#data	立即数

操作：

```
A ← #data    ;立即数送 A
```

说明：指令代码的第二字节＃data 为立即数，它与指令操作码一起放在程序存储器中，执行指令时将＃data 送入累加器 A 中。

2）寄存器内容送累加器

助记符：

```
MOV  A,Rn (n=0～7)
```

代码：

11101rrr	E8H～EFH

操作：

```
A ← (Rn)    ;Rn 内容送 A
```

说明：操作码中 rrr 三位二进制数用来选择工作寄存器 R0～R7（以后对 rrr 不再解释）。当前工作寄存器组选择由 RS1、RS0 来确定。

3）内部 RAM 或 SFR 内容送累加器

助记符：

```
MOV  A,direct
```

代码：

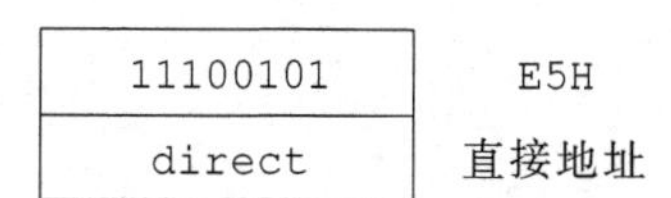

11100101	E5H
direct	直接地址

操作：

```
A ← (direct) ;direct 单元内容送 A
```

说明：代码的第二字节 direct 是操作数直接地址，其寻址范围在内部 RAM 低 128 字节和特殊功能寄存器 SFR（以后对 direct 不再重复解释）。当 direct 为端口地址 P0～P3 时，其操作相当于输入。

4）内部 RAM 内容送累加器

助记符：

```
MOV  A,@Ri   (i=0,1)
```

代码：

1110011i	E6H～E7H

操作：

A ← ((Ri))　　;Ri 内容指向单元的数送 A

说明：Ri 是当前两个工作寄存器 R0、R1，执行指令时，把以间址寄存器 Ri 内容为地址的单元中数送累加器 A。该指令可访问整个内部 RAM 0～127 单元（对 52 系列 0～255 单元）。

以 Rn 为目标字节指令如 5)～7)所示。

5) 立即数送寄存器

助记符：

MOV　Rn,#data　　(n=0～7)

代码：

01111rrr	78H～7FH
#data	立即数

操作：

Rn ← #data

说明：目标操作数采用寄存器寻址方式。

6) 累加器内容送寄存器

助记符：

MOV　Rn,A　　(n=0～7)

代码：

11111rrr	F8H～FFH

操作：

Rn ← (A)

7) 内部 RAM 或 SFR 内容送寄存器

助记符：

MOV　Rn,direct　　(n=0～7)

代码：

10101rrr	A8H～AFH
direct	直接地址

操作：

Rn ← (direct)

说明：把以direct为地址的单元内容送寄存器Rn。
直接地址为目标字节指令如8)～12)所示。
8) 立即数送内部RAM或SFR
助记符：

```
MOV  direct,#data
```

代码：

代码	说明
01110101	75H
direct	直接地址
#data	立即数

操作：

```
direct ← #data
```

说明：立即数送以direct为地址的单元中。
9) 累加器内容送内部RAM或SFR
助记符：

```
MOV  direct,A
```

代码：

代码	说明
11110101	F5H
direct	直接地址

操作：

```
direct ← (A)
```

说明：当direct为P0～P3端口地址时，相当于输出。
10) 寄存器内容送内部RAM或SFR
助记符：

```
MOV  direct,Rn    (n=0～7)
```

代码：

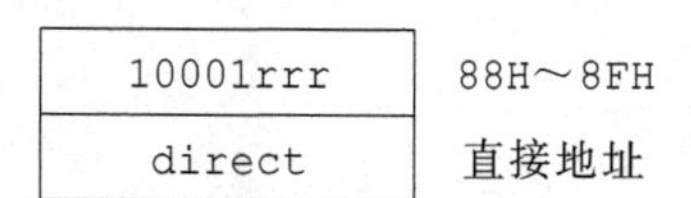

操作：

```
direct ←(Rn)
```

说明：Rn中内容送以direct为地址的单元中。
11) 内部RAM和SFR之间直接传送
助记符：

```
MOV  direct1,direct2
```

代码：

10000101	85H
direct2	源地址
direct1	目的地址

操作：

```
direct1 ← (direct2)
```

说明：该指令可在内部 RAM 及 SFR 任意两个单元之间传送数据。可以把 I/O 口上的数据不经过累加器 A 和工作寄存器直接在内部 RAM 与 P0～P3 之间传送。

12）内部 RAM 内容送内部 RAM 或 SFR

助记符：

```
MOV  direct,@Ri    (i=0,1)
```

代码：

1000011i	86H,87H
direct	直接地址

操作：

```
direct ← ((Ri))
```

说明：把以 Ri 内容为地址的 RAM 中数送到以 direct 为地址的单元中去。

以间接地址为目标字节的传送如 13)～15)所示。

13）立即数送内部 RAM

助记符：

```
MOV  @Ri,#data    (i=0,1)
```

代码：

0111011i	76H,77H
#data	立即数

操作：

```
(Ri) ← #data
```

说明：把立即数＃data 送到以 Ri 内容为地址的单元中。

14）累加器内容送内部 RAM

助记符：

```
MOV  @Ri,A    (i=0,1)
```

代码：

1111011i	F6H,F7H

操作：

```
(Ri) ← (A)
```

说明：把 A 中内容送到以 Ri 内容为地址的单元中。

15）内部 RAM 或 SFR 内容送到内部 RAM

助记符：

```
MOV  @Ri,direct      (i=0,1)
```

代码：

1010011i	A6H,A7H
direct	直接地址

操作：

```
(Ri) ← (direct)
```

说明：把以 direct 为地址单元中的内容送以 Ri 内容为地址的单元中。

16）16 位立即数传送指令

助记符：

```
MOV  DPTR,#data16
```

代码：

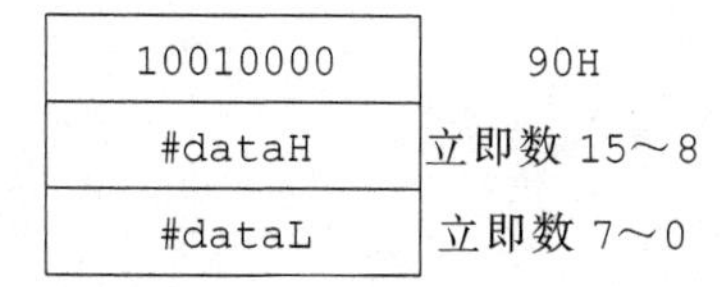

操作：

```
DPTR ← #data16
```

其中，

```
DPH ← #dataH
DPL ← #dataL
```

说明：把 16 位立即数＃data16 送 DPTR 中，用来设置地址指针。这是唯一的一条 16 位数据传送指令。

例 3-3 设(70H)＝60H，(60H)＝20H，P1 口为输入口，当前的输入状态为 AAH。执行下面程序，分析执行结果。

```
MOV    R0,#70H          ;70H→R0
MOV    A,@R0            ;(70H)=60H→A
MOV    R1,A             ;(R1)=60H
MOV    B,@R1            ;(B)=20H
```

```
MOV    @R0,P1              ;AAH→70H
```

这 5 条指令寻址方式属于：立即寻址、寄存器间接寻址、寄存器寻址、直接寻址。执行结果为：

```
(70H)=AAH          (B)=20H
(R1)=60H           (R0)=70H
```

2. MOVX 传送类指令(4 条)

为了区别片内数据传送指令 MOV，累加器 A 与外部数据存储器传送指令，助记符记为 MOVX，指令的寻址方式均为寄存器间接寻址，间址寄存器为 R0、R1、DPTR。

以 Ri 为间址寄存器访问外部数据存储器(外扩 RAM 高 8 位地址由 P2 口提供)。

1）外部数据存储器内容送累加器

助记符：

```
MOVX  A,@Ri    (i=0,1)
```

代码：

1110001i	E2H,E3H

操作：

```
A ← ((Ri))
```

说明：这是一条外部数据存储器读指令，当 ALE 有效时，在 P0 口上输出由 Ri 指定的低 8 位数据存储器地址，P3.7 引脚上出现$\overline{RD}$读选通信号，随后从 P0 口上输入该单元的内容。P0 口作分时地址/数据复用线用。

2）累加器内容送外部数据存储器

助记符：

```
MOVX  @Ri,A
```

代码：

1111001i	F2H,F3H

操作：

```
(Ri) ← (A)
```

说明：这是一条外部数据存储器写指令，当 ALE 有效时，在 P0 口上输出由 Ri 指定的低 8 位数据存储器地址，随后又从 P0 口上输出要写入的 A 累加器内容，(地址与数据在 P0 口上分时输出)，当 P3.6 引脚上出现$\overline{WR}$写选通时，数据即写入该存储单元。P0 口作分时地址/数据复用线用。

以 DPTR 为间址寄存器访问外部数据存储器。

3）外部数据存储器内容送累加器

助记符：

```
MOVX  A,@DPTR
```

代码：

11100000	E0H

操作：

A ← ((DPTR))

说明：这是一条外部数据存储器读指令，当 ALE 有效时，由 DPTR 所包含的 16 位地址信息从 P2 口(高 8 位)和 P0 口(低 8 位)输出，当 P3.7 引脚上输出 $\overline{RD}$ 读信号时，选中的外部数据存储器内容，由 P0 口读入 A。P0 口作分时复用总线用。

4) 累加器内容送外部数据存储器

助记符：

```
MOVX  @DPTR,A
```

代码：

11110000	F0H

操作：

(DPTR) ← (A)

说明：这是一条外部数据存储器写指令，当 ALE 有效时，由 DPTR 所包含的 16 位地址从 P2 口(高 8 位)和 P0 口(低 8 位)输出，随后 A 中的内容从 P0 口输出，当 P3.6 引脚上输出 $\overline{WR}$ 写信号时，A 的内容由 P0 口写入该存储单元。P0 口作分时复用总线用。

例 3-4 设某一系统配有 4KB 外部 RAM，地址为 2000H～2FFFH。设计一段程序将 2FFFH 单元内容传送到 2000H 单元。

```
MOV     DPTR,#2FFFH       ;设指针
MOVX    A,@DPTR           ;读 2FFFH 内容
MOV     DPTR,#2000H       ;
MOVX    @DPTR,A           ;写入到 2000H 单元中
```

3. MOVC 查表传送指令(2 条)

即程序存储器传送指令，均为基址寄存器加变址寄存器寻址。

1) 以 DPTR 为基址寄存器加变址寻址

助记符：

```
MOVC  A,@A+DPTR
```

代码：

10010011	93H

操作：

A ← ((A)+(DPTR))

说明：指令首先执行 16 位无符号数加法操作，获得基址与变址之和，获得 16 位程序

存储器地址，然后将该单元内容读入A。指令执行后DPTR内容不变。

2）以PC为基址寄存器加变址寻址

助记符：

```
MOVC  A,@A+PC
```

代码：

10000011	83H

操作：

```
PC ← (PC)+1    A ← ((A)+(PC))
```

说明：该指令是单字节指令，取指后(PC)增“1”，以当前的PC值去执行16位无符号数加法操作获得基址加变址之和，即16位程序存储器地址。然后执行该单元的读操作，将该单元内容送A。指令执行时不改变PC内容，以保证程序顺序执行。

以上两条MOVC是对64KB程序存储器查表指令，能实现程序存储器到累加器A的代码转换或常数传送。

例3-5 若在外部ROM中2000H单元开始存放0～9平方值0,1,4,9,…,81,要求根据累加器A中的数(0～9)查找对应的平方值。

用DPTR作基址寄存器为例如下。

```
MOV      DPTR,#2000H
MOVC     A,@A+DPTR
```

这时，(A+DPTR)就是所查平方值所在地址。

若用PC作基址寄存器，在MOVC指令之前先用一条

```
ADD     A,#data
```

指令调整一次，立即数#data是(PC)基址与所查表格首地址的距离。

例如：

```
                        ADD        A,#data      ;变址调整
1FF0H→                  MOVC       A,@A+PC      ;取数
                         ⋮
2000H→ TABEL:           DB         00H
                        DB         01H
                        DB         04H
                         ⋮
```

设MOVC A,@A+PC指令所在地址为1FF0H，平方值表格首址为2000H，则：

```
#data=2000H -(1FF0H +1)=0FH
```

即当取出MOVC A,@A+PC指令之后，基址PC值距表格首址TABEL，还有15个地址，执行ADD A,#data指令后矫正了基址到表首址的偏移量，以保证查表的正确性。

4. XCH,XCHD,SWAP交换指令(5条)

按字节交换。

1）寄存器内容与累加器内容互换

助记符：

```
XCH  A,Rn     (n=0～7)
```

代码：

11001rrr	C8H～CFH

操作：

(A)↔(Rn)

2）内部 RAM 或 SFR 内容与累加器内容互换

助记符：

```
XCH  A,direct
```

代码：

11000101	C5H
direct	直接地址

操作：

(A)↔(direct)

3）内部 RAM 内容与累加器内容互换

助记符：

```
XCH  A,@Ri     (i=0,1)
```

代码：

1100011i	C6H,C7H

操作：

(A)↔((Ri))

低半字节交换如下。

4）内部 RAM 低 4 位内容与累加器低 4 位内容互换

助记符：

```
XCHD  A,@Ri     (i=0,1)
```

代码：

1101011i	D6H,D7H

操作：

(A3～0)↔((Ri)3～0)

5）累加器高4位与低4位交换

助记符：

```
SWAP  A
```

代码：

11000100	C4H

操作：

```
(A3～0)↔(A7～4)
```

5. 堆栈操作指令(2条)

在MCS-51中，堆栈是按先进后出原则组织的，用SP指针管理的内部数据存储器区域，栈区向上生成，SP指针始终指向栈顶。

1）进栈指令

助记符：

```
PUSH  direct
```

代码：

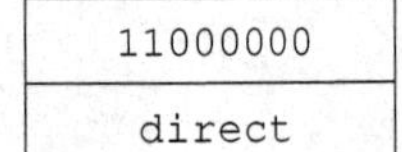

11000000	C0H
direct	直接地址

操作：

```
SP←(SP)+1
(SP)←(direct)
```

说明：执行指令时，首先将堆栈指针SP内容自动加“1”，即(SP)+1→SP，使SP指向上一个字节地址，然后把以direct为地址的单元中内容压入SP指向的存储单元。

2）出栈指令

助记符：

```
POP  direct
```

代码：

11010000	D0H
direct	直接地址

操作：

```
direct←((SP))
SP←(SP)-1
```

说明：执行指令时，首先将SP内容所指向单元中的数弹出到direct为地址的单元中，然后SP内容自动减“1”，即(SP)－1→SP，仍然指向栈顶。

例3-6　进入子程序时，数据指针DPTR内容为2345H，SP内容为60H，执行下列指令,结果如何?

```
PUSH        DPL         ;DPL 入栈
PUSH        DPH         ;DPH 入栈
```

结果:

```
RAM(61H)内容为 45H
RAM(62H)内容为 23H
SP 内容为 62H
```

例 3-7　设堆栈指针 SP 内容为 3FH,程序状态字内容为 00H,执行下列指令,结果如何?

```
MOV     A,#55H      ;(A)=55H
PUSH    A           ;(SP)+1→SP,(A)→(SP),(40H)=55H
POP     PSW         ;55H→PSW,(SP)-1→SP
```

结果:

```
PSW 内容为 55H
SP 内容为 3FH
```

表 3-2 为数据传送指令小结。表中列出了每条指令的助记符、功能说明、指令字节数、指令执行所需的振荡器周期数。

表 3-2　数据传送指令

指令符号(助记符)		说　　明	字节数	振荡周期
MOV	A,Rn	寄存器内容送到累加器	1	12
MOV	A,direct	直接地址中内容送到累加器	2	12
MOV	A,@Ri	间接 RAM 内容送到累加器	1	12
MOV	A,#data	立即数送到累加器	2	12
MOV	Rn,A	累加器内容送到寄存器	1	12
MOV	Rn,direct	直接地址中内容送到寄存器	2	24
MOV	Rn,#data	立即数送到寄存器	2	12
MOV	direct,A	累加器内容送入直接地址	2	12
MOV	direct,Rn	寄存器内容送入直接地址	2	24
MOV	direct1,direct2	一个直接地址内容送入另一个直接地址	3	24
MOV	direct,@Ri	间接 RAM 送入直接地址	2	24
MOV	direct,#data	立即数送入直接地址	3	24
MOV	@Ri,A	累加器送入间接 RAM	1	12
MOV	@Ri,direct	直接地址中内容送入间接 RAM	2	24
MOV	@Ri,#data	立即数送入间接 RAM	2	12
MOV	DPTR,#data16	十六位常数装入 DPTR	3	24
MOVC	A,@A+DPTR	以 DPTR 的内容为基地址传送	1	24

续表

指令符号(助记符)		说　　明	字节数	振荡周期
MOVC	A,@A+PC	以PC为基地址传送	1	24
MOVX	A,@Ri	从外部RAM(8位地址)送入累加器	1	24
MOVX	A,@DPTR	从外部RAM(16位地址)送入累加器	1	24
MOVX	@Ri,A	从累加器送入外部RAM(8位地址)	1	24
MOVX	@DPTR,A	从累加器送入外部RAM(16位地址)	1	24
XCH	A,Rn	寄存器和累加器交换	1	24
XCH	A,direct	直接地址内容和累加器交换	2	12
XCH	A,@Ri	间接RAM与累加器交换	1	12
XCHD	A,@Ri	间接低半字节RAM与累加器交换	1	12
SWAP	A	在累加器内进行半字节交换	1	12
PUSH	direct	把直接地址内容推入堆栈	2	24
POP	direct	从堆栈中弹入直接地址	2	24

3.3.2 算术运算指令(共24条)

MCS-51指令系统不仅有加减法指令,而且还有乘除法指令。这四种指令可对8位无符号数直接运算,借助于溢出标志(OV),可对带符号数进行补码运算;借助于进位标志(CY),可实现多字节精度的加减和循环移位;借助于半进位标志(AC),可方便地对BCD码加法进行调整。

算术运算指令执行结果,将使进位标志(CY),半进位标志(AC),溢出标志(OV)置位或复位,只有增"1"指令和减"1"指令不影响这些标志。影响标志位的指令见表3-3,以后不再重复解释。

表3-3　影响标志的指令

指　令	有影响的标志位			
	C	OV	AC	P
ADD	√	√	√	√
ADDC	√	√	√	√
SUBB	√	√	√	√
MUL	0	√	×	√
DIV	0	√	×	√
DA	√	×	√	√

√:表示根据运行结果使该标志置位或复位;　×:不影响这些标志。

MCS-51指令系统共有24条算术运算指令,它们可分为三类8种助记符。

加法指令:ADD,ADDC,INC,DA。

减法指令:SUBB,DEC。

乘除指令:MUL,DIV。

加法指令。

1. 不带进位加 ADD(4 条)

1）累加器内容加立即数

助记符：

```
ADD  A,#data
```

代码：

00100100	24H
#data	立即数

操作：

A ← (A)+#data

2）累加器内容加寄存器内容

助记符：

```
ADD  A,Rn    (n=0～7)
```

代码：

00101rrr	28H～2FH

操作：

A ← (A)+(Rn)

3）累加器内容加内部 RAM 内容

助记符：

```
ADD  A,@Ri    (i=0,1)
```

代码：

0010011i	26H,27H

操作：

A ← (A)+((Ri))

4）累加器内容加内部 RAM 或 SFR

助记符：

```
ADD  A,direct
```

代码：

00100101	25H
direct	直接地址

操作：

A ← (A)+(direct)

以上4条ADD指令把指令中的一个字节指定的操作数与累加器内容相加，和数存放在累加器中。相加过程中若位3和位7向高位有进位，则半进位标志AC和进位标志CY将置位，否则就复位。

无符号数相加：若和数大于255，则CY=1，否则CY=0。表示指令根据操作结果使该标志置位或复位。

有符号补码数相加：若和数超出一字节所能表示的范围(−128～+127)，则OV=1，表示有溢出，否则OV=0。

对于加法，溢出只能发生在两个加数符号位相同时，而且当位6和位7不同时有进位时，溢出标志OV将置位。例如两正数相加，122+93，写出竖式：

```
            0 1 1 1 1 0 1 0      122
        +)  0 1 0 1 1 1 0 1       93
  ------------------------------------
  CY [0]    1 1 0 1 0 1 1 1      215
```

不难发现，位6有进位，而位7无进位，由于位6有进位，使符号位(位7)由"0"变"1"。两个正数相加，和数为负数，这说明和数的绝对值已超出+127(7位二进制所能表示的最大值)移入符号位，而和数的符号位则移入进位标志CY。此时OV=1。

例如两负数相加：(−122)+(−93)，写出竖式：

```
(−122)补  →        1 0 0 0 0 1 1 0    −122
(−93)补   → +)     1 0 1 0 0 0 1 1     −93
------------------------------------------
            CY [1] 0 0 1 0 1 0 0 1    −215
```

相加过程中位6无进位，而位7有进位，使符号位由"1"变"0"，使和数为正，这说明和数的绝对值已移入符号位，而绝对值的符号位则移入进位标志CY。此时OV=1，产生溢出。

因此，在处理带符号数加法运算时，OV是一重要编程标志。

例3-8 给出以下程序，请分析执行结果对程序状态字PSW的影响。

```
MOV      A,#53H          ;(A)=53H
MOV      R0,#76H         ;(R0)=76H
ADD      A,R0            ;A←(A)+(R0)
```

结果：

```
(A)=C9H,(R0)=76H
```

对PSW的影响：

其中：CY=0， AC=0， OV=C′7⊕C′6=1。

竖式：

```
       0 1 0 1 0 0 1 1
   +)  0 1 1 1 0 1 1 0
  ---------------------
       1 1 0 0 1 0 0 1
  0   1         0
  C′7 C′6       AC
```

2. 带进位加ADDC(4条)

1) 累加器内容加立即数加进位位

助记符：

ADDC　A,#data

代码：

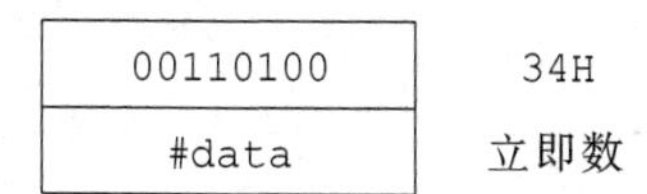

操作：

A ← (A)+#data+CY

2）累加器内容加寄存器内容加进位位

助记符：

ADDC　A,Rn　　(n=0～7)

代码：

00111rrr	38H～3FH

操作：

A ← (A)+(Rn)+CY

3）累加器内容加内部 RAM 内容加进位位

助记符：

ADDC　A,@Ri　　(i=0,1)

代码：

0011011i	36H,37H

操作：

A ← (A)+((Ri))+CY

4）累加器内容加内部 RAM 内容加进位位

助记符：

ADDC　A,direct

代码：

00110101	35H
direct	直接地址

操作：

A ← (A)+(direct)+CY

这组带进位的加法指令，用于多字节加法运算。指令把其中一个操作数加上累加器 A 中内容，同时把程序状态字中的 CY 位加在最低位上，和数送回累加器 A 中。PSW 的影响同ADD指令。

例3-9 (A)＝85H，(30H)＝FFH,CY＝1，执行指令：

```
ADDC  A,30H    ;A← (A)+(30H)+CY
```

竖式：

```
        10000101
        11111111
+)             1
----------------
CY [1]  10000101
```

结果：(A)＝85H,CY＝1,AC＝1,OV＝0。

3. 增量INC(5条)

1）累加器内容加“1”

助记符：

```
INC  A
```

代码：

00000100	04H

操作：

```
A ← (A)+1
```

2）寄存器内容加“1”

助记符：

```
INC  Rn      (n=0～7)
```

代码：

00001rrr	08H～0FH

操作：

```
Rn ← (Rn)+1
```

3）内部RAM或SFR内容加“1”

助记符：

```
INC  direct
```

代码：

00000101	05H
direct	直接地址

操作：

```
direct ← (direct)+1
```

4）内部 RAM 内容加“1”

助记符：

```
INC  @Ri  (i=0,1)
```

代码：

0000011i	06H,07H

操作：

```
(Ri) ← ((Ri))+1
```

5）数据指针 DPTR 内容加“1”

助记符：

```
INC  DPTR
```

代码：

10100011	A3H

操作：

```
DPTR ← (DPTR)+1
```

这组指令为指令的操作数(变量)加“1”，除 INC　A 指令影响 P 标志外，其余指令不影响任何标志位。当指令为直接寻址方式时，可访问端口 P0～P3，其地址为 80H，90H，A0H，B0H，原来端口数据值将从口锁存器读入，而不是从引脚读入。当指令操作数为 DPTR 时，指令首先对 DPL 加“1”。当 DPL 产生进位时，就对 DPH 加“1”，不影响标志位。用来修正数据指针 DPTR。

例 3-10　若(A)=FFH，(R1)=2FH，(30H)=00H，执行程序：

```
INC   A        ;仅影响 P 标志
INC   R1       ;不影响
INC   @R1      ;不影响
```

结果：(A)=00H，(R1)=30H，(30H)=01H。不影响标志位。

4. 十进制调整指令(1 条)

助记符：

```
DA  A
```

代码：

11010100	D4H

操作：

若[(A3～0)>9]∨[(AC)=1]

则(A3～0) ← (A3～0)+06H

若[(A7～4)>9]∨[(CY)=1]

则(A7～4) ← (A7～4)+60H

此指令能对累加器A作BCD码加法后的“加6”调整，调整原则：“过9补6”。具体操作如下。

(1) 若累加器低4位大于9或BCD码加时有半进位AC=1，则A ← (A)+06H。

(2) 若累加器高4位大于9或BCD码加时有全进位CY=1，则A ← (A)+60H。

注意：DA指令不能对BCD码减法操作结果进行调整。

例3-11 有两个BCD码存入累加器A中和寄存器R3中。

设：(A)=37H；(R3)=36H，执行下列程序。

```
① ADD  A,R3          ;(A)=6DH
② DA   A             ;(A)=73H
③ ADD  A,#99H        ;(A)=0CH,CY=1
④ DA   A             ;(A)=72H
```

第一条指令是两个被用户定义了的BCD码37和36相加，和数的低4位为D，显然是非法码。当执行第二条指令时A←6DH+06H，A的内容为73，这就是两BCD码37加36之和。第三条指令和第四条指令，实际上是对A中的BCD码做减“1”操作，由于DA指令不能对减法指令实行十进制调整，只能对A中的BCD码实行加99(BCD码1的补码)操作，当第四条指令执行后，A中的内容为72。

①、②的竖式：

```
      0011 0111
  +)  0011 0110     PSW标志位
  ----------------------------
      0110 1101     过“9”
  +)  0000 0110     补“6”
  ----------------------------
      0111 0011
```

结果：

```
(A)=73H
```

③、④的竖式：

```
             0111    0011
        +)   1001    1001
  ------------------------
  CY [1]     0000    1100
        +)   0110    0110
  ------------------------
             0111    0010
```

结果：

```
(A)=72H
```

5. 减法指令 SUBB(4 条)

1) 累加器减立即数和借位标志

助记符:

```
SUBB  A,#data
```

代码:

10010100	94H
#data	立即数

操作:

A ← (A)-#data-CY

2) 累加器减寄存器和借位标志

助记符:

```
SUBB  A,Rn    (n=0~7)
```

代码:

10011rrr	98H~9FH

操作:

A ← (A)-(Rn)-CY

3) 累加器减内部 RAM 和借位标志

助记符:

```
SUBB  A,@Ri    (i=0,1)
```

代码:

1001011i	96H,97H

操作:

A ← (A)-((Ri))-CY

4) 累加器减直接寻址字节和借位标志

助记符:

```
SUBB  A,direct
```

代码:

10010101	95H
direct	直接地址

操作:

A ← (A)-(direct)-CY

这组指令是带借位的减法指令，当累加器A的内容减去一个字节操作数和借位标志时，若够减，则CY=0，否则CY=1。借助CY标志，可实现多字节减法运算；当位3发生借位时，AC=1，否则AC=0；当位7和位6不同时发生借位时，OV=1，否则OV=0，在作带符号数减法时，只有当两个操作数符号位不同时，才有可能产生溢出。

(1) 若一个正数减负数，差为负数，则一定有溢出OV=1。

(2) 若一个负数减正数，差为正数，则一定有溢出OV=1。

例3-12 双字节无符号数减法，被减数分别存在31H、30H单元，减数分别存在41H、40H单元，差仍存于31H、30H单元。

编程：

```
CLR     C          ;使 CY=0
MOV     A,30H      ;取被减数低字节
SUBB    A,40H      ;低 8 位相减
MOV     30H,A      ;存差的低字节
MOV     A,31H      ;取被减数高字节
SUBB    A,41H      ;减高字节和低字节的借位
MOV     31H,A      ;存差的高字节
```

6. 减量DEC(4条)

1) 累加器内容减“1”

助记符：

```
DEC  A
```

代码：

00010100	14H

操作：

A ← (A)-1

2) 寄存器内容减“1”

助记符：

```
DEC  Rn    (n=0～7)
```

代码：

00011rrr	18H～1FH

操作：

Rn ← (Rn)-1

3) 内部RAM内容减“1”

助记符：

```
DEC  @Ri    (i=0,1)
```

代码：

0001011i	16H,17H

操作：

```
(Ri) ← ((Ri))-1
```

4）内部 RAM 内容或 SFR 内容减“1”

助记符：

```
DEC  direct
```

代码：

00010101	15H
direct	直接地址

操作：

```
direct ← (direct)-1
```

这组指令为减量指令，将指定的操作数减“1”，若原来为 00H，减“1”后将下溢为 FFH，不影响标志位（仅 DEC　A 指令影响 P 标志）。

当该指令用于修改端口 P0～P3，用作原始口数据的值将从口锁存器读入，而不是端口引脚读入。

7. 乘法 MUL

助记符：

```
MUL  AB
```

代码：

10100100	A4H

操作：

```
B A ← (A)×(B); CY←0
```

说明：MUL 指令是 8 位无符号数乘法指令，两个乘数分别在累加器 A 和寄存器 B 中。乘积为 16 位，积的高 8 位存于 B 寄存器，积的低 8 位存于 A 累加器。若积小于 255，则 OV=0，否则 OV=1。执行指令时，进位位 CY=0。

8. 除法 DIV

助记符：

```
DIV  A  B
```

代码：

10000100	84H

操作：

```
A ← (A)/(B)的商;B ← (A)/(B)的余数;
CY ← 0,OV ← 0
```

说明：DIV 实现 8 位无符号数除法，被除数存于 A 中，除数存于 B 中。指令执行后，商放在 A 中，而余数放在 B 中；标志位 CY＝0，OV＝0，只有当除数为“0”时，OV＝1，说明除法有溢出（即非法除）。

表 3-4 是算术运算指令小结。

表 3-4　算术运算指令

指令符号(助记符)		说　明	字节数	振荡周期
ADD	A,Rn	寄存器内容加到累加器	1	12
ADD	A,direct	直接地址中内容加到累加器	2	12
ADD	A,@Ri	间接 RAM 内容加到累加器	1	12
ADD	A,#data	立即数加到累加器	2	12
ADDC	A,Rn	寄存器和进位加到累加器	1	12
ADDC	A,direct	直接地址中内容和进位加到累加器	2	12
ADDC	A,@Ri	间接 RAM 和进位加到累加器	1	12
ADDC	A,#data	立即数和进位加到累加器	2	12
SUBB	A,Rn	从累加器减去寄存器内容和借位	1	12
SUBB	A,direct	从累加器减去直接地址中内容和借位	2	12
SUBB	A,@Ri	从累加器减去间接 RAM 和借位	1	12
SUBB	A,#data	从累加器减去立即数和借位	2	12
INC	A	累加器增量(加 1)	1	12
INC	Rn	寄存器增量(加 1)	1	12
INC	direct	直接地址中内容增量(加 1)	2	12
INC	@Ri	间接 RAM 增量(加 1)	1	12
DEC	A	累加器减 1	1	12
DEC	Rn	寄存器减 1	1	12
DEC	direct	直接地址中内容减 1	2	12
DEC	@Ri	间接 RAM 减 1	1	12
INC	DPTR	数据指针增量(加 1)	1	24
MUL	AB	A 乘以 B	1	48
DIV	AB	A 除以 B	1	48
DA	A	累加器十进制调整	1	12

例 3-13　若被乘数为 16 位无符号数，乘数为 8 位无符号数，编写相应的乘法程序。被乘数地址为 31H、30H，乘数地址为 40H，乘积存入 R2R3R4 中。

解　双字节被乘数分为高字节和低字节，先用被乘数的低字节乘以乘数，乘积的低字节存入 R4，高字节暂存于 R3；再用被乘数的高字节乘以乘数，所得乘积的低字节应与 R3 中暂存的内容相加，最后乘积存于 R2R3R4 中。以上过程采用如下算法：

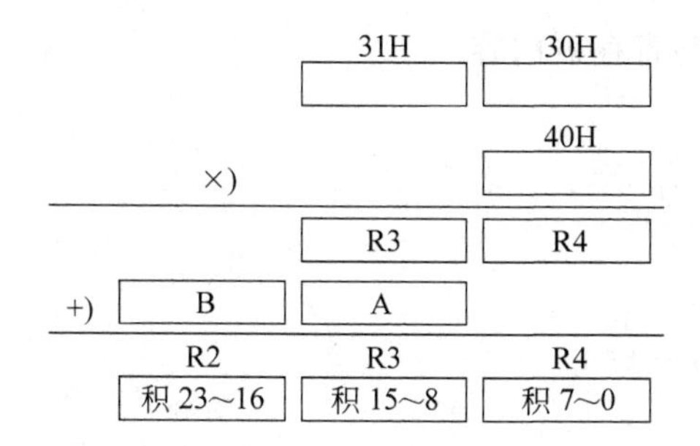

编程如下。

```
MOV     A,30H       ;取被乘数低字节
MOV     B,40H       ;取乘数
MUL     A B         ;低字节乘
MOV     R4,A        ;积 7～0
MOV     R3,B        ;存部分积
MOV     A,31H       ;取被乘数高字节
MOV     B,40H       ;取乘数
MUL     A B         ;字节乘
ADD     A,R3        ;积 15～8
MOV     R3,A        ;积 15～8
MOV     A,B
ADDC    A,#0        ;积 23～16
MOV     R2,A        ;入 R2
```

3.3.3　逻辑运算指令(共 24 条)

逻辑操作指令包括与、或、异或、清除、求反、移位等操作。指令的操作数均为 8 位,大量位处理逻辑指令将在布尔指令中介绍。

逻辑操作类指令有 24 条,读者只要记住 9 种助记符即可：ANL、ORL、XRL、CLR、CPL、RL、RLC、RR 和 RRC。

1. 逻辑与 ANL(6 条)

1) 累加器内容逻辑与立即数

助记符：

```
ANL   A,#data
```

代码：

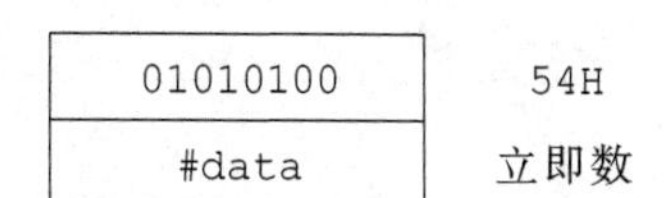

01010100	54H
#data	立即数

操作：

```
A ← (A) ∧ #data
```

2）累加器内容逻辑与寄存器内容

助记符：

```
ANL  A,Rn    (n=0～7)
```

代码：

01011rrr	58H～5FH

操作：

A ← (A) ∧ (Rn)

3）累加器内容逻辑与内部 RAM 内容

助记符：

```
ANL  A,@Ri    (i=0,1)
```

代码：

0101011i	56H,57H

操作：

A← (A) ∧ ((Ri))

4）累加器内容逻辑与内部 RAM 或 SFR 内容

助记符：

```
ANL  A,direct
```

代码：

01010101	55H
direct	直接地址

操作：

A ← (A) ∧ (direct)

当 direct 为端口地址 P0～P3 时，操作数由端口锁存器读入。

5）内部 RAM 或 SFR 内容逻辑与累加器内容

助记符：

```
ANL  direct,A
```

代码：

01010010	52H
direct	直接地址

操作：

direct ← (direct) ∧ (A)

当direct为端口地址P0～P3时，这是一条“读—修改—写”指令，可用累加器A随时修改端口锁存器内容。

6）内部RAM或SFR内容逻辑与立即数

助记符：

```
ANL  direct,#data
```

代码：

01010011	53H
direct	直接地址
#data	立即数

操作：

```
direct ← (direct)∧#data
```

当direct为端口地址P0～P3时，也是一条“读—修改—写”指令，可令立即数修改端口锁存器内容。

2. 逻辑或ORL(6条)

1）累加器内容逻辑或立即数

助记符：

```
ORL  A,#data
```

代码：

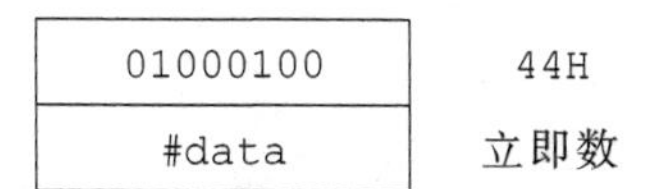

操作：

```
A ← (A)∨#data
```

2）累加器内容逻辑或寄存器内容

助记符：

```
ORL  A,Rn    (n=0～7)
```

代码：

01001rrr	48H～4FH

操作：

```
A ← (A)∨(Rn)
```

3）累加器内容逻辑或内部RAM或SFR内容

助记符：

```
ORL  A,direct
```

代码：

01000101	45H
direct	直接地址

操作：

A ← (A) ∨ (direct)

4）累加器内容逻辑或内部 RAM 内容

助记符：

```
ORL  A,@Ri    (i=0,1)
```

代码：

0100011i	46H,47H

操作：

A ← (A) ∨ ((Ri))

5）内部 RAM 或 SFR 内容逻辑或累加器内容

助记符：

```
ORL  direct,A
```

代码：

01000010	42H
direct	直接地址

操作：

direct ← (direct) ∨ (A)

若 direct 为端口 P0～P3，则为"读—修改—写"指令。

6）内部 RAM 或 SFR 内容逻辑或立即数

助记符：

```
ORL  direct,#data
```

代码：

01000011	43H
direct	直接地址
#data	立即数

操作：

direct ← (direct) ∨ #data

当 direct 为端口 P0～P3，则为"读—修改—写"指令。

3. 逻辑异或 XRL(6 条)

1) 累加器内容异或立即数

助记符:

```
XRL   A,#data
```

代码:

01100100	64H
#data	立即数

操作:

A ← (A)⊕#data

2) 累加器内容异或寄存器内容

助记符:

```
XRL   A,Rn     (n=0～7)
```

代码:

01101rrr	68H～6FH

操作:

A ← (A)⊕(Rn)

3) 累加器内容异或内部 RAM 内容

助记符:

```
XRL   A,@Ri     (i=0,1)
```

代码:

110011i	66H,67H

操作:

A ← (A)⊕((Ri))

4) 累加器内容异或内部 RAM 或 SFR 内容

助记符:

```
XRL   A,direct
```

代码:

01100101	65H
direct	直接地址

操作:

A ← (A)⊕(direct)

5）内部 RAM 或 SFR 内容异或累加器内容

助记符：

```
XRL  direct,A
```

代码：

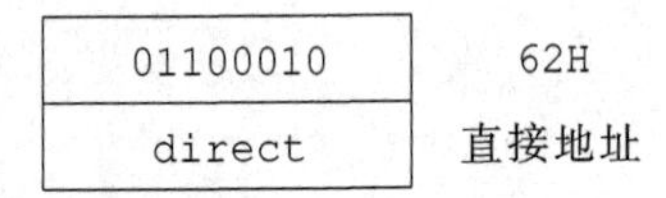

01100010	62H
direct	直接地址

操作：

direct ← (direct)⊕(A)

当 direct 为端口 P0～P3，则该指令为“读—修改—写”指令。

6）内部 RAM 或 SFR 内容异或立即数

助记符：

```
XRL  direct,#data
```

代码：

01100011	63H
direct	直接地址
#data	立即数

操作：

direct ← (direct)⊕#data

当 direct 为端口 P0～P3 时，则该指令为“读—修改—写”指令。

逻辑操作指令 ANL、ORL、XRL 指令按不同的寻址方式，各有 6 条指令。逻辑运算都是按位进行的。现按下面的例题，进一步理解逻辑运算的功能。

例 3-14 设 A 的内容为 11010110B，R3 的内容为 01101100B。

(1) 指令“ANL　A,R3”实现下述逻辑运算。

```
     1101 0110B
∧)   0110 1100B
---------------
     0100 0100B
```

结果：(A)=01000100B　　(R3)=01101100B

(2) 指令“ORL　A,R3”实现下述逻辑运算。

```
     1101 0110B
∨)   0110 1100B
---------------
     1111 1110B
```

结果：(A)=11111110B　　(R3)=01101100B

(3) 指令“XRL　A,R3”实现下述逻辑运算。

```
        1101 0110B
   ⊕)   0110 1100B
   ──────────────
        1011 1010B
```

结果：(A)=10111010B　(R3)=01101100B

例 3-15　将累加器 A 的低 4 位送 P1 口的低 4 位，而 P1 口的高 4 位保持不变。

解　这种操作可用传送指令，但若用“与”、“或”逻辑运算指令将使程序变得更简单，程序如下：

```
ANL    A,#0FH       ;屏蔽 A 的高 4 位
ANL    P1,#0F0H     ;屏蔽 P1 口的低 4 位
ORL    P1,A         ;完成操作
```

在应用中，经常会遇到希望使某个单元某几位内容不变，其余几位为“0”，这种操作常用“与”运算完成，需不变的各位和“1”相与，需变“0”的各位和“0”相与。这就是“读—修改—写”指令，即先读端口锁存器 P1 口的内容，并完成“与”(修改)操作，再写回端口锁存器 P1 口。

4. 累加器清除与求反指令(2 条)

1) 累加器 A 清零

助记符：

```
CLR  A
```

代码：

11100100	E4H

操作：

A ← 00H

2) 累加器 A 内容按位取反

助记符：

```
CPL  A
```

代码：

11110100	F4H

操作：

A ← $(\overline{A})$

例 3-16　给出下列程序，分析执行结果。

```
CLR     A        ;A←00H
CPL     A        ;(A)=FFH
```

结果：

(A)= FFH

5. 移位指令(4条)

1) 累加器内容循环左移一位

助记符:

```
RL  A
```

代码:

00100011	23H

操作:

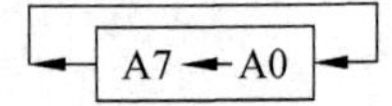

2) 累加器内容连同进位标志循环左移一位

助记符:

```
RLC  A
```

代码:

00110011	33H

操作:

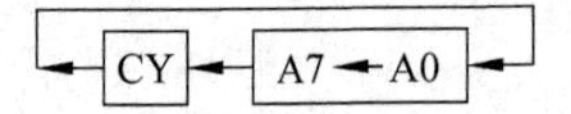

3) 累加器内容循环右移一位

助记符:

```
RR  A
```

代码:

00000011	03H

操作:

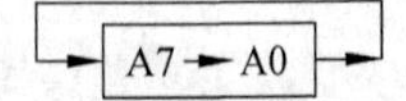

4) 累加器内容连同进位标志CY循环右移一位

助记符:

```
RRC  A
```

代码:

00010011	13H

操作:

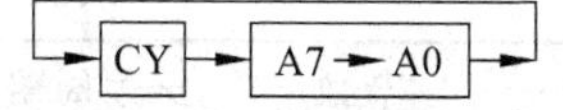

循环移位指令有左移和右移,带进位和不带进位共 4 条指令。

例 3-17 16 位数的算术左移。16 位数存放在 M 和 M+1 单元中,其中 M 单元存放的是低 8 位。

解 所谓算术左移,就是操作数左移一位,最低位补“0”。相当于对操作数乘以 2。编程如下。

```
CLR     C           ;CY= 0
MOV     R0,#M       ;低 8 位操作数地址
MOV     A,@R0       ;取低 8 位
RLC     A           ;低 8 位左移,最低位补"0"
MOV     @R0,A       ;送回
INC     R0          ;指向高 8 位操作数地址
MOV     A,@R0       ;取高 8 位
RLC     A           ;高 8 位左移
MOV     @R0,A       ;送回
```

若 16 位数乘以 4、乘以 8,请读者参照上述方法自己编写。

表 3-5 是逻辑运算指令小结。

表 3-5 逻辑运算指令

指令符号(助记符)		说 明	字节数	振荡周期
ANL	A,Rn	累加器和寄存器相与	1	12
ANL	A,direct	累加器与直接地址中内容相与	2	12
ANL	A,@Ri	累加器与间接 RAM 相与	1	12
ANL	A,#data	累加器和立即数相与	2	12
ANL	direct,A	直接地址中内容和累加器相与	2	12
ANL	direct,#data	直接地址中内容和立即数相与	3	24
ORL	A,Rn	累加器与寄存器相或	1	12
ORL	A,direct	累加器和直接地址中内容相或	2	12
ORL	A,@Ri	累加器与间接 RAM 相或	1	12
ORL	A,#data	累加器和立即数相或	2	12
ORL	direct,A	直接地址中内容和累加器相或	2	12
ORL	direct,#data	直接地址中内容和立即数相或	3	24
XRL	A,Rn	累加器与寄存器异或	1	12
XRL	A,direct	累加器和直接地址中内容异或	2	12
XRL	A,@Ri	累加器与间接 RAM 异或	1	12
XRL	A,#data	累加器和立即数异或	2	12
XRL	direct,A	直接地址中内容和累加器异或	2	12

续表

指令符号(助记符)		说　　明	字节数	振荡周期
XRL	direct, # data	直接地址中内容和立即数异或	3	24
CLR	A	清除累加器	1	12
CPL	A	累加器求反	1	12
RL	A	累加器循环左移	1	12
RLC	A	累加器连进位循环左移	1	12
RR	A	累加器循环右移	1	12
RRC	A	累加器连进位循环右移	1	12

3.3.4 控制转移指令(共17条)

程序通常是顺序执行的,指令的后继方式是PC←(PC)+1,因而CPU可以按顺序逐条执行指令,但有时因为任务需要改变程序运行方向,就必须按要求改变或修改程序计数器PC当前值,以完成程序的转移。控制转移类指令可以实现这一要求。

控制转移类共有17条指令(布尔转移将在后面介绍)共分三类:无条件转移指令、条件转移指令和子程序的调用及返回指令。

1. 无条件转移指令(4条)

1) 长转移

助记符:

```
LJMP  addr16
```

代码:

00000010	02H
addr15～8	
addr7～0	

操作:

```
PC ← addr16
```

当执行指令时,将指令的第2、3字节地址送程序计数器PC,以实现程序的转移。可转到程序存储器64KB空间任何一个地方。

2) 绝对转移

助记符:

```
AJMP  addr11
```

代码:

A10A9A8 00001
A7～A0

操作:

```
PC←(PC)+2
PC10～0←指令中的 A10～0
```

AJMP 指令将程序存储器划分为 32 个区，由程序计数器高五位 PC15～11 确定，每个区为 2K 字节；每个区又分为 8 页，由指令的 A10 A9A8 确定，因此每一区相应有 8 种操作码指令 AJMP 与 ACALL 的操作码与页面关系见表 3-6。

表 3-6 AJMP 和 ACALL 指令操作码与页面的关系

子程序入口转移地址页面号																操作码	
																AJMP	ACALL
00	08	10	18	20	28	30	38	40	48	50	58	60	68	70	78	01	11
80	88	90	98	A0	A8	B0	B8	C0	C8	D0	D8	E0	E8	F0	F8		
01	09	11	19	21	29	31	39	41	49	51	59	61	69	71	79	21	31
81	89	91	99	A1	A9	B1	B9	C1	C9	D1	D9	E1	E9	F1	F9		
02	0A	12	1A	22	2A	32	3A	42	4A	52	5A	62	6A	72	7A	41	51
82	8A	92	9A	A2	AA	B2	BA	C2	CA	D2	DA	E2	EA	F2	FA		
03	0B	13	1B	23	2B	33	3B	43	4B	53	5B	63	6B	73	7B	61	71
83	8B	93	9B	A3	AB	B3	BB	C3	CB	D3	DB	E3	EB	F3	FB		
04	0C	14	1C	24	2C	34	3C	44	4C	54	5C	64	6C	74	7C	81	91
84	8C	94	9C	A4	AC	B4	BC	C4	CC	D4	DC	E4	EC	F4	FC		
05	0D	15	1D	25	2D	35	3D	45	4D	55	5D	65	6D	75	7D	A1	B1
85	8D	95	9D	A5	AD	B5	BD	C5	CD	D5	DD	E5	ED	F5	FD		
06	0E	16	1E	26	2E	36	3E	46	4E	56	5E	66	6E	76	7E	C1	D1
86	8E	96	9E	A6	AE	B6	BE	C6	CE	D6	DE	E6	EE	F6	FE		
07	0F	17	1F	27	2F	37	3F	47	4F	57	5F	67	6F	77	7F	E1	F1
87	8F	97	9F	A7	AF	B7	BF	C7	CF	D7	DF	E7	EF	F7	FF		

例如，当绝对转移目标地址为 0475H 或 AC75H 时，操作码都为 81H。前者目标地址在 0 区的第 4 页，后者目标地址在 21 区的第 4 页。

```
          A15 A14 A13 A12 A11 A10 A9 A8 A7          …          A0
0475H  →   0   0   0   0   0   1   0  0  0  1  1  1  0  1  0  1
          ───────────────────  ┄┄┄┄┄┄┄┄
                 0 区             4 页
AC75H  →   1   0   1   0   1   1   0  0  0  1  1  1  0  1  0  1
          ───────────────────  ┄┄┄┄┄┄┄┄
                 21 区            4 页
```

虽然转移目标地址不同，但操作码相同，都为 81H、75H。

当执行 AJMP addr11 指令时，程序计数器 PC ←(PC)+2 后，其高 5 位地址 PC15～11 保持不变，这 5 位地址确定了当前目标程序将运行在某一区内；被修改的仅仅是程序计数器低 11 位地址 PC10～0，从而确定了指令的转移只能在某一区内的 2KB 范围内，如图 3-11 所示。若 PC15～11 为 00010B 则转移目标地址将在 2 区。

由于 AJMP 指令为 2 字节指令，因此 AJMP 指令的下一条指令的第一个字节与绝对转移指令的目标地址必须在同一区内，否则将超出指令的转移范围。

例如，如果 AJMP 指令正好落在区底 2 个单元内，如：0FFEH 和 0FFFH 单元，则转

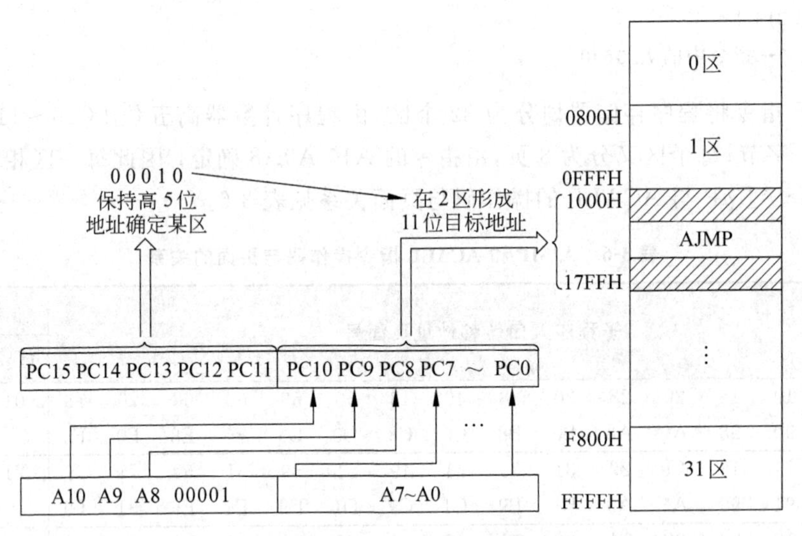

图 3-11 指令 AJMP 执行过程

移目标地址一定是在下一个区内(2 区),否则将引起混乱。

3) 短转移

助记符:

```
SJMP  rel
```

代码:

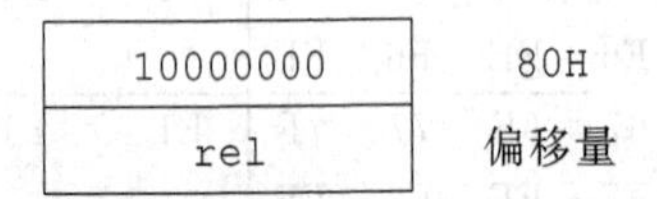

操作:

```
PC ← (PC)+2
PC ← (PC)+rel
```

指令中 rel 是相对偏移量,是一个 8 位带符号补码数,其范围为 $-128\sim+127$,为正时向前转移,为负则向后转移。用汇编语言编写程序时,rel 往往为一个标号,由汇编程序自动计算偏移量并填入指令代码中;当手工汇编时,则应根据指令首址与转移目标地址来计算:

$$\text{rel} = \text{目标地址} - \underbrace{(\text{PC}+2)}_{\text{即下一条指令地址}}$$

4) 间接长转移(散转指令)

助记符:

```
JMP  @A+DPTR
```

代码:

01110011	73H

操作：

```
PC←(A)+(DPTR)
```

当执行指令时，把累加器 A 中 8 位无符号数与 DPTR 的 16 位数相加，其和送 PC，控制程序转移到目的地址。指令不改变累加器 A 和 DPTR 内容。

2. 条件转移(8 条)

1）累加器为零则转移

助记符：

```
JZ  rel
```

代码：

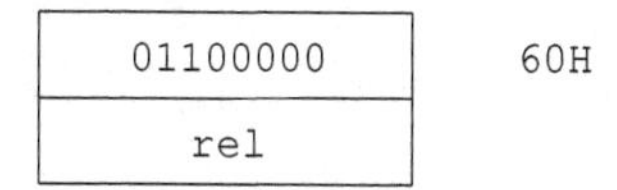

操作：

若(A)≠0，则 PC ← (PC)+2

若(A)=0，则 PC ← (PC)+2+rel

2）累加器非零则转移

助记符：

```
JNZ  rel
```

代码：

01110000	70H
rel	

操作：

若(A)=0，则 PC←(PC)+2

若(A)≠0，则 PC←(PC)+2+rel

3）累加器内容与立即数不等则转移

助记符：

```
CJNE  A,#data,rel
```

代码：

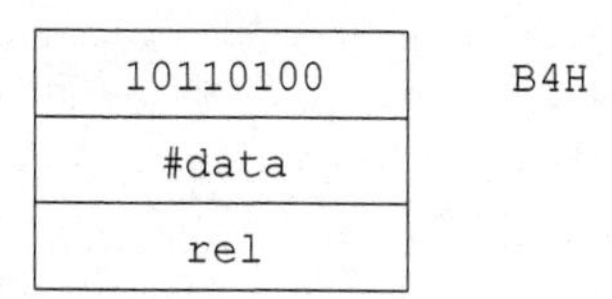

操作：

若(A)=#data，则 PC←(PC)+3，CY←0

若(A)>#data,则 PC←(PC)+3+rel,CY←0
若(A)<#data,则 PC←(PC)+3+rel,CY←1

说明：这是一条比较转移指令，而且能根据比较结果设置进位标志CY。

4）寄存器内容与立即数不等则转移

助记符：

```
CJNE  Rn,#data,rel    (n=0～7)
```

代码：

10111rrr
#data
rel

B8H～BFH

操作：

若(Rn)=#data,则 PC←(PC)+3,CY←0
若(Rn)>#data,则 PC←(PC)+3+rel,CY←0
若(Rn)<#data,则 PC←(PC)+3+rel,CY←1

5）内部RAM内容与立即数不等则转移

助记符：

```
CJNE  @Ri,#data,rel    (i=0,1)
```

代码：

1011011i
#data
rel

B6H,B7H

操作：

若((Ri))=#data,则 PC←(PC)+3,CY←0
若((Ri))>#data,则 PC←(PC)+3+rel,CY←0
若((Ri))<#data,则 PC←(PC)+3+rel,CY←1

6）累加器与内部RAM或SFR内容不等则转移

助记符：

```
CJNE  A,direct,rel
```

代码：

10110101
direct
rel

B5H

操作：

若(A)=(direct),则 PC ← (PC)+3,CY←0
若(A)>(direct),则 PC ← (PC)+3+rel,CY←0
若(A)<(direct),则 PC ← (PC)+3+rel,CY←1

7) 寄存器内容减“1”不等于零则转移
助记符:

```
DJNZ  Rn,rel    (n=0～7)
```

代码:

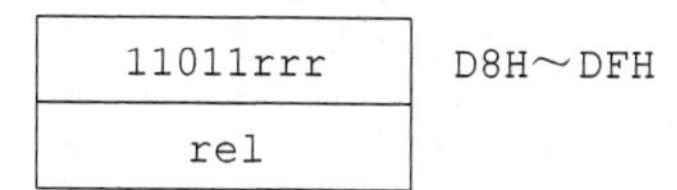

11011rrr	D8H～DFH
rel	

操作:

Rn ← (Rn)-1
若(Rn)=0,则 PC ← (PC)+2
若(Rn)≠0,则 PC ← (PC)+2+rel

8) 内部 RAM 或 SFR 内容减“1”不等于零则转移
助记符:

```
DJNZ  direct,rel
```

代码:

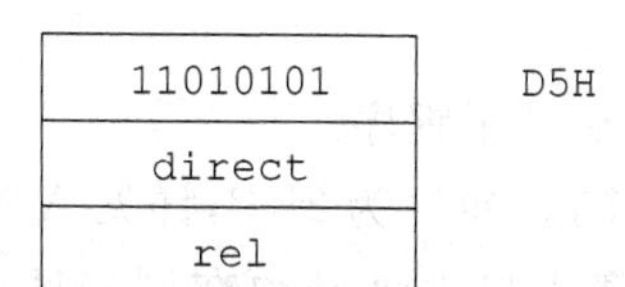

11010101	D5H
direct	
rel	

操作:

direct ← (direct)-1
若(direct)=0,则 PC←(PC)+3
若(direct)≠0,则 PC←(PC)+3+rel

当 direct 为端口地址 P0～P3 时,该指令为“读—修改—写”指令。

3. 子程序调用及返回指令(4 条)

1) 长调用
助记符:

```
LCALL  addr16
```

代码:

00010010	12H
addr15～8	
addr7～0	

操作：

```
PC ← (PC)+3
SP ← (SP)+1,(SP) ← PC7～0
SP ← (SP)+1,(SP) ← PC15～8
PC ← 指令中 addr16
```

在转入子程序之前，首先要自动保护主程序的断点地址（即主程序 PC 当前值入栈），以便返回，然后 PC ← addr16，转入子程序。

可调用 64KB 程序存储器中任一个子程序。

2）绝对调用

助记符：

```
ACALL  addr11
```

代码：

A10A9A810001
A7～A0

操作：

```
PC ← (PC)+2
SP ← (SP)+1,(SP) ← PC7～0
SP ← (SP)+1,(SP) ← PC15～8
PC10～0 ← 指令中 A10～0
```

与 LCALL 指令相同，转子程序之前，首先保护断点，然后转子程序。

与 AJMP 指令类似，指令将 64KB 程序存储器分为 32 个区，每区为 2KB，详见 AJMP 说明，调用指令 ACALL 的下一条指令第一个字节与子程序入口地址必须在同一区内。指令操作码与被调用子程序入口地址页号有关，每一种操作码对应 32 个页号，操作码与页面关系见表 3-6。

3）子程序返回

助记符：

```
RET
```

代码：

00100010	22H

操作：

```
PC15～8 ←((SP)), SP ←(SP)-1
PC7～0 ←((SP)), SP ←(SP)-1
```

当子程序结束时，返回主程序，即将堆栈顶的主程序断点地址送程序计数器 PC，继续执行主程序。

4）中断返回

助记符：

```
RETI
```

代码：

00110010	32H

操作：

```
PC15～8←((SP)),SP←(SP)-1
PC7～0←((SP)),SP←(SP)-1
```

执行该指令，说明中断服务子程序已结束，从堆栈中取出断点地址，送程序计数器 PC 返回主程序；同时清除中断响应时所置位的优先级状态触发器，使已申请的较低级中断请求得以响应。

如果在执行 RETI 指令的时候，有一低级或同级中断已被挂起，则 CPU 返回主程序至少要执行一条主程序指令之后，才去响应被挂起的中断。详见第 6 章中断部分。

4. 空操作（1 条）

助记符：

```
NOP
```

代码：

00000000	00H

操作：

```
PC ← (PC)+1
```

该指令为单字节指令，其操作使程序计数器 PC 加“1”，在时间上消耗 12 个时钟周期，可用于延时，等待或用于修改程序保留空间等情况。

表 3-7 为控制转移类指令小结。

表 3-7 控制转移指令

指令符号		说明	字节数	振荡周期
ACALL	addr11	绝对调用子程序	2	24
LCALL	addr16	长调用子程序	3	24
RET		从子程序返回	1	24
RETI		从中断返回	1	24
AJMP	addr11	绝对跳转	2	24
LJMP	addr16	长跳转	3	24
SJMP	rel	短跳转（相对地址）	2	24
JMP	@A+DPTR	相对于(A+DPTR)的间接转移	1	24
JZ	rel	若累加器为零则跳转	2	24
JNZ	rel	若累加器不为零则跳转	2	24
CJNE	A,direct,rel	累加器和直接地址中内容比较若不相等	3	24
CJNE	A,#data,rel	累加器和立即数比较若不相等则跳转	3	24
CJNE	Rn,#data,rel	寄存器和立即数比较若不相等则跳转	3	24

续表

指令符号		说明	字节数	振荡周期
CJNE	@Ri,#data,rel	间接RAM和立即数比较若不相等则跳转	3	24
DJNZ	Rn,rel	寄存器减1若非零则跳转	2	24
DJNZ	direct,rel	直接地址中内容减1若非零则跳转	3	24
NOP		空操作	1	12

3.3.5 布尔处理类指令

MCS-51单片机内含有一个布尔处理机,它是按位(b)为单位来进行运算和操作的。布尔处理机从硬件上由位ALU、位累加器CY、数据存储器和I/O口组成,这些特殊硬件逻辑使CPU具有位处理功能。从指令方面,与此相应有一个专门处理布尔变量的指令子集(共17条),以完成以布尔变量为对象的传送、运算、转移控制等操作,这些指令也可称为位操作指令。

指令中位地址的助记符有多种表达方式:

① 直接地址方式:如0D5H。

② 点操作符方式:如PSW.5。

③ 位名称方式:如F0。

④ 用户定义名方式:如用伪指令BIT

```
USRFLG   BIT    F0
```

经定义后允许指令中用USRFLG代替F0。

以上4种方式都是指PSW中的位5,其位地址为0D5H,而名称为F0。

1. 布尔传送指令(2条)

1) 直接寻址位送进位标志

助记符:

```
MOV  C,bit
```

代码:

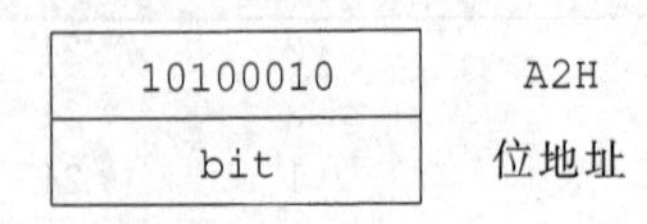

操作:

```
CY ← (bit)
```

指令中位地址若为0~127,该位应在内部RAM中(字节地址为20H~2FH);位地址若为128~255,该位应该在特殊功能寄存器区。该区域仅有部分位有定义,(见图2-15和图2-16),当访问一个未定义位时,将得到一个不确定的结果。以后指令中位地址bit均为此意,不再重述。

2）进位标志送直接寻址位

助记符：

```
MOV  bit,C
```

代码：

10010010	92H
bit	位地址

操作：

bit ← (CY)

当直接寻址位为 P0～P3 中的某一位时，它也是一条"读-修改-写"指令。

2. 布尔状态控制指令（6 条）

1）清进位标志

助记符：

```
CLR  C
```

代码：

11000011	C3H

操作：

CY ← 0

2）清直接寻址位

助记符：

```
CLR  bit
```

代码：

11000010	C2H
bit	位地址

操作：

bit ← 0

3）置位进位标志

助记符：

```
SETB  C
```

代码：

11010011	D3H

操作：

CY ← 1

4）置位直接寻址位

助记符：

```
SETB  bit
```

代码：

11010010	D2H
bit	位地址

操作：

bit ← 1

5）进位标志求反

助记符：

```
CPL  C
```

代码：

10110011	B3H

操作：

CY ← $(\overline{CY})$

6）直接寻址位求反

助记符：

```
CPL  bit
```

代码：

10110010	B2H
bit	位地址

操作：

bit ← $(\overline{bit})$

3. 布尔逻辑运算指令(4条)

1）进位标志逻辑与直接寻址位

助记符：

```
ANL  C,bit
```

代码：

10000010	82H
bit	位地址

操作：

```
CY ← (CY) ∧ (bit)
```

2) 进位标志逻辑与直接寻址位的反码

助记符：

```
ANL  C,/bit
```

代码：

10110000	B0H
bit	位地址

操作：

$CY \leftarrow (CY) \wedge (\overline{bit})$

bit 前的斜杠表示对 bit 求反，并不改变(bit)内容。

3) 进位标志逻辑或直接寻址位

助记符：

```
ORL  C,bit
```

代码：

01110010	72H
bit	位地址

操作：

```
CY ← (CY) ∨ (bit)
```

4) 进位标志逻辑或直接寻址位的反码

助记符：

```
ORL  C,/bit
```

代码：

10100000	A0H
bit	位地址

操作：

$CY \leftarrow (CY) \vee (\overline{bit})$

4. 布尔条件转移指令(5 条)

1) 进位标志为“1”转移

助记符：

```
JC  rel
```

代码：

01000000	40H
rel	

操作：

若(CY)=1，则 PC ← (PC)+2+rel
若(CY)=0，则 PC ← (PC)+2

2) 进位标志为零则转移

助记符：

```
JNC  rel
```

代码：

01010000	50H
rel	

操作：

若(CY)=0，则 PC ← (PC)+2+rel
若(CY)=1，则 PC ← (PC)+2

3) 直接寻址位为"1"转移

助记符：

```
JB  bit,rel
```

代码：

00100000	20H
bit	
rel	

操作：

若(bit)=1，则 PC ← (PC)+3+rel
若(bit)=0，则 PC ← (PC)+3

4) 直接寻址位为零转移

助记符：

```
JNB  bit,rel
```

代码：

00110000	30H
bit	
rel	

操作：

```
若(bit)=0,则 PC ← (PC)+3+rel
若(bit)=1,则 PC ← (PC)+3
```

5）直接寻址位为“1”转移并将该位复位

助记符：

```
JBC  bit,rel
```

代码：

00010000	10H
bit	
rel	

操作：

```
若(bit)=0,则 PC ← (PC)+3
若(bit)=1,则 PC ← (PC)+3+rel,且 bit←0
```

例 3-18 设 X、Y、Z 都代表位地址，编程完成 X、Y 的异或非操作并存入 Z。

解 编程 $Z=\overline{X\oplus Y}=\overline{\overline{X}Y+X\overline{Y}}$。

```
MOV     C,Y      ;取 Y
ANL     C,/X     ;CY←X̄Y
MOV     Z,C      ;暂存
MOV     C,X      ;取 X
ANL     C,/Y     ;CY←XȲ
ORL     C,Z      ;CY←X̄Y+XȲ
CPL     C        ;取反
MOV     Z,C      ;存入 Z
```

由此例可见，利用布尔运算指令，可以对各种组合逻辑电路进行模拟，变硬件求解为软件求解，方便灵活而经济高效。

例 3-19 设系统晶振主频为 12MHz，即每个机器周期为 1μs。

编程使 P1.7 连续输出 100 个周期为 10μs 的正方波。

解 只要使 P1.7 的输出电平每隔 5μs 改变一次，改变 200 次即可产生 100 个周期为 10μs 的正方波。

编程：

```
        MOV     R0,#0C8H        ;(R0)=200
        CLR     P1.7            ;P1.7 为低电平
LOOP:   CPL     P1.7            ;P1.7 变反(1μs)
        NOP                     ;(1μs)
        NOP                     ;(1μs)
        DJNZ    R0,LOOP         ;(R0)≠0 则转 (2μs)
```

仅用6条指令便可实现这一功能，其中CPL、NOP指令为单周期指令，执行时间为1μs，DJNZ指令为双机器周期指令，执行时间为2μs，在每个循环中P1.7的电平被改变一次所需时间为5μs。每个方波的周期为10μs，故P1.7的电平改变200次，即可使P1.7连续输出100个周期为10μs的正方波。布尔处理类指令如表3-8所示。

表3-8 布尔处理类指令

指令符号		说明	字节数	振荡周期
CLR	C	清除进位	1	12
CLR	bit	清除直接位	2	12
SETB	C	置进位位	1	12
SETB	bit	置位直接位	2	12
CPL	C	进位求反	1	12
CPL	bit	直接位求反	2	12
ANL	C, bit	进位和直接位相与	2	24
ANL	C,/bit	进位和直接位的反码相与	2	24
ORL	C,bit	进位和直接位相或	2	24
ORL	C,/bit	进位和直接位的反码相或	2	24
MOV	C,bit	直接位送入进位位	2	24
MOV	bit,C	进位位送入直接位	2	24
JC	rel	若进位位为“1”则转移	2	24
JNC	rel	若进位位不为“1”则转移	2	24
JB	bit,rel	若直接位为“1”则转移	3	24
JNB	bit,rel	若直接位不为“1”则转移	3	24
JBC	bit,rel	若直接位为“1”则转移并清除该位	3	24

附录D-2给出了MCS-51系列单片机指令系统表。其中：

附表D-1是按照功能排列的指令表，它给出了每一条指令的助记符并简介了它们的功能，同时给出了操作码和对各标志位的影响。

附表D-2是按字母顺序排列的指令表，给出了指令的助记符、操作码，同时还给出了指令所占字数以及执行该指令所需的机器周期。读者可根据自己需要查找其中的内容。

本章详细介绍了MCS-51指令系统，深刻理解和熟练掌握本章的内容，是设计和使用MCS-51系列单片机的重要前提。

习题与思考

1. MCS-51指令系统具有几种寻址方式？
2. MCS-51指令系统按功能可分为几类？
3. MCS-51汇编语言主要伪指令有几条？它们分别具有什么功能？
4. 设(70H)＝60H，(60H)＝20H，P1口为输入口，当前输入状态为B7H，执行下面程序：

```
MOV    R0,#70H
MOV    A,@R0
```

```
        MOV    R1,A
        MOV    B,@R1
        MOV    P1,#0FFH
        MOV    @R0,P1
```

试分析(70H)、(B)、(R1)、(R0)的内容是什么？

5. 人工汇编出下列程序机器代码，并分析该程序段的执行功能。

```
        CLR    A
        MOV    R2,A
        MOV    R7,#4
LOOP:   CLR    C
        MOV    A,R0
        RLC    A
        MOV    R0,A
        MOV    A,R1
        RLC    A
        MOV    R1,A
        MOV    A,R2
        RLC    A
        MOV    R2,A
        DJNZ   R7,LOOP
        SJMP   $
```

6. 设系统晶振为 12MHz，阅读下列程序，分析其功能。

```
START:  SETB   P1.0
NEXT:   MOV    30H, #10
LOOP2:  MOV    31H,#0FAH
LOOP1:  NOP
        NOP
        DJNZ   31H,LOOP1
        DJNZ   30H,LOOP2
        CPL    P1.0
        AJMP   NEXT
        SJMP   $
```

7. 阅读下列程序，分析其功能。

```
        MOV    R7,#10
        MOV    A,#30H
        MOV    DPTR,#2000H
LOOP:   MOVX   @DPTR,A
        INC    A
        INC    DPL
        DJNZ   R7,LOOP
        SJMP   $
```

8. 简述下列程序段完成的功能，程序完成后 SP 指针应指向哪里。

```
        MOV     SP,#2FH
        MOV     DPTR,#2000H
        MOV     R7,#50H
NEXT:   MOVX    A,@DPTR
        PUSH    A
        INC     DPL
        DJNZ    R7,NEXT
        SJMP    $
```

9. 分析以下程序段执行结果,程序执行完后,SP 指针指向哪里。

```
        MOV     SP,#3FH
        MOV     R0,#40H
        MOV     R7,#10H
NEXT:   POP     A
        MOV     @R0,A
        DEC     R0
        DJNZ    R7,NEXT
        SJMP    $
```

10. 分析以下程序段执行结果。

```
        XCH     A,30H
        MOV     B,A
        ANL     A,#0FH
        MOV     33H,A
        MOV     A,B
        SWAP    A
        ANL     A,#15
        MOV     34H,A
        SJMP    $
```

11. 用图示法分析 MOVC　A,@A+DPTR 指令执行过程及结果。

设 A 中内容为 20H,DPTR 内容为 1000H,外部程序存储器 1020H 单元内容为 30H。

12. 用图示法分析 MOVC　A,@A+PC 指令执行过程及结果。设指令操作码在程序存储器 1000H 单元中,1031H 单元内容为 3FH,A 中内容为 30H。

13. 下列指令执行后,求(A)=?　PSW 中 Y、OV、A C 为何值。

① 当(A)=6BH,　ADD　A,＃81H

② 当(A)=6BH,　ADD　A,＃8CH

③ 当(A)=6BH、CY=0,　ADDC　A,＃72H

④ 当(A)=6BH、CY=1,　ADDC　A,＃79H

⑤ 当(A)=6BH、CY=1,　SUBB　A,＃OF9H

⑥ 当(A)=6BH、CY=0,　SUBB　A,＃OFCH

⑦ 当(A)=6BH、CY=1,　SUBB　A,＃7AH

⑧ 当(A)=6BH、CY=0,　SUBB　A,＃8CH

14. 阅读①②③程序段，分析其功能运算结果存在哪里？

①
```
MOV     A,R2
ADD     A,R0
MOV     30H,A
MOV     A,R3
ADDC    A,R1
MOV     31H,A
MOV     A,#0
ADDC    A,#0
MOV     32H,A
SJMP    $
```

②
```
CLR     C
MOV     A,R4
SUBB    A,R2
MOV     R0,A
MOV     A,R5
SUBB    A,R3
MOV     R1,A
```

③
```
MOV     A,R1
MOV     B,R0
MUL     AB
MOV     30H,A
MOV     31H,B
MOV     A,R2
MOV     B,R0
MUL     AB
ADD     A,31H
MOV     31H,A
MOV     A,B
ADDC    A,#0
MOV     32H,A
SJMP    $
```

15. MCS-51 的转移指令有几种？如何选用？

16. MCS-51 长转移指令 LJMP、绝对转移指令 AJMP 和短转移指令 SJMP 有何区别？

17. 如何计算相对转移的偏移量？

18. MCS-51 比较转移指令 CJNE 可以在哪些量间进行比较？有何特点？

19. 分析下列指令哪些指令超出寻址范围？若没超出寻址范围，请写出下列指令的机器代码。

指令第一字节	指　令	目的地址
1230H	AJMP	1620H

```
2780H          AJMP      2530H
1750H          AJMP      1A00H
1230H          ACALL     1620H
2780H          ACALL     2530H
2750H          ACALL     2A00H
2330H          SJMP      2340H
2866H          SJMP      2800H
27FEH          SJMP      2730H
```

20. 分析以下程序段，何时转向 LABEL1？何时转向 LABEL2？

```
MOV     A,R0
CPL     A
JZ      LABEL1
INC     A
JZ      LABEL2
 ⋮
```

21. MCS-51 单片机布尔处理机硬件由哪些部件构成？布尔处理指令主要功能？

22. 布尔处理机的位处理与 MCS-51 的字节处理有何不同？

23. 有 4 个变量 U、V、W、X 分别从 P1.0～P1.3 输入，阅读如下程序，写出逻辑表达式并画出逻辑电路图。请使用 ORG、END、BIT 等伪指令重新整理编写该段程序。

```
MOV     P1,#0FH
MOV     C,P1.0
ANL     C,P1.1
CPL     C
MOV     ACC.0,C
MOV     C,P1.2
ORL     C,/P1.3
ORL     C,ACC.0
MOV     F,C
SJMP    $
```

24. 用布尔指令，求解逻辑方程。

① $PSW.5 = P1.3 \land ACC.2 \lor B.5 \land P1.1$

② $PSW.5 = \overline{P1.5 \land B.4 \lor ACC.7 \land P1.0}$

第4章 汇编语言程序设计

4.1 概述

上一章介绍了MCS-51的寻址方式、指令系统和汇编语言常用的伪(软)指令。本章将重点介绍MCS-51汇编语言程序设计。

所谓程序设计,就是人们把要解决的问题用计算机能接受的语言,按一定的步骤描述出来。程序设计时要考虑两个方面:一是针对某种语言进行程序设计;二是解决问题的方法和步骤。对同一个问题,可以选择高级语言(如PASCAL、C等)来进行设计,也可以选择汇编语言来进行设计,并且往往有多种不同的解决方法。通常把解决问题而采用的方法和步骤称为“算法”。

4.1.1 采用汇编语言的优点

汇编语言与高级语言相比具有以下优点。

- 占用的内存单元和CPU资源少;
- 程序简短,执行速度快;
- 可直接调动计算机的全部资源,并可有效地利用计算机的专有特性;
- 能准确地掌握指令的执行时间,适用于实时控制系统。

4.1.2 汇编语言程序设计步骤

用汇编语言编写程序,一般可按如下步骤进行。

1. 建立数学模型

根据要解决的实际问题,反复研究分析并抽象出数学模型。

2. 确定算法

解决一个实际问题,往往有多种方法,要从诸多算法中确定一种较为简洁的方法是至关重要的。

3. 制订程序流程图

算法是程序设计的依据，把解决问题的思路和算法的步骤画成程序流程图。

4. 确定数据结构

合理地选择和分配内存工作单元以及工作寄存器。

5. 写出源程序

根据程序流程图，精心选择合适的指令和寻址方式来编制源程序。

6. 上机调试程序

将编制好的源程序进行汇编，成为可执行目标代码后，便可执行目标程序，检查修改程序中的错误，对程序运行结果进行分析，直至正确为止。

4.1.3 评价程序质量的标准

解决某一问题、实现某一功能的程序不是唯一的。程序有简有繁，占用的内存单元有多有少，执行时间有长有短，因而编制的程序也不同，怎样来评价程序的质量呢？通常有以下几个标准。

- 程序的执行时间；
- 程序所占用的内存字节数目；
- 程序的逻辑性、可读性；
- 程序的兼容性、可扩展性；
- 程序的可靠性。

一般来说，一个程序执行时间越短，占用的内存单元越少，其质量越高。这就是程序设计中的"时间"和"空间"的概念。程序设计的逻辑性强、层次清楚、数据结构合理、便于阅读也是衡量程序优劣的重要标准；同时还要保证程序在任何实际工作条件下，都能正常运行。在较复杂的程序设计中，必须充分考虑程序的可读性和可靠性。另外程序的可扩展性、兼容性以及容错性等都是衡量与评价程序优劣的重要标准。

4.2 简单程序

程序的简单与复杂很难有一个绝对标准，这里所说的简单程序是一种顺序执行的程序，它既无分支又无循环。这种程序虽然简单，但能完成一定的功能，是构成复杂程序的基础。

例 4-1 假设两个双字节无符号数，分别存放在 R1R0 和 R3R2 中，高字节在前，低字节在后。编程使两数相加，和数存放回 R2R1R0 中。

此为简单程序，求和的方法与笔算类同，先加低位，后加高位，无须画流程图。直接编程如下。

```
ORG     1000H
CLR     C
MOV     A,R0        ;取被加数低字节至 A
ADD     A,R2        ;与加数低字节相加
MOV     R0,A        ;存和数低字节
```

```
        MOV     A,R1            ;取被加数高字节至 A
        ADDC    A,R3            ;与加数高字节相加
        MOV     R1,A            ;存和数高字节
        MOV     A,#0
        ADDC    A,#0            ;加进位位
        MOV     R2,A            ;存和数进位位
       *SJMP    $               ;原地踏步
        END
```

* 由于 MCS-51 指令系统无暂停指令，故用“SJMP $ ”指令($ 表示“rel= 0FEH”)实现原地踏步以代替暂停指令，后面将不再重复解释。

例 4-2 将一个字节内的两个 BCD 码拆开并转换成 ASCII 码，存入两个 RAM 单元。设两个 BCD 码已存放在内部 RAM 的 20H 单元，将转换后的高半字节存放到 21H 中，低半字节存放到 22H 中。

方法一 因为 BCD 数中的 0～9 对应的 ASCII 码为 30H～39H，所以，转换时，只需将 20H 中的 BCD 码拆开后，将 BCD 的高 4 位置成“0011”即可。

```
        ORG     1000H
        MOV     R0,#22H         ;R0←22H
        MOV     @R0,#0          ;22H←0
        MOV     A,20H           ;两个 BCD 数送 A
        XCHD    A,@R0           ;BCDL 送 22H 单元
        ORL     22H,#30H        ;完成转换
        SWAP    A               ;BCDH 至 A 的低四位
        ORL     A,#30H          ;完成转换
        MOV     21H,A           ;存数
        SJMP    $
        END
```

以上程序用了 8 条指令、15 个内存字节，执行时间为 9 个机器周期(指令所占存储字节数和执行周期请查阅附表 D-2)。

方法二 可采用除 10H 取余的方法(相当于右移 4 位)将两个 BCD 数拆开。

```
A | BCDH | BCDL |    DIV  AB     A | 0000 | BCDH |
B | 0001 | 0000 |   -------->    B | 0000 | BCDL |
```

```
        ORG     1000H
        MOV     A,20H           ;取 BCD 码至 A
        MOV     B,#10H
        DIV     AB              ;除 10H 取余，使 BCDH→A、BCDL→B
        ORL     B,#30H          ;完成转换
        MOV     22H,B           ;存 ASCII 码
        ORL     A,#30H          ;完成转换
        MOV     21H,A           ;存 ASCII 码
        SJMP    $
        END
```

方法三 用7条指令、16个内存字节,执行时间13个机器周期。

```
ORG     1000H
MOV     A,20H          ;取 BCD 码
ANL     A,#0FH         ;屏蔽高四位
ORL     A,#30H         ;完成转换
MOV     22H,A          ;存 ASCII 码
MOV     A,20H          ;取 BCD 码
ANL     A,#0F0H        ;屏蔽低四位
SWAP    A              ;交换至低四位
ORL     A,#30H         ;完成转换
MOV     21H,A          ;存 ASCII 码
SJMP    $
END
```

上述程序共用9条指令、占用17个字节,需9个机器周期。

例4-3 双字节数求补,设两个字节原码数存在R1R0中,求补后结果存在R3R2中。

求补采用"模-原码"的方法,因为补码是原码相对于模而言的,对于双字节数来说其模为1000H。

```
ORG    1000H
CLR    C          ;0→CY
CLR    A          ;0→A
SUBB   A,R0       ;低字节求补
MOV    R2,A       ;送 R2
CLR    A          ;0→A
SUBB   A,R1       ;高字节求补
MOV    R3,A       ;送 R3
SJMP   $
END
```

这段程序共用了7条指令,占用了7个字节,需7个机器周期。

例4-4 将内部RAM的20H单元中的8位无符号二进制数转换为三位BCD码,并将结果存放在FIRST(百位)和SECOND(十位、个位)两单元中。

可将被转换数除以100,得百位数;余数再除以10得十位数;最后余数即为个位数。

```
FIRST     DATA     22H
SECOND    DATA     21H
          ORG      1000H
HBCD:     MOV      A,20H       ;取数
          MOV      B,#64H      ;除数 100→B
          DIV      AB          ;除 100
          MOV      FIRST, A    ;百位 BCD
          MOV      A,B
          MOV      B,#0AH      ;除数 10→B
          DIV      AB          ;除 10
```

```
        SWAP    A           ;十位数送高位
        ORL     A, B        ;A为(十位、个位)BCD
        MOV     SECOND, A   ;存十位、个位数
        SJMP    $
        END
```

例如,设(20H)=0FFH,先用 100 除,商(A)=02H→FIRST;余数(B)=37H,再用 10 除,商(A)=05H,余数(B)=05H;十位 BCD 数送 A 高四位后,与个位 BCD 数相或,得到压缩的 BCD 码 55H→SECOND。

以上几例均为简单直线程序,可以完成一些特定的功能,若在程序结尾改用一条子程序返回 RET 指令,则这些可完成某种特定功能的程序段,均可被主程序当作子程序调用。

4.3　分支程序

在一个实际的应用程序中,程序不可能始终是直线执行的。要用计算机解决一些实际问题,要求计算机能够作出某种判断并根据判断作出不同的处理。通常会根据实际问题中给定的条件,判断条件满足与否,产生一个或多个分支,以决定程序的流向。因此条件转移指令形成的分支结构程序能够充分地体现计算机的智能。

4.3.1　简单分支程序

例 4-5　设内部 RAM 30H,31H 单元中存放两个无符号数,试比较它们的大小。将较小的数存放在 30H 单元,较大的数存放在 31H 单元中。

这是一个简单分支程序,可以使两数相减,若 CY=1,则被减数小于减数。即用 JC 指令进行判断。程序流程图如图 4-1 所示。

```
        ORG     1000H
START:  CLR     C           ;0→CY
        MOV     A,30H
        SUBB    A,31H       ;做减法比较两数
        JC      NEXT        ;若(30H)小,则转移
        MOV     A,30H
        XCH     A,31H
        MOV     30H,A       ;交换两数
NEXT:   NOP
        SJMP    $
        END
```

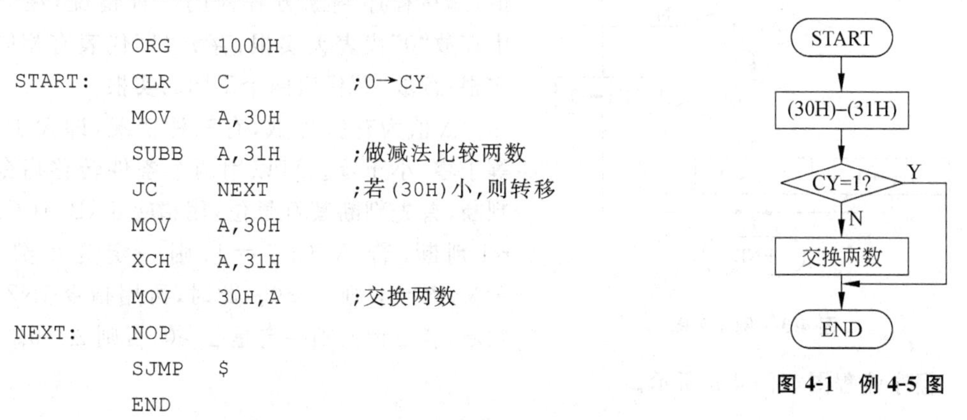

图 4-1　例 4-5 图

例 4-6　空调机在制冷时,若排出空气比吸入空气温度低 8℃,则认为工作正常,否则认为工作故障,并设置故障标志。

设内存单元 40H 存放吸入空气温度值,41H 存放排出空气温度值。若(40H)-(41H)≥8℃,则空调机制冷正常,在 42H 单元中存放"0",否则在 42H 单元中存放"FFH",以示故障(在此 42H 单元被设定为故障标志)。

为了可靠地监控空调机的工作情况，应作两次减法，第一次减法(40H)－(41H)，若CY＝1，则肯定有故障；第二次减法用两个温度的差值减去8℃，若CY＝1，说明温差小于8℃，空调机工作亦不正常。程序流程图如图4-2所示。

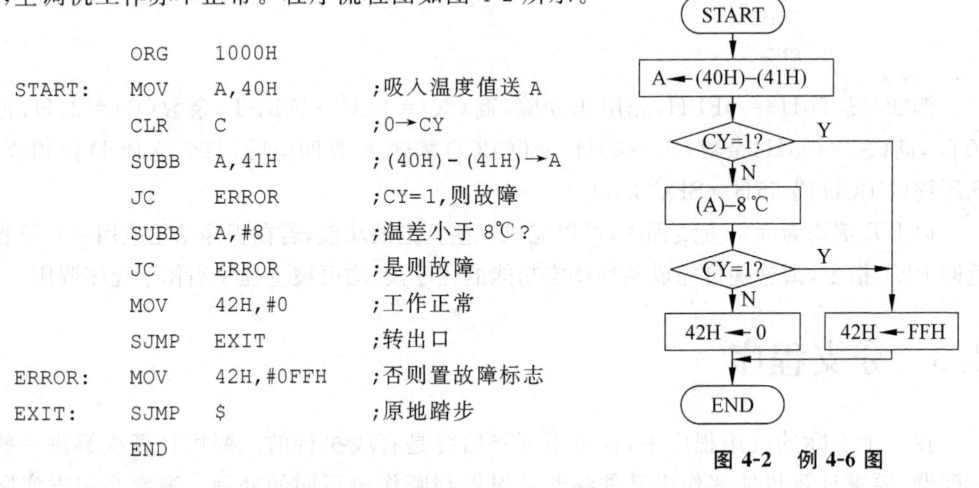


```
        ORG     1000H
START:  MOV     A,40H           ;吸入温度值送 A
        CLR     C               ;0→CY
        SUBB    A,41H           ;(40H)-(41H)→A
        JC      ERROR           ;CY=1,则故障
        SUBB    A,#8            ;温差小于 8℃?
        JC      ERROR           ;是则故障
        MOV     42H,#0          ;工作正常
        SJMP    EXIT            ;转出口
ERROR:  MOV     42H,#0FFH       ;否则置故障标志
EXIT:   SJMP    $               ;原地踏步
        END
```

图4-2　例4-6图

4.3.2　多重分支程序

仅凭判断一个条件产生的分支无法解决的问题，需要判断两个或两个以上的条件，通常也称为复合条件，进行多方面测试产生的分支程序称为多重分支程序。

例4-7　设30H单元存放的是一元二次方程$ax^2+bx+c=0$根的判别式$\Delta=b^2-4ac$的值。在实数范围内，若$\Delta>0$，则方程有两个不同的实根；若$\Delta=0$，则方程有两个相同的实根；若$\Delta<0$，则方程无实根。试根据30H中的值，编写程序判断方程根的三种情况，在31H中存放“0”代表无实根；存放“1”代表有相同的实根；存放“2”代表两个不同的实根。

Δ值为有符号数，有三种情况，即大于零、等于零、小于零。可以用两个条件转移指令来判断，首先判断其符号位，用指令JNB ACC.7,rel判断，若ACC.7＝1，则一定为负数；若ACC.7＝0，则$\Delta\geqslant0$。此时，再用指令JNZ rel判断，若$\Delta\neq0$，则一定是$\Delta>0$；否则$\Delta=0$。

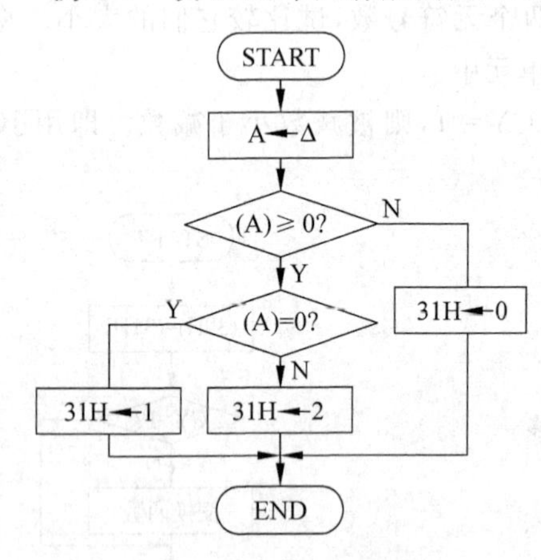

图4-3　例4-7图

程序流程图如图4-3所示。

```
        ORG     1000H
START:  MOV     A,30H           ;Δ值送 A
        JNB     ACC.7,YES       ;Δ≥0 转 YES
        MOV     31H,#0          ;Δ<0,无实根
        SJMP    FILISH
YES:    JNZ     TOW             ;Δ>0 转 TOW
```

```
          MOV     31H,#1              ;Δ=0 有相同实根
          SJMP    FILISH
TOW:      MOV     31H,#2              ;有两个不同实根
FILISH:   SJMP    $
          END
```

例 4-8　设变量 x 存入 30H 单元，求得函数 y 存入 31H 单元。按下式要求给 y 赋值。

$$y=\begin{cases}x+1 & (x>10)\\ 0 & (10\geqslant x\geqslant 5)\\ x-1 & (x<5)\end{cases}$$

要根据 x 的大小来决定 y 值，在判断 $x<5$ 和 $x>10$ 时，采用 CJNE 和 JC 以及 CJNE 和 JNC 指令进行判断。程序流程图如图 4-4 所示。

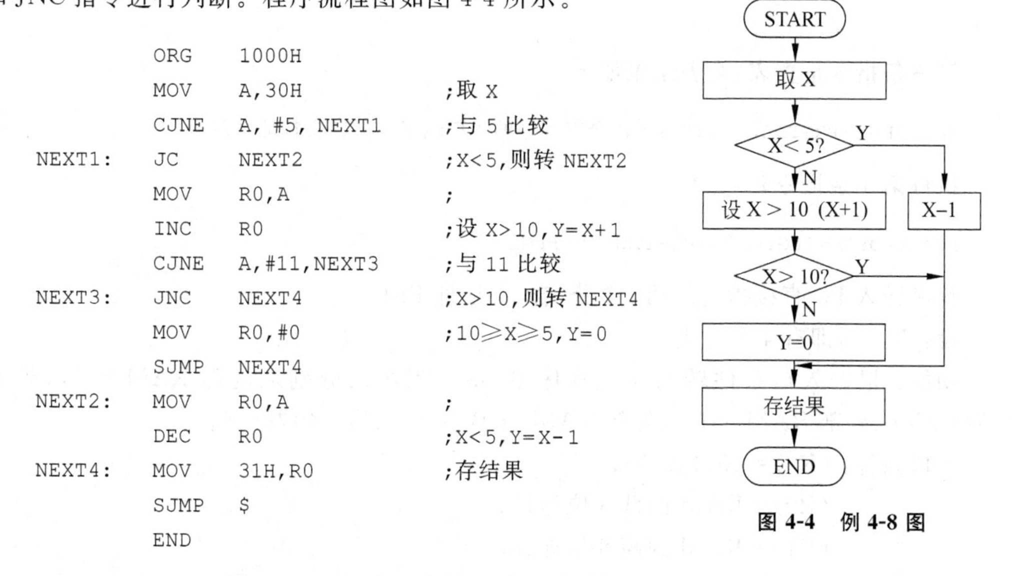


```
          ORG     1000H
          MOV     A,30H               ;取 X
          CJNE    A, #5, NEXT1        ;与 5 比较
NEXT1:    JC      NEXT2               ;X<5,则转 NEXT2
          MOV     R0,A                ;
          INC     R0                  ;设 X>10,Y=X+1
          CJNE    A,#11,NEXT3         ;与 11 比较
NEXT3:    JNC     NEXT4               ;X>10,则转 NEXT4
          MOV     R0,#0               ;10≥X≥5,Y=0
          SJMP    NEXT4
NEXT2:    MOV     R0,A                ;
          DEC     R0                  ;X<5,Y=X-1
NEXT4:    MOV     31H,R0              ;存结果
          SJMP    $
          END
```

图 4-4　例 4-8 图

4.3.3　N 路分支程序

N 路分支程序是根据前面程序运行的结果，可以有 N 种选择，并能转向其中任一处处理程序。

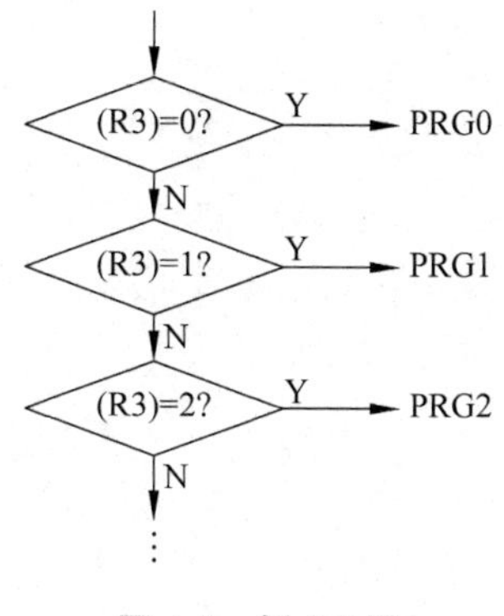

图 4-5　例 4-9 图

例 4-9　N 路分支程序，设 $N\leqslant 8$。根据程序运行中产生的 R3 值，来决定如何进行分支。

分析：若逐次按图 4-5 流程图进行处理亦可使程序进入 8 个处理程序之一的入口地址。但这种方法判断次数多，当 N 较大时，运行速度慢。然而对 MCS-51 来说，由于有间接转移(也称为散转)指令 JMP@A＋DPTR 可通过一次转移，即可方便地进入相应的分支处理程序，效率大大提高。实现 N 路分支程序的方法如下。

① 在程序存储器中，设置各分支程序入口地址表。

② 利用MOVC A,@A+DPTR指令,根据条件查地址表,找到分支入口地址。方法是使DPTR指向地址表首址,再按运行中累加器A的偏移量找到相应分支程序入口地址,并将该地址存于A中。

③ 利用散转指令JMP @A+DPTR转向分支处理程序。

解 按以上分支,用几条指令便可实现多分支程序的转移。编程如下。

```
        MOV     A,R3
        MOV     DPTR,#PRGTBL      ;分支入口地址表首址送 DPTR
        MOVC    A,@A+DPTR         ;查表
        JMP     @A+DPTR           ;转移
PRGTBL: DB      PRG0-PRGTBL
        DB      PRG1-PRGTBL
        …
        …
```

第三条指令是查表,查表结果如下。

```
(A)=PRGi-PRGTBL;     即第 i 段分支程序的入口地址与散转表首址之差
```

执行第4条指令时,

```
PC←A+DPTR=PRGi-PRGTBL+PRGTBL=PRGi
```

程序转入PC直接指向的第i个分支入口地址PRGi。

设:$N=4$,即有4个分支。

功能:根据入口条件转向4个程序段,每个程序段分别从内部RAM 256B、外部RAM 256B、外部RAM 64KB、外部RAM 4KB数据缓冲区读取数据。

入口条件:(R3)=(0,1,2,3);

(R0)=RAM的低8位地址;

(R1)=RAM的高8位地址。

出口条件:累加器A中的内容为执行不同程序段后读取的数据。

参考程序如下。

```
        MOV     A,R3
        MOV     DPTR,#PRGTBL
        MOVC    A,@A+DPTR
        JMP     @A+DPTR
PRGTBL: DB      PRG0-PRGTBL
        DB      PRG1-PRGTBL
        DB      PRG2-PRGTBL
        DB      PRG3-PRGTBL
PRG0:   MOV     A,@R0             ;从内部 RAM 读数
        SJMP    PRGE
PRG1:   MOV     P2,R1
        MOVX    A,@R0             ;从外部 RAM 256B 读数
        SJMP    PRGE
PRG2:   MOV     DPL,R0            ;
```

```
         MOV    DPH,R1          ;
         MOVX   A,@DPTR         ;从外部 RAM 64KB 读数
         SJMP   PRGE
PRG3:    MOV    A,R1            ;
         ANL    A,#0FH          ;屏蔽高 4 位
         ANL    P2,#11110000B   ;P2 口高 4 位可作它用
         ORL    P2,A            ;只送 12 位地址
         MOVX   A,@R0           ;从外部 RAM 4KB 读数
PRGE:    SJMP   $
```

最后一个分支程序是从外部 RAM 的 4KB 存储区域读数，只需送出 12 位地址即可，不必占用 16 位地址线，P2 口的高 4 位可作它用。

使用这种方法，地址表长度加上分支处理程序的长度，必须小于 256 个字节。如果希望更多分支，则应采用其他方法。

例 4-10　128 路分支程序。

功能：根据 R3 的值(00H～7FH)转到 128 个目的地址。

入口条件：(R3)＝转移目的地址代号(00H～7FH)。

出口条件：转移到 128 个分支程序段入口。

参考程序如下。

```
JMP128:   MOV    A,R3
          RL     A               ;(A)×2
          MOV    DPTR,#PRGTBL    ;散转表首址送 DPTR
          JMP    @A+DPTR         ;散转
PRGTBL:   AJMP   ROUT00          ┐
          AJMP   ROUT01          ; │128 个 AJMP 指令占
          …                      ; │用 256 个字节
          AJMP   ROUT7F          ┘
```

程序中第二条指令 RL A 把 A 中的内容乘以 2。由于分支代号是 00H～7FH，而散转表中用的 128 条 AJMP 指令，每条 AJMP 指令占两个字节，整个散转表共用了 256 个单元，因此必须把分支地址代号乘 2，才能使 JMP　@A＋DPTR 指令转移到对应的 AJMP 指令地址上，以产生分支。

由于散转表中用的是 AJMP 指令，因此，每个分支的入口地址(ROUT00～ROUT7F)必须与对应的 AJMP 指令在同一 2K 存储区内。也就是说，分支入口地址的安排仍受到限制。若改用长转移 LJMP 指令，则入口地址可安排在 64KB 程序存储器的任何一区域。但程序也要作相应的修改。

例 4-11　256 路分支程序。

功能：根据 R3 的值转移到 256 个目的地址。

入口条件：(R3)＝转移目标地址代号(00H～FFH)。

出口条件：转移到相应分支处理程序入口。

参考程序如下。

```
JMP256:   MOV    A,R3            ;取 N 值
          MOV    DPTR,#PRGTBL    ;DPTR 指向分支地址表首址
```

```
        CLR    C             ;
        RLC    A             ;(A)×2
        JNC    LOW128        ;是前128个分支程序,则转移
        INC    DPH           ;否基址加256
LOW128: MOV    TEMP,A        ;暂存A
        INC    A             ;指向地址低8位
        MOVC   A,@A+DPTR     ;查表,读分支地址低8位
        PUSH   ACC           ;地址低8位入栈
        MOV    A,TEMP        ;恢复A,指向地址高8位
        MOVC   A,@A+DPTR     ;查表,读分支地址高8位
        PUSH   ACC           ;地址高8位入栈
        RET                  ;分支地址弹入PC实现转移
PRGTBL: DW     ROUT00        ;
        DW     ROUT01        ; 256个分支程序首地址
        …                    ; 占用512个单元
        DW     ROUTFF        ;
```

该程序可产生256路分支程序,分支处理程序可以分布在64KB程序存储器任何位置。该程序根据R3中分支地址代码00H～FFH,转到相应的处理程序入口地址ROUT00～ROUTFF,由于入口地址是双字节(16位),查表前应先把R3内容乘以2,当地址代号为00H～7FH时(前128路分支),乘2不产生进位。当地址代号为80H～FFH时,乘2会产生进位,当有进位时,使基址高8位DPH内容加1,指令RLC A完成乘2功能。

该程序采用“堆栈技术”,巧妙地将查表得到的分支入口地址低8位和高8位分别压入堆栈,然后执行RET指令把栈顶内容(分支入口地址)弹入PC实现转移。执行这段程序后,堆栈指针SP不受影响,仍恢复原来值。

例4-12 大于256路分支转移程序。

功能:根据入口条件转向n个分支处理程序。

入口条件:(R7R6)=转移目的地址代号。

出口条件:转移到相应分支处理程序入口。

```
JMPN:  MOV    DPTR,#PRGTBL    ;DPTR指向表首址
       MOV    A,R7            ;取地址代号高8位
       MOV    B,#3            ;
       MUL    AB              ;×3
       ADD    A,DPH           ;
       MOV    DPH,A           ;修改指针高8位
       MOV    A,R6            ;取地址代号低8位
       MOV    B,#3            ;×3
       MUL    AB              ;
       XCH    A,B             ;交换乘积的高低字节
       ADD    A,DPH           ;乘积的高字节加DPH
       MOV    DPH,A
       XCH    A,B             ;乘积的低字节送A
```

```
         JMP     @A+DPTR        ;散转
PRGTBL:  LJMP    ROUT00         ;
         LJMP    ROUT01         ; N个LJMP指令
          …                     ; 占用了N×3个字节
         LJMP    ROUTON         ;
```

程序散转表中有 N 条 LJMP 指令,每条 LJMP 指令占 3 个字节,因此要按入口条件将地址代号乘以 3,用乘积的高字节加 DPH,乘积的低字节送 A(变址寄存器)。这样执行 JMP @A+DPTR 指令后,就会转向表中去执行一条相应的 LJMP 指令,从而进入分支程序。

在例 4-9～例 4-12 中分支程序都有一个散转表:例 4-9 的散转表中为分支入口地址和表首地址的相对值;例 4-6 的散转表中存放的是一组 AJMP 指令;例 4-11 的散转表中为分支入口地址;例 4-12 的转换表中存放的是一组 LJMP 指令。总之,其目的是为了使程序进入分支,读者应根据实际情况选择使用。

4.4 循环程序

4.4.1 循环程序的导出

前面介绍的是简单程序和分支程序,程序中的指令一般执行一次。而在一些实际应用系统中,往往同一组操作要重复执行多次,这种有规可循又反复处理的问题,可采用循环结构的程序来解决。这样可使程序简短,占用内存少,重复次数越多,运行效率越高。

例 4-13 在内部 RAM 30H～4FH 连续 32 个单元中存放单字节无符号数。求 32 个无符号数之和(设:和<65536)并存入内部 RAM 51H,50H 中。

这是重复相加问题。设用 R0 作加数地址指针,R7 作循环次数计数器,R3 作和数高字节寄存器。则程序流程图如图 4-6 所示。

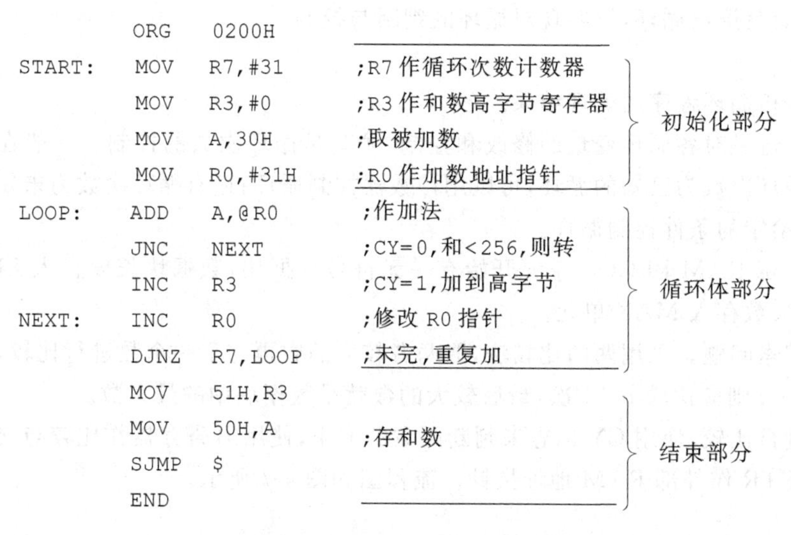

```
         ORG     0200H
START:   MOV     R7,#31         ;R7作循环次数计数器   ┐
         MOV     R3,#0          ;R3作和数高字节寄存器 │ 初始化部分
         MOV     A,30H          ;取被加数             │
         MOV     R0,#31H        ;R0作加数地址指针     ┘
LOOP:    ADD     A,@R0          ;作加法               ┐
         JNC     NEXT           ;CY=0,和<256,则转    │
         INC     R3             ;CY=1,加到高字节      │ 循环体部分
NEXT:    INC     R0             ;修改R0指针           │
         DJNZ    R7,LOOP        ;未完,重复加          ┘
         MOV     51H,R3                               ┐
         MOV     50H,A          ;存和数               │ 结束部分
         SJMP    $                                    │
         END                                          ┘
```

通过以上例子,不难看出循环程序的基本结构如下。

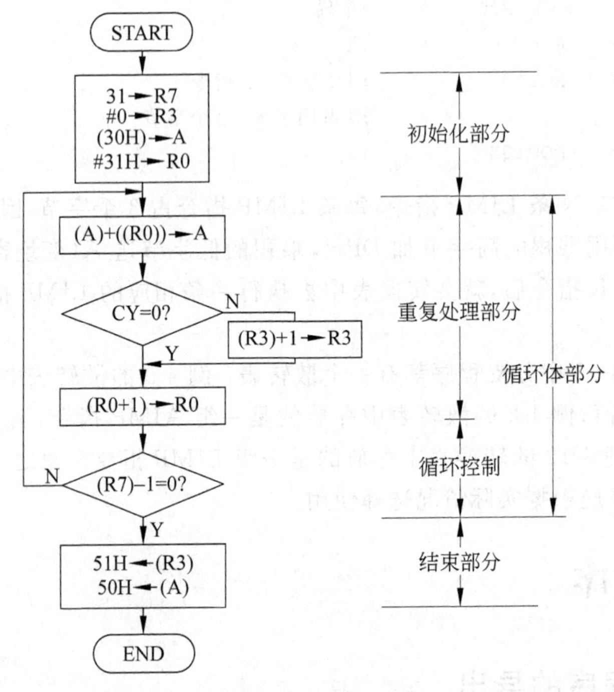

图 4-6　例 4-13 图

（1）初始化部分

程序在进入循环部分之前，应对各循环变量，其他变量和常量赋初值。为循环作必要的准备工作。

（2）循环体部分

这一部分是由重复执行部分和循环控制部分组成。这是循环程序的主体，又称为循环体。值得注意的是每执行一次循环体后，必须为下一次循环创造条件。如对数据地址指针、循环计数器等循环变量的修改工作，还要检查判断循环条件，符合循环条件，则继续重复循环，不符合时就退出循环，以实现对循环的判断与控制。

（3）结束部分

用来存放和分析循环程序的处理结果。

循环程序的关键是对各循环变量的修改和控制，尤其是循环次数的控制。一般在一些实际系统中有循环次数为已知的循环，可以用计数器控制循环；还有循环次数为未知的循环，可以按问题给定的条件控制循环。

例 4-14　从外部 RAM BLOCK 单元开始有一无符号数据块，数据块长度存入 LEN 单元，求出其中最大数存入 MAX 单元。

这是一基本搜索问题。采用两两比较法，取两者较大的数再与下一个数进行比较，若数据块长度 LEN＝n 则应比较 n－1 次，最后较大的数就是数据块中的最大数。

为了方便地进行比较，使用 CY 标志来判断两数的大小，使用 B 寄存器作比较与交换的暂存器，使用 DPTR 作外部 RAM 地址指针。流程图如图 4-7 所示。

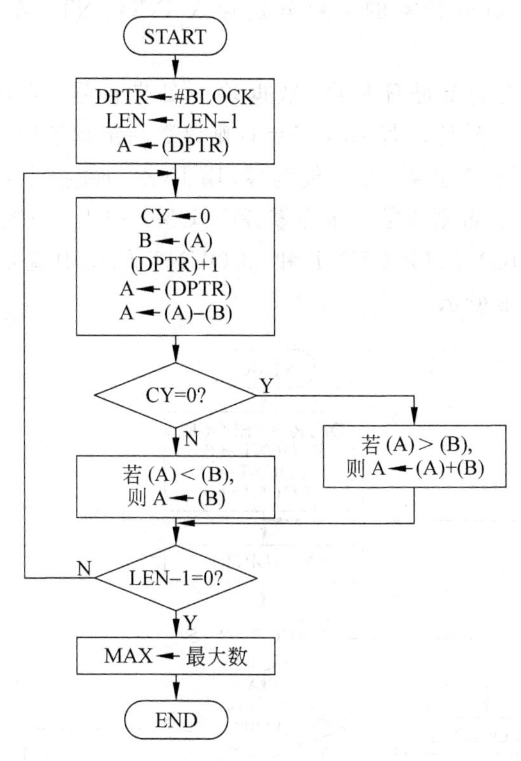

图 4-7 例 4-14 图

```
         ORG     0400H
BLOCK    DATA    0100H             ;定义数据块首址
MAX      DATA    31H               ;定义最大数暂存单元
LEN      DATA    30H               ;定义长度计数单元
FMAX:    MOV     DPTR,#BLOCK       ;数据块首址送 DPTR
         DEC     LEN               ;长度减 1
         MOVX    A,@DPTR           ;取数至 A
LOOP:    CLR     C                 ;0→CY
         MOV     B,A               ;暂存于 B
         INC     DPTR              ;修改指针
         MOVX    A,@DPTR           ;取数
         SUBB    A,B
         JNC     NEXT
         MOV     A,B               ;大者送 A
         SJMP    NEXT1
NEXT:    ADD     A,B               ;(A)>(B),则恢复 A
NEXT1:   DJNZ    LEN,LOOP          ;未完继续比较
         MOV     MAX,A             ;存最大数
         SJMP    $                 ;*若用 RET 指令结尾则
         END                       ;该程序可作子程序调用
```

例 4-15 在外部 RAM 的 BLOCK 单元开始有一数据块,数据块长度存入 LEN 单

元。试统计其中正数，负数和零的个数分别存入 PCOUNT、MCOUNT 和 ZCOUNT 单元。

这是一个多重分支的单循环程序。数据块中是带符号(补码)数，因而首先用JB ACC.7,rel 指令判断符号位。若 ACC.7=1，则该数一定是负数，MCOUNT 单元加 1；若 ACC.7=0，则该数可能为正数，也可能为零，用 JNZ rel 指令判断之，若 A≠0，则一定是正数 PCOUNT 加 1；否则该数一定为零，ZCOUNT 加 1。当数据块中所有的数被顺序判断一次后，则 PCOUNT、MCOUNT 和 ZCOUNT 单元中就是正数、负数和零的个数。程序流程图如图 4-8 所示。

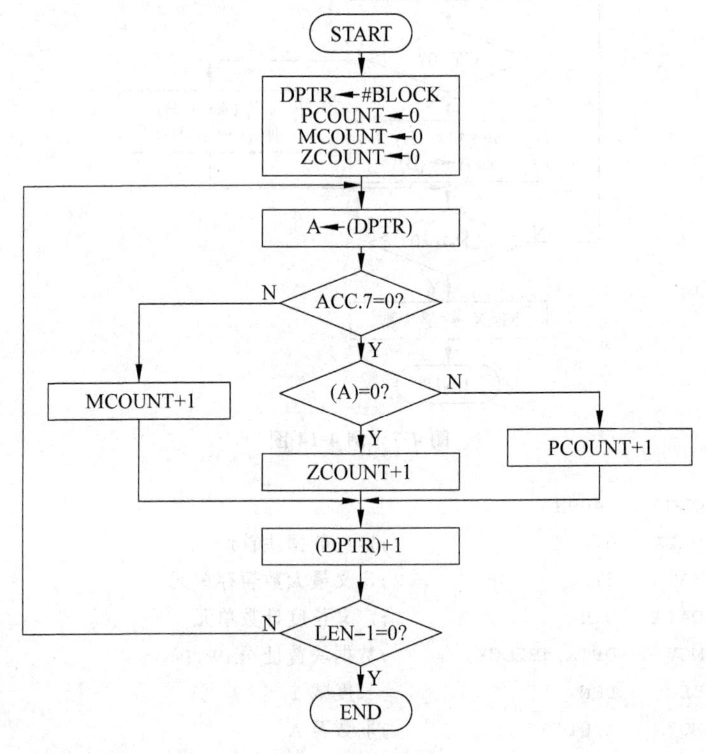

图 4-8 例 4-15 图

```
          ORG     0200H
BLOCK     DATA    2000H              ;定义数据块首址
LEN       DATA    30H                ;定义长度计数单元
PCOUNT    DATA    31H                ;正计数单元
MCOUNT    DATA    32H                ;负计数单元
ZCOUNT    DATA    33H                ;零计数单元
START:    MOV     DPTR,#BLOCK        ;
          MOV     PCOUNT,#0          ;
          MOV     MCOUNT,#0          ;计数单元清 0
          MOV     ZCOUNT,#0          ;
LOOP:     MOVX    A,@DPTR            ;取数
          JB      ACC.7,MCON         ;若 ACC.7=1,转负计数
          JNZ     PCON               ;若(A)≠0,转正计数
```

```
            INC     ZCOUNT              ;若(A)=0,则零的个数加 1
            AJMP    NEXT                ;
MCON:       INC     MCOUNT              ;负计数单元加 1
            AJMP    NEXT                ;
PCON:       INC     PCOUNT              ;正计数单元加 1
NEXT:       INC     DPTR                ;修正指针
            DJNZ    LEN,LOOP            ;未完继续
            SJMP    $                   ;
            END
```

4.4.2　多重循环

前面介绍的三个例子中,程序只有一个循环,这种程序被称为单循环程序。而遇到复杂问题时,采用单循环往往不够,还必须采用多重循环才能解决。所谓多重循环,就是在循环程序中还套有其他循环程序,这就是多重循环结构的程序。利用机器指令周期进行延时是最典型的多重循环程序。

例 4-16　延时 20ms 子程序,设晶振主频为 12MHz。

在系统晶振主频确定之后,延时时间主要与两个因素有关。其一是循环体(内循环)中指令的执行时间的计算;其二是外循环变量(时间常数)的设置。

已知主频为 12MHz,一个机器周期为 1μs,执行一条 DJNZ　Rn, rel 指令的时间为 2μs。延时 20ms 子程序如下。

```
DELY:   MOV     R7,#100     ;
DLY0:   MOV     R6,#100     ;
DLY1:   DJNZ    R6,DLY1     ;100×2=200μs
        DJNZ    R7,DLY0     ;100×200μs=20ms
        RET                 ;
```

以上延时时间不太精确,没有把执行外循环中其他指令计算进去。若把循环体以外的指令计算在内,则它的延时时间为:

$$(200\mu s+3\mu s)\times 100+3=20\,303\mu s=20.303ms$$

如果要求比较精确的延时,程序修改如下。

```
DELY:   MOV     R7,#100
DLY0:   MOV     R6,#98
        NOP
DLY1:   DJNZ    R6,DLY1     ;98×2=196μs
        DJNZ    R7,DLY0
        RET
```

它的实际延时为:

$$(196+2+2)\times 100+3=20\,003\mu s=20.003ms$$

也有一定误差。如果需要延时更长时间,则可以采用更多的循环。

例 4-17　将内部 RAM 中 41H～43H 单元中的内容左移 4 位移出部分送 40H 单元。

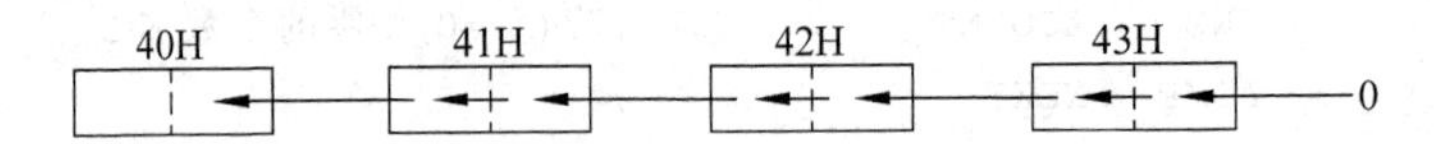

用 RLC　A,指令左循环移位,每左移一位,4 个字节需移 4 次,以 R4 作内循环计数器;本题要求左移 4 位,用 R5 作外循环计数器。程序流程图如图 4-9 所示。

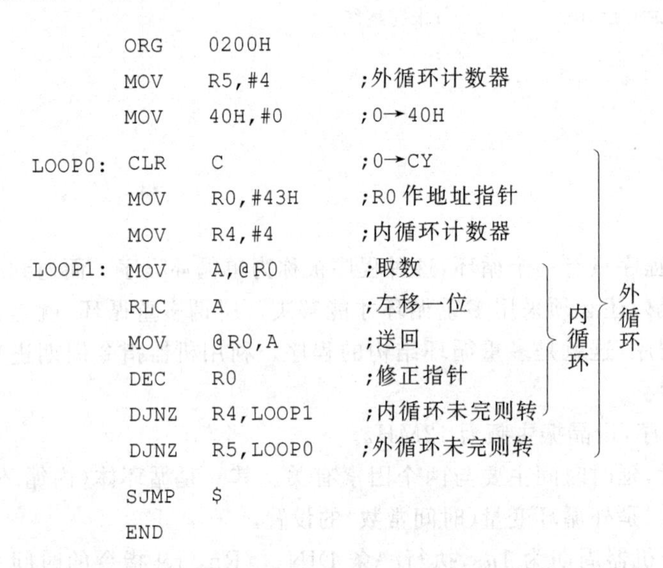

```
        ORG     0200H
        MOV     R5,#4          ;外循环计数器
        MOV     40H,#0         ;0→40H
LOOP0:  CLR     C              ;0→CY
        MOV     R0,#43H        ;R0 作地址指针
        MOV     R4,#4          ;内循环计数器
LOOP1:  MOV     A,@R0          ;取数
        RLC     A              ;左移一位
        MOV     @R0,A          ;送回
        DEC     R0             ;修正指针
        DJNZ    R4,LOOP1       ;内循环未完则转
        DJNZ    R5,LOOP0       ;外循环未完则转
        SJMP    $
        END
```


图 4-9　例 4-17 图

在内循环中 40H～43H 单元的内容依次左移 1 位(共 4 次),在外循环中也是共作 4 次这样的工作,即完成本题的要求。

例 4-18　在外部 RAM 中 BLOCK 开始的单元中有一无符号数据块,其长度存入 LEN 单元。试将这些无符号数按递减次序重新排列,并存入原存储区。

处理这个问题要利用双重循环程序,在内循环中将相邻两单元的数进行比较,若符合从大到小的次序则不动,否则两数交换,这样两两比较下去,比较 n－1 次所有的数都比较与交换完毕,最小数沉底,在下一个内循环中将减少一次比较与交换。此时若从未交换过,则说明这些数据本来就是按递减次序排列的,程序可结束。否则将进行下一个循环,如此反复比较与交换,每次内循环的最小数都沉底(下一内循环将减少一次比较与交换),而较大的数一个个冒上来,因此排序程序又叫做“冒泡程序”。

用 P2 口作数据地址指针的高字节地址;用 R0,R1 作相邻两单元的低字节地址;用 R7,R6 作外循环与内循环计数器;用程序状态字 PSW 的 F0 作交换标志。

参考流程图如图 4-10 所示。

```
        ORG     1000H
BLOCK   DATA    2200H
LEN     DATA    51H
TEM     DATA    50H
        MOV     DPTR,#BLOCK    ;置数据块地址指针
        MOV     P2,DPH         ;P2 作地址指针高字节
        MOV     R7,LEN         ;置外循环计数初值
```

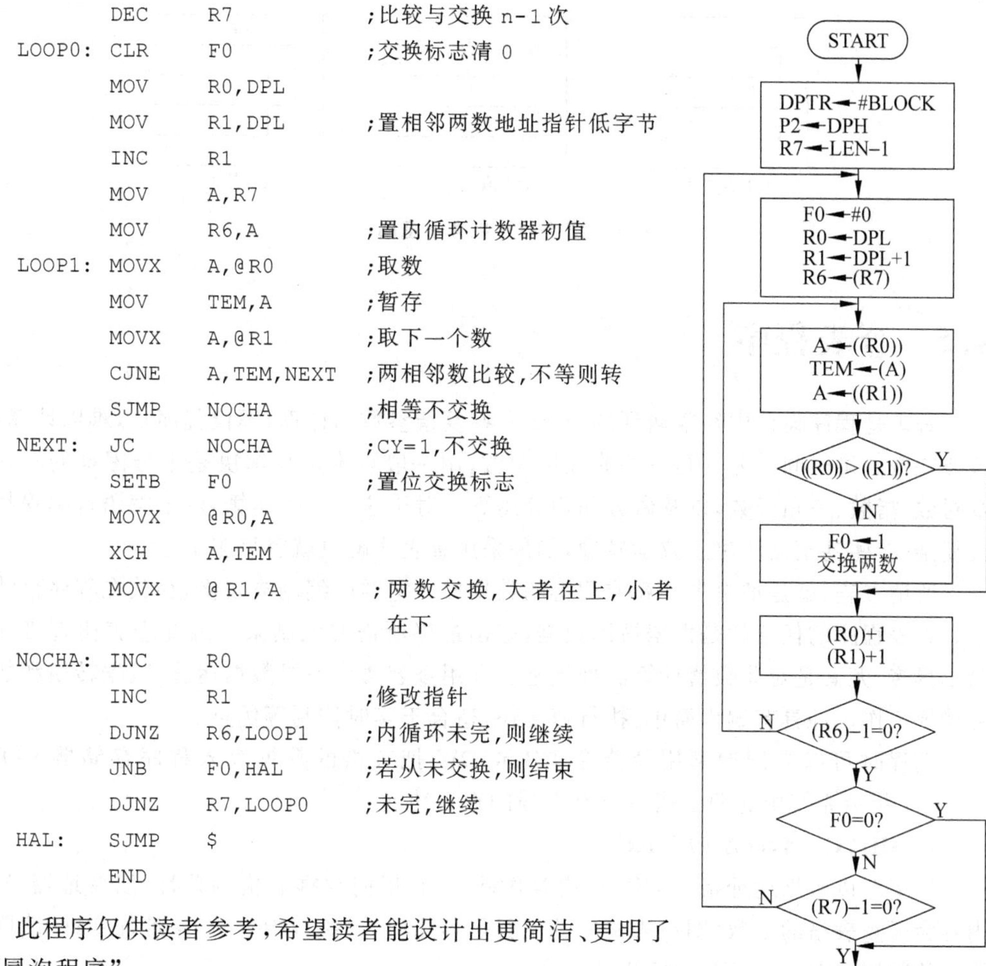

```
        DEC     R7              ;比较与交换 n-1 次
LOOP0:  CLR     F0              ;交换标志清 0
        MOV     R0,DPL
        MOV     R1,DPL          ;置相邻两数地址指针低字节
        INC     R1
        MOV     A,R7
        MOV     R6,A            ;置内循环计数器初值
LOOP1:  MOVX    A,@R0           ;取数
        MOV     TEM,A           ;暂存
        MOVX    A,@R1           ;取下一个数
        CJNE    A,TEM,NEXT      ;两相邻数比较,不等则转
        SJMP    NOCHA           ;相等不交换
NEXT:   JC      NOCHA           ;CY=1,不交换
        SETB    F0              ;置位交换标志
        MOVX    @R0,A
        XCH     A,TEM
        MOVX    @R1,A           ;两数交换,大者在上,小者
                                 在下
NOCHA:  INC     R0
        INC     R1              ;修改指针
        DJNZ    R6,LOOP1        ;内循环未完,则继续
        JNB     F0,HAL          ;若从未交换,则结束
        DJNZ    R7,LOOP0        ;未完,继续
HAL:    SJMP    $
        END
```


图 4-10　例 4-18 图

此程序仅供读者参考,希望读者能设计出更简洁、更明了的"冒泡程序"。

4.4.3 编写循环程序应注意的问题

从上面介绍的几个例子,不难看出,循环程序的结构大体上是相同的。要特别注意以下几个问题。

① 在进入循环之前,应合理设置循环初始变量。

② 循环体只能执行有限次,如果无限执行的话,称之为"死循环",这是应当避免的。

③ 不能破坏或修改循环体,要特别注意是避免从循环体外直接跳转到循环体内。

④ 多重循环的嵌套,应当是以下两种形式:图 4-11(a)和图 4-11(b)均正确,应避免图 4-11(c)的情况。由此可见,多重循环是从外层向内层一层层进入,从内层向外层一层层退出。不要在外层循环中用跳转指令直接转到内层循环体内。

⑤ 循环体内可以直接转到循环体外或外层循环中,实现一个循环由多个条件控制结束的结构。

⑥ 对循环体的编程要仔细推敲,合理安排,对其进行优化时,应主要放在缩短执行时间上,其次是程序的长度。

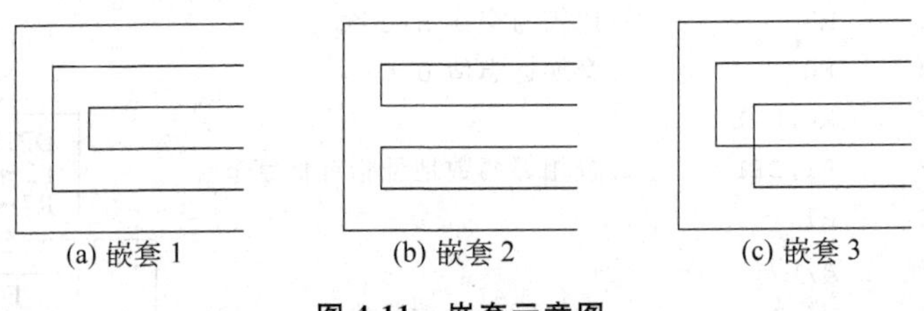

图 4-11 嵌套示意图

4.5 查表程序

查表是程序设计中经常遇到的，对于一些复杂参数的计算，不仅程序长，难以计算，而且要耗费大量时间。尤其是一些非线性参数，用一般算术运算解决是十分困难的。它涉及对数、指数、三角函数，以及微分和积分运算。对于这样一些运算，用汇编语言编程都比较复杂，有些甚至无法建立数学模型，如果采用查表法解决就容易多了。

所谓查表，就是把事先计算或测得的数据按一定顺序编制成表格，存放在程序存储器中。查表程序的任务就是根据被测数据，查出最终所需要的结果。因此查表比直接计算简单得多，尤其是对非数值计算的处理上。利用查表法可完成数据运算、数据转换和数据补偿等工作。并具有编程简单，执行速度快，适合于实时控制等优点。

编程时可以方便地利用伪指令 DB 或 DW 把表格的数据存入程序存储器 ROM。MCS-51 指令系统中有两条指令具有极强的查表功能。

1. MOVC A,@A＋DPTR

该指令以数据地址指针 DPTR 内容作基址，它指向数据表格的首址，以变址器 A 的内容为所查表格的项数(即在表格中的位置是第几项)。执行指令时，基址加变址，读取表格中的数据，(A＋DPTR)内容送 A。

该指令可以灵活设置数据地址指针 DPTR 内容，可在 64K 程序存储器范围内查表，故称为长查表指令。

2. MOVC A,@A＋PC

该指令以程序计数器 PC 内容作基址，以变址器 A 内容为项数加变址调整值。执行指令时，基址加变址，读取表格中数据，(A＋PC)内容送 A。

变址调整值即 MOVC A,@A＋PC 指令执行后的地址到表格首址之间的距离，即两地址之间其他指令所占的字节数。

用 PC 内容作基址查表只能查距本指令 256 个字节以内的表格数据，被称为页内查表指令或短查表指令。执行该指令时，PC 当前值是由 MOVC A,@A＋PC 指令在程序中的位置加 2 以后决定的，还要计算变址调整值，使用起来比较麻烦。但它不影响 DPTR 内容，使程序具有一定灵活性，仍是一种常用的查表方法。

注意：如果数据表格存放在外部程序存储器中，执行这两条查表指令时，均会在控制引脚$\overline{\text{PSEN}}$上产生一个程序存储器读信号。

例 4-19 一个十六进制数存放在 HEX 单元的低 4 位，将其转换成 ASCII 码并送回 HEX 单元。

十六进制 0～9 的 ASCII 码为 30H～39H，A～F 的 ASCII 码为 41H～46H，ASCII 码表格的首址为 ASCTAB。

```
        ORG     0100H
HEX     EQU     30H
HEXASC: MOV     A,HEX
        ANL     A,#00001111B
        ADD     A,#3               ;变址调整
        MOVC    A,@A+PC
        MOV     HEX,A              ;2 字节
        RET                        ;1 字节
ASCTAB: DB      30H,31H,32H,33H
        DB      34H,35H,36H,37H
        DB      38H,39H,41H,42H
        DB      43H,44H,45H,46H
        END
```

在这个程序中，查表指令 MOVC　A,@A+PC 到表格首地址之间有 2 条指令，占用 3 个地址空间，故变址调整值为 3(即本指令到表格首址的距离)。

例 4-20　一组长度为 LEN 的十六进制数存入 HEXR 开始的单元中，将它们转换成 ASCII 码，并存入 ASCR 开始的单元中。

由于每个字节含有两个十六进制数，因此要拆开转换两次，每次都要通过查表求得 ASCII 码。由于两次查表指令 MOVC　A,@A+PC 在程序中所处的位置不同，且 PC 当前值也不同，故对 PC 值的变址调整值是不同的。

```
        ORG     0100H
HEXR    EQU     20H
ASCR    EQU     40H
LEN     EQU     1FH
HEXASC: MOV     R0,#HEXR      ;R0 作十六进制数存放指针
        MOV     R1,#ASCR      ;R1 作 ASCII 码存放指针
        MOV     R7,#LEN       ;R7 作计数器
LOOP:   MOV     A,@R0         ;取数
        ANL     A,#0FH        ;保留低 4 位
        ADD     A,#15         ;第一次变址调整
        MOVC    A,@A+PC       ;第一次查表
        MOV     @R1,A         ;存放 ASCII 码           (1 字节)
        INC     R1            ;修正 ASCII 码存放指针   (1 字节)
        MOV     A,@R0         ;重新取数                (1 字节)
        SWAP    A             ;                        (1 字节)
        ANL     A,#0FH        ;准备处理高 4 位         (2 字节)
        ADD     A,#6          ;第二次变址调整          (2 字节)
        MOVC    A,@A+PC       ;第二次查表              (1 字节)
        MOV     @R1,A         ;存放 ASCII 码           (1 字节)
        INC     R0            ;                        (1 字节)
```

```
        INC     R1              ;修正地址指针          (1字节)
        DJNZ    R7,LOOP         ;未完继续              (2字节)
        RET                     ;返回                  (1字节)
ASCTAB: DB      '0  1  2  3'
        DB      '4  5  6  7'
        DB      '8  9  A  B'
        DB      'C  D  E  F'
        END
```

注意：数据表格中用单引号''括起来的元素，程序汇编时，将这些元素当作ASCII码处理。与例4-19中的表格完全相同。

例4-21 求$y=n!$（$n=0,1,2,\cdots,9$）的值。

如果按照求阶乘的运算，程序设计十分繁琐，需连续做$n-1$次乘法。但如果将函数值列成表格，如表4-1所示。则不难看出，每个n值所对应的y值在表格中的地址可按下面公式计算出来。

$$y\text{地址} = \text{函数表首址} + n\times 3$$

因而可采用计算查表法。对每一个n值，首先按上述公式计算出对应于y的地址，然后从该单元中取出y值。

表4-1 n!表格

n值	y值	y地址	n值	y值	y地址
0	00	TABL	5	20	TABL+F
	00	TABL+1		01	TABL+10
	00	TABL+2		00	TABL+11
1	01	TABL+3	6	20	TABL+12
	00	TABL+4		07	TABL+13
	00	TABL+5		00	TABL+14
2	02	TABL+6	7	40	TABL+15
	00	TABL+7		50	TABL+16
	00	TABL+8		00	TABL+17
3	06	TABL+9	8	20	TABL+18
	00	TABL+A		03	TABL+19
	00	TABL+B		04	TABL+1A
4	24	TABL+C	9	80	TABL+1B
	00	TABL+D		28	TABL+1C
	00	TABL+E		36	TABL+1D

设：n值存放在TEM单元，表的首址为TABL，用MOVC A,@A+DPTR指令查表取出y值存入R2R1R0中。

```
        ORG     2000H
TEM     EQU     30H
CALN:   MOV     A,TEM           ;取n值
        MOV     B,#3
        MUL     AB              ;n×3→A
        MOV     B,A             ;暂存
```

```
        MOV     DPTR,#TABL      ;指向表首址
        MOVC    A,@A+DPTR       ;查表取低字节
        MOV     R0,A            ;存入 R0
        INC     DPTR            ;修正地址指针
        MOV     A,B             ;恢复 n×3
        MOVC    A,@A+DPTR       ;查表取中间字节
        MOV     R1,A            ;存入 R1
        INC     DPTR            ;修正地址指针
        MOV     A,B             ;恢复 n×3
        MOVC    A,@A+DPTR       ;查表取高字节
        MOV     R2,A            ;存入 R2
        RET
TABL:   DB      01,00,00
        DB      01,00,00
        ⋮
```

例 4-22　从 200 个人的档案表格中，查找一个名叫张三(关键字)的人。若找到则记录其地址存入 R3R2 中，否则，将 R3R2 清零。表格首址为 TABL。

由于这是一个无序表格，所以只能一个单元一个单元逐个搜索。

```
        ORG     2000H
ZHANG   EQU     30H             ;定义关键字,ZHANG=30H
FZHANG: MOV     B,ZHANG         ;关键字送 B
        MOV     R7,#200         ;查找次数
        MOV     DPTR,#TABL
        MOV     A,#16H          ;变址修正量
LOOP:   PUSH    ACC             ;暂存 A
        MOVC    A,@A+PC         ;查表
        CJNE    A,B,NOF         ;未找到,转 NOF          (3 字节)
        MOV     R3,DPH          ;                       (2 字节)
        MOV     R2,DPL          ;找到了,记录地址        (2 字节)
        POP     ACC             ;                       (2 字节)
DONE:   RET                     ;                       (1 字节)
NOF:    POP     ACC             ;恢复 A                 (2 字节)
        INC     A               ;求下一地址             (1 字节)
        INC     DPTR            ;表地址加 1             (1 字节)
        DJNZ    R7,LOOP         ;未完继续               (2 字节)
        MOV     R3,#0           ;                       (2 字节)
        MOV     R2,#0           ;未找到 R3R2 清零       (2 字节)
        AJMP    DONE            ;                       (2 字节)
TABL:   DB      ××,××,××
        ⋮
        END
```

在这个程序中，查表使用短查指令 MOVC　A,@A＋PC，DPTR 并没有参与查表，而是用来记录关键字的地址。若使用长查表指令 MOVC　A,@A＋DPTR，也可以实现

上述功能。请读者自己分析之。

4.6 子程序的设计及其调用

4.6.1 子程序的概念

在一个程序中，往往许多地方需要执行同样的运算和操作。例如，求三角函数和各种加减乘除运算，代码转换以及延时程序等。这些程序是在程序设计中经常可以用到的。如果编程过程中每遇到这样的操作都编写一段程序，会使编程工作十分繁琐，也会占用大量程序存储器。通常把这些能完成某种基本操作并具有相同操作的程序段单独编制成子程序，以供不同程序或同一程序反复调用。在程序中需要执行这种操作的地方执行一条调用指令，转到子程序中完成规定操作，并返回到原来的程序中继续执行下去。这就是所谓的子程序结构。在程序设计中恰当地使用子程序有如下优点。

① 不必重复书写同样的程序，提高编程效率。

② 程序的逻辑结构简单，便于阅读。

③ 缩短了源程序和目标程序的长度，节省了程序存储器空间。

④ 使程序模块化、通用化，便于交流，共享资源。

⑤ 便于按某种功能调试。

通常人们将一些常用的标准子程序驻留在ROM或外部存储器中，构成子程序库。丰富的子程序库对用户十分方便，对某子程序的调用，就像使用一条指令一样方便。

4.6.2 调用子程序的要点

1. 子程序结构

用汇编语言编制程序时，要注意以下两个问题。

(1) 子程序开头的标号区段必须有一个使用户了解其功能的标志(或称为名字)，该标志即子程序的入口地址。以便在主程序中使用绝对调用指令ACALL或长调用指令LCALL转入子程序，例如调用延时子程序。

```
LCALL(ACALL)  DELY
```

这两条调用指令属于程控类(转子)指令，不仅具有寻址子程序入口地址的功能，而且在转入子程序之前能自动使主程序断点入栈，具有保护主程序断点的功能。

(2) 子程序结尾必须使用一条子程序返回指令RET。它具有恢复主程序断点的功能，以便断点出栈送PC，继续执行主程序。

一般来说，子程序调用指令和子程序返回指令要成对使用。请读者参阅指令系统中的调用与返回指令。

2. 参数传递

子程序调用时，要特别注意主程序与子程序的信息交换问题。在调用一个子程序时，主程序应先把有关参数(子程序入口条件)放到某些约定的位置，子程序在运行时，可以从约定的位置得到有关参数。同样子程序结束前,也应把处理结果(出口条件)送到约定位置。返回后,主程序便可从这些位置中得到需要的结果,这就是参数传递。参数传递可采用多种方法。

1) 子程序无须传递参数

这类子程序中所需参数是子程序赋予,不需要主程序给出。

例 4-23 调用延时 20ms 子程序 DELY。

主程序:

```
          ⋮
          LCALL    DELY
          ⋮
```

子程序:

```
DELY:     MOV      R7,#100
DLY0:     MOV      R6,#98
          NOP
DLY1:     DJNZ     R6,DLY1
          DJNZ     R7,DLY0
          RET
```

子程序根本不需要主程序提供入口参数,从进入子程序开始,到子程序返回,这个过程即花费 CPU 时间约 20ms。

2) 用累加器和工作寄存器传递参数

这种方法要求所需的入口参数,在转子之前将它们存入累加器 A 和工作寄存器 R0～R7 中。在子程序中就用累加器 A 和工作寄存器中的数据进行操作,返回时,出口参数即操作结果就在累加器和工作寄存器中。采用这种方法,参数传递最直接最简单,运算速度最高。但是工作寄存器数量有限,不能传递更多的数据。

例 4-24 双字节求补子程序 CPLD。

入口参数:(R7R6)=16 位数。

出口参数:(R7R6)=求补后的 16 位数。

```
CPLD:     MOV     A,R6
          CPL     A
          ADD     A,#1
          MOV     R6,A
          MOV     A,R7
          CPL     A
          ADDC    A,#0
          MOV     R7,A
          RET
```

这里与例 4-3 的求补不同,采用"变反+1"的方法,值得注意的是十六位数变反加 1 要考虑进位问题,不仅低字节要加 1,高字节也要加低字节的进位,故采用 ADD A,#1 指令,而不能用 INC 指令,因为 INC 指令不影响 CY 位。

3）通过操作数地址传递参数

子程序中所需操作数存放在数据存储器 RAM 中。调用子程序之前的入口参数为 R0、R1 或 DPTR 间接指出的地址；出口参数（即操作结果）仍为 R0、R1 或 DPTR 间接指出的地址。一般内部 RAM 由 R0、R1 作地址指针，外部 RAM 由 DPTR 作地址指针。这种方法可以节省传递数据的工作量，可实现变字长运算。

例 4-25 *n* 字节求补子程序。

入口参数：(R0)＝求补数低字节指针，(R7)＝n－1。

出口参数：(R0)＝求补后的高字节指针。

```
CPLN:   MOV     A,@R0
        CPL     A
        ADD     A,#1
        MOV     @R0,A
NEXT:   INC     R0
        MOV     A,@R0
        CPL     A
        ADDC    A,#0
        MOV     @R0,A
        DJNZ    R7,NEXT
        RET
```

4）通过堆栈传递参数

堆栈可用于参数传递，在调用子程序前，先把参与运算的操作数压入堆栈。转入子程序之后，可按堆栈指针 SP 间接访问堆栈中的操作数，同时又可以把运算结果推入堆栈中。返回主程序后，可用 POP 指令获得运算结果。这里值得注意的是：转子时，主程序的断点地址也要压入堆栈，占用堆栈两个字节，弹出参数时要用两条 DEC SP 指令修改 SP 指针，以便使 SP 指向操作数。另外在子程序返回指令 RET 之前要加两条 INC SP 指令，以便使 SP 指向断点地址，保证能正确返回主程序。

例 4-26 在 HEX 单元存放两个十六进制数，将它们分别转换成 ASCII 码并存入 ASC 和 ASC+1 单元。

由于要进行两次转换，故可调用查表子程序完成。

主程序：

```
MAIN:       ⋮
            PUSH    HEX         ;取被转换数
            LCALL   HASC        ;转子
 * PC→      POP     ASC         ;ASCL→ASC
            MOV     A,HEX       ;取被转换数
            SWAP    A           ;处理高 4 位
            PUSH    ACC
            LCALL   HASC        ;转子
            POP     ASC+1       ;ASCH→ASC+1
            ⋮
```

在主程序中设置了入口参数 HEX 入栈，即 HEX 被推入 SP+1 指向的单元，当执行 LCALL　HASC 指令之后，主程序的断点地址 * PC 也被压入堆栈，即 * PCL 被推入 SP+2单元 * PCH 被推入 SP+3 单元。堆栈中的数据变化如右图所示。

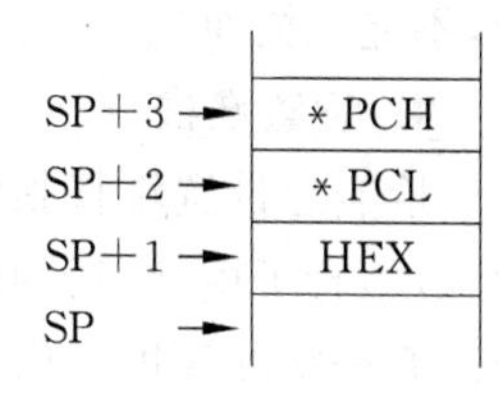

子程序：

```
HASC:     DEC     SP              ;
          DEC     SP              ;修改 SP 指向 HEX
          POP     ACC             ;弹出 HEX
          ANL     A,#0FH          ;屏蔽高四位
          ADD     A,#5            ;变址调整
          MOVC    A,@A+PC         ;查表
          PUSH    ACC             ;结果入栈          (2 字节)
          INC     SP              ;                  (1 字节)
          INC     SP              ;修改 SP 指向断点位置(1 字节)
          RET                     ;                  (1 字节)
ASCTAB:   DB      '0  1  2  …  7'
          DB      '8  9  A  …  F'
```

使用堆栈来传递参数，方法简单，能传递大量参数，不必为特定参数分配存储单元。

3. 现场保护

在转入子程序时，特别是进入中断服务子程序时，要特别注意现场保护问题。即主程序使用的内部 RAM 内容，各工作寄存器内容，累加器 A 内容和 DPTR 以及 PSW 等寄存器内容，都不应因转子程序而改变。如果子程序所使用的寄存器与主程序使用的寄存器有冲突，则在转入子程序后首先要采取保护现场的措施。方法是将要保护的单元推入堆栈，而空出这些单元供子程序使用。返主程序之前要弹出到原工作单元，恢复主程序原来的状态，即恢复现场。

例如，十翻二子程序的现场保护。

```
BCDCB:   PUSH   ACC
         PUSH   PSW
         PUSH   DPL          ;保护现场
         PUSH   DPH
          ⋮                  ;十翻二
         POP    DPH
         POP    DPL
         POP    PSW          ;恢复现场
         POP    ACC
         RET
```

推入与弹出的顺序应按“先进后出”，或“后进先出”的顺序，才能保证现场的恢复。对于一个具体的子程序是否要进行现场保护，以及哪些单元应该保护，要具体情况具体对待，不能一概而论。

4. 设置堆栈

恰当地设置堆栈指针SP的初值是十分必要的。调用子程序时，主程序的断点将自动入栈，转子后，现场的保护都要占用堆栈工作单元，尤其多重转子或子程序嵌套，需要使栈区有一定的深度。由于MCS-51的堆栈是由SP指针组织的内部RAM区，仅有128个单元，堆栈并非越深越好，深度要恰当。

4.6.3 子程序的调用及嵌套

1. 子程序调用

一个子程序可以供同一程序或不同程序多次调用或反复调用而不会被破坏，不仅给程序设计带来极大灵活性，方便了用户，而且简化了程序设计的逻辑结构，节省了程序存储器空间。

例4-27 在例4-17中，要求将内部RAM 41H～43H中内容左移4位，移出部分送40H单元。

由于多字节移位是程序设计中经常用到的，有一定普遍性。为了给程序设计带来灵活性，试编制一个"n字节左移一位"子程序，反复调用4次即为n字节左移4位。

功能：n字节左移一位。

入口：(R0)指向内部RAM的操作数地址，高字节在先。

(R4)＝字节长度。

出口：(R0)指向内部RAM的结果地址，低字节在先。

子程序：

```
RLC1:     CLR     C
LOOP0:    MOV     A,@R0
          RLC     A
          MOV     @R0,A
          DEC     R0
          DJNZ    R4,LOOP0
          MOV     A,@R0
          RLC     A
          MOV     @R0,A
          RET
```

为了完成例4-17的要求，可编制左移4位子程序。

```
RLC4:     MOV     R7,#4          ;R7为左移位数计数器
NEXT:     MOV     R0,#43         ;为进入RLC1子程序
          MOV     R4,#3          ;设置入口条件
          ACALL   RLC1           ;转子
* PC→     DJNZ    R7,NEXT        ;未完，继续
          MOV     A,@R0          ;
          ANL     A,#0FH         ;屏蔽结果高4位
```

```
        MOV     @R0,A           ;存结果高4位
        RET
```

注意：* PC是子程序的返回地址，即当前主程序的断点。

在这个简单的子程序中，由于子程序RLC1和主程序RLC4(相对于子程序RLC1而言)所用的寄存器没有冲突，即调用子程序RLC1时，主程序RLC4的现场没有被破坏，因此无须在子程序RLC1中保护现场。否则将在RLC1的入口用PUSH指令保护现场，在RET指令之前，用POP指令恢复现场。

在这个例子中，不难看出参数传递的方式，采用了地址传递参数方式和工作寄存器参数传递方式。入口参数是由R0给出的地址指针，指向内部RAM中操作数的低字节，由R4给出字节长度。出口参数也是由R0给出的地址，它指向结果存放RAM的高字节。

子程序调用指令ACALL(LCALL)不仅具有寻址子程序入口地址的功能，而且能在转入子程序之前，利用堆栈技术自动将断点 * PCL→(SP+1)，* PCH→(SP+2)推入堆栈有效保护了断点。当子程序返回，执行RET指令时，能使断点出栈送入PC，即返回到主程序继续执行。

2. 子程序嵌套

主程序与子程序的概念是相对的，一个子程序除了末尾有一条返回RET指令外，其本身的执行与主程序并无差异，因而在子程序中完全又可以引用其他子程序，这种情况称为子程序嵌套或多重转子。

例如在一个数据处理的程序中，经常要调用"左移4位"子程序RLC4。数据处理程序如下。

主程序：

```
MAIN:   MOV     SP,#5FH         ;数据
        ⋮                       ;处理
        ACALL   RLC4            ;程序
        ⋮                       ;↓
```

这个程序就采用了子程序的嵌套。为什么要在主程序的第一条指令就要定义堆栈指针呢？因为子程序的嵌套必须借助堆栈来完成。

多次调用子程序伴随着多次子程序返回操作，每次调用指令都有一个断点入栈操作，每次的返回指令都有一个断点出栈操作。而最后一次被调用的子程序返回地址，必须最先被弹出才能保证程序的正确性。换句话说，这时保护入栈的断点地址及从栈中弹出的返回地址必须按照"先进后出"(或后进先出)的操作次序，这种操作恰好是堆栈操作的原则。

下面以一个子程序三重嵌套为例说明多重转子堆栈中断点的保护与弹出，子程序的嵌套过程如图4-12所示。

主程序运行时，遇到调用指令LCALL　SUB1时，首先将断点(即调用指令的下一条指令)地址 * PC0压入栈，如图4-13(a)所示，然后子程序SUB1的入口地址nn→PC，程序转入SUB1；在子程序SUB1的运行中，遇到LCALL　SUB2指令，此时断点地址 * PC1

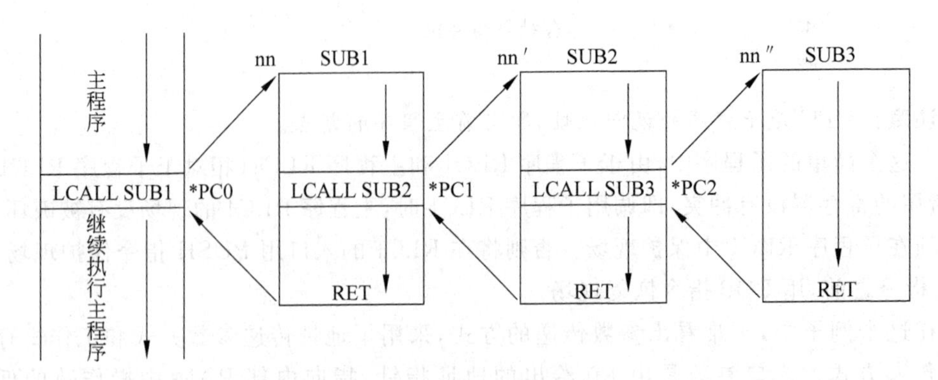

图 4-12 子程序嵌套过程

入栈，如图 4-13(b)所示，然后子程序 SUB2 的入口地址 nn′→PC，程序转入 SUB2；在子程序 SUB2 的运行中，又遇到 LCALL SUB3 指令，此时断点地址 * PC2 入栈，如图 4-13(c)所示，然后子程序 SUB3 的入口地址 nn″→PC，程序运行 SUB3。

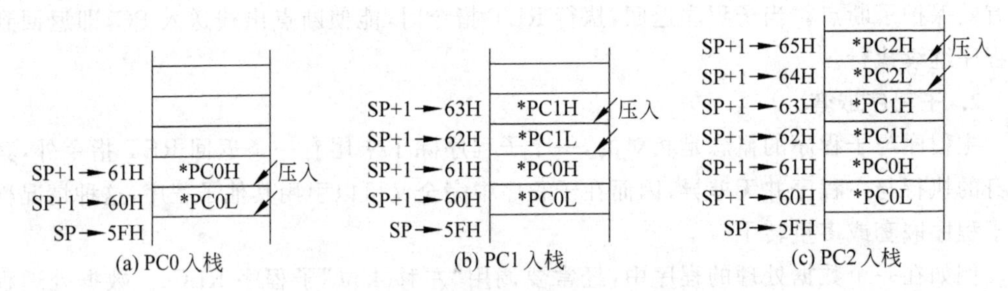

图 4-13 子程序嵌套时断点入栈过程

在 SUB3 运行结束时执行一条 RET 指令，它将最后一个压入的断点 * PC2 弹出到 PC，并自动修改 SP 指针，如图 4-14(a)所示，程序返回 SUB2 继续运行；当 SUB2 运行完并执行 RET 指令时，它将栈顶的断点 * PC1 弹出到 PC，如图 4-14(b)所示，程序返回 SUB1 继续执行；当执行完 SUB1，再执行一条 RET 指令，它将最先入栈的断点 * PC0 最后弹入 PC，如图 4-14(c)所示，程序返回主程序继续执行。此时堆栈指针 SP 又恢复到 5FH。

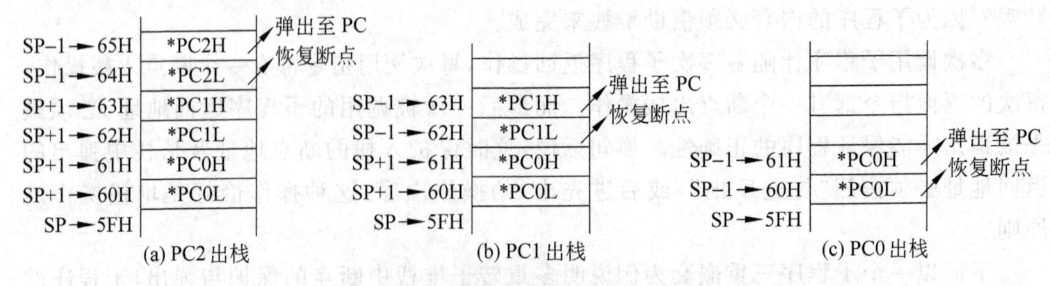

图 4-14 子程序嵌套时断点出栈过程

从上述分析可以看出堆栈与子程序调用的关系。每一次调用子程序，都要将断点压入堆栈，并自动修改(加 2)SP 指针；每一次返回都要将断点弹出，SP 自动减 2。调用和返回总是成对进行的，保证了堆栈里的数据(断点地址)有秩序地进出。

中断响应与中断返回和子程序调用与子程序返回具有相同的过程。所不同的是调用指令 CALL 是编程者在程序中安排的，断点为已知固定的；而中断响应是随机的，因而中断的断点地址也是随机的。有了堆栈技术，不管断点是固定的还是随机的，都可以得到有效的保护和恢复。这里要强调的是伴随着断点的进出栈，SP 指针也将不断地得到修正，它总是指向栈顶。

4.7 程序设计举例

这一节将进一步讨论常用的程序设计方法，包括算术运算、代码转换等。结合这些程序，可进一步分析熟悉 MCS-51 指令系统，掌握汇编语言程序设计方法和技巧。

4.7.1 算术运算程序

算术运算程序包括各种有符号数或无符号数的加减乘除，这类程序很多，不可能一一举例。这里只举一些有一定代表性的典型例子，以说明这类程序的设计方法。

例 4-28 多字节无符号数加法子程序 NADD。

功能：n 字节无符号数加法。

入口：(R0)＝被加数低字节地址指针，(R1)＝加数低字节地址指针。

(R7)＝字节数 n。

出口：(R0)＝和数高字节地址指针。

若两数相加，和数可能为 n＋1 字节，若无进位，则第(n＋1)字节为 0；若有进位，则第(n＋1)字节为 1。

程序流程图如图 4-15 所示。

```
NADD:   CLR   C
LOOP:   MOV   A,@R0
        ADDC  A,@R1
        MOV   @R0,A
        INC   R0
        INC   R1
        DJNZ  R7,LOOP
        CLR   A
        MOV   ACC.0,C
        MOV   @ R0,A
        RET
```

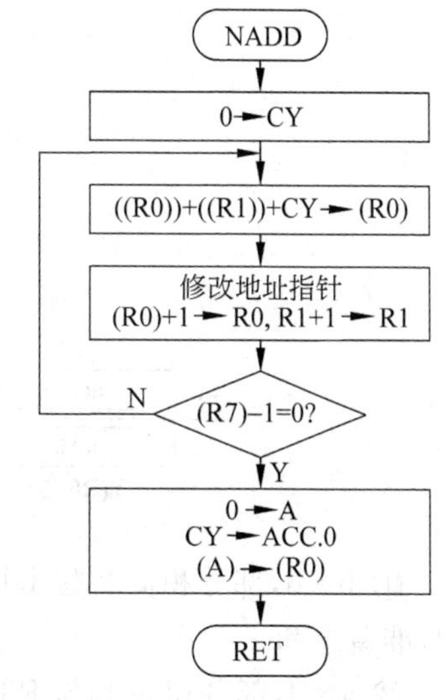

图 4-15 NADD 子程序流程图

子程序执行后，被加数被冲掉。

例 4-29 多字节无符号数减法子程序 NSUB。

功能：n 字节无符号数减法。

入口：(R0)＝被减数低字节地址指针，(R1)＝减数低字节地址指针。

(R7)＝字节数 n。

出口：(R0)＝差数高字节地址指针。

若被减数大于减数，则差为正数；若被减数小于减数，则差为补码数（负数），且差数为n字节。

程序流程图如图4-16所示。

```
NSUB:   CLR     C
LOOP:   MOV     A,@R0
        SUBB    A,@R1
        MOV     @R0,A
        INC     R0
        INC     R1
        DJNZ    R7,LOOP
        DEC     R0
        RET
```

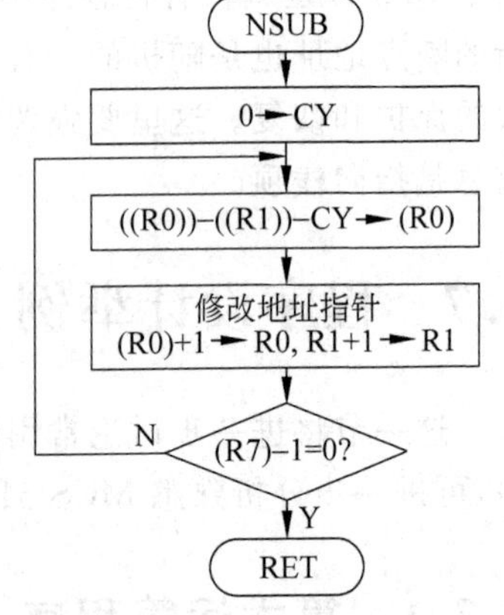

图4-16 NSUB子程序流程图

子程序执行后，原存放被减数的单元被差数占用了。

例4-30 双字节无符号数快速乘法子程序MULD。

功能：双字节无符号数乘法，积为32位。

入口：(R7R6)＝被乘数ab，(R5R4)＝乘数cd。

(R0)＝有定义的内部RAM地址。

出口：(R0)＝乘积的高字节地址指针。

与手算相同，两个双字节无符号数相乘，用8位乘法指令来完成需乘4次，每次的乘积为16位，会产生4个部分积，共需8个单元存放，然后再按"位权"相加，和即为所求之积。这样所占存储单元太多，应该采用边乘边加的方法。用R3、R2、R1作暂存器或工作单元，其过程如下面竖式所示。

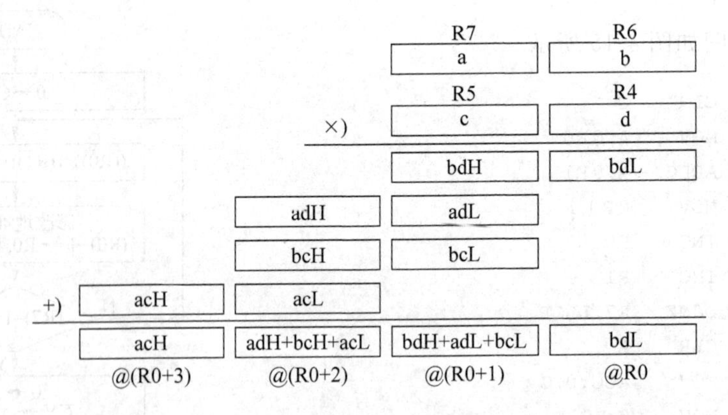

① b×d，部分积低8位bdL直接存入R0指向的单元，部分积高8位bdH暂存入R3，准备求和。

② a×d，部分积adL与R3的bdH相加后仍暂存入R3，其进位与adH相加，和暂存入R2。

③ b×c，bcL与R3中暂存的部分和相加，和存入(R0＋1)指向的单元，bcH和R2暂存的结果及进位相加，和存入R2，若有进位，用R1暂存。

④ a×c，acL与R2中部分和相加，存入(R0＋2)指向的单元，acH与本次相加的进位

以及上次保存下来的进位相加，存入(R0+3)指向的单元。

从以上分析可以看出，本程序应作 4 次乘法，作 6 次加法，32 位乘积，存入 4 个由 R0 指向的内部 RAM 单元。

```
MULD:   MOV     A,R6        ;
        MOV     B,R4        ;
        MUL     AB          ;b×d
        MOV     @R0,A       ;存积 7～0,bdL→(R0)
        MOV     R3,B        ;bdH→R3
        MOV     A,R7        ;
        MOV     B,R4        ;
        MUL     AB          ;a×d
        ADD     A,R3        ;adL+bdH
        MOV     R3,A        ;暂存,adL+bdH→R3
        MOV     A,B         ;adH→A
        ADDC    A,#0        ;adH+cy→A
        MOV     R2,A        ;暂存,adH+cy→R2
        MOV     A,R6        ;
        MOV     B,R5        ;
        MUL     AB          ;b×c
        ADD     A,R3        ;bcL+adL+bdH
        INC     R0          ;(R0+1)
        MOV     @R0,A       ;存积 15～8,bcL+adL+bdH→(R0+1)
        MOV     R1,#0       ;用 R1 记录 cy
        MOV     A,R2        ;
        ADDC    A,B         ;bcH+adH+cy
        MOV     R2,A        ;暂存,bcH+adH+cy→R2
        JNC     LAST        ;cy=0,则转 LAST
        INC     R1          ;cy=1,则(R1)=1
LAST:   MOV     A,R7        ;
        MOV     B,R5        ;
        MUL     AB          ;a×c
        ADD     A,R2        ;acL+bcH+adH+cy
        INC     R0          ;(R0+2)
        MOV     @R0,A       ;存积 23～16,acL+bcH+adH+cy→(R0+2)
        MOV     A,B
        ADDC    A,R1        ;acH+cy
        INC     R0          ;(R0+3)
        MOV     @R0,A       ;存积 31～24,acH+cy→(R0+3)
        RET
```

例 4-31　双字节原码有符号数乘法子程序 MULS。

功能：双字节原码有符号乘法。

入口：(R7R6)＝被乘数，(R5R4)＝乘数。

出口：(R0)＝乘积的高字节地址指针。

按乘法的运算规则，判断乘积的符号位同号相乘，积符为正，异号相乘，积符为负，并暂存积符。然后再按两数的绝对值相乘,并恢复积符。

```
MULS:   MOV    A,R7        ;
        XRL    A,R5        ;
        MOV    C,ACC.7     ;
        MOV    F0,C        ;暂存积符
        MOV    A,R7        ;
        CLR    ACC.7       ;
        MOV    R7,A        ;取绝对值
        MOV    A,R5        ;
        CLR    ACC.7       ;
        MOV    R5,A        ;取绝对值
        ACALL  MULD        ;调用无符号数乘法
        MOV    A,@R0       ;
        MOV    C,F0        ;
        MOV    ACC.7,C     ;恢复积符
        MOV    @R0,A       ;
        RET
```

例 4-32 双字节无符号数除法子程序 DIVD。

功能:双字节无符号数除法(四字节/双字节)。

入口:(R2R3R4R5)=被除数(32 位),(R6R7)=除数。

出口:(R4R5)=商,(R2R3)=余数。

除法程序可采用人工手算除法方式,即"移位相减"法。首先对(R2R3)和(R6R7)进行比较,若(R2R3)≥(R6R7)则商不能用双字节表示,会有溢出,用 F0 作溢出标志,不执行除法。如果(R2R3)<(R6R7),则采用移位相减法计商,够减商上 1,并从被除数减去除数,形成部分余数送 R2R3,若不够减,商上 0,不作减法;然后把部分余数左移一位,再与除数比较,如此循环直至被除数所有位都处理完为止。

除法是乘法的逆运算。一般情况下,若除数与商为双字节,则被除数一定是四字节,需循环移位 16 次,用 B 作移位计数器,用 R5 的最低位开始上 1(商上 1),因为循环左移后 R5 最低位为 0;当循环 8 次后,R5 的最高位自动移入 R4,16 次循环后(R4R5)即为最后结果商。每次减法的余数都送 R2R3,(R2R3)是最后的余数。

移位相减除法程序流程图如图 4-17 所示。

```
DIVD:   MOV    A,R3
        CLR    C
        SUBB   A,R7
        MOV    A,R2
        SUBB   A,R6         ;作减法判断是否溢出
        JNC    DVE          ;有溢出,则结束
        MOV    B,#16
DIVL:   CLR    C
        MOV    A,R5
        RLC    A
```

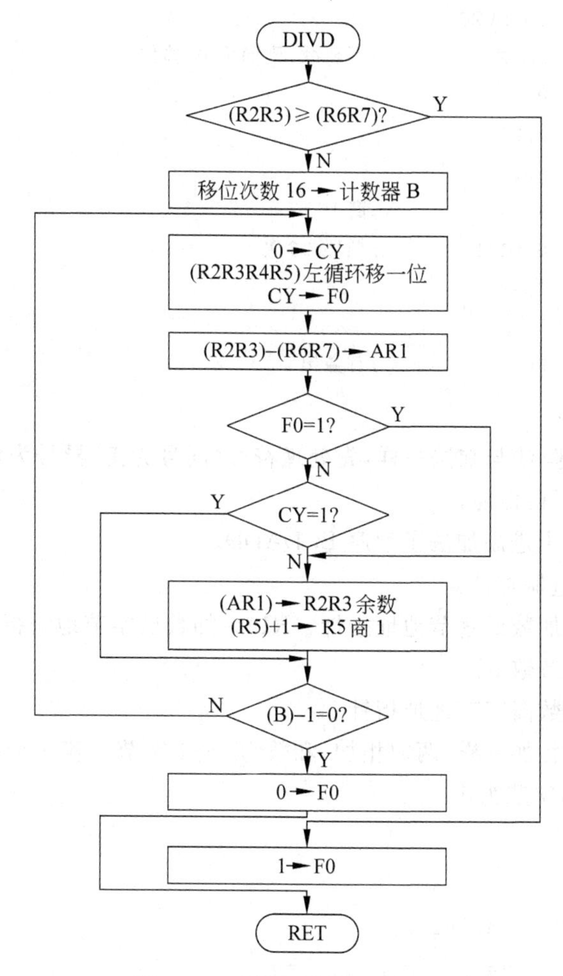

图 4-17　移位相减除法流程图

```
MOV     R5,A
MOV     A,R4
RLC     A
MOV     R4,A
MOV     A,R3
RLC     A
MOV     R3,A
XCH     A,R2
RLC     A
XCH     A,R2            ;被除数循环右移一位
MOV     F0,C            ;保存移出的最高位
CLR     C
SUBB    A,R7            ;被除数或余数减除数
MOV     R1,A
MOV     A,R2
SUBB    A,R6
```

```
        JB      F0,DVME
        JC      DMDE            ;不够减,则商上 0,移位
DVME:   MOV     R2,A
        MOV     A,R1
        MOV     R3,A
        INC     R5              ;商上 1
DMDE:   DJNZ    B,DIVL          ;循环 16 次
        CLR     F0
        RET
DVE:    SETB    F0              ;有溢出
        RET
```

原码有符号数相除法与乘法一样,先处理符号(同号为正,异号为负)然后用两数的绝对值相除即可,这里不再详述。

例 4-33 多字节十进制加法子程序 BCDADD。

功能：n 字节十进制加法。

入口：(R0)＝被加数低字节地址指针,(R1)＝加数低字节地址指针,

(R7)＝字节数 n。

出口：(R0)＝和数高字节地址指针。

与多字节无符号相加一样,两数相加,和数为 n+1 字节。若 cy=0, 则(n+1)字节为 0;若 cy=1,则(n+1)字节为 1。

```
BCDADD:   CLR     C
ADDL:     MOV     A,@R0
          ADDC    A,@R1
          DA      A
          MOV     @R0,A
          INC     R0
          INC     R1
          DJNZ    R7,ADDL
          CLR     A
          MOV     ACC.0,C
          MOV     @R0,A
          RET
```

例 4-34 多字节十进制减法子程序 BCDSUB。

功能：n 字节十进制减法。

入口：(R0)＝被减数低字节地址指针,(R1)＝减数低字节地址指针,

(R7)＝字节数 n。

出口：(R0)＝差数高字节指针。

由于指令 DA 不能对减法操作进行十进制调整,因而需要先求减数的补码,然后再用 ADD 和 DA 指令做加法,减去一个数,等于加上这个数的补码。求出两数之差。

计算公式：A－B＝A＋99＋…＋9＋1－B

```
CDSUB:    SETB    C
SUBL:     CLR     A
          ADDC    A,#99H
          SUBB    A,@R1          ;求减数补码
          ADD     A,@R0          ;加被减数
          DA      A              ;十进制调整
          MOV     @R0,A
          INC     R0
          INC     R1
          DJNZ    R7,SUBL        ;循环 n 次
          DEC     R0
          RET
```

4.7.2　代码转换程序

在计算机内部，数据的运算一般都采用二进制，二进制具有运算方便、占用的内存单元少等特点。而人们习惯用十进制数，因此计算机的输入输出通常采用 BCD 码和 ASCII 码。对于这样一些代码需要进行代码转换。

例 4-35　4 位十进制数转换为二进制数子程序 BCDCB。

BCD 码存放格式如下。

@R0 →	0　千
@R0+1→	0　百
@R0+2→	0　十
@R0+3→	0　个

功能：4 位非压缩 BCD 数转换为二进制数。

入口：(R0)＝内部 RAM 中 BCD 码高字节地址指针，

　　(R7)＝BCD 码位数减 1，即 n＝3。

出口：(R3R4)＝转换结果。

4 位十进制数可表示为多项式

$$A = a_3 \times 10^3 + a_2 \times 10^2 + a_1 \times 10^1 + a_0$$
$$= ((a_3 \times 10 + a_2) \times 10 + a_1) \times 10 + a_0$$

BCD 码存放在内部 RAM 4 个相邻的单元中。按上述多项式计算，应先取 BCD 码的千位数乘以 10，加上百位数再乘以 10，再加上十位数乘以 10，最后加上个位数，即为转换结果。

程序流程图如图 4-18 所示。

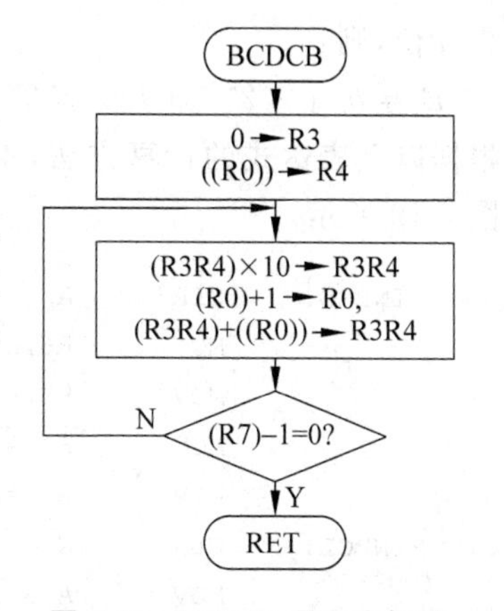

图 4-18　BCDCB 子程序框图

```
BCDCB:    MOV     R3,#0          ;结果高字节清零
          MOV     A,@R0          ;取 BCD 码
          MOV     R4,A           ;暂存
```

```
BCDCL:   MOV    A,R4
         MOV    B,#10
         MUL    AB
         MOV    R4,A          ;暂存 R4×10 低 8 位
         MOV    A,B
         XCH    A,R3          ;暂存 R4×10 高 8 位
         MOV    B,#10
         MUL    AB            ;(R3)×10 为一字节数
         ADD    A,R3          ;(R3)×10+(R4)×10 高 8 位
         MOV    R3,A          ;暂存
         INC    R0
         MOV    A,R4
         ADD    A,@R0
         MOV    R4,A
         MOV    A,R3
         ADDC   A,#0          ;(R3R4)+((R0))+CY→R3R4
         MOV    R3,A
         DJNZ   R7,BCDCL      ;未完,继续
         RET
```

例 4-36 双字节二进制数转换为十进制数子程序 BINBCD。

功能:双字节二进制数转换成 5 位 BCD 码。

入口:(R2R3)=二进制被转换数。

出口:(R4R5R6)=转换结果 BCD 码。

一个二进制数转换成 BCD 码,可采用连续除以 10 的各次幂(转换常数)取商法。如 FFFFH÷10^4,商为 6(万位);再用余数 159FH÷10^3,商为 5(千位);再用余数 217H÷10^2,商为 5(百位);再用余数 23H÷10,商为 3(十位);余数 5 为个位,这样便可获得一个 5 位 BCD 码。这种算法,在被转换数较大时,需进行多字节除,速度慢,扩展性差。由于其逻辑性好,算法简单,仍是"二翻十"子程序一种常用的方法。读者可用这一方法试编一"二翻十"子程序。

一般一个二进制可用多项式表示,若一个二进制数为 n 位,则:

$$B = b_{n-1} \times 2^{n-1} + b_{n-2} \times 2^{n-2} + \cdots + b_1 \times 2 + b_0$$

根据以上表达式的计算方法,不难画出程序流程图,如图 4-19 所示。

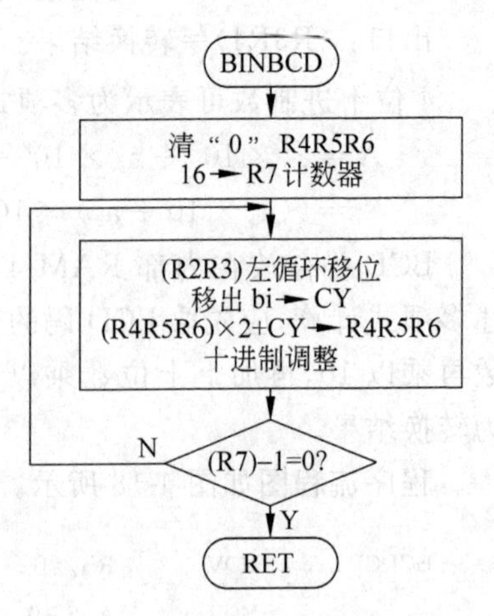

图 4-19 BINBCD 子程序流程图

```
BINBCD:  CLR    A
         MOV    R6,A
         MOV    R5,A
         MOV    R4,A          ;0→R4R5R6
         MOV    R7,#16        ;置计数器
BINBCL:  CLR    C
         MOV    A,R3
         RLC    A
```

```
        MOV     R3,A
        MOV     A,R2
        RLC     A               ;R2R3 左移
        MOV     R2,A            ;移出位→cy
        MOV     A,R6
        ADDC    A,R6
        DA      A
        MOV     R6,A
        MOV     A,R5
        ADDC    A,R5
        DA      A
        MOV     R5,A
        MOV     A,R4
        ADDC    A,R4
        DA      A               ;(R4R5R6)×2+cy→R4R5R6
        MOV     R4,A            ;十进制调整
        DJNZ    R7,BINBCL       ;未完,继续
        RET
```

从以上编程可以看出，该程序扩展性好，方法更简单。若用 R0 作被转换数低字节指针，R1 作转换结果地址指针，不难将其改为 n 字节“二翻十”子程序。

例 4-37　多位十六进制数转换为 ASCII 码子程序 HEXASC。

功能：n 位十六进制数转换为 ASCII 码。

入口：(R0)＝十六进制数低字节地址指针，(R7)＝字节数。

出口：(R1)＝ASCII 码存放地址指针。

十六进制数转换 ASCII 码，可采用例 4-19、例 4-20 的查表法进行转换，程序设计简单明了。这里介绍另一种转换方法，即计算法，可采用

$$(XH + 90H) \rightarrow \text{十进制调整} \rightarrow (XD' + 40H + cy) \rightarrow \text{十进制调整} \rightarrow XD$$

其中 XH 为十六进制数，XD′、XD 为十进制数。

当 XH≤9 时，第一次十进制调整的结果 XD′≤99，cy＝0。

当 XH＞9 时，cy＝1，在第二次调整前把 cy 加进去。这样，累加器 A 的内容就是 0～F 的 ASCII 码。

```
HEXASC: MOV     A,@R0           ;取数
        ANL     A,#00001111B    ;处理低 4 位
        ADD     A,#90H
        DA      A
        ADDC    A,#40H
        DA      A               ;转换成 ASCII 码
        MOV     @R1,A           ;存放 ASCII 码
        INC     R1              ;修正 R1 指针
        MOV     A,@R0           ;再取数
        SWAP    A               ;处理高 4 位
        ANL     A,#15
```

```
        ADD     A,#90H
        DA      A
        ADDC    A,#40H
        DA      A               ;转换成 ASCII 码
        MOV     @R1,A           ;存放 ASCII 码
        INC     R0              ;修正 R0 指针
        INC     R1              ;修正 R1 指针
        DJNZ    R7,HEXASC       ;未完,继续
        DEC     R1              ;修正 R1 指针
        RET
```

习题与思考

1. 若晶振为 12MHz,试编制延时 2ms 和 1s 子程序。

2. 将 20H 单元中的 8 位无符号数,转换成 3 位 BCD 码并存放在 30H(百位)和 31H(十位、个位)单元中。

3. 将 30H 单元内的 2 个 BCD 数相乘,乘积为 BCD 数,并把乘积送入 31H 单元。

4. 试求 20H 和 21H 单元中 16 位带符号二进制补码数的绝对值,并送回 20H 和 21H 单元,高位在先,低位在后。

5. 试求内部 RAM 30H～37H 单元中 8 个无符号数的算术平均值,结果存入 38H 单元。

6. 试编一数据块搬迁程序。将外部 RAM 2000H～204FH 单元中的数,移入内部 RAM 30H～7FH 单元中。

7. 在内部 RAM 的 BLOCK 开始的单元中有一无符号数据块,数据块长度存入 LEN 单元。试编程求其中的最小数并存入 MINI 单元。

8. 在内部 RAM 的 BLOCK 开始单元中有一带符号数据块其长度存入 LEN 单元。试编程求其中正数与负数的代数和,并分别存入 PSUM 与 MSUM 指向的单元中。

9. 在内部 RAM 的 BLOCK 开始单元中有一无符号数据块,其长度存入 LEN 单元。试编程重新按递增次序排列,并存入原存储区。

10. 试编程将(R2R3)中的二进制数转换成 BCD 码,并存入 R0 指向的单元中。用除以 10 的次幂取商法编程。

11. 试编程将 R0 指向的内部 RAM 中 16 个单元的 32 个十六进制数,转换成 ASCII 码并存入 R1 指向的内部 RAM 中。

12. 在内部 RAM 的 ONE 和 TWO 单元各存有一带符号数 X 和 Y。试编程按下式要求运算,结果 F 存入 FUNC 单元。

$$F=\begin{cases}X+Y & \text{若 X 为正奇数}\\ X\wedge Y & \text{若 X 为正偶数}\\ X\vee Y & \text{若 X 为负奇数}\\ X+Y & \text{若 X 为负偶数}\\ X & \text{若 X 等于零}\end{cases}$$

13. 设变量 X 存入 VAR 单元，函数 F 存入 FUNC 单元，试编程按下式要求给 F 赋值。

$$F=\begin{cases}1 & 若\ X>0\\0 & 若\ X=0\\-1 & 若\ X<0\end{cases}$$

14. 设变量 X 存入 VAR 单元，函数 F 存入 FUNC 单元，试编程按下式要求给 F 赋值。

$$F=\begin{cases}1 & 若\ X>20\\0 & 若\ 20\geqslant X\geqslant 10\\-1 & 若\ X<10\end{cases}$$

15. 试编程，根据 R3 内容 00H～0FH，转换到 16 个不同分支，分支均处于同一 2K 程序存储器之内。

16. 试编程，根据 R3 内容 00H～0FH，转到 16 个不同分支，分支程序处于 64K 程序存储器任何位置。

17. 试编一 4 字节装载子程序 LOAD4。

功能：内部 RAM 中 4 个单元内容装载到工作寄存器

入口：(R0)＝低字节地址指针

出口：(R7R6R5R4)＝装入的 4 个单元内容

18. 试编一查表求平方子程序 SQR。

功能：用指令 MOVC　A,@A＋PC 求平方值(x<15)

入口：(A)＝x

出口：(A)＝x^2

19. 试编一多字节右移子程序 NRRC。

功能：n 字节数右移一位(相当除 2)

入口：(R0)＝操作数高字节地址指针，(R7)＝字节数 n

出口：(R0)＝操作数低字节地址指针

20. 试编一多字节乘以 10 子程序 MUL10。

功能：内部 RAM 中的 n 字节数乘以 10

入口：(R0)＝操作数低字节地址指针，(R7)＝字节数 n

出口：(R0)＝乘积的高字节地址指针

21. 试编一 3 字节数乘 1 字节数子程序 MUL4。

功能：3 字节乘以 1 字节，乘积为 4 字节

入口：(R0)＝被乘数低字节地址指针，(R2)＝乘数

出口：(R1)＝乘积的高字节地址指针

22. 试编一 4 字节数除以 1 字节数子程序 DIV4。

功能：4 字节数除以 1 字节数，商为 3 字节

入口：(R0)＝被除数低字节地址指针，(R6)＝除数

出口：(R3R4R5)＝商，(R2)＝余数

23. 74LS55 芯片结构如图 4-20 所示。

逻辑表达式：$Y=\overline{ABCD+EFGH}$

设:A～H 分别连接到 P1.0～P1.7,Y 连接到 P3.0。

试用布尔指令编制一芯片测试程序。

24. 74LS393 双 4 位二进制计数器如图 4-21 所示。

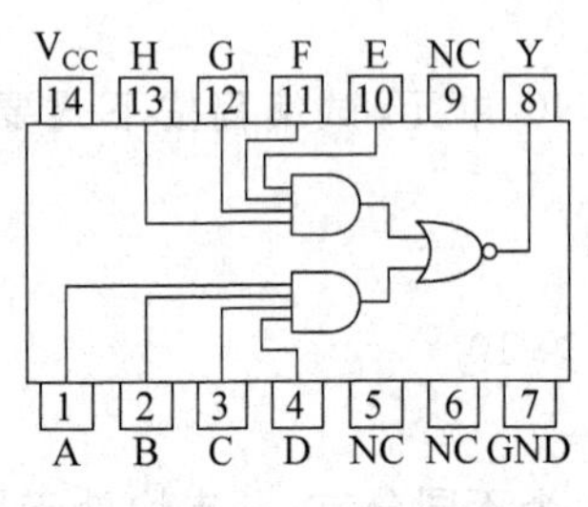

图 4-20 74LS55 结构图

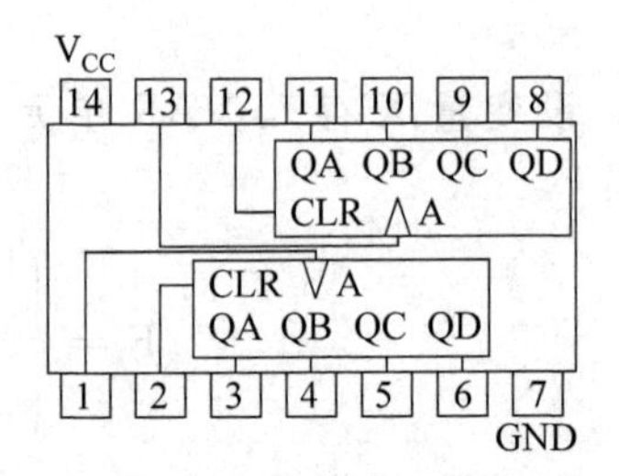

图 4-21 74LS393 结构图

若将双 4 位二进制计数器接成 8 位二进制计数器形式,6、13 脚相连。此时,只要 1 脚有一计数脉冲输入,计数器便可进行计数。

设:P3.1 接 2、12 脚,P3.0 接 1 脚;P1.0～P1.3 接 3～6 脚,P1.4～P1.7 接 11～8 脚。

试编一芯片测试程序。

第5章

MCS-51 定时/计数器、串行口及中断系统

MCS-51 系列单片机内部有两个 16 位定时/计数器：T0 和 T1(52 系列有三个：T0、T1 和 T2)，一个全双工串行口 UART 和中断系统。本章将详细介绍其结构、原理和应用。

5.1 MCS-51 定时/计数器

一般单片机内部都设有定时/计数器，因为有的测控系统是按时间间隔定时控制的，如定时对物理过程(如温度)的采样测量等，虽然可以通过延时程序实现定时，但这会降低 CPU 的工作效率。如果能利用一个可编程的实时时钟获得延时定时，就可以提高 CPU 的工作效率。另外，也有一些测控系统是根据外部信号的计数结果来实现控制的，必须对外部随机事件(往往为脉冲信号)进行计数。因此，单片机内部一般都设置可编程的定时/计数器，以简化系统设计，提高系统功能。所谓可编程就是指可通过指令来确定或改变其工作方式，应包括以下几个方面。

① 确定其工作方式是定时还是计数。

② 预置定时或计数初值。

③ 当定时时间到或计数终止时，要不要发中断请求。

④ 如何启动定时或计数器工作。

5.1.1 定时/计数器结构与工作原理

1. 结构

从图 5-1(定时/计数器逻辑结构图)可以看出，两个 16 位定时/计数器 T0 和 T1，分别由 8 位计数器 TH0、TL0 和 TH1、TL1 构成，它们都是以加“1”的方式完成计数。特殊功能寄存器TMOD控制定时/计数器的工作方

式，TCON 控制定时/计数器的启动运行并记录 T0、T1 的溢出标志。通过对 TH0、TL0 和 TH1、TL1 的初始化编程可以预置 T0、T1 的计数初值。通过对 TMOD 和 TCON 的初始化编程可以分别置入方式字和控制字，以指定其工作方式并控制 T0、T1 按规定的工作方式计数。

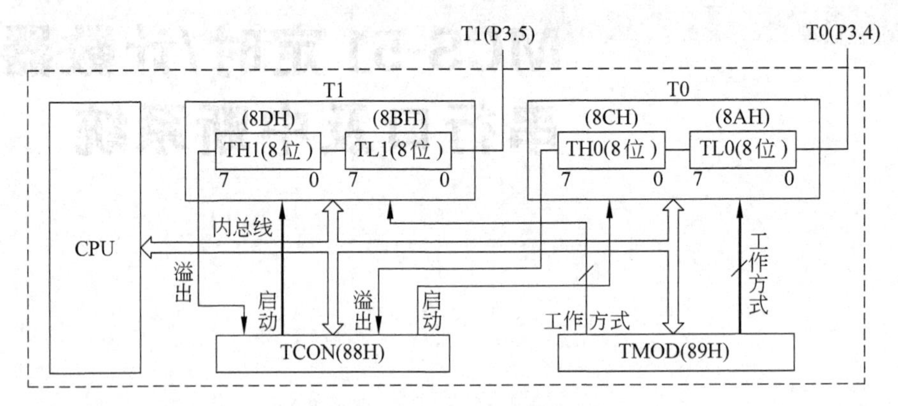

图 5-1　定时/计数器逻辑结构

2. 工作原理

1) 定时器

当设置为定时器工作方式时，计数输入信号来自内部振荡信号，在每个机器周期内定时器的计数器做一次"+1"运算。因此定时器亦可视为计算机机器周期的计数器。而每个机器周期又等于 12 个振荡脉冲，故定时器的计数速率为振荡频率的 1/12(即 12 分频)。若单片机的晶振主频为 12MHz，则计数周期为 1μs。如果定时器的计数器"+1"产生溢出，则标志着定时时间到。

2) 计数器

当设置为计数器工作方式时，计数输入信号来自外部引脚 T0(P3.4)、T1(P3.5)上的计数脉冲，外部每输入一个脉冲，计数器 TH0、TL0(或 TH1、TL1)做一次"+1"运算。而在实际工作中，计数器由计数脉冲的下降沿触发，即 CPU 在每个机器周期的 S5P2 期间对外部输入引脚 T0(或 T1)采样，若在一个机器周期中采样值为高电平，而在下一个机器周期中采样值为低电平，则紧跟着的再下一个机器周期的 S3P1 期间计数值就"+1"，完成一次计数操作。因此确认一次外部输入脉冲的有效跳变至少要花费 2 个机器周期，即 24 个振荡周期，所以最高计数频率为振荡频率的 1/24。为了确保计数脉冲不被丢失，则脉冲的高电平及低电平均应保持一个机器周期以上。对外部计数脉冲的基本要求如图 5-2 所示，T_{CY}为机器周期。

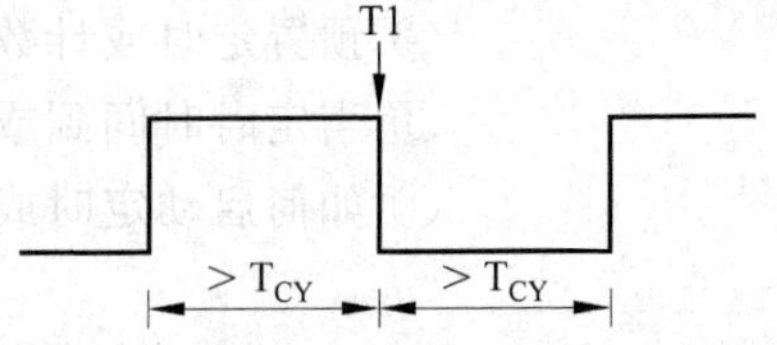

图 5-2　对计数器计数脉冲的基本要求

不管是定时还是计数工作方式，定时器 T0 或 T1 在对内部时钟或外部脉冲计数时，不占用 CPU 的时间，除非产生溢出才可能中断 CPU 的当前操作。由此可见，定时/计数器是单片机内部效率高且工作灵活的部件。

另外，每个定时/计数器还有 4 种工作方式，即有 4 种逻辑结构模式。其中方式 0～2 对 T0 和 T1 都是一样的，而方式 3 对两者是不同的。

5.1.2　定时/计数器的方式寄存器和控制寄存器

定时/计数器在系统中是作定时器使用还是作计数器使用，采用哪种工作方式，要不要中断参与控制等都是可编程的，即都是通过程序来控制的。在开始定时或计数之前都必须对特殊功能寄存器 TMOD 和 TCON 写入一个方式字和控制字，要有一个初始化编程(通过指令预置)的过程。

1. 方式寄存器 TMOD

定时/计数器的方式控制寄存器，是一可编程的特殊功能寄存器，字节地址为 89H，不可位寻址。其中低 4 位控制 T0，高 4 位控制 T1，其格式如下。

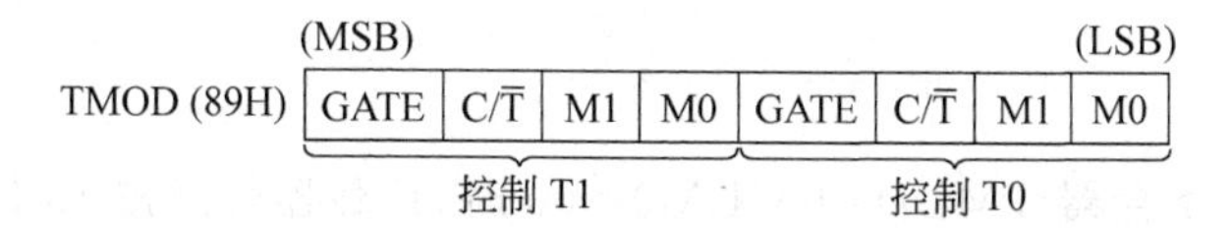

GATE：门控位。当 GATE＝1 时，计数器受外部中断信号 $\overline{INTx}$ 控制(后缀：x＝0，1；$\overline{INT0}$ 控制 T0 计数，$\overline{INT1}$ 控制 T1 计数)，且当运行控制位 TR0(或 TR1)为"1"时开始计数，为"0"时停止计数。当 GATE＝0 时，外部中断信号 $\overline{INTx}$ 不参与控制，此时只要运行控制位 TR0(或 TR1)为"1"时，计数器就开始计数，而不管外部中断信号 $\overline{INTx}$ 的电平为高还是为低。

$C/\overline{T}$：计数器方式还是定时器方式选择位。当 $C/\overline{T}=0$ 时为定时器方式，其计数器输入为晶振脉冲的 12 分频，即对机器周期计数。当 $C/\overline{T}=1$ 时为计数器方式，计数器的触发输入来自 T0(P3.4)或 T1(P3.5)端的外部脉冲。

M1 和 M0：操作方式选择位。对应 4 种操作方式，见表 5-1。

表 5-1　操作方式选择

M1 M0	操作方式	功　能
0 0	方式 0	13 位计数器
0 1	方式 1	16 位计数器
1 0	方式 2	可自动重新装载的 8 位计数器
1 1	方式 3	T0 分为两个独立的 8 位计数器，T1 停止计数

当单片机复位时，TMOD 各位均为"0"。

2. 控制寄存器 TCON

定时/计数器的控制寄存器也是一个 8 位特殊功能寄存器，字节地址为 88H，可以位寻址，位地址为 88～8FH，用来存放控制字，其格式如下。

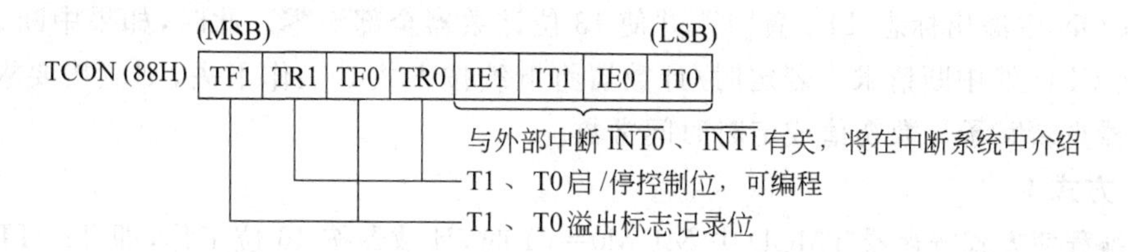

TF1(TCON.7)：T1溢出标志。当T1产生溢出时，由硬件置“1”，可向CPU发中断请求，CPU响应中断后被硬件自动清“0”。也可以由程序查询后清“0”。

TR1(TCON.6)：T1运行控制位。由软件置“1”或置“0”来启动或关闭T1工作，因而又称其为启/停控制位。

TF0(TCON.5)：T0溢出标志(类同TF1)。

TR0(TCON.4)：T0运行控制位(类同TR1)。

TCON的低4位与外部中断有关，将在后面的章节中逐一详细介绍。

复位后，TCON的各位均被清“0”。

5.1.3 定时/计数器的4种工作方式

1. 方式0

当编程使方式寄存器TMOD中M1 M0＝00时，计数器长度按13位工作。由TL的低5位(TL的高3位未用)和TH的高8位构成13位计数器(对T0、T1都适用)。图5-3所示硬件结构表示了定时/计数器T1在方式0下的逻辑图。若对于定时/计数器T0，则只要将图中相应的标识符后缀“1”改为“0”即可。

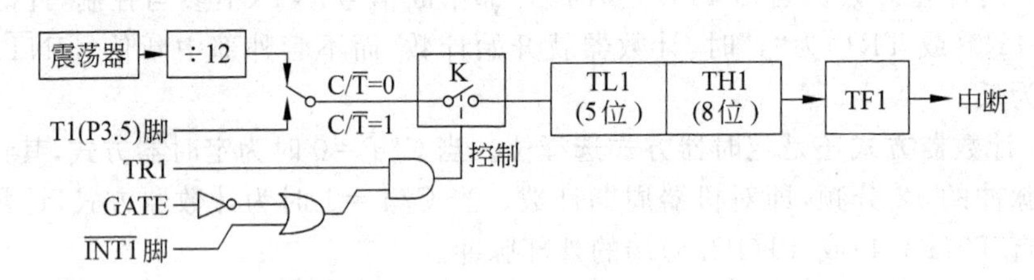

图5-3 定时/计数器T1(T0)方式0逻辑图

图中C/T̄是TMOD中的控制位，当C/T̄＝0时，选择为定时器方式，计数器输入信号为晶振的12分频，即计数器对机器周期计数。当C/T̄＝1时，选择为计数器方式，计数器输入信号为外部引脚T1(P3.5)。TR1在TCON中是定时/计数器T1的启/停控制位，GATE在TMOD中是定时/计数器的门控位，是用来释放或封锁$\overline{INT1}$信号的，$\overline{INT1}$是外部中断1的输入端。当GATE＝1和TR1＝1时，则计数器启动运行受外部中断信号$\overline{INT1}$的控制，此时只要$\overline{INT1}$为高电平，计数器便开始计数，当$\overline{INT1}$为低电平时，停止计数。利用这一功能可测量$\overline{INT1}$引脚上正脉冲的宽度。TF1在TCON中是定时/计数器T1的溢出标志。

当定时/计数器T1按方式0工作时，计数输入信号作用于TL1的低5位；当TL1低5位计满产生溢出时，向TH1的最低位进位；当13位计数器计满产生溢出时，使控制寄存器TCON中溢出标志TF1置“1”，并使13位计数器全部清零。此时，如果中断是开放的，则向CPU发中断请求。若定时/计数器将继续按方式0工作下去，则应按要求给13位计数器重新赋予计数初值或定时时间常数。

2. 方式1

当编程使方式寄存器TMOD中M1 M0＝01时，计数器按16位工作，即TL、TH全部使用，构成16位计数器。其控制与操作方式与方式0完全相同，逻辑结构如图5-4所示。

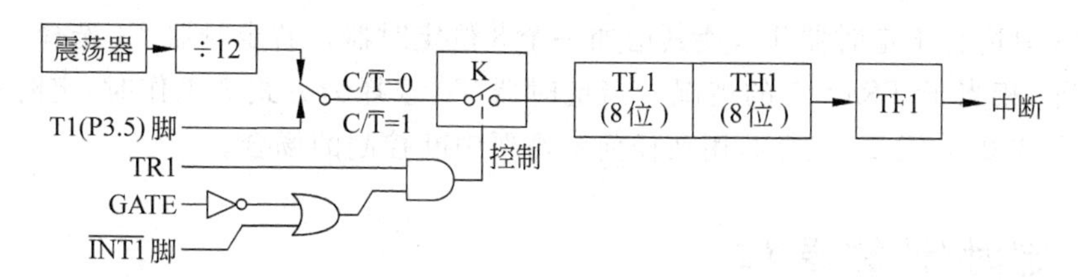

图5-4　定时/计数器T1(T0)方式1逻辑图

3. 方式2

当编程使方式寄存器TMOD中M1 M0＝10时，定时/计数器就变为可自动装载计数初值的8位计数器。在这种方式下，TL1(或TL0)被定义为计数器，TH1(或TH0)被定义为赋值寄存器，其逻辑结构如图5-5所示。

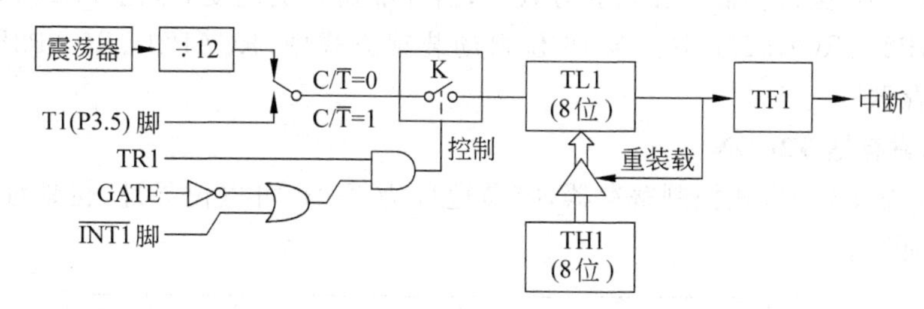

图5-5　定时/计数器T1(T0)方式2逻辑图

当计数器TL1计满产生溢出时，不仅使其溢出标志TF1置"1"(若中断是开放的，则向CPU发中断请求)，同时还自动打开TH1和TL1之间的三态门，使TH1的内容重新装入TL1中，并继续计数操作。TH1的内容可通过编程预置，重新装载后其内容不变。因而用户可省去重新装入计数初值的程序，简化了定时时间的计算，可产生精确的定时时间。另外方式2还特别适合于把定时/计数器用作串行口波特率发生器(见5.2节)。

4. 方式3

当编程使方式寄存器TMOD中M1 M0＝11时，内部控制逻辑把TL0和TH0配置成2个互相独立的8位计数器，如图5-6所示。其中TL0使用了自己本身的一些控制位。C/$\overline{T}$、GATE、TR0、$\overline{INT0}$、TF0，其操作类同于方式0和方式1，可用于计数也可用于定时。但此时TH0只能用于定时器方式，因为它只能对机器周期计数。它借用了定时器T1的控制位TR1和TF1，因此TH0控制了定时器T1的中断。此时的T1只能用在任何不要中断控制的情况下，例如可作串行口波特率发生器。

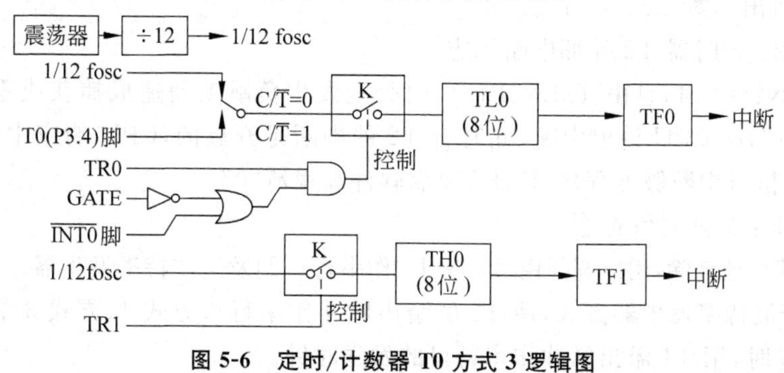

图5-6　定时/计数器T0方式3逻辑图

方式3只适合于定时器T0,使其增加一个8位定时器。若定时器T1选择方式3,T1将停止工作,相当于TR1=0的情况。当定时器T0选择为方式3工作时,定时器T1仍可工作在方式0、方式1、方式2,用在任何不需要中断控制的场合。

5.1.4 定时/计数器T2

在52系列单片机中除了定时/计数器T0、T1外,又增设了一个16位定时/计数器T2。与T0、T1一样,T2既可作定时器用,又可作计数器用。与T2有关的特殊功能寄存器有TL2、TH2、RCAP2L、RCAP2H、T2CON等。T2具有三种操作方式:捕获方式、16位自动装载方式和串行口波特率发生器方式。TL2、TH2构成16位计数器,RCAP2L、RCAP2H构成16位寄存器。在捕获方式中,当外部输入负跳变时,把TL2、TH2当前值捕获到RCAP2L、RCAP2H中。在16位自动装载方式中,RCAP2L、RCAP2H作16位计数初值寄存器。

1. 控制寄存器T2CON

T2CON为T2的方式控制寄存器,字节地址为C8H,可以位寻址,位地址为C8H~CFH。格式如下。

T2CON(C8H)	TF2	EXF2	RCLK	TCLK	EXEN2	RT2	$C/\overline{T}2$	$CP/\overline{RL2}$

定时器T2工作方式与T0、T1有别,由控制寄存器T2CON的标志位定义,见表5-2。

表5-2 定时器T2工作方式

RCLK	TCLK	$CP/\overline{RL2}$	TR2	方　式
0	0	0	1	16位自动装载
0	0	1	1	16位捕获
1	1	×	1	波特率发生器
×	×	×	0	停止工作

×:任意状态。

1) TF2:T2溢出中断标志

在捕获方式和16位自动装载方式中,T2计满溢出时,TF2置"1",CPU响应中断转向T2中断入口002BH时,并不清"0"TF2,只能由软件清"0"。当T2作串行口波特率发生器时,T2溢出不对TF2置"1"。

2) EXF2:定时器T2外部中断标志

当EXEN2=1时,且由T2EX(P1.1)引脚上发生负跳变而造成捕获或重新装载时,EXF2被置"1",向CPU请求中断,此时若T2的中断是开放的,CPU响应中断转向中断入口002BH执行中断服务程序,EXF2要靠软件编程清"0"。

3) TCLK:发送时钟标志

靠编程置位或清除,用以选择由T1或T2作串行口的发送波特率发生器。当TCLK=1时,T2工作于波特率发生器方式,使T2的溢出脉冲作串行口方式1、方式3的发送时钟。当TCLK=0时,用T1溢出脉冲作串行口的发送时钟。

4) RCLK：接收时钟标志

靠编程置位或清除，用以选择由 T1 或 T2 作串行口的接收波特率发生器。当 RCLK=1 时，T2 工作于波特率发生器方式，使 T2 的溢出脉冲作串行口方式 1、方式 3 时的接收时钟。当 RCLK=0 时，用 T1 的溢出脉冲作串行口的接收时钟。

5) EXEN2：T2 的外部允许标志

靠编程置位或清除，以允许或禁止用外部信号来触发捕获或重新装载操作。当 EXEN2=1 时，如果 T2 不是正作串行口时钟，则在 T2EX(P1.1)引脚上的负跳变将引起捕获或重新装载操作。当 EXEN2=0 时，则 T2EX 引脚上的负跳变不起作用。

6) TR2：启/停控制标志

TR2=1，T2 允许计数；TR2=0，T2 停止计数。

7) $C/\overline{T2}$：计数或定时选择标志

$C/\overline{T2}=0$，选择定时器方式，计数脉冲来自晶振的 12 分频。$C/\overline{T2}=1$ 选择计数器方式，计数脉冲来自 T2(P1.0)。

8) $CP/\overline{RL2}$：捕获和 16 位自动装载标志

靠编程置位或清除。当 $CP/\overline{RL2}=1$ 时，T2 为 16 位捕获方式：当 $CP/\overline{RL2}=0$ 时，T2 为 16 位自动装载方式。

2. T2 的 16 位自动装载方式

在这种工作方式下，根据 T2CON 中的标志位 EXEN2 值的不同有两种情况。

① 若 EXEN2=0，当定时器 T2 计满产生溢出时，一方面使 TF2=1，又使寄存器 RCAP2L 和 RCAP2H 中的内容重新装入 TL2 和 TH2 中；另一方面又保持 RCAP2L 和 RCAP2H 中内容不变，而 RCAP2L 和 RCAP2H 的数值可由软件编程。

② 若 EXEN2=1，除具有上述功能外，又增加了新的特性，即外部引脚 T2EX(P1.1) 上的负跳变也能触发使 RCAP2L 和 RCAP2H 寄存器中的数值重新装入 TL2 和 TH2 中，又使 T2CON 标志位 EXF2 置位，产生中断。逻辑结构图如图 5-7 所示。

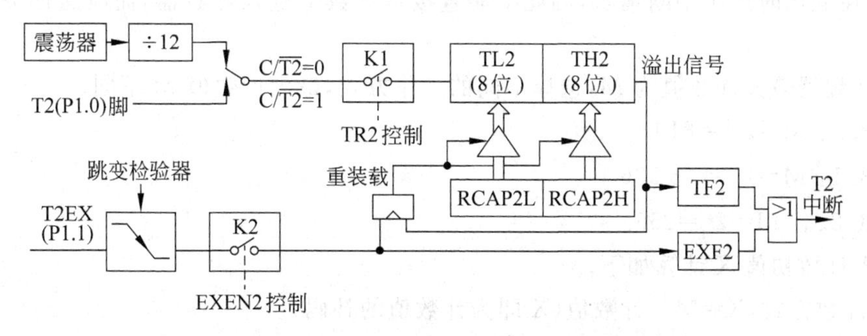

图 5-7 定时器 T2 自动重装载方式逻辑结构图

3. T2 的捕获方式

在这种工作方式下，根据 T2CON 中标志位 EXEN2 值的不同，有两种选择。

① 若 EXEN2=0，由 TL2、TH2 构成 16 位计数器，当计满产生溢出时，TF2 被置“1”，并向 CPU 发中断请求。

② 若 EXEN2=1，除具有上述功能外，又增加了下述功能。当外部引脚 T2EX(P1.1)上

产生负跳变时，将 TL2、TH2 的当前计数值捕获到 RCAP2L，RCAP2H 寄存器中，同时将 T2CON 中的标志位 EXF2 置"1"，并发中断请求。其逻辑结构如图 5-8 所示。波特率发生器方式将在串行口部分介绍。

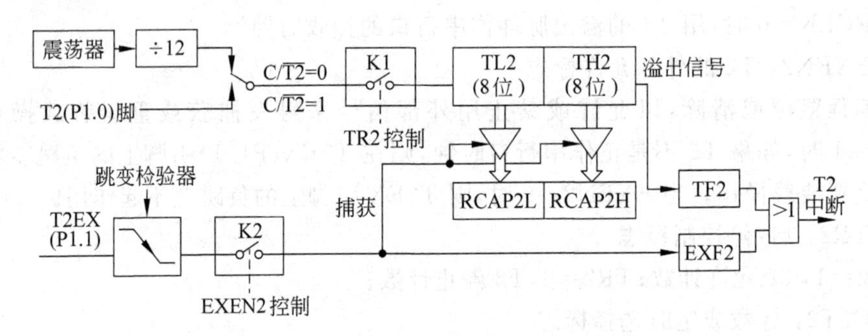

图 5-8　定时器 T2 捕获方式逻辑结构图

5.1.5　定时/计数器的初始化

由于定时/计数器是可编程的，因此在定时或计数之前要用程序进行初始化，初始化一般有以下几个步骤。

① 确定工作方式——对方式寄存器 TMOD 赋值。

② 预置定时或计数初值，直接将初值写入 TL0、TH0 或 TL1、TH1 中。

③ 根据需要对中断允许寄存器有关位赋值，以开放或禁止定时/计数器中断。

④ 启动定时/计数器，使 TCON 中的 TR1 或 TR0 置"1"，计数器即按确定的工作方式和初值开始计数或定时。

在初始化过程中，要置入定时或计数的初值，要做一点计算。由于计数器是加"1"计数器，并在溢出时产生中断请求，因此不能直接将计数值置入计数器，而应送计数值的补码数。

设计数器最大计数值为 M，选择不同的工作方式，最大计数值 M 不同。

方式 0：$M=2^{13}=8192$。

方式 1：$M=2^{16}=65\,536$。

方式 2、3：$M=2^{8}=256$。

置入计数初值 X 计算如下。

① 计数方式，X＝M－计数值（X 即为计数值的补码）。

② 定时方式，(M－X)×T＝定时值，故 X＝M－定时值/T。

其中 T 为计数周期，是单片机时钟的 12 分频，即单片机机器周期。当晶振为 6MHz 时，$T=2\mu s$，当晶振 12MHz 时，$T=1\mu s$。

例 5-1　若单片机晶振为 12MHz，要求产生 500μs 定时，试计算 X 的初值。

由于 $T=1\mu s$，产生 500μs 定时，则需要"＋1"500 次，定时器方能产生溢出。采用方式 0

$$X=2^{13}-(500\times10^{-6}/10^{-6})=7692=1E0CH$$

但在方式 0 中 TL1 高 3 位是不用的，都设为"0"，则 1E0CH 应写成

```
                    D7 D6 D5
F00CH=1 1 1 1 0 0 0 0  0  0  0  0 1 1 0 0 B
                      未用
```

实际上从上述表达式中我们可以清楚地看出F00CH,去掉了3个不用的位后,就是1E0CH,即将F0H装入TH1,0CH(带下划线的01100B)装入TL1的低5位。

如果采用方式1

$$X=2^{16}-(500\times10^{-6}/10^{-6})=65\,036=FE0CH$$

即FEH装入TH1,0CH装入TL1,时间常数(初值)的计算就相对简单多了。

5.1.6 定时/计数器应用举例

1. 作定时器用

1) 定时器方式0的应用

例5-2 设主频为12MHz,利用定时器T1定时,使P1.0输出周期为2ms的方波。

用P1.0作方波输出信号,周期为2ms的方波即每1ms改变一次电平,故定时值应为1ms,可作"+1"运算1000次,使T1作定时器工作在方式0,即13位计数器。

定时初值:X=M-计数次数=8192-1000=7192=1C18H。

由于TL1的高3位不用,1C18H可写成:11100000[000]11000B=E018H(方框内000为"未用")

TH1初值为E0H,TL1初值为18H。

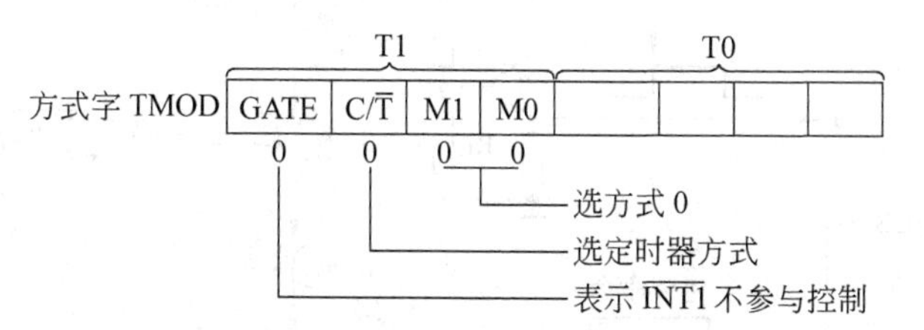


```
        MOV     TMOD,#0     ;T1按方式0工作
        MOV     TH1,#0E0H
        MOV     TL1,#18H    ;给计数器赋值
        SETB    EA          ;CPU开中断
        SETB    ET1         ;T1允许中断
        SETB    TR1         ;启动T1
        SJMP    $           ;模拟主程序
        ORG     001BH       ;T1中断入口
        AJMP    BRT1        ;转T1中断服务
BRT1:   MOV     TH1,#0E0H
        MOV     TL1,#18H    ;重装T1初值
        CPL     P1.0        ;输出方波
        RETI                ;返回
```

2) 定时器方式1的应用

若定时器T1按方式1工作,即16位计数器,则定时初值:

$$X=M-计数次数=65\,536-1000=64\,536=FC18H$$

TH1初值为FCH,TL1初值为18H。其他编程与方式0类同。

例 5-3 根据例5-2要求产生周期为2ms方波,但不用中断方式,而用查询方式工作,查询标志为TF1。

利用方式1,16位计数器,当定时时间到,T1计数器溢出使TF1置“1”,由于不采用中断方式,TF1置“1”后不会自动复“0”,故需要指令给TF1清“0”。

```
        MOV     TMOD,#10H      ;置T1为方式1
        SETB    TR1            ;启动T1定时
LOOP:   MOV     TH1,#0FCH
        MOV     TL1,#18H       ;装入初值
        JNB     TF1,$          ;TF1=0,则继续查询
        CPL     P1.0           ;输出方波
        CLR     TF1            ;0→TF1
        SJMP    LOOP           ;重复下一次循环
```

程序很简单,但CPU效率不高。

2. 作计数器用

计数器方式2的应用。

例 5-4 用T0监视一生产流水线,每生产100个工件,发出一包装命令,包装成一箱,并记录其箱数。

硬件电路如图5-9所示。

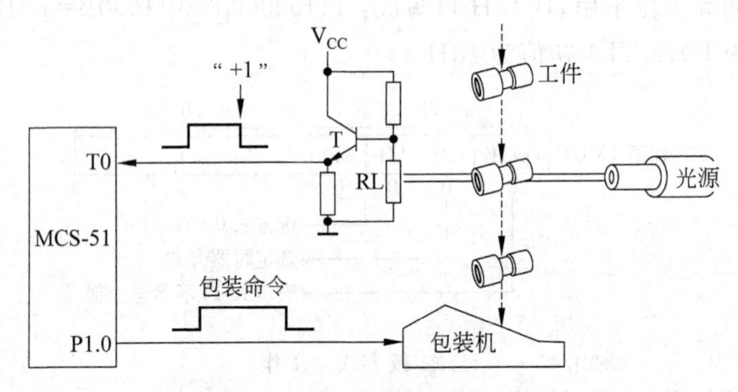

图 5-9 用 T0 作计数器硬件电路

用T0作计数器,RL为光敏电阻,当有工件通过时,RL阻值升高,三极管输出高电平,即每通过一个工件,便会产生一个计数脉冲。

① 方式字TMOD。

② 计数初值X=M−64H=9CH。

③ 用P1.0启动外设发包装命令。

④ 用R5R4作箱数计数器。

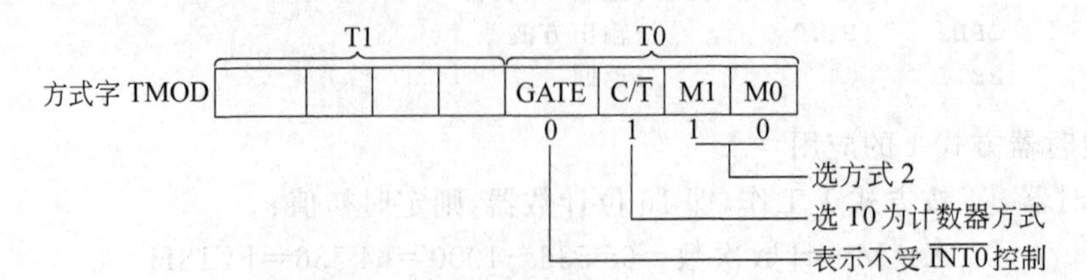

```
        MOV     P1.0,#0         ;P1.0 为低
        MOV     R5,#0
        MOV     R4,#0           ;箱数计数器清"0"
        MOV     TMOD,#6         ;置 T0 工作方式
        MOV     TH0,#9CH
        MOV     TL0,#9CH        ;计数初值送计数器
        SETB    EA              ;CPU 开中断
        SETB    ET0             ;T0 开中断
        SETB    TR0             ;启动 T0
        SJMP    $               ;模拟主程序
        ORG     000BH           ;T0 中断入口
        AJMP    COUNT           ;转向中断服务
COUNT:  MOV     A,R4
        ADD     A,#1
        MOV     R4,A
        MOV     A,R5
        ADDC    A,#0
        MOV     R5,A            ;箱计数器加"1"
        SETB    P1.0            ;启动外设包装
        MOV     R3,#100
DLY:    NOP                     ;给外设足够时间
        DJNZ    R3,DLY          ;延时
        CLR     P1.0            ;停止包装
        RETI                    ;中断返回
```

3. 门控位 GATE 的应用

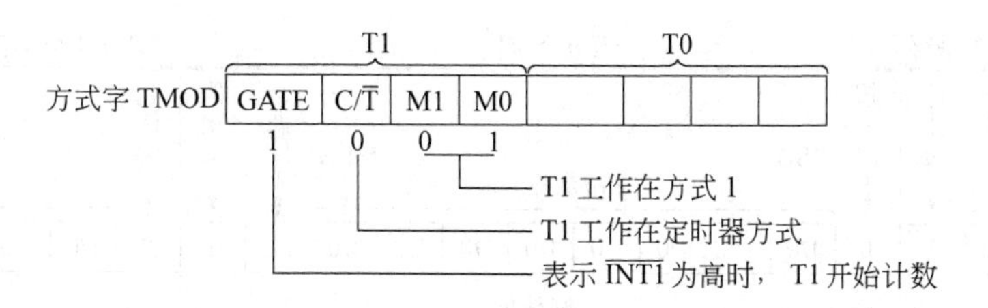

例 5-5　用 GATE 控制位，测量$\overline{INT1}$(P3.3)引脚上正脉冲的宽度(设晶振为12MHz，正脉冲宽度小于 65ms)。

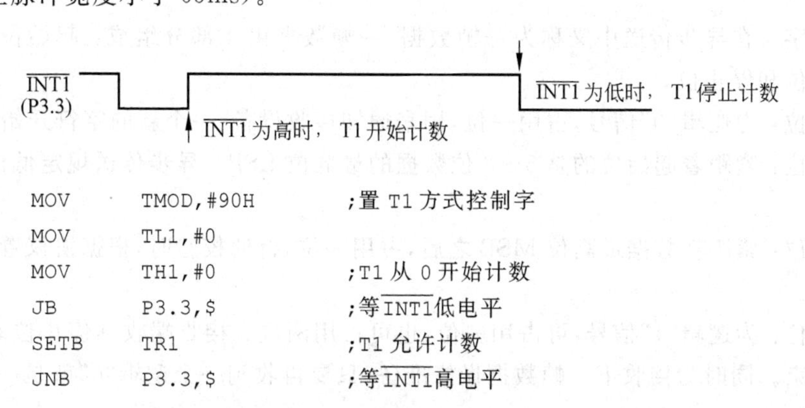


```
        MOV     TMOD,#90H       ;置 T1 方式控制字
        MOV     TL1,#0
        MOV     TH1,#0          ;T1 从 0 开始计数
        JB      P3.3,$          ;等INT1低电平
        SETB    TR1             ;T1 允许计数
        JNB     P3.3,$          ;等INT1高电平
```

```
JB      P3.3,$          ;等INT1低电平
CLR     TR1             ;停止计数
⋮
```

执行完CLR TR1后T1停止计数，此时TH1、TL1的内容即为正脉冲宽度(单位：μs)。测量误差将小于3个机器周期。

5.2 MCS-51串行口

串行通信是CPU与外界进行信息交换的一种方式。MCS-51单片机内部有一个全双工串行接口。一般只能接收或只能发送的称为单工串行口；既可接收又可发送的，但不能同时进行的称为半双工；能同时接收和发送的串行口称之为全双工串行口。

串行通信是指数据一位一位地按顺序传送的通信方式，其突出优点是只需一根传输线，可大大降低硬件成本，特别适合远距离通信。其缺点是传输速度较低，每秒钟内能发送或接收的二进制位数称为波特率。若发送一位时间为t，则波特率为1/t。

5.2.1 串行通信的两种基本方式

1. 异步传送方式

异步传送是通过一通用异步收发器(universal asynchronous receiver/transmitter, UART)实现的。在异步传送方式中，字符的发送是随机进行的。因此，对于接收方来说就有一个如何判断有字符来，何时是一个新的字符开始的问题。因而，在异步通信时，对传送字符必须规定一定的格式。异步传送字符格式如图5-10所示。

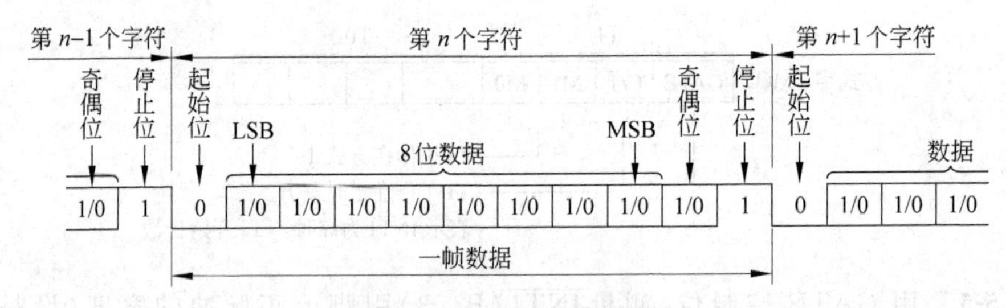

图5-10 异步通信字符格式

一个字符在异步传送中又称为一帧数据，一帧数据由4部分组成：起始位、数据位、奇偶校验位和停止位。

起始位：为逻辑“0”信号，占用一位，用来通知接收设备，一个新的字符开始了。

数据位：紧跟着起始位的是5～8位数据的最低位LSB。异步传送规定低位在前，高位在后。

奇偶位：紧跟在数据最高位MSB之后，占用一位，奇偶校验时，根据协议置“1”或“0”(可省去)。

停止位：为逻辑“1”信号，可占用一位，也可占用两位。接收端收到停止位时，表示一帧数据结束。同时为接收下一帧数据做好准备，只要再收到一个逻辑“0”就是一个新字符

开始了。

因此，在异步通信时，收发双方需达成协议，一是规定字符格式：即采用几位数据，是否要奇偶校验位，是奇校验还是偶校验，几位停止位等。二是规定波特率，以及时钟频率与波特率之间的比例关系等。

由于异步通信按既定的字符格式和波特率传送数据，因而硬件线路简单，实现方便。缺点是数据帧中要插入起始位和停止位等附加位以实现同步，从而降低了有效数据位的传送速率。

2. 同步传送方式

在同步通信时，在数据块开始就有 1～2 个同步字符 SYNC 来指示，一旦检测到同步字符，下面就是按顺序传送的数据块。由于数据传送时无起始位和停止位等附加位，故传送速度较高。同步传送的波特率与时钟频率是一致的。但硬件上要插入同步字符或相应的检测手段，这种方式对硬件要求较高。有关同步传送方式，在此不做重点叙述。

5.2.2 MCS-51 串行口结构

1. 数据缓冲器 SBUF

串行口中有两个物理空间上各自独立的发送缓冲器和接收缓冲器。这两个缓冲器公用一个地址 99H，发送缓冲器只写不读，接收缓冲器只读不写。接收缓冲器是双缓冲的，以避免在接收下一帧数据之前，CPU 未能及时响应接收器中断，没有把上一帧数据读走而产生两帧数据重叠问题。

2. 串行口控制寄存器 SCON

其字节地址 98H，可位寻址，位地址 98H～9FH。格式为

	D7							D0
SCON(98H)	SM0	SM1	SM2	REN	TB8	RB8	TI	RI

包括方式选择位、接收发送控制位及状态标志位。

SM0、SM1：串行口方式选择位，如表 5-3 所示。

表 5-3　串行口工作方式

SM0	SM1	方式	功能说明
0	0	0	移位寄存器方式(用于 I/O 扩展)
0	1	1	8 位 UART，波特率可变(T1 溢出率/n)
1	0	2	9 位 UART，波特率为 fosc/64 或 fosc/32
1	1	3	9 位 UART，波特率可变(T1 溢出/n)

SM2：允许方式 2 和方式 3 多机通信控制位。在方式 2 或方式 3 中，如 SM2=1，则接收到的第 9 位数据(RB8)为“1”时，置位接收中断标志 RI(RI=1)；如 SM2=0，则 RB8 无论为何值，均置位 RI。在方式 1 时，如 SM2=1，则只有在接收到有效停止位时才置位 RI，若没有接收到有效停止位，则 RI 清“0”。在方式 0 中，SM2 应为“0”。

REN：允许接收控制位。由软件置“1”时，允许接收，置“0”时，禁止接收。

TB8：在方式2和方式3中要发送的第9位数据。需要时由软件置位或复位。

RB8：在方式2和方式3中是接收到的第9位数据。在方式1时，如SM2＝0，RB8是接收到的停止位。在方式0中，不使用RB8。

TI：发送中断标志。在方式0串行发送第8位结束时由硬件置“1”，或在其他方式中串行发送停止位的开始时置“1”，必须由软件清“0”。

RI：接收中断标志。在方式0接收到第8位结束时由硬件置“1”，或其他方式接收到停止位的中间时置“1”，必须由软件清“0”。

3. 特殊功能寄存器PCON

其字节地址87H，没有位寻址功能。与串行口有关的只有PCON的最高位。

PCON(87N)	SMOD							

SMOD：波特率选择位。当SMOD＝1时，波特率加倍。

5.2.3 串行口工作方式

串行口具有4种工作方式，从应用角度重点讨论各种方式的功能和外特性，对串行口的内部逻辑和内部时序的细节不做详细讨论。

1. 方式0

方式0为移位寄存器输入输出方式，可外接移位寄存器，以扩展I/O口，也可接同步输入输出设备。按方式0工作，波特率是固定的，为fosc/12。这时数据的传送，无论是输入还是输出，均通过引脚RXD(P3.0)端，移位同步脉冲由TXD(P3.1)输出。发送接收一帧数据为8位二进制数，低位LSB在先，高位MSB在后。

1）方式0发送

当一个数据写入发送缓冲器SBUF时，串行口即将8位数据以振荡频率的十二分之一的波特率，将数据从RXD端串行输出，TXD端输出移位同步信号，发送完时中断标志TI置“1”。

2）方式0接收

当串行口定义为方式0并置“1”REN后，便启动串行口以振荡频率的十二分之一的波特率接收数据，RXD为数据输入端，TXD为同步移位信号输出端，当接收器接收到8位数据时，置“1”中断标志RI。

串行口接收发送时序如图5-11所示。其硬件逻辑如图5-12所示。

2. 方式1

串行口定义为方式1时，传送一帧数据为10位，其中1位起始位、8位数据位（先低位后高位）、1位停止位。方式1的波特率可变，波特率＝$2^{SMOD}/32\times$（T1的溢出率）。

1）方式1发送

方式1开始发送时，SEND和DATA都是低电平，把起始位输出到TXD，一位时间

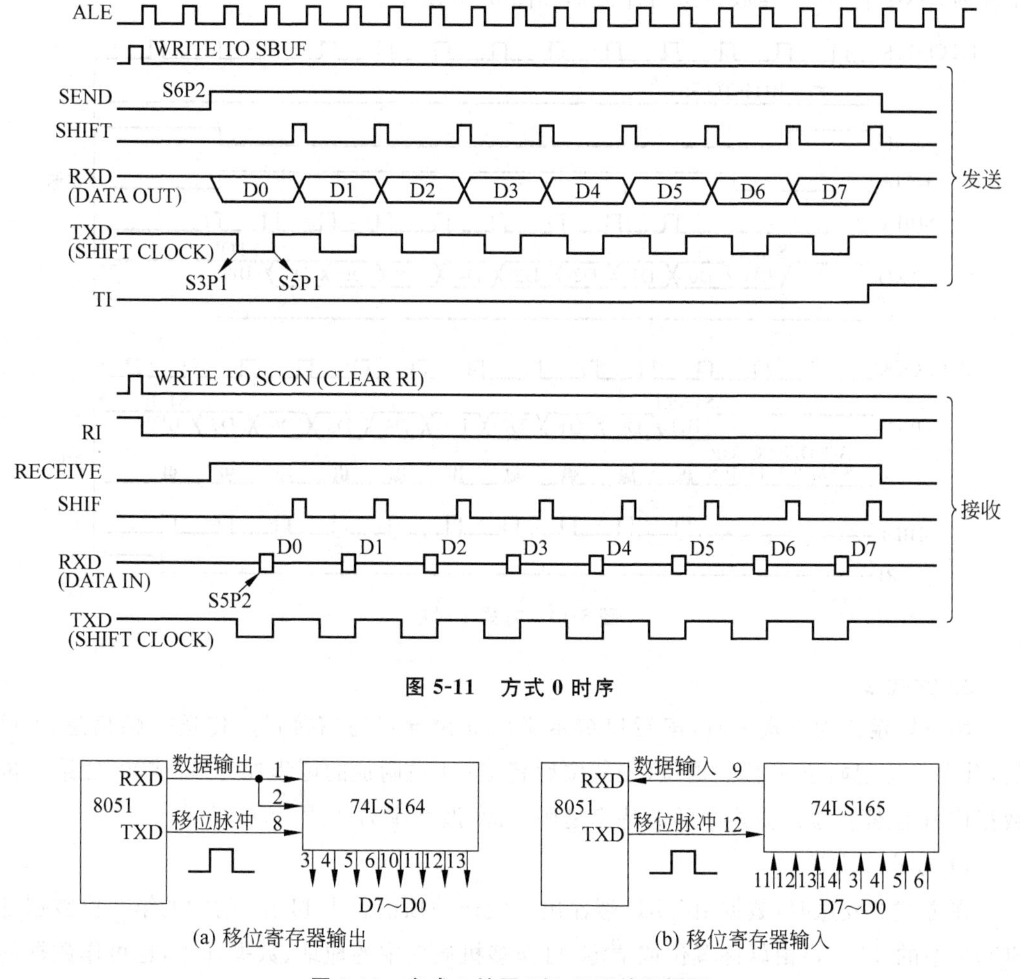

图 5-11　方式 0 时序

图 5-12　方式 0 扩展 I/O 口硬件逻辑图

后，DATA 变为高电平，数据在移位脉冲的作用下由 TXD 端输出。发送一帧信息为 10 位，1 位起始位、8 位数据位、1 位停止位。CPU 执行一条写入发送数据缓冲 SBUF 的指令（例如，MOV　SBUF，A），数据字节写入 SBUF 后，便启动串行口发送器发送，当发送完数据后，中断标志 TI 置“1”。

2）方式 1 接收

方式 1 接收时，数据从 RXD 端输入。在 REN 置“1”后，就允许接收器接收。接收器以波特率 16 倍的速率采样 RXD 端的电平。当采样 RXD 引脚上“1”到“0”的跳变时启动接收器接收并复位内部的 16 分频计数器以便实现同步。计数器的 16 个状态把一位的时间分成 16 等份，在每位时间的第 7、8 和 9 计数状态，位检测器采样 RXD 的值，接收的值是 3 次采样中取至少二次相同的值（用 3 取 2 举手表决），以排除噪声干扰。若起始位接收到的值不是“0”，则起始位无效，复位接收电路。在检测到起始位有效时，则移入输入移位寄存器，开始接收本帧其余数据信息。当 RI＝0，同时接收到停止位为“1”（或 SM2＝0）时，停止位进入 RB8，置“1”中断标志 RI。若以上两个条件任一条件不满足，所有接收信息将丢失，因此中断标志 RI 必须在中断服务程序中由用户清“0”。通常串行口以方式 1

工作时,SM2 置“0”。接收发送时序波形如图 5-13 所示。

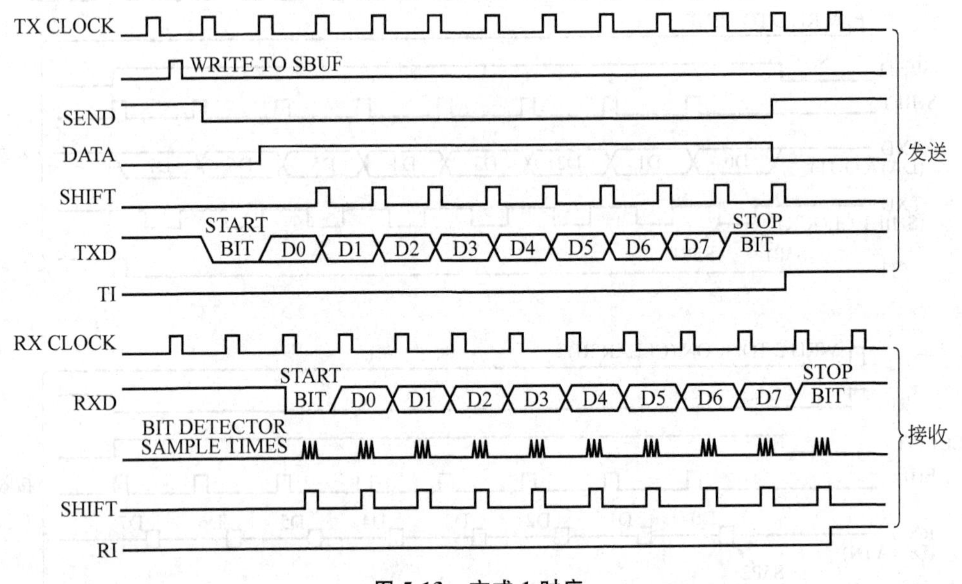

图 5-13 方式 1 时序

3. 方式 2

串行口定义为方式 2 时,串行口被定义为 9 位异步通信接口。传送一帧信息为 11 位,其中 1 位起始位、8 位数据位(先低位后高位)、1 位附加的可程控为“1”或“0”的第 9 位数据位、1 位停止位。方式 2 的波特率是固定的,波特率为 $2^{SMOD}/64\times fosc$。

1) 方式 2 发送

在方式 2 发送时,数据由 TXD 端输出。发送一帧信息为 11 位,附加的第 9 位数据是 SCON 中的 TB8,可由软件置位或清零,可作多机通信中的地址、数据标志,也可作数据的奇偶校验位。CPU 执行一条写入发送缓冲器指令(例如 MOV SBUF,A),就启动发送器发送,发送完一帧信息,置“1”TI 中断标志。

2) 方式 2 接收

在方式 2 接收时,数据由 RXD 端输入,REN 被置“1”以后,接收器开始以波特率 16 倍的速率采样 RXD 电平,检测到 RXD 端由高到低的负跳变时,启动接收器接收,复位内部 16 分频计数器,以实现同步。计数器的 16 个状态把一位时间分成 16 等份,在每位时间的第 7、8、9 个状态,位检测采样 RXD 的值,若接收到的值不是“0”,则起始位无效并复位接收电路,当采样到 RXD 端从“1”到“0”的跳变时,确认起始位有效后,则开始接收本帧其余信息。接收完一帧信息后,在 RI=0,SM2=0 时,或接收到的第 9 位数据为“1”时,8 位数据装入接收缓冲器,第 9 位数据装入 SCON 中的 RB8,并置“1”中断标志 RI,若不满足上述两个条件,接收到的信息将丢失。方式 2 的接收发送时序如图 5-14 所示。

4. 方式 3

串行口被定义为方式 3 时,为波特率可变的 9 位异步通信方式。除了波特率外,方式 3 与方式 2 类同,这里不再赘述。方式 3 波特率$=2^{SMOD}/32\times$(T1 溢出率),波形图如

图 5-14 所示。

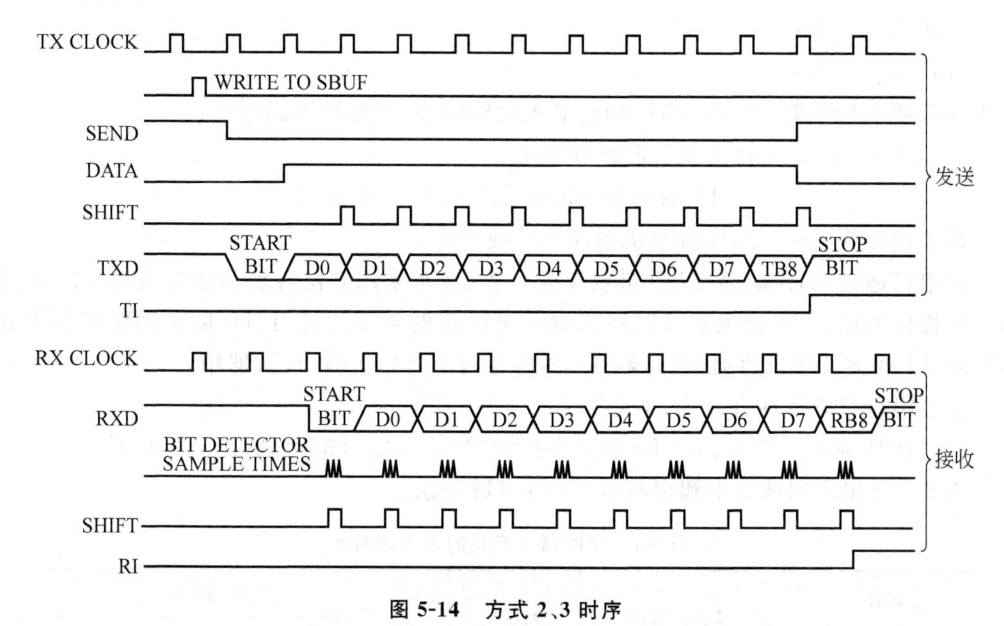

图 5-14 方式 2、3 时序

5.2.4 波特率的设计

根据串行口的 4 种工作方式可知：

① 方式 0 为移位寄存器方式，波特率是固定的。

$$方式\ 0\ 波特率 = fosc/12$$

② 方式 2 为 9 位 UART，波特率有两种选择。

$$方式\ 2\ 波特率 = 2^{SMOD}/64 \times fosc$$

波特率仅与 PCON 中 SMOD 的值有关，当 SMOD=0 时，波特率为 fosc/64。当 SMOD=1 时，波特率为 fosc/32。

③ 方式 1 和方式 3 的波特率可变，由定时器 T1 的溢出速率控制。方式 1 和方式 3

$$波特率 = 2^{SMOD}/32 \times (T1\ 溢出率)。$$

其中当 SMOD=0 时，波特率为 1/32×(T1 溢出率)。当 SMOD=1 时，波特率=1/16×(T1 溢出率)。

从以上分析可知，当串行口工作在方式 1 和方式 3 时，其波特率的变化与 T1 的溢出率有关。

④ 定时器 T1 作波特率发生器。

定时器 T1 作波特率发生器时，主要取决于 T1 的溢出率。其溢出频率则和所采用的工作方式有关。

当 $C/\overline{T}=1$ 时，T1 被选择为计数器方式。

$$T1\ 溢出率 = 计数速度/(2^K - 初值)$$

其中 K 为定时器 T1 的位数：

方式 0，　$K=13$

方式 1，　$K=16$

方式 2,3　$K=8$

其中计数速度为外部 T1(P3.5)引脚的输入时钟频率，该频率不超过 fosc/24。

当 $C/\overline{T}=0$ 时，T1 被选择为定时器方式。

$$\text{T1 溢出率}=\text{fosc}/[12\times(2^K-\text{初值})]$$

计数速度为 fosc/12，即每个机器周期计数一次。

在串行通信时，定时器 T1 作波特率发生器，经常采用 8 位自动装载方式(方式 2)，这样不但操作方便，也可避免重装时间常数带来的定时误差。并且 T0 可使用定时器方式 3，这时 T1 作波特率发生器，定时器 T0 可拆为两个 8 位定时/计数器用。

故当串行口工作在方式 1、方式 3 时：

$$\text{波特率}=2^{\text{SMOD}}/32\times(\text{T1 溢出率})=2^{\text{SMOD}}\times\text{fosc}/[32\times12(2^K-\text{初值})]$$

表 5-4 给出常用波特率和定时器 T1 各参数关系。

表 5-4　定时器 1 产生的常用波特率

波特率 串行口方式 1.3 情况	Fosc/MHz	SMOD	定时器 1		
			$C/\overline{T}$	模式	重装载值
62.5K	12	1	0	2	FFH
19.2K	11.059	1	0	2	FDH
9.6K	11.059	0	0	2	FDH
4.8K	11.059	0	0	2	FAH
2.4K	11.059	0	0	2	F4H
1.2K	11.059	0	0	2	E8H
137.5K	11.986	0	0	2	1DH
110	6	0	0	2	72H
110	12	0	0	1	FEEBH

对于 8032/8052 单片机来说，可以通过使 T2CON 寄存器中 TCLK=1 或 RCLK=1 选择定时器 2 作为串行口波特率发生器。当 TCLK=1 时，定时器 2 为发送波特率发生器；当 RCLK=1 时，定时器 2 为接收波特率发生器；当 TCLK=1，RCLK=1 时，定时器 2 同时作发送与接收波特率发生器。

定时器 2 作为波特率发生器与 PCON 寄存器无关。

在 $C/\overline{T2}=0$ 时，定时器 2 为内定时，计数速度为 fosc/12，定时器 2 溢出率又被串行口 16 分频，故此时波特率为：

$$\text{波特率}=\text{fosc}/\{12\times16[65\,536-(\text{RCAP2H},\text{RCAP2L})]\}$$

其中，(RCAP2H，RCAP2L)为自动重装数值。65 536 为 16 位计数器最大值。

当 $C/\overline{T2}=1$ 时，定时器 2 计数速度为外接时钟频率，所以：

$$\text{波特率}=\text{外部时钟频率}/\{16[65\,536-(\text{RCAP2H},\text{RCAP2L})]\}$$

外部时钟最高频率不可超过 fosc/24。

5.2.5 串行口的应用

1. 方式 0 应用

例 5-6 应用串行口方式 0 输出，在串行口外接移位寄存器，构成显示器接口。如图 5-15 所示。3 片(理论上可以为 n 片，为举例方便而用 3 片)74LS164 串接成 24 位并行输出移位寄存器，每片 74LS164 接一个共阳极 8 段 LED 显示器，构成三位数据显示，这里 P1.0 作串行输出选择信号(只有 P1.0 为高时，串行同步信号 TXD 才能输出)，这种显示器称为静态显示(非动态扫描式显示)，CPU 不必为显示服务而频繁执行扫描任务。

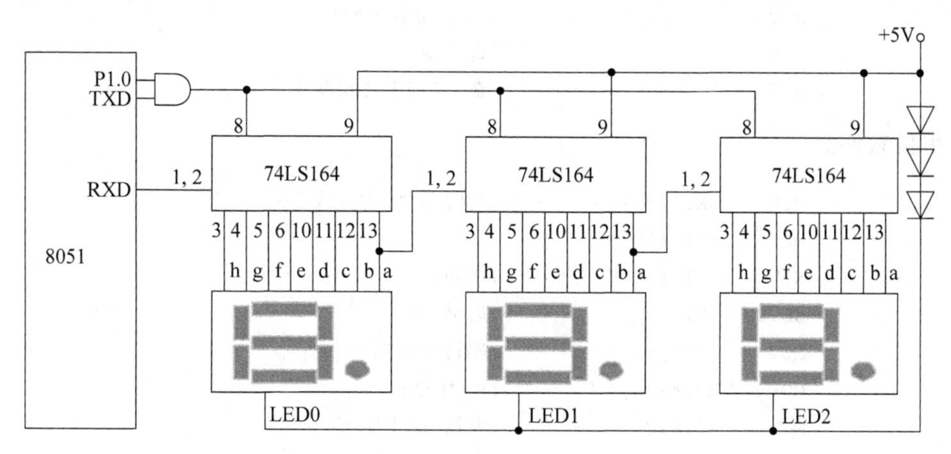

图 5-15 串行口作静态显示器接口

程序中 TABLE 是字形码表首地址，ADD A，#13 是地址调整指令，以查字形表，这里#13 是指查表指令与字形码表首地址 TABLE 的距离，即相隔的字节数。

设显示缓冲区设在 DISBUF 开始的区域中，子程序清单如下。

```
DISPLY:   MOV     SCON,#0              ;选择串行口为方式 0 发送
          MOV     R7,#3                ;字节计数
          MOV     R0,DISBUF            ;R0 指向显示缓冲区
          SETB    P1.0                 ;选通 TXD 同步移位时钟
L1:       MOV     A,@R0                ;取要显示的数
          ADD     A,#13                ;地址调整
          MOVC    A,@A+PC              ;查字形表
          MOV     SBUF,A               ;开始发送
          JNB     TI,$                 ;等待一帧发送完
          CLR     TI                   ;清发送中断标志
          INC     R0                   ;修改显示缓冲区指针
          DJNZ    R7,L1                ;三个 LED 显示完了吗？
          CLR     P1.0                 ;关 TXD
          RET                          ;返回
TABLE:    DB      11H,D7H,32H,92H,D4H
          DB      98H,18H,D8H,10H,90H  ;字形码表
          ⋮
```

2. 方式1的应用

例5-7 把内部RAM 40H～5FH单元中的ASCII码，在最高位D7加上奇偶校验位后由甲机发送到乙机，波特率为1.2K，晶振fosc=11.059MHz。

① 设置甲机为串行方式1发送状态，SCON←40H；乙机为串行方式1接收状态，SCON←50H。

② 甲乙机用定时器T1工作在方式2波特率发生器，波特率为1.2K，当fosc=11.059MHz时，查表5-4重装初值为E8H。定时器T1方式字TMOD←20H。

③ ASCII码奇偶校验位的加入，可采用以下程序实现。

```
        MOV     A,#ASCII            ;P=0,偶数个"1"
        MOV     C,P                 ;P=1,奇数个"1"
        CPL     C                   ;奇校验
        MOV     ACC.7,C             ;在D7加上奇校验位
```

甲机软件。

```
        MOV     TMOD,#32            ;定时器T1为方式2
        MOV     TL1,#0E8H
        MOV     TH1,#0E8H           ;赋初值
        SETB    TR1                 ;启动T1
        MOV     SCON,#40H           ;串行口方式1
        MOV     R0,#40H             ;R0作指针
        MOV     R1,#32              ;发送32个字节
NEXT:   MOV     A,@R0               ;取ASCII码
        LCALL   SOUT                ;转发送子程序
        INC     R0                  ;修改指针
        DJNZ    R1,NEXT             ;未发送完则继续
        ⋮
SOUT:   MOV     C,P
        CPL     C
        MOV     ACC.7,C             ;插入奇校验位
        MOV     SBUF,A              ;发送
        JNB     TI,$                ;等发送中断标志
        CLR     TI                  ;允许再发送
        RET
```

乙机软件。

设乙机接收到的32个字节存放在60H～7FH单元中。

```
        MOV     TMOD,#32
        MOV     TL1,#0E8H
        MOV     TH1,#0E8H
        SETB    TR1
        MOV     R0,#60H             ;ASCII码首址指针
        MOV     R1,#32              ;接收32个字节
NEXT:   LCALL   SIN                 ;转接收子程序
```

```
        JNC     ERR             ;若"1"的个数为偶则出错
        MOV     @R0,A           ;接收的字符存入缓冲区
        DJNZ    R1,NEXT         ;未完则继续
        ⋮
SIN:    MOV     SCON,#50H       ;启动串行口接收
        JNB     RI,$            ;等接收中断标志
        MOV     A,SBUF          ;接收数据送 A
        MOV     C,P             ;C←(P)
        ANL     A,#7FH          ;甩掉奇偶位
        RET
ERR:    ⋮
```

3. 方式 2 或方式 3 的应用

串行口方式 2、方式 3 常用于多机通信,如果采用主从式构成多机系统,多台从机可以减轻主机的工作负担,构成廉价的分布式多机系统。电路结构如图 5-16 所示。

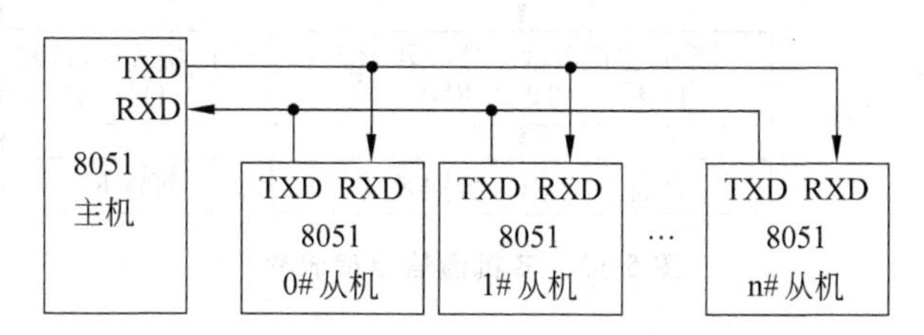

图 5-16 主从式结构的多机系统

主机与从机可以双向通信,从机之间只有通过主机才能通信。

串行口方式 2 或方式 3 数据帧的第 9 位是可编程位,可利用程控灵活改变 TB8 的状态,接收时,当接收机的 SM2=1 时,只有接收到的 RB8=1,才能置位 RI,接收数据才有效,而当接收机 SM2=0 时,无论收到的 RB8 是"0"还是"1"都能置位 RI,接收到的数据有效。利用这种特点可实现多机通信。

设一台多机系统,有一个主机、三个从机,从机的地址编号为 00H,01H,02H,…。主从机设置相同的工作方式(方式 2 或方式 3)和相同的波特率。主从机工作原理流程如图 5-17 所示。

主机首先发出要求通信的从机地址信号(00H、01H 或 02H),此时,TB8=1,即发送地址帧时 TB8 一定为"1"。而所有从机的 SM2 也都置为"1",且接收到的第 9 位"1"信号进入 RB8。因此,所有从机均满足为 SM2=1,RB8=1 的条件,都可置"1"RI,激活 RI,进入各自的中断服务程序。在各自中断服务程序中,接收这个地址信号并识别这个地址,认同的从机置 SM2=0,不同的从机置 SM2=1,保持不变。这样便为认同的从机接收数据帧准备好必要条件(即 RI=0 及 SM2=0)。

此后,主机发送的为数据帧。此时,TB8=0,从机接收到的数据帧,其第 9 位进入 RB8,即 RB8=0。对于未被主机认同的从机,由于其 SM2=1,而接收到的第 9 位使它的 RB8=0,因此不能激活 RI,接收的数据帧自然丢失。唯有被主机选中的从机 SM2=0,而不管接收到的第 9 位为何值,都可激活 RI,接收数据有效,这样便可完成主机、从机一对一的数据通信。

以上介绍的是多机通信的原理。利用方式 2、方式 3 来实现多机通信,如何编写主从机的初始化程序、中断服务子程序,要视系统的具体要求而定,这里不再赘述。

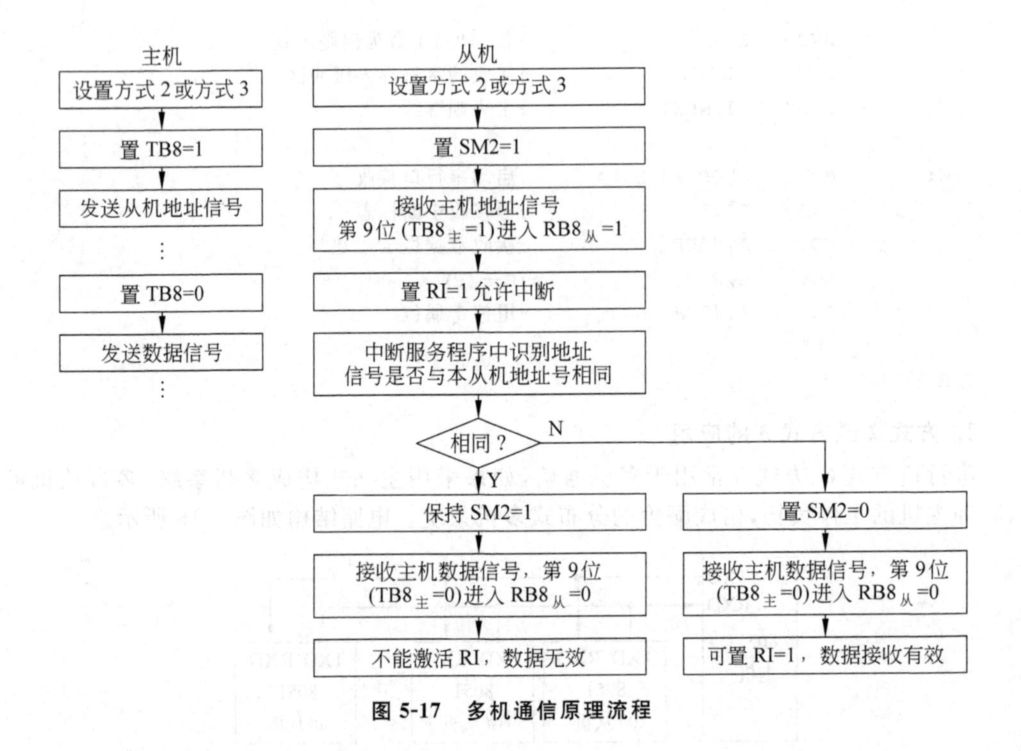

图5-17 多机通信原理流程

5.3 MCS-51单片机中断系统

计算机工作过程中，由于系统内、外某种原因而发生的随机事件，计算机必须尽快终止正在运行的原程序，转向相应的处理程序为其服务，待处理完毕，再返回去执行被中止的原程序，这个过程就是中断。引起中断的原因或设备称为中断源。一个计算机系统的中断源会有多个，用来管理这些中断的逻辑称为中断系统。

采用中断的优点如下。

1. 分时操作

中断系统解决了快速CPU与慢速外设、定时/计数器及串行口之间的“定时”矛盾。例如：在CPU启动定时器之后，就可继续执行主程序，同时定时器也在工作。当定时器溢出便向CPU发中断请求，CPU响应中断（终止正在运行的主程序）转去执行定时器服务程序，中断服务结束后，又返回主程序继续运行，这样CPU就可以命令定时器、串行口以及多个外设同时工作，分时为各中断源提供服务，使CPU高效而有秩序地工作。

2. 实时处理

中断系统使CPU能及时处理实时控制系统中许多随机参数和信息。实时控制现场的各种随机信号，它们在任一时刻均可向CPU发出中断请求，要求CPU给予服务，有了中断系统便可及时地处理这些瞬息变化的现场信息，使CPU具有随机应变和实时处理能力。

3. 故障处理

中断系统还可以使CPU处理系统中出现的故障。例如，电源的突变、运算溢出、通信出错等。有了中断系统，计算机都可自动解决，不必人工干预或停机，提高了系统的稳定性和可靠性。

由此可见，良好的中断系统，具有结构上合理，逻辑上严密，不仅可使CPU提高随机应变的能力，高效而有秩序地工作，扩大其应用范围，也是鉴别机器性能重要标志之一。

5.3.1 中断的一般功能

1. 中断的屏蔽与开放

中断的屏蔽与开放也称为关中断和开中断，这是CPU能否接收中断请求的关键。只有在开中断的情况下，CPU才能响应中断源的中断请求。中断的关闭或开放可由指令控制。

2. 中断响应和中断返回

在开中断的情况下，若有中断请求信号，CPU便可从主程序转去执行中断服务子程序，以进行中断服务，同时也像转子程序一样保护主程序的断点地址，使断点地址自动入栈，以便执行完中断服务程序后可以自动返回主程序继续执行。中断系统要能够确定各个中断源的中断服务子程序入口地址，其过程如图5-18(a)所示。

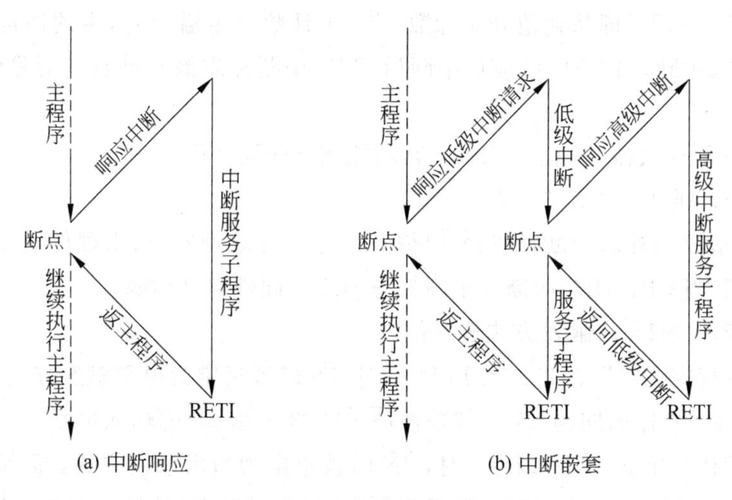

图5-18 中断流程示意图

3. 中断优先

在中断开放的情况下，如果有几个中断请求同时发生，究竟首先响应哪一个中断，这就要根据中断请求的轻重缓急来进行事先安排，有些紧急中断请求CPU若不及时响应进行处理，可能会因丢失这个中断而误事。这就是中断优先级排队问题。一般把最紧急或速度最快的设备安排在最优先的位置上。计算机应该根据中断源的优先级首先响应优先级较高的中断请求。这也是中断系统管理的任务之一。

4. 中断嵌套

当CPU在执行某一个中断处理程序时，若有一优先级更高的中断源请求服务，则CPU应该能挂起(用保护断点的方式)正在运行的低优先级中断处理程序，响应这个高优先级中断请求。在高优先级中断处理完后能自动返回低优先级中断，继续执行原来的中断处理程序，最后返回主程序，这个过程就是中断的嵌套，如图 5-18(b)所示。

5.3.2 中断请求源

MCS-51 单片机设置了 5 个中断(52 系列有 6 个)，外部有 2 个中断请求输入：$\overline{INT0}$(P3.2)、$\overline{INT1}$(P3.3)；内部有 3 个中断请求：定时/计数器 T0、T1 和片内串行口。当系统产生中断时，5 个中断源的中断请求标志分别由特殊功能寄存器 TCON 和 SCON 的相应位来锁存。

1. 定时/计数器控制寄存器 TCON

TCON 是定时/计数器 T0、T1 的控制寄存器，同时它又能锁存外部中断请求标志和定时/计数器 T0、T1 的溢出中断标志，实际上它具有双重功能。当 CPU 检测到或接收到中断请求时，可根据这些标志来决定是否响应这些中断请求，与中断有关的位如下。

TCON(88H)	TF1		TF0		IE1	IT1	IE0	IT0

TF1：定时/计数器 T1 溢出标志。

当启动 T1 后，T1 即从初值开始计数，当 T1 计数产生溢出时，由硬件自动置位 TF1 并向 CPU 请求中断，当 CPU 响应该中断后，TF1 中断标志被硬件自动清除(也可由软件清除)。

TF0：定时/计数器 T0 溢出标志。其功能和操作同 TF1。

IE1：外部中断$\overline{INT1}$请求标志。

当 CPU 检测到外部中断请求$\overline{INT1}$输入信号有有效触发时，由硬件自动置位 IE1 标志并请求中断，当 CPU 响应中断后中断标志 IE1 被硬件自动清除。

IT1：外部中断$\overline{INT1}$触发方式选择位。

可由指令程控为“0”或“1”。当 IT1=0 时，$\overline{INT1}$被指定为电平触发方式，即低电平有效。CPU 在每一机器周期的 S5P2 都采样$\overline{INT1}$(P3.3 引脚)的输入电平。当采样值为低电平时，置“1”IE1 标志。当 IT1=1 时，$\overline{INT1}$被指定为边沿触发方式，即$\overline{INT1}$下降沿有效。CPU 在每一机器周期的 S5P2 都采样$\overline{INT1}$(P3.3 引脚)的输入电平，若在一个机器周期采样值为高电平而下一机器周期采样值为低电平(说明在两次采样期间曾产生了一个下降沿)，则置“1”IE1 标志。

IE0：外部中断$\overline{INT0}$请求标志。其功能同 IE1。

IT0：外部中断$\overline{INT0}$触发方式选择位。其功能及操作同 IT1。

8031 复位后，TCON 被清除。

2. 串行口控制寄存器 SCON

SCON 不仅为串行口控制寄存器，当串行口发生中断请求时，SCON 低两位能锁存其发送中断和接收中断，因而也具有双重功能，是串行口的中断请求标志，其格式如下。

SCON(98H)							TI	RI

TI：串行口发送中断标志。

当 CPU 向串行口的发送数据缓冲器 SBUF 写入一个数据或字符时，发送器就开始发送，当发送完一帧数据后，由硬件置"1"TI 标志，表示串行口正在向 CPU 请求中断，请求发送下一帧数据。值得注意的是当 CPU 响应中断，转向串行口中断服务程序时，硬件不能自动清"0"TI 标志，而必须在中断服务程序中由指令清"0"。

RI：串行口接收中断标志。

若串行口接收器允许接收，当接收器接收到一帧数据后，置"1"RI 标志，表示串行口接收器正向 CPU 请求中断，请求 CPU 到接收数据缓冲器读取数据。同样 RI 标志必须在用户中断服务程序中由指令清"0"。

8031 复位后，SCON 被清除。

5.3.3 中断控制

前面已叙述，通过对触发方式选择位 IT1、IT0 的编程，可以选择外部中断输入信号 $\overline{\text{INT1}}$、$\overline{\text{INT0}}$的触发方式是低电平有效还是边沿触发有效。那么也可以通过对特殊功能寄存器 IE 的编程，以选择哪几个中断是被禁止的或允许的；而这些被允许的中断又可以通过对中断优先级寄存器 IP 的编程以定义为高优先级或低优先级。这样便可以通过有关控制寄存器的有关位，加强对中断的合理控制，使系统高效而有秩序地工作。

下面分别对 IE 和 IP 作具体介绍。

1. 中断允许寄存器 IE

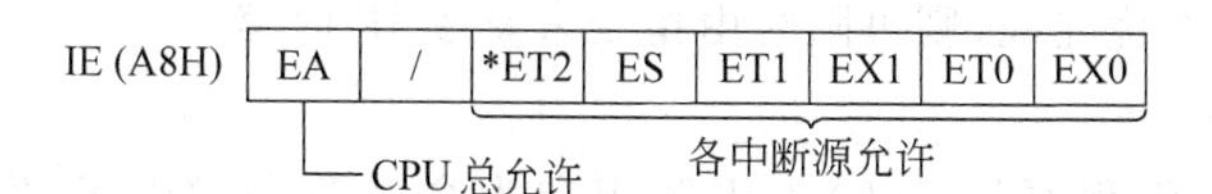

EA：CPU 中断(总)允许位。

EA=1，CPU 开中断；EA=0，CPU 禁止所有中断。

* ET2：52 子系列中 T2 中断允许位。ET2=1 时开中断，ET2=0 时关中断。

ES：串行口中断允许位。

ES=1，开放串行口中断；ES=0，禁止串行口中断。

ET1：定时/计数器 T1 溢出中断允许位。

ET1=1，开 T1 中断；ET1=0，禁止 T1 中断。

EX1：外部中断$\overline{\text{INT1}}$允许位。

EX1=1，开$\overline{\text{INT1}}$中断；EX1=0，禁止$\overline{\text{INT1}}$中断。

ET0：定时/计数器 T0 溢出中断允许位。

ET0=1，开 T0 中断；ET0=0，禁止 T0 中断。

EX0：外部中断$\overline{\text{INT0}}$允许位。

EX0=1，开$\overline{\text{INT0}}$中断；EX0=0，禁止$\overline{\text{INT0}}$中断。

8031 复位时，IE 被清除，欲对中断进行管理必须对 IE 编程，这样用户便可稳操开中断或关中断的控制权。

2. 中断优先级寄存器IP

MCS-51的中断分两个优先级，对于每一个中断源都可通过对IP编程以定义为高优先级或低优先级中断，以便实现二级中断嵌套。IP的各位定义如下。

IP(B8H)	/	/	PT2	PS	PT1	PX1	PT0	PX0

PT2：定时/计数器T2优先级设定位。

PT2=1，T2设定为高优先级，PT2=0，T2设定为低优先级。

PS：串行口优先级设定位。

PS=1，串行口设定为高优先级；PS=0，串行口设定为低优先级。

PT1：定时/计数器T1优先级设定位。

PT1=1，T1设定为高优先级；PT1=0，T1设定为低优先级。

PX1：外部中断$\overline{\text{INT1}}$优先级设定位。

PX1=1，$\overline{\text{INT1}}$设定为高优先级；PX1=0，$\overline{\text{INT1}}$中设定为低优先级。

PT0：定时/计数器T0优先级设定位。

PT0=1，T0设定为高优先级；PT0=0，T0设定为低优先级。

PX0：外部中断$\overline{\text{INT0}}$优先级设定位。

PX0=1，$\overline{\text{INT0}}$设定为高优先级；PX0=0，$\overline{\text{INT0}}$设定为低优先级。

8031复位后，IP被清除，即5(6)个中断源均被定义为低优先级中断。欲确定各中断的优先级，必须由用户对IP编程。这样，中断优先级的设置权就交给了用户。若要改变各中断源在系统中的优先级，则可随时由指令来修改IP内容。

3. 优先级结构

对IP寄存器的编程可把5(6)个中断规定为高低两个优先级，它们遵循两个基本规则。

① 一个正在执行的低级中断服务程序，能被高优先级中断请求所中断，但不能被同优先级中断请求所中断。

② 一个正在执行的高优先级中断服务程序，不能被任何中断请求所中断。返回主程序后要再执行一条指令才能响应新的中断请求。

为了实现这两个规则，中断系统内部设置了两个不可寻址的“优先级状态”触发器。当其中一个状态为“1”时，表示正在执行高优先级中断服务，它禁止所有其他中断，只有在高级中断服务返回(执行RETI指令)时，被清“0”，表示可响应其他中断。当另一个触发器状态为“1”时，表示正在执行低优先级中断服务程序，它屏蔽其他同级中断请求，但不能屏蔽高优先级中断请求。在中断服务返回时(执行RETI指令)时，被清“0”。

MCS-51有5(6)个中断源，但只有两个优先级，必然会有几个中断请求源处于同样的优先级。当CPU同时接收到几个同优先级中断请求时，MCS-51内部有一个硬件查询逻辑，将根据中断查询逻辑的自然优先顺序来查询，它的查询顺序如下。

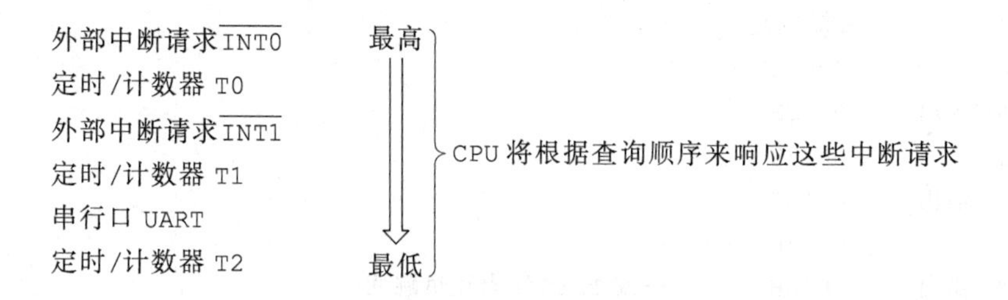

MCS-51 中断系统的总体逻辑结构如图 5-19 所示。

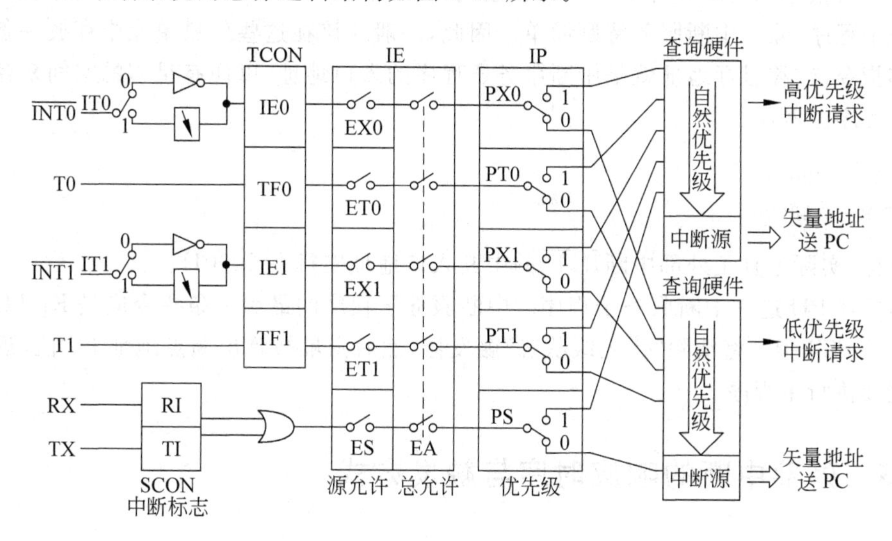

图 5-19　中断系统总体逻辑结构

5.3.4　中断响应过程

MCS-51 单片机 CPU 在每一个机器周期都顺序查询每一个中断源，在机器周期的 S5P2 状态采样并按优先级处理所有被激活的中断请求，若没有被下述条件所阻止，将在下一个机器周期的 S1 状态响应激活了的最高级中断请求。

① CPU 正在处理同级或高优先级中断。

② 现行的机器周期不是所执行指令的最后一个机器周期。

③ 正在执行的指令是 RETI 或正在访问 IE 或 IP(即在 CPU 执行 RETI 或访问 IE，IP 的指令后，至少需要再执行一条指令才会响应新的中断请求)。

若存在上述任一种情况，中断将暂时受阻，若不存在上述情况，将在紧跟的下一个机器周期执行这个中断。

CPU 响应中断时，首先要完成这样的工作：其一，先置位相应的“优先级状态”触发器(该触发器指出 CPU 当前处理的中断优先级别)，以阻断同级或低级中断请求；其二，自动清除相应的中断标志(TI 或 RI 除外)；其三，自动保护断点，将现行程序计数器 PC 内容压入堆栈，并根据中断源把相应的矢量单元地址装入 PC 中，这些矢量地址如下。

```
中断源                矢量单元
外部中断INT0          0003H
定时/计数器 T0 溢出   000BH
外部中断INT1          0013H
定时/计数器 T1 溢出   001BH
串行口                0023H
定时/计数器 T2 溢出   002BH          ;或 T2EX 端出现负跳变
```

这些矢量单元之间各有 8 个单元的空间，一般情况下，8 个地址单元难以容纳一个中断服务子程序，除非中断服务特别简单。因此，一般应该在这些矢量单元中存放一条无条件转移指令，转移目标地址就是中断服务子程序的入口地址，以便有足够的空间来存放中断服务程序。例如：

```
ORG    0003H
LJMP    2000H
```

这样，实际上真正外部中断$\overline{\text{INT0}}$的中断入口地址安排在 2000H。

然后，CPU 进入中断服务子程序。中断服务子程序的最后一条指令应是 RETI(中断返回)。RETI 指令将清除"优先级状态"触发器，然后由堆栈弹出断点地址 PC 值，返回主程序继续执行主程序。

5.3.5 外部中断的响应时序与触发方式

1. 外部中断的响应时间

$\overline{\text{INT0}}$和$\overline{\text{INT1}}$输入引脚信号在每一个机器周期的 S5P2 被 CPU 采样并锁存到 IE0，IE1 中。这两个状态标志要等到下一个机器周期才能被 CPU 所查询。假设所申请的中断被激活，并且满足中断响应的三个条件，CPU 还要自动完成清除中断标志位，置位相应的"优先级状态"触发器，保护程序计数器 PC 内容(断点地址)等一系列工作，并由硬件逻辑生成一条长调用指令转移到相应的中断服务子程序入口，共需 2 个机器周期。因此，从外部中断请求有效，到开始执行中断服务程序的第一条指令至少还需要 3 个完整的机器周期。图 5-20 是中断响应的时序。

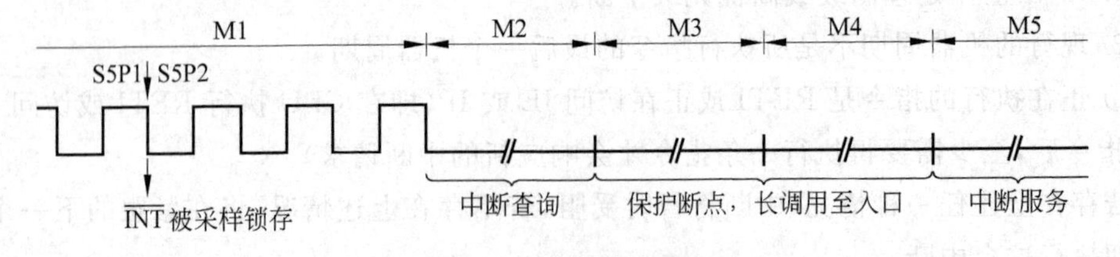

图 5-20 中断响应时序

如果中断请求受阻，即不满足上述三个条件之一，则中断响应还需要更长的时间。如果 CPU 已经在处理同级或更高级中断，额外的等待时间取决于中断服务程序的长短。如果正在执行的指令没有运行到最后一个机器周期，则所需等待的时间不会多于 3 个机器周期，因为最长的指令(乘、除)也只需 4 个机器周期。如果正在执行的指令为 RETI 或访问 IE,IP 的指令,则等待的时间不会多于 5 个机器周期(完成正在执行的指令需要 1 个机器周期,而完成下一条指令最多需要 4 个机器周期)。

因此,如果系统中只有一个中断源,则外部中断响应周期在 3～8 个机器周期内。若采用晶振为 12MHz,则外部中断响应的时间为 3～8μs。

2. 外部中断触发方式

若外部中断被定义为电平触发方式(即 ITx=0 时),即输入低电平有效。该低电平维持到 CPU 响应该中断为止足矣,在中断返回之前必须为高电平,否则 CPU 返回主程序后,将会再次响应该中断。由此可见,电平触发方式适合于外部中断信号以低电平输入,且中断服务程序能撤除外部中断请求的情况。例如 8255 产生中断请求,中断请求线 INTR 升高。此时对 8255 进行一次读操作,INTR 变为低电平,只要在 8255 的 INTR 请求线中接上一反向器接到 8051 的 $\overline{\text{INTx}}$ 引脚上,就可实现 8051 和 8255 之间应答方式的数据传送。

若外部中断被定义为边沿触发方式(即 ITx=1),在这种方式里,CPU 在一个机器周期采样外部中断输入引脚信号为高电平,而在紧接着下一机器周期采样为低电平,就立即置位外部中断请求标志,换言之,CPU 将外部中断输入的负跳变锁存在相应的中断标志位中。即使 CPU 暂时不响应,中断请求标志也不会丢失,直到 CPU 响应该中断时,该标志才能清除。需要强调的是外部中断输入边沿的检测,需要 2 个机器周期,因此,外部中断输入的负脉冲宽度至少大于 12 个时钟周期(若晶振为 12MHz,则应大于 1μs)才能保证被 CPU 采样。外部中断边沿触发方式适合于以负脉冲形式的外部中断请求。

5.3.6　多外部中断源的设计

MCS-51 单片机为用户提供了两个外部中断输入端($\overline{\text{INT0}}$、$\overline{\text{INT1}}$),在实际应用系统中,外部中断请求源往往比较多,系统中多于两个外部中断源怎么办。

1. 利用定时/计数器作外部中断输入使用的方法

MCS-51 片内有 2 个定时/计数器,如果把它们定义计数器工作方式,则当 T0(P3.4)或 T1(P3.5)引脚上发生负跳变时,都将对计数器进行"+1"操作。利用这个特性可以把 P3.4,P3.5 引脚作外部中断请求输入线,而溢出标志 TF0,TF1 可用作这两个中断输入的请求标志。其效果与外部中断边沿触发效果是一样的。

以 T0 为例,将定时/计数器用作外部中断源的初始化程序如下。

```
MOV     TMOD,#06H       ;T0 计数方式,自动装载
MOV     TL0,#0FFH       ;置计数初值
MOV     TH0,#0FFH
SETB    ET0             ;T0 开中断
SETB    EA              ;CPU 开中断
SETB    TR0             ;启动 T0 工作
⋮
```

当 T0(P3.4)引脚产生一负跳变时,TL0"+1"产生溢出,置"1"TF0,并向 CPU 发中断请求,同时 TH0 内容重新装入 TL0,使 TL0 恢复计数初值 0FFH,这样 T0(P3.4)引脚

每一次负跳变都将置“1”TF0，并向CPU发中断请求。这里的T0(P3.4)引脚作外部中断输入相当于外部中断输入线$\overline{INT0}$被定义为边沿触发方式。同样，T1(P3.5)引脚作外部中断请求输入时，也可作类似处理。

2. 中断与查询相结合的方法

利用上述方法，系统中可增加2个定时/计数器输入作外部中断。这样系统中可扩展成4个外部中断。若系统中多于4个外部中断源或定时/计数器另作他用时，可以利用中断与查询相结合的方法。我们可以按它们的紧急程度进行优先级排队，把其中高优先级直接接到MCS-51的一个外部中断输入端$\overline{INT0}$，其余的中断源用线或的办法连到另一个外部中断输入端$\overline{INT1}$，同时还分别连到一个I/O口，其电路如图5-21所示。其中DVT1～DVT4接反向集电极或漏极开路(OC)门电路。

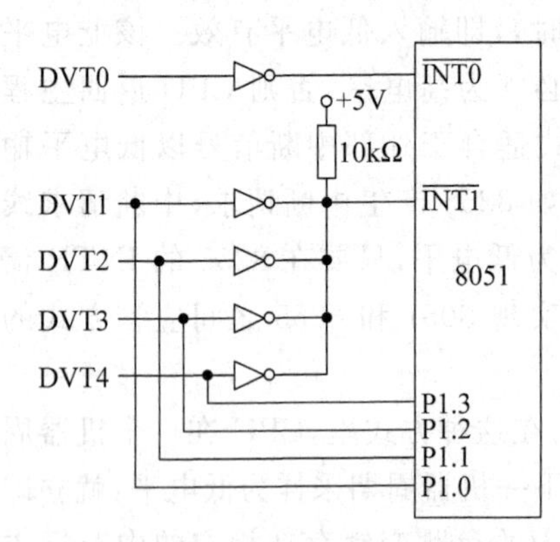

图5-21 扩展多个外部中断

中断源由硬件电路产生，中断源的识别由程序查询处理，查询的次序由中断源的优先级别决定，这种方法可处理9个中断源，因为被查询的P1口只有8根输入线。图中只给出5个，这5个中断源的优先级排队如下。

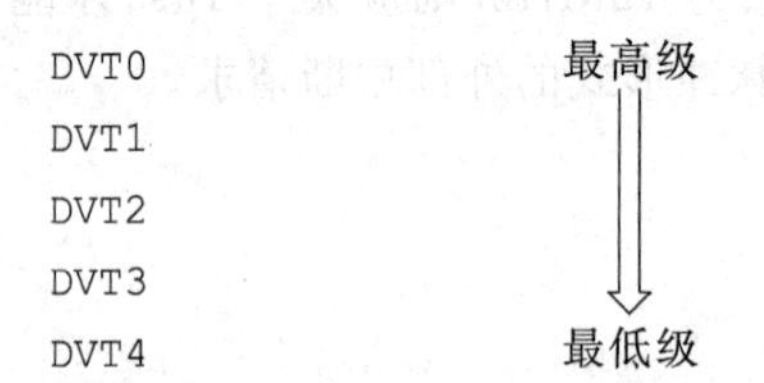

设DVT0～DVT4等5个中断输入均为高电平有效，能被相应的中断服务程序所清除，并且在CPU响应该中断之前保持有效，均采用电平触发方式，则外部中断$\overline{INT1}$的中断服务程序如下。

```
PINT1:  PUSH   PSW              ;进入中断后
        PUSH   ACC              ;注意保护现场
        JB     P1.0,  PDVT1
        JB     P1.1,  PDVT2     ;依次查询判断
        JB     P1.2,  PDVT3     ;若是干扰信号引起的中断请求
        JB     P1.3,  PDVT4     ;可被过滤掉
PINTR:  POP    ACC              ;返回主程序前
        POP    PSW              ;注意恢复现场
        RETI
```

该中断服务程序的优点是，如果干扰信号引起中断请求，则进入中断服务子程序后，CPU依次查询一遍后又返回主程序，以增加抗干扰能力。

```
PDVT1:  …                ;DVT1中断服务
        …
        AJMP   PINTR
```

```
PDVT2:   …                ;DVT2 中断服务
         …
         AJMP    PINTR
PDVT3:   …                ;DVT3 中断服务
         …
         AJMP    PINTR
PDVT4:   …                ;DVT4 中断服务
         …
         AJMP    PINTR
```

在此例中应该注意的问题是P1口是准双向口，P1.0～P1.3作输入(查询用)，应在初始化程序中将口锁存器置“1”(实际上，上电复位后P1初态为FFH)。

若系统中需要更多的外部中断源，则可用优先权编码器74LS148或可编程中断控制器8259来实现多中断源的扩展，这里由于篇幅原因不再叙述。

5.3.7 用软件模拟第三个中断优先级

MCS-51只提供两个中断优先级，可以实现两级中断服务程序嵌套。如果能利用CPU内部两个不可寻址的优先级状态触发器，以及CPU在中断时根据它们而遵循的两个规则，可以用软件模拟的方法为系统增加一个中断优先级，从而实现三级中断服务程序的嵌套。具体实现方法如下：

首先，在中断优先级寄存器IP中定义两个中断优先级：高优先级和低优先级。那么在低优先级的中断服务程序中编写如下程序即可实现三级中断服务程序的嵌套。

```
         PUSH     IE          ;保护 IE
         MOV      IE,#MASK    ;置屏蔽字,屏蔽当前中断
         LCALL    LABEL       ;调用子程序 LABEL
DVT1:    …
         中断服务              ;执行中断服务
         …
         POP      IE          ;恢复 IE
         RET                  ;子程序返回,真正中断返回
LABEL:   RETI                 ;中断返回,CPU 被欺骗误认为返回
```

在主程序中，一旦有任何低优先级中断被响应，那么在中断服务程序中需要在IE中重新置入一个屏蔽字以屏蔽当前中断。然后，用长调用指令LCALL通过调用LABEL来执行RETI指令，其目的是模拟一次中断返回(实际上并未返回)，从而清除了原来被置位了的低优先级状态触发器，并让CPU仍旧执行DVT1中断服务程序。换言之，通过长调用LCALL指令，不仅保护了断点地址DVT1，又执行了RETI指令，欺骗了CPU，使CPU误认为已返回了主程序，而实际上执行RETI指令时，又把断点地址DVT1弹出送给PC；此时，该低优先级中断服务程序被CPU认定为主程序。这样CPU便可被另一低优先级中断源所中断(一旦被响应，也需置屏蔽字，并模拟中断返回)，也可被高优先级中断源所中断，从而实现三级中断服务程序的嵌套。在以上中断服务程序的末尾，需加一条

RET 指令(注意不是 RETI)用来终止服务程序,从而使程序返回原来的断点地址。

习题与思考

1. MCS-51 系列单片机内部有几个定时/计数器? 它们由哪些面向用户的特殊功能寄存器组成?

2. 当定时/计数器作计数器用时,通过哪些引脚作计数脉冲输入? 对外部计数脉冲有何要求?

3. 定时/计数器方式寄存器 TMOD 各位有何控制功能?

4. 定时/计数器控制寄存器 TCON 的高 4 位有何意义?

5. 定时/计数器共有几种工作方式? 其特点是什么?

6. 为什么要对定时/计数器初始化? 初始化的步骤是什么?

7. 在晶振主频为 12MHz 时,要求 P1.0 输出周期为 1ms 对称方波;要求 P1.1 输出周期为 2ms 不对称方波,占空比为 1∶3(高电平短,低电平长),试用定时器方式 0、方式 1 编程。

8. 在晶振主频为 12MHz 时,定时最长时间是多少? 若要定时 1 分钟,最简洁的方法是什么? 试画出硬件连线图并编程。

9. 若晶振主频为 12MHz,如何用定时器 T0 来测试频率为 0.5MHz 左右的方波周期? 试编初始化程序。

10. 何谓单工串行口、半双工串行口、全双工串行口?

11. 串行口异步通信为什么必须按规定的字符格式发送与接收?

12. MCS-51 单片机串行口由哪些面向用户的特殊功能寄存器组成? 它们各有什么作用?

13. MCS-51 单片机串行口有几种工作方式? 如何选择与设定?

14. MCS-51 单片机串行口的四种工作方式各自的功能是什么? 如何应用?

15. 试述串行口方式 0 和方式 1 发送与接收的工作过程。

16. 哪些特殊功能寄存器与 MCS-51 中断系统有关? 各具有什么功能?

17. 试述定时/计数器 TCON 各位(TCON.6 和 TCON.4 除外)的功能。

18. 试述串行口控制寄存器 SCON.0、SCON.1 的功能。

19. MCS-51 有几个中断优先级? 如何设置之? 当两级中断时,MCS-51 内部如何管理中断嵌套?

20. 中断嵌套与子程序嵌套有何同异之处?

21. MCS-51 中断响应的条件是什么? 当某中断暂时受阻时,CPU 是否放弃该中断请求?

22. 试述中断响应的过程,如何计算中断响应的时间?

23. 外部中断有几种触发方式? 如何选择? MCS-51 中断系统对外部中断信号有何要求?

24. 在一个实际系统中,晶振主频为 12MHz,一个外部中断请求信号的宽度为 300ns 的负脉冲,应该采用哪种触发方式? 如何实现之?

25. MCS-51 的中断处理程序能否存放在 64K 程序存储器的任意区域？如何实现？

26. 在一个实际系统中，若外部中断请求源多于 3 个，能否在不增加任何硬件的情况下，用其内部中断代替？如何初始化其内部中断？

27. 在一个实际系统中，若有 8 个外部中断请求源，如何设计其硬件和中断服务程序？

28. 用软件模拟第三个中断优先级，采用哪种方法实现之？

29. 试编写一段中断的初始化程序，使之允许$\overline{INT0}$、$\overline{INT1}$、T0、串行口中断，且使 T0 中断为高优先级中断。

30. 在 MCS-51 中断系统中，有几个中断请求标志位？请指出相应标志的代号、位地址？说明它们在什么情况下被置位和复位？哪些中断标志可以随着中断被响应而自动清除，哪些中断需要用户来清除？清除的方法是什么？

31. 阅读 T0、T1 初始化程序，回答下面几个问题(设主频为 6MHz)。

```
MOV     A,#11H
MOV     TMOD,A
MOV     TH0,#9EH
MOV     TL0,#58H
MOV     TH1,#0F0H
MOV     TL1,#60H
CLR     PT0
SETB    PT1
SETB    ET0
SETB    ET1
SETB    EA
*MOV    A,#50H
*MOV    TCON,A
 ⋮
```

(1) T0,T1 各用何方式工作？几位计数器？

(2) T0,T1 各自定时时间或计数次数是多少？

(3) T0,T1 的中断优先级？

(4) T0,T1 的中断矢量地址？

(5) 最后两条带 * 号的指令功能是什么？

第6章 单片机系统扩展设计

一般来说，单片机芯片内部已经集成了一台计算机的基本功能部件，因而，一块单片机电路往往就是一台完整的微型机，无须扩展即可构成基本应用系统。但芯片内部 ROM、RAM 的容量、I/O 口数目、定时/计数器及中断等资源还是有限的。因此大多数单片机都具有系统扩展能力，以便系统实际应用需要时，允许扩展各种外围电路，以弥补单片机内部资源的不足，从而满足一些特定应用系统的需要。这样单片机对用户的特殊要求的适应性就更强了。

6.1 MCS-51 系统扩展原理

MCS-51 系列单片机有很强的外部扩展功能，在进行系统扩展设计时采用总线结构。

1. 片外三总线结构

单片机都是通过片外引脚线进行系统扩展的。为了满足系统扩展要求，MCS-51 系列单片机片外引脚可以构成图 2-11 所示的三总线结构。

1）地址总线 AB

地址总线是单向的，宽度 16 位，寻址可达 64K 字节。地址总线由 P0 口提供地址低 8 位 A0～A7，P2 口提供地址高 8 位 A8～A15。由于 P0 口是数据/地址复用线，只能分时用作地址线，故 P0 口输出地址低 8 位，只能在地址有效时，由 ALE 的下降沿锁存到片外地址锁存器保持。P2 口具有输出锁存功能，不需外加锁存器便可保持地址高 8 位。P0 口和 P2 口作系统扩展的地址线后，便不能再作一般 I/O 口使用。

2）数据总线 DB

数据总线由 P0 口提供，其宽度为 8 位，该口为三态双向口，是应用系统中使用最为频繁的数据通道。单片机与外部交换的数据、指令、信息，几乎全部由 P0 口传送。通常系统数据总线上往往连有很多芯片，而在某一时刻，数据总线上只能有一个有效数据，究竟哪个芯片的数据有效，则由地址控制各个芯片的片选控制线来选择。

3）控制总线 CB

控制总线是双向的，包括片外系统扩展用的控制线和片外信号对单片机的控制线。系统扩展用的控制线有$\overline{\text{WR}}$、$\overline{\text{RD}}$、$\overline{\text{PSEN}}$、ALE、$\overline{\text{EA}}$。

$\overline{\text{RD}}$、$\overline{\text{WR}}$：用于片外数据存储器（RAM）的读/写控制。当执行片外数据存储器操作指令 MOVX 时，这两个信号自动产生。

$\overline{\text{PSEN}}$：用于片外程序存储器（EPROM）的“读”控制，实际上就是取指或查表选通控制。当访问 EPROM 时不用$\overline{\text{RD}}$信号。

ALE：用于锁存 P0 口上地址低 8 位的控制线。当 ALE 由低变高时，P0 口上地址有效，ALE 的下降沿将该地址锁存到片外地址锁存器，并保持之。

$\overline{\text{EA}}$：用于选择片内或片外程序存储器。当$\overline{\text{EA}}$＝0 时，只访问外部程序存储器，不管片内有无程序存储器。因此，若系统中采用 8031 外接 EPROM，则$\overline{\text{EA}}$必须接地。

这样 MCS-51 单片机与其他 CPU 一样，也可以形成数据总线、控制总线和地址总线。通过这三条总线，用户可方便地进行系统扩展设计。系统扩展设计示意如图 6-1 所示。

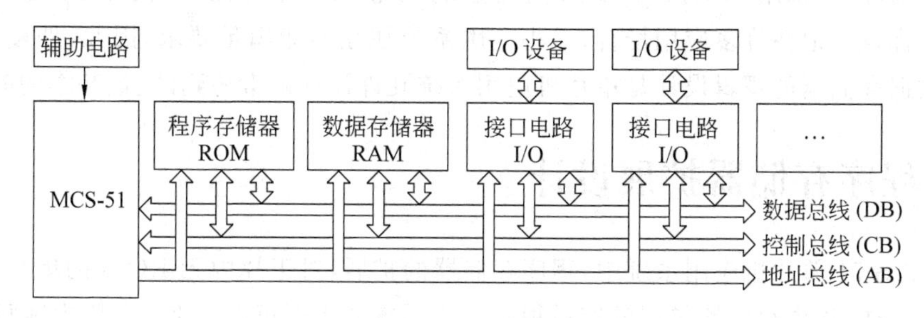

图 6-1　MCS-51 系统扩展示意图

2. 总线驱动能力

作为数据/地址复用总线的 P0 口可驱动 8 个 TTL 门电路，P1、P2、P3 只能驱动 4 个 TTL 门电路。当应用系统规模较大，超过其负载能力时，系统便不能稳定可靠地工作。在这种情况下，系统设计时应增加总线驱动器，以增强系统总线的驱动能力。常用的有单向总线驱动器 74LS244、双向驱动器 74LS245 等芯片。

6.2　MCS-51 存储器系统配置

由图 2-12 可以清楚地看出，MCS-51 单片机的存储器是一种将程序存储器（ROM）、数据存储器（RAM）分开寻址的哈佛结构。它们在物理空间上是各自独立的，寻址范围均为 64K 字节。

6.2.1　程序存储器

8051/8751 片内有 4K 字节 ROM/EPROM，其地址为 0000H～0FFFH；可外接 64K 字节程序存储器 EPROM，其地址为 0000H～FFFFH。片内 ROM 和外接 EPROM 地址重叠部分由单片机的引脚$\overline{\text{EA}}$的高低电平区分，当$\overline{\text{EA}}$为高时，访问片内程序存储器；当$\overline{\text{EA}}$

为低时,则访问外接程序存储器。

对于外接程序存储器 EPROM 不与片内重叠的地址空间,则无论$\overline{EA}$为高还是为低,程序计数器 PC 总是指向外接 EPROM 空间。对 8031 单片机而言片内无 ROM,所用的程序存储器均需外接,因此$\overline{EA}$引脚必须接地。

6.2.2 数据存储器

MCS-51 单片机基本型片内有 128 个字节 RAM,地址为 00H～7FH,且在 80H～FFH 地址空间中分布着 20 多个特殊功能寄存器,仅占用了 21 个字节(相当于 RAM),这个空间的其他地址单元无定义,若访问这些单元,将得到一个不确定的值,因此用户不能使用这个区域的一些无定义的单元。当片内 RAM 不够用时,可利用其扩展功能外扩 64KB RAM。

通常情况下,采用 8051/8751 最小应用系统,最能发挥单片机体积小、功能全、价格廉这样一些优点。但在许多应用场合,最小应用系统往往不能满足要求,因此,外接程序存储器和数据存储器的逻辑设计是单片机应用系统硬件设计最常遇到的、最基本的问题。

6.3 程序存储器扩展设计

在 MCS-51 单片机应用系统中,程序存储器的扩展,对于片内无 ROM 的单片机是不可缺少的工作,程序存储器扩展的容量根据应用系统的需要可在 64KB 范围内随意选择。

6.3.1 外部程序存储器操作时序

MCS-51 单片机访问外部程序存储器时,所使用的控制信号如下。

ALE:地址锁存信号。

$\overline{PSEN}$:外部程序存储器"读"信号。

访问外部程序存储器时序如图 6-2 所示。

由于单片机中的程序存储器和数据存储器是各自独立的,因此程序存储器操作时序分两种情况:一种情况是不执行 MOVX 指令时,如图 6-2(a)所示;另一种情况是执行 MOVX 指令时,如图 6-2(b)所示。

在不执行 MOVX 指令时,P0 口作为地址线,专门用于输出程序存储器低 8 位地址 PCL。P2 口专门用于输出程序存储器高 8 位地址 PCH。P2 口具有输出锁存功能而 P0 口除输出地址外,还要输入指令,因此要用 ALE 来锁存 P0 口输出的地址 PCL,在每个机器周期中允许地址锁存 ALE 两次有效,在下降沿时锁存出现在 P0 口上的低 8 位地址 PCL。同时$\overline{PSEN}$也是在每个机器周期中两次有效,用于选通外部程序存储器,使指令读入片内。

当应用系统中接有外部数据存储器,在执行 MOVX 指令时,程序存储器操作有变化,其原因是在执行 MOVX 指令时,16 位地址指向数据存储器,其操作时序如图 6-2(b)

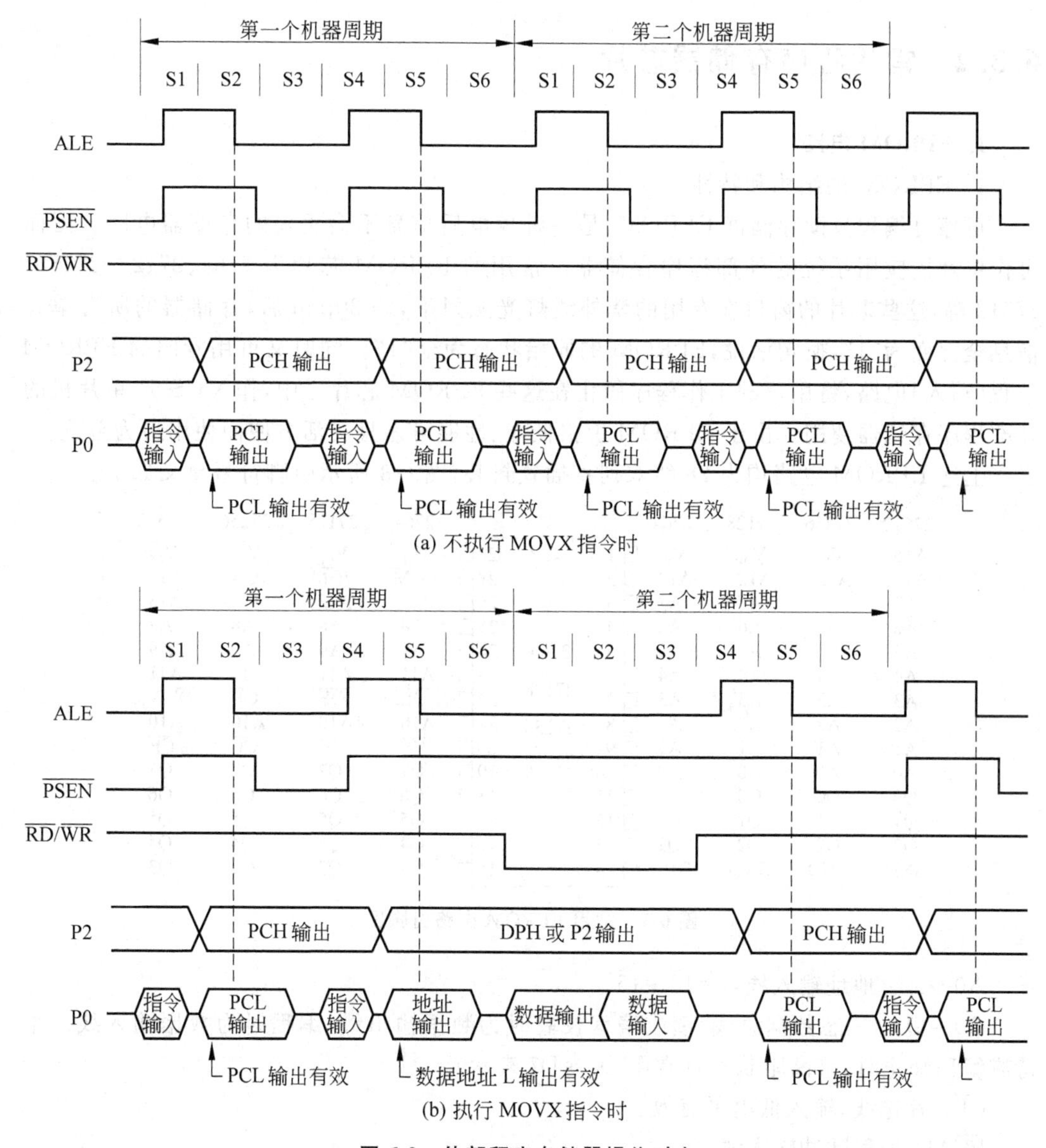

图 6-2　外部程序存储器操作时序

所示。在输入指令以前，P2 口、P0 口输出地址 PCH、PCL 指向程序存储器。在指令输入并判定是 MOVX 指令后，在该机器周期 S5 状态中 ALE 锁存的 P0 口地址是数据存储器地址。若是执行 MOVX　A，@DPTR 或 MOVX　@DPTR，A 指令，则 P0 口上的地址就是 DPL，同时在 P2 口上出现的是 DPH。若是执行的 MOVX　A，@Ri 或 MOVX　@Ri，A 指令，则 P0 口上的地址就是 Ri 的内容，同时在 P2 口上出现的是特殊功能寄存器（口内锁存器）的内容。在同一机器周期中将不再出现 $\overline{\text{PSEN}}$ 有效取指信号，下一个机器周期中 ALE 的有效锁存信号也不复出现。而当 $\overline{\text{RD}}$、$\overline{\text{WR}}$ 有效时，P0 口上将出现有效输入输出数据。

6.3.2 常用程序存储器芯片

1. EPROM 电路

1) EPROM 的结构和特性

可擦可编程只读存储器 EPROM,是一种掉电后信息不会丢失的存储器电路。因而可作单片机应用系统的外部程序存储器。常用的 EPROM 芯片为 2764、27128、27256、27512 等,这些芯片的窗口在专用的紫外线灯光照射下,经 20min 后,存储器的所有单元信息全部变为“1”,换句话说,EPROM 的原始状态为全“1”。同时又可用专门的 EPROM 编程(写入)电路,将用户的工作程序固化在这些 EPROM 芯片之中,作 MCS-51 单片机的外部程序存储器使用。由于 EPROM 价格低廉、性能可靠且灵活方便而使用最为普遍。

上述 EPROM 电路均为 28 线双列直插式封装,图 6-3 所示引脚符号意义如下。

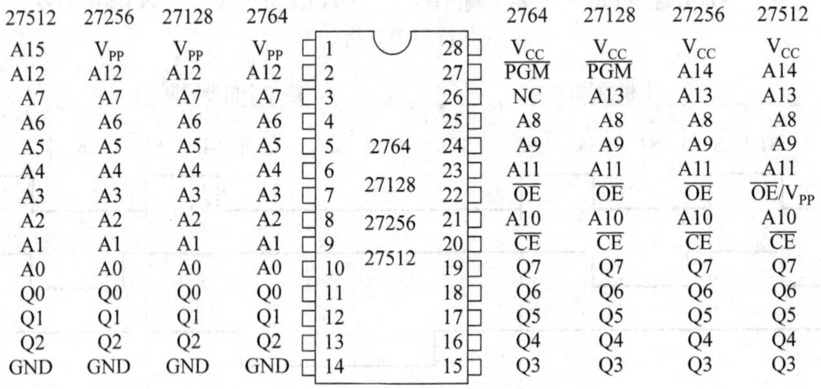

27512	27256	27128	2764	引脚	引脚	2764	27128	27256	27512
A15	V_{PP}	V_{PP}	V_{PP}	1	28	V_{CC}	V_{CC}	V_{CC}	V_{CC}
A12	A12	A12	A12	2	27	$\overline{PGM}$	$\overline{PGM}$	A14	A14
A7	A7	A7	A7	3	26	NC	A13	A13	A13
A6	A6	A6	A6	4	25	A8	A8	A8	A8
A5	A5	A5	A5	5	24	A9	A9	A9	A9
A4	A4	A4	A4	6	23	A11	A11	A11	A11
A3	A3	A3	A3	7	22	$\overline{OE}$	$\overline{OE}$	$\overline{OE}$	$\overline{OE}/V_{PP}$
A2	A2	A2	A2	8	21	A10	A10	A10	A10
A1	A1	A1	A1	9	20	$\overline{CE}$	$\overline{CE}$	$\overline{CE}$	$\overline{CE}$
A0	A0	A0	A0	10	19	Q7	Q7	Q7	Q7
Q0	Q0	Q0	Q0	11	18	Q6	Q6	Q6	Q6
Q1	Q1	Q1	Q1	12	17	Q5	Q5	Q5	Q5
Q2	Q2	Q2	Q2	13	16	Q4	Q4	Q4	Q4
GND	GND	GND	GND	14	15	Q3	Q3	Q3	Q3

(芯片:2764 / 27128 / 27256 / 27512)

图 6-3 常用 EPROM 电路引脚图

A0~Ai:地址输入线,i=12~15。

Q0~Q7:三态数据总线,读或编程校验时为数据输出线,编程时为数据输入线。维持或编程禁止时,呈高阻状态,(常用 D0~D7 表示)。

$\overline{CE}$:片选线,输入低电平有效。

$\overline{PGM}$:编程脉冲输入线。

$\overline{OE}$:读出选通线,输入低电平有效。

V_{PP}:编程电源线,V_{PP}的值因芯片型号和制造厂商而异。

V_{CC}:电源线,接+5V。

GND:地线。

常用 EPROM 芯片技术特性如表 6-1 所示。

CMOS 存储器电路 EPROM 的读出时间快、耗电少。例如:27C256,其读出时间仅 120ns、最大工作电流 30mA、最大维持电流仅为 100μA。

2) EPROM 的操作方式

EPROM 的操作方式如下。

编程方式:把程序代码(机器指令码或常数)固化到 EPROM 中。

编程校验方式:读出 EPROM 中的内容,校对编程操作的正确性。

表 6-1 常用 EPROM 芯片主要技术指标

型　　号	2764	27128	27256	27512
容量(KB)	8	16	32	64
引脚数	28	28	28	28
读出时间(ns)*	200	200	200	170
最大工作电流(mA)	75	100	100	125
最大维持电流(mA)	35	40	40	40

* EPROM 的读出时间因型号而异,一般在 100～250ns,表中为典型值。

读出方式：CPU 从 EPROM 中读出指令和常数。

维持方式：数据端呈高阻。

编程禁止方式：用于多片 EPROM 并行编程。

表 6-2～表 6-4 列出常用 EPROM 的操作方式(V_{PP}编程电压,因型号和厂商而异)。

表 6-2 2764A 和 27128A 的操作方式

方式＼引脚	$\overline{CE}$(20)	$\overline{OE}$(22)	$\overline{PGM}$(27)	V_{PP}(1)	V_{CC}(28)	Q0～Q7 (11～13,15～19)
读	V_{IL}	V_{IL}	V_{IH}	V_{CC}	5V	D_{OUT}
禁止输出	V_{IL}	V_{IH}	V_{IH}	V_{CC}	5V	高阻
维持	V_{IH}	×	×	V_{CC}	5V	高阻
编程	V_{IL}	V_{IH}	V_{IL}	*	**	D_{IN}
编程校验	V_{IL}	V_{IL}	V_{IH}	*	**	D_{OUT}
编程禁止	V_{IH}	×	×	*	**	高阻

×表示任意状态。

表 6-3 27256 的操作控制

方式＼引脚	$\overline{CE}$(20)	$\overline{OE}$(22)	V_{PP}(1)	V_{CC}(28)	Q0～Q7 (11～13,15～19)
读	V_{IL}	V_{IL}	V_{CC}	5V	D_{OUT}
禁止输出	V_{IL}	V_{IH}	V_{CC}	5V	高阻
维持	V_{IH}	×	V_{CC}	5V	高阻
编程	V_{IL}	V_{IL}	*	**	D_{IN}
编程校验	V_{IH}	V_{IL}	*	**	D_{OUT}
编程禁止	V_{IH}	V_{IH}	*	**	高阻
选择编程校验	V_{IL}	V_{IL}	V_{CC}	**	D_{OUT}

* V_{PP}的大小与型号和编程方式有关。

** V_{CC}的大小与型号和编程方式有关。

3) EPROM 的编程

EPROM 编程就是将调试好的程序代码固化到(即写入)EPROM 中,具体的编程方法有常规的慢速编程和快速智能编程两种。

① 慢速编程。

表 6-4　27512 的操作控制

方式＼引脚	$\overline{CE}$(20)	$\overline{OE}/V_{PP}$(22)	V_{CC}(28)	Q0～Q7 (11～13,15～19)
读	V_{IL}	V_{IL}	5V	D_{OUT}
禁止输出	V_{IL}	V_{IH}	V_{CC}	高阻
维持	V_{IH}	×	V_{CC}	高阻
编程	V_{IL}	12.5±0.5V	6V	D_{IN}
编程校验	V_{IL}	V_{IL}	6V	D_{OUT}
编程禁止	V_{IH}	12.5±0.5V	6V	高阻

×表示任意状态。

对所有 EPROM 芯片都适用，编程电路如图 6-4 所示。

先加 V_{CC}和 V_{PP}(不同型号的 EPROM，V_{PP}有严格的规定，一般都标在芯片上，不能超过规定值，否则将毁坏芯片)，再对$\overline{CE}$和$\overline{OE}$加上编程控制电平；然后将 EPROM 单元地址加在 A0～Ai 上，写入的数据加在 D0～D7 上，在$\overline{PGM}$端输入编程脉冲(宽度约 50ms)。为编程正确，除 V_{PP}、V_{CC}，$\overline{CE}$、$\overline{OE}$等所加电平需符合编程要求外，在$\overline{PGM}$有效期间，EPROM 地址和数据应保持不变。为防止芯片因 V_{PP}电源出现过压尖脉冲而毁坏，常在 V_{PP}端加上滤波电路。

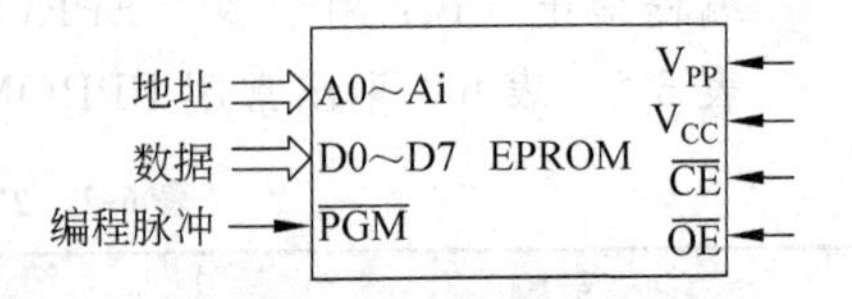

图 6-4　EPROM 慢速编程示意图

② 快速智能化编程。

图 6-5 是 Intel 公司的 27256 快速智能化编程的流程图，其原理也适应于 Intel 公司的 2764、27128、27512 等 EPROM。

这种编程方法是：设置计数器 C，使初值为零。首先发一个 1ms 宽的编程脉冲将一个数据写入一个单元；C 加 1，然后读该单元，若读出内容与写入不符，则再发一个 1ms 宽的编程脉冲写入该数据，C 再加 1，然后再读，再比较……，若在第 n 次($n<25$ 时)读出与写入内容相符，为信息稳定起见，此时对此单元发计数器 C 内容三倍的编程脉冲，接下来清“0”计数器 C，编程下一单元……

若某个单元编程 25 次后读出仍不对，则此单元被认为坏了，编程至此非正常结束。全部单元逐一编程后，最后还需再做一遍整体校验，以确定整个芯片编程正确与否。可见这种编程方法是严密可靠的。

4) EPROM 的擦除

要对含有固化程序的 EPROM 芯片重新编程则必须先对它进行擦除。用 EPROM 擦除器专门设备进行，通常将 EPROM 芯片置于强度为 12 000mW 的紫外线灯光下照射 15～30 分钟，便可将芯片擦除干净。擦除后的 EPROM 各单元信息均为“1”，若总是擦不干净，则芯片可能已老化或损坏。

为防止日光或室内灯光中紫外线对 EPROM 的影响，通常应在已编程的 EPROM 芯片“窗口”上贴一张不透明的标签，以长期保存信息。

2. 常用地址锁存器

MCS-51 单片机工作时，P0 口分时作地址/数据复用总线。在作地址线时，给出存储

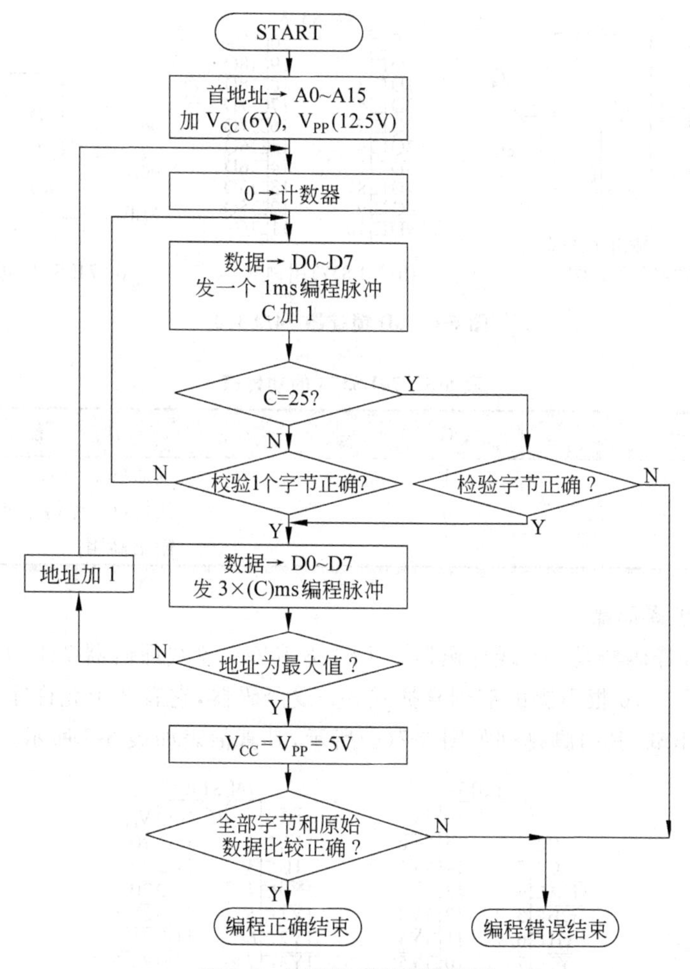

图 6-5　快速智能编程流程图

单元的低 8 位地址，作数据总线时，在 CPU 与存储器之间传送数据或指令信息。为保证系统正常工作，P0 口应通过地址锁存器与存储器的低 8 位地址相连，以保持存储器的低 8 位地址。

常用 8 位地址锁存器有 74LS373、74LS273 及 8282 等 8 位透明的锁存器。

74LS373 是一种带有输出三态门的 8D 锁存器，其结构原理和引脚排列及作为低 8 位地址锁存器时在电路中的连接示意图分别如图 6-6(a)～图 6-6(c)所示。74LS273 和 8282、8283 是经常用的另一种地址锁存器。其功能与 373 基本相同，具体功能请参阅有关技术手册。

由图可知，373 是由 8D 锁存器及输出三态门两部分组成。其工作原理是：当控制端 $\overline{E}$ 为低电平时，三态门是导通的，三态门的输出 1Q～8Q 与 8D 锁存器的 1Q′～8Q′是对应相同的。当控制端 $\overline{E}$ 为高电平时，三态门输出 1Q～8Q 处于高阻状态。当控制端 G 为高电平时，8D 锁存器的输出端 1Q′～8Q′与输入端 1D～8D 的状态是相同的；当 G 由高电平变为低电平时（下降沿）将跳变前输入端 1D～8D 的状态锁入 1Q′～8Q′中。表 6-5 是 74LS373 的功能表。

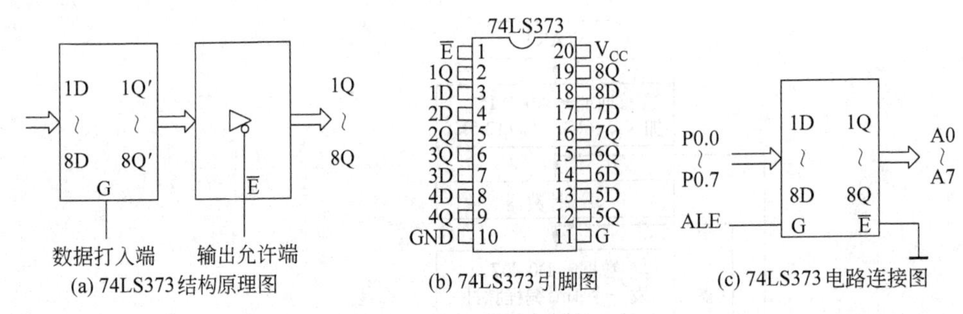

(a) 74LS373结构原理图 (b) 74LS373引脚图 (c) 74LS373电路连接图

图 6-6 8D 锁存器 74LS373

表 6-5 74LS373 的功能表

$\overline{E}$	G	功　　能
0	1	直通(Qi＝Di)
0	0	保持(Qi 保持不变)
1	×	输出高阻

3. 常用地址译码器

常用的地址译码器是 3-8 线译码器 74LS138 和双 2-4 线译码器 74LS139。

74LS138 是有 16 根引脚的双列直插式 3-8 线译码器，它有 3 个允许输入端、3 个选择输入端、8 个输出端，其引脚排列如图 6-7(a)所示，其真值表如表 6-6 所示。

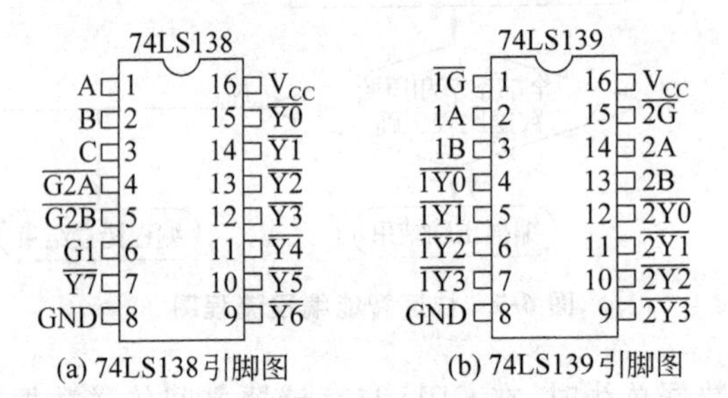

(a) 74LS138引脚图 (b) 74LS139引脚图

图 6-7 译码器引脚图

表 6-6 74LS138 真值表

输入端						输出							
允许			选择										
G1	$\overline{G2B}$	$\overline{G2A}$	C	B	A	$\overline{Y0}$	$\overline{Y1}$	$\overline{Y2}$	$\overline{Y3}$	$\overline{Y4}$	$\overline{Y5}$	$\overline{Y6}$	$\overline{Y7}$
×	0	1	×	×	×	1	1	1	1	1	1	1	1
×	1	0	×	×	×	1	1	1	1	1	1	1	1
×	1	1	×	×	×	1	1	1	1	1	1	1	1
0	×	×	×	×	×	1	1	1	1	1	1	1	1
1	0	0	0	0	0	0	1	1	1	1	1	1	1
1	0	0	0	0	1	1	0	1	1	1	1	1	1
1	0	0	0	1	0	1	1	0	1	1	1	1	1
1	0	0	0	1	1	1	1	1	0	1	1	1	1

续表

输入端						输出							
允许			选择										
G1	$\overline{G2B}$	$\overline{G2A}$	C	B	A	$\overline{Y0}$	$\overline{Y1}$	$\overline{Y2}$	$\overline{Y3}$	$\overline{Y4}$	$\overline{Y5}$	$\overline{Y6}$	$\overline{Y7}$
1	0	0	1	0	0	1	1	1	1	0	1	1	1
1	0	0	1	0	1	1	1	1	1	1	0	1	1
1	0	0	1	1	0	1	1	1	1	1	1	0	1
1	0	0	1	1	1	1	1	1	1	1	1	1	0

×表示任意状态。

由真值表可知，当允许输入端G1＝1、$\overline{G2B}$＝0、$\overline{G2A}$＝0时，输出由选择输入端C、B、A的编码决定$\overline{Y0}$～$\overline{Y7}$中的一根线为低电平，而其余为高电平，低电平被选中。

74LS139是具有16根引脚的双列直插式双2-4线译码器。每个2-4线译码器均具有一个允许输入端、两个选择输入端、4个数据输出端，其引脚排列及逻辑图分别如图6-7(b)所示，表6-7为其真值表。

表6-7 74LS139真值表

输入端			输出			
允许	选择					
$\overline{G}$	B	A	$\overline{Y0}$	$\overline{Y1}$	$\overline{Y2}$	$\overline{Y3}$
1	×	×	1	1	1	1
0	0	0	0	1	1	1
0	0	1	1	0	1	1
0	1	0	1	1	0	1
0	1	1	1	1	1	0

×表示任意状态。

由真值表可知，当允许输入端$\overline{G}$＝0时，输出由选择输入B、A的编码决定，$\overline{Y0}$～$\overline{Y3}$中的一根线为低电平被选中，其余为高电平。

6.3.3 程序存储器扩展设计

程序存储器设计要点如下。

① 外部程序存储器的操作时序，以及所使用控制信号的作用(前面已叙述)。

② 找出8031和存储器芯片之间引脚接线的对应关系，将其相应的数据线、地址线和控制线正确连接。

③ 地址译码。

根据应用系统的需要，尽可能选择集成度高的存储器芯片，若需要用多片构成存储器系统时则应选择容量相同的存储器芯片，以简化片选译码电路的设计。

1. 扩展16KB EPROM(线地址译码)

图6-8给出了8031与27128的硬件接口电路，与8031无关电路均未画出。图中

74LS373是带三态输出的8D锁存器。三态输出控制端$\overline{E}$接地，以保证输出常通状态，打入控制端G与8031的ALE连接，每当ALE有效时，373锁存并保持地址线的低8位A0～A7供系统使用。

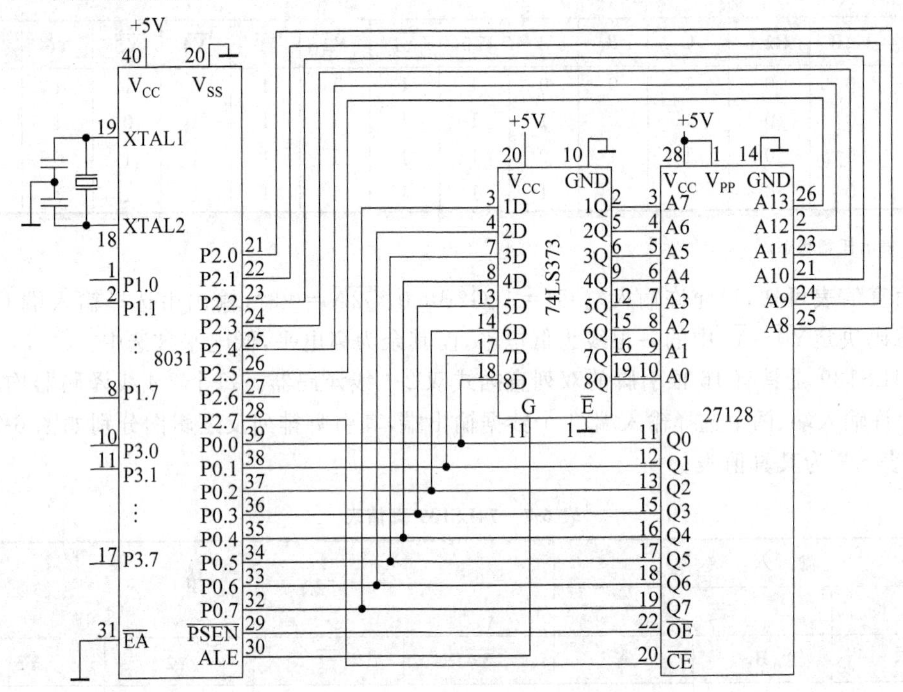

图6-8 线地址译码法扩展27128 EPROM

27128的片选信号$\overline{CE}$端输入低电平有效，图中$\overline{CE}$引脚接8031的P2.7，这种用一根线去选择芯片的译码方法在逻辑上称为线地址(或线选法)译码。线地址译码方式有可能产生地址重叠现象，因为CPU连接存储器片选信号$\overline{CE}$的译码线通常只有一根，有些不参加译码的线总会悬空(图6-8中P2.6悬空)，因而其存储单元地址不是唯一的，有重叠地址区。用P2.7去选择某片，只要P2.7＝0即选中该片；片内地址由P2.5～P2.0，P0.7～P0.0决定。27128的地址空间，范围为0000H～3FFFH。4000H～7FFFH等区域。用线地址译码的方法构成的系统，仅可用于一些简单的应用场合。CPU在执行取指操作时，将产生一程序存储器读选通$\overline{PSEN}$信号，以通过数据线P0口读取指令。

如果将27128的片选信号$\overline{CE}$端接地，此时的程序存储器为常选。系统总线中只能连接1片外部程序存储器。

2. 扩展24KB EPROM(部分地址译码)

在实例使用了3片2764 EPROM电路构成24KB外部程序存储器。使用了1片74LS139译码器进行地址译码，译码过程中仅使用了部分地址(P2.7悬空，与上例相同，也有地址重叠问题)，故称为部分地址译码。地址译码信号由P2.6、P2.5给出(用P2.6、P2.5选择某片，即片地址)，分别对应于139的2B、2A译码输入，139产生的片选信号输出(片选0～2)，分别对应3片2764(U0～U2)的$\overline{CE}$端；用P2.4～P2.0，P0.7～P0.0作片内地址，U0～U2对应的存储器地址，如图6-9所示(当然地址也不是唯一的)。该图仅仅是一地址译码的逻辑接口图，与逻辑设计无关的电路均未画出。

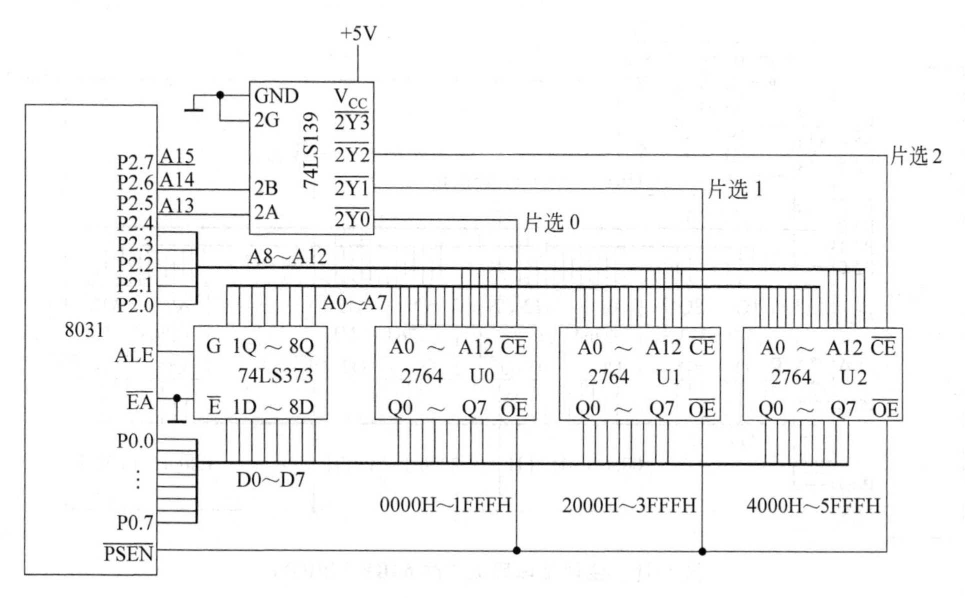

图 6-9　部分地址译码法扩展 24KB EPROM

8051/8751/89C51 片内已有 4KB(52 系列有 8KB)程序存储器，一般不需要再外接程序存储器。但在一些特殊的应用系统中，内部 ROM 容量不够时也要扩展外部程序存储器来存放程序。对这样的系统，8051/8751/89C51 的$\overline{EA}$应该接+5V，使 CPU 能根据程序计数器 PC 的值访问内部或外部程序存储器。

3. 扩展 64KB EPROM(全地址译码)

为了介绍系统设计中全地址译码的概念，如图 6-10 所示的存储器系统用了 8 片 2764 EPROM 电路构成 64K 外部程序存储器。使用了 1 片 74LS138 译码器进行地址译码，所有地址 A0～A15 都参与译码，故称为全地址译码。在全地址译码方式中，存储器的每个存储单元都有一个唯一的地址，CPU 的地址与它一一对应，不存在地址重叠问题。片地址由 P2.7、P2.6、P2.5 给出，分别对应于 138 的 C、B、A 译码输入，138 产生的片选信号输出(片选 0～7)，分别对应 8 片 2764(U0～U7)的$\overline{CE}$端，U0～U7 对应的存储器地址如图 6-10 所示。全地址译码方式的缺点是所需的地址译码电路较多，尤其在单片机寻址能力较大和所采用的存储器芯片容量较小时更为严重。

这里特别要强调的是通过以上介绍，其主要目的是为了掌握系统设计的方法。I/O 接口的设计方法与存储器系统相同，系统设计主要解决存储空间的分配问题，也就是地址的逻辑译码问题。

一般来说，系统设计时，程序存储器 EPROM 电路的选择要根据容量、速度和价格，如图 6-9 所示扩展系统。合理的系统设计，应选择 1 片 27256 来代替 3 片 2764，且 27256 的$\overline{CE}$端直接接地即可。同理，在如图 6-10 所示的扩展系统中，可选择 1 片 27512 来代替 8 片 2764，其$\overline{CE}$端接地，以减少译码电路。综上各例所述，其主要目的就是为了阐明系统设计的方法。

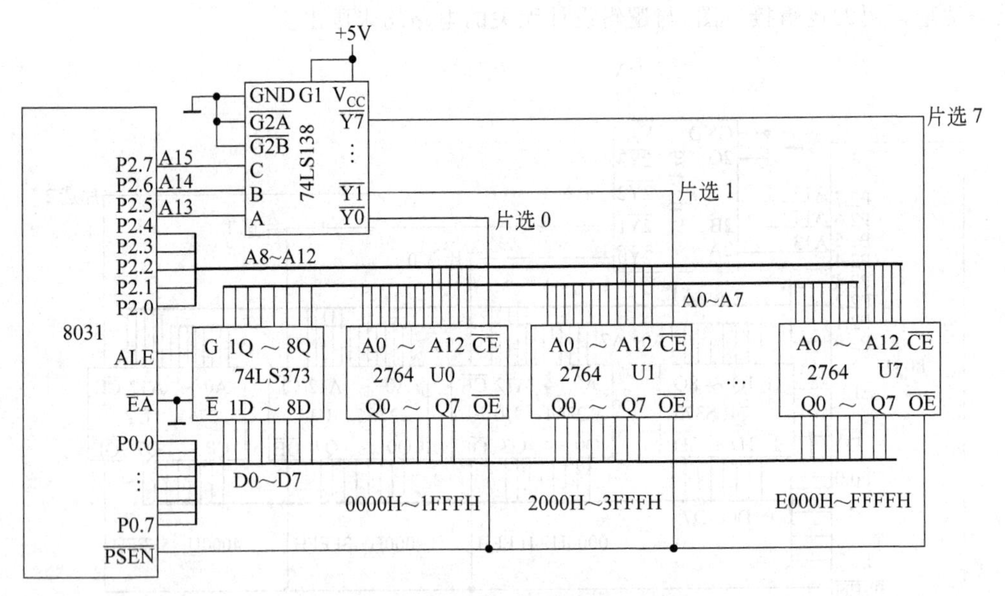

图 6-10 全地址译码法扩展 64KB EPROM

6.4 数据存储器扩展设计

MCS-51 单片机芯片内部有 128 个字节 RAM(52 系列有 256 个字节),在某些应用场合片内 RAM 往往不够用,因而需要进行数据存储器扩展设计。MCS-51 扩展 RAM 容量可达 64K 字节。

6.4.1 外部数据存储器操作时序

MCS-51 单片机设置了专门指令 MOVX 来访问外部数据存储器,共有 4 条寄存器间接寻址指令。

两条以工作寄存器 R0 或 R1 为地址寄存器进行读写操作。

```
MOVX    A,@Ri                  //读操作
MOVX    @Ri,A(i = 0,1)         //写操作
```

执行指令时,寄存器 R0 或 R1 的内容从 P0 口输出,为外部数据存储器提供低 8 位地址,P2 口保持原状态不变。可寻址 256 个字节外部数据存储器单元。

两条以特殊功能寄存器 DPTR 为地址寄存器进行读写操作。

```
MOVX    A,@DPTR                //读操作
MOVX    @DPTR,A                //写操作
```

执行指令时,P0 口输出低 8 位地址(DPL 内容),P2 口输出高 8 位地址(DPH 内容),为外部数据存储器提供 16 位地址,最大范围可寻址 64K 字节外部数据存储器单元。

访问外部数据存储器操作时序如图6-11所示。

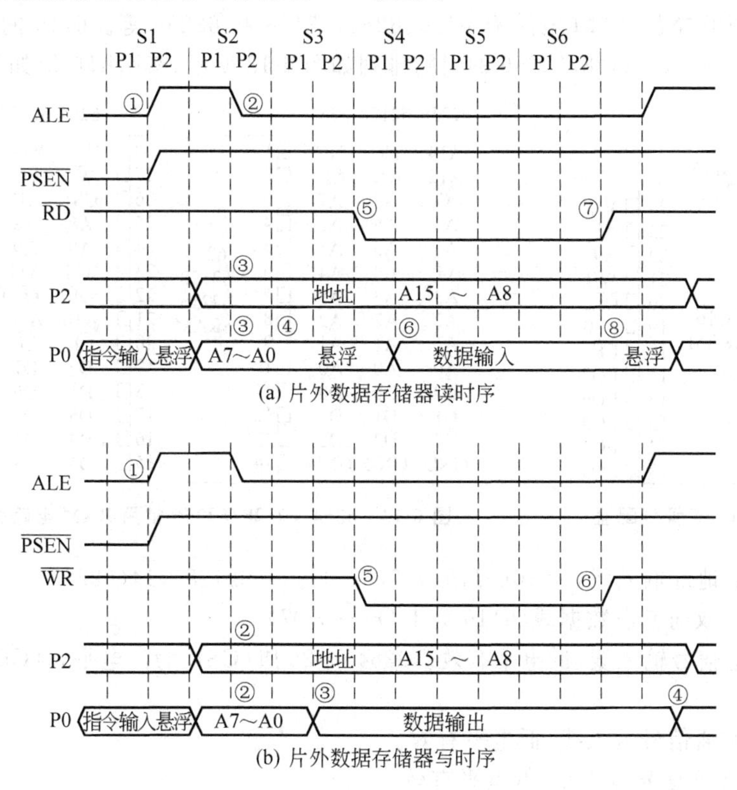

(a) 片外数据存储器读时序

(b) 片外数据存储器写时序

图6-11　访问外部RAM时序

外部数据存储器读操作时序。在第一个机器周期的S1,允许地址锁存信号ALE由低变为高①,开始读周期。在S2状态,CPU把低8位地址送P0口,把高8位地址送P2口(若采用MOVX A,@DPTR指令)。ALE下跳沿②用来把低8位地址锁存到外部锁存器内③。而高8位地址此后一直保持在P2口上,无需再外加外部锁存。在S3状态,P0口总线进入高阻状态④。在S4状态,读控制信号$\overline{RD}$变为有效⑤,它使被寻址的数据存储单元内容经片刻延时后把有效数据送上P0口总线⑥。当$\overline{RD}$回到高电平后⑦,被寻址的存储器总线悬浮起来⑧,使P0口又进入高阻状态。至此,读RAM周期便结束了。

外部数据存储器写操作时序与上述类同,即采用MOVX @DPTR,A指令产生的动作。但在写过程中CPU首先将有效数据送上P0口总线,因此在时序上CPU向P0口送上被寻址存储器的低8位地址后,在S3状态就由地址低8位直接改为要写入的有效数据③,其间总线上不出现高阻悬浮状态。在S4状态,写控制信号$\overline{WR}$有效⑤,选通被寻址的存储器,延时片刻,P0口总线上的有效数据便被写入到被寻址的RAM存储器内了。

6.4.2　常用数据存储器芯片介绍

数据存储器用于存储现场采集的原始数据、运算结果等。所以,外部数据存储器应能随机读/写,通常由半导体静态随机读/写存储器RAM组成。E^2PROM芯片也可以用作外部数据存储器,且掉电后信息不丢失。

1. 静态 RAM (SRAM)芯片

目前常用的静态 RAM 电路有 6116、6264、62128 和 62256 等。6116 的引脚排列如图 6-12 所示。6264/62128/62256 的引脚排列如图 6-13 所示，其引脚功能如下。

6116	引脚	引脚	6116
A7	1	24	V_{CC}
A6	2	23	A8
A5	3	22	A9
A4	4	21	$\overline{WE}$
A3	5	20	$\overline{OE}$
A2	6	19	A10
A1	7	18	$\overline{CE}$
A0	8	17	I/O7
I/O0	9	16	I/O6
I/O1	10	15	I/O5
I/O2	11	14	I/O4
GND	12	13	I/O3

图 6-12　6116 管脚配置

62256	62128	6264	引脚	引脚	6264	62128	62256
A14	NC	NC	1	28	V_{CC}	V_{CC}	V_{CC}
A12	A12	A12	2	27	$\overline{WE}$	$\overline{WE}$	$\overline{WE}$
A7	A7	A7	3	26	CS1	A13	A13
A6	A6	A6	4	25	A8	A8	A8
A5	A5	A5	5	24	A9	A9	A9
A4	A4	A4	6	23	A11	A11	A11
A3	A3	A3	7	22	$\overline{OE}$	$\overline{OE}$	$\overline{OE}$/RFSH
A2	A2	A2	8	21	A10	A10	A10
A1	A1	A1	9	20	$\overline{CE}$	$\overline{CE}$	$\overline{CE}$
A0	A0	A0	10	19	D7	D7	D7
D0	D0	D0	11	18	D6	D6	D6
D1	D1	D1	12	17	D5	D5	D5
D2	D2	D2	13	16	D4	D4	D4
GND	GND	GND	14	15	D3	D3	D3

图 6-13　6264/62128/62256 常用 RAM 电路引脚图

A0～Ai：地址输入线，i＝10(6116)，12(6264)，13(62128)，14(62256)。

D0～D7：双向三态数据线(6116 为 I/O0～I/O7)。

$\overline{CE}$：片选信号输入线，低电平有效。6264 的 26 脚(CS1)为高电平，且$\overline{CE}$为低电平时才选中该片。

$\overline{OE}$：读选通信号输入线，低电平有效。

$\overline{WE}$：写允许信号输入线，低电平有效。

V_{CC}：工作电源，电压＋5V。

GND：接地。

以上所述 RAM 芯片电路均为 Intel 公司的产品。该系列技术特性如表 6-8 所示。

表 6-8　常用静态 RAM 主要技术特性

型　号	存储容量(KB)	存取时间(ns)*	所用工艺	管脚数
6116	2	200	CMOS	24
6264	8	200	CMOS	28
62128	16	200	CMOS	28
62256	32	200	CMOS	28

* 指最大存取时间，例如 6264-10 为 100ns，6264-12 为 120ns，6264-15 为 150ns。

静态 RAM 有读出、写入、维持三种工作方式，这些工作方式的操作如表 6-9 所示。

表 6-9　6116/6264/62128/62256 的操作控制

方式＼信号	$\overline{CE}$	$\overline{OE}$	$\overline{WE}$	D0～D7
读	0	0	1	DOUT
写	0	1	0	DIN
维持*	1	×	×	高阻

* 对于 CMOS 静态 RAM 电路，$\overline{CE}$为高电平时，电路处于降耗状态。此时 V_{CC}可降至 3V 左右，内部所存数据也不会丢失。

2. 电可擦可编程只读存储器 E^2PROM

E^2PROM 是电可擦可编程的半导体存储器，比 EPROM 在使用上要方便得多，它具有 RAM 的在线随机读写性能，掉电后信息不会丢失。+5V 供电下即可进行编程，而且对编程脉冲宽度一般没有特殊要求，不需专门的编程器和擦除器，是一种特殊的可读写存储器。

由于 E^2PROM 具有在线写入功能，常用作需要改写个别操作数据的系统中。尽管 E^2PROM 允许擦/写次数在 10 000 次以上，写入信息可保持 20 年，远比 EPROM 的可擦/写的性能高，仍不宜作为需要频繁改写数据的存储器使用。E^2PROM 也具有在线擦除功能，但放在 E^2PROM 中的程序还是在专用编程器上写入较为方便。较新的 E^2PROM 产品在写入时自动完成擦除。在芯片引脚的设计上，2KB 的 E^2PROM 2816 与相同容量的 EPROM 2716 和静态 RAM 6116 是兼容的；8KB E^2PROM 2864 与相同容量的 EPROM 2764 和静态 RAM 6264 是兼容的；大容量的稍有区别，可查阅有关手册。所以这里把 E^2PROM 归并到数据存储器类，当然也可以将其归并到 ROM 类。这些特点给硬件线路设计和调试带来不少方便。

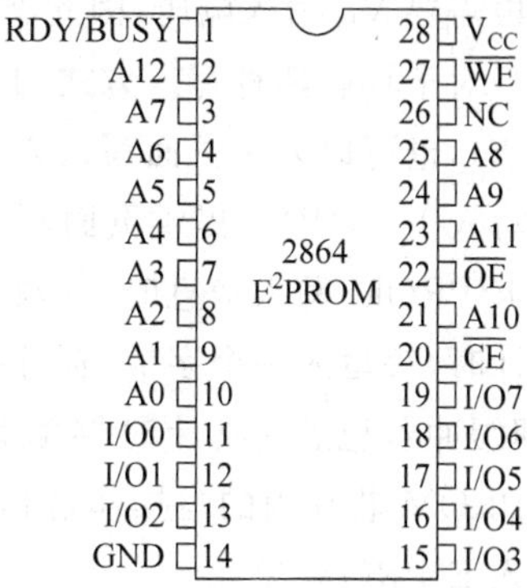

图 6-14 所示仅给出 E^2PROM 2864 的引脚排列图，图中引脚符号功能如下。

A0～A12：地址输入线。

I/O0～I/O7：双向三态数据线。

$\overline{CE}$：片选线，“0”有效。

$\overline{OE}$：读允许线，“0”有效。

$\overline{WE}$：写允许线，“0”有效。

V_{CC}：+5V 工作电源。

GND：接地。

引脚	符号	引脚	符号
1	RDY/$\overline{BUSY}$	28	V_{CC}
2	A12	27	$\overline{WE}$
3	A7	26	NC
4	A6	25	A8
5	A5	24	A9
6	A4	23	A11
7	A3	22	$\overline{OE}$
8	A2	21	A10
9	A1	20	$\overline{CE}$
10	A0	19	I/O7
11	I/O0	18	I/O6
12	I/O1	17	I/O5
13	I/O2	16	I/O4
14	GND	15	I/O3

2864 E^2PROM

图 6-14 E^2PROM 2864 电路引脚图

3. E^2PROM 技术特性

在单片机测控系统中常用的 E^2PROM 芯片型号有 2817(2816)、2864、28256、28512 等芯片主要技术指标如表 6-10 所示。

表 6-10 2817、2864、28256、28512 主要技术指标

型　号	2817(2KB)	2864(8KB)	28256(32KB)	28512(64KB)
维持电流(μA)	*	≤200	≤300	≤300
工作电流(mA)	*	40	50	60
读出时间(ns)	250	*150～250	*150～350	*75～350

*因不同型号而异。

4. E^2PROM 的操作方式

E^2PROM 的操作方式主要有读、写、维持、擦除等几种。表 6-11 给出了各种操作方式和主要引脚控制电平的有关状态。

由表 6-11 可以看出 E^2PROM 的读、维持操作与 EPROM 相同，但写操作和擦除操作不一样。

表 6-11 E²PROM 操作方式

方式 \ 引脚	$\overline{CE}$(20)	$\overline{OE}$(22)	$\overline{WE}$(27)	I/O0～I/O7 (11～13,15～19)
读	0	0	1	DOUT
写	0	1	0	DIN
维持	1	×	×	高阻
输出禁止	×	1	×	高阻
整片擦除	0	12±0.5V	0	高阻

×：表示任意状态。

1) E²PROM 的写操作

E²PROM 可以在线写入，早期 E²PROM 写入时，需要加 V_{PP} 高压，使用上不方便，因此目前多数 E²PROM 芯片内已集成了 DC-DC 电压变换电路，写入时内部电路自动升压，不再需要 V_{PP} 写入电压，因此就没有 V_{PP} 引脚。

对于具有两种写入方式的 E²PROM 芯片，可以采用字节写入方式（一次仅写入一个字节），也可以采用页面写入方式（对于页面为 64B 的 E²PROM 芯片，一次写操作周期可以写入 1～64B）。提供页面写入方式的 E²PROM 内部采用了 SRAM 作"页缓冲器"，当向 E²PROM 写入信息时（与写 SRAM 过程相同），页计数器便开始计数，同时定时器也开始计时，每写入一个字节，页计数器加 1，定时器复位，又从 0 开始计时。当页计数器溢出（即缓冲器已满）或计时器溢出（表示再没有数据写入缓冲器，不必再等待）时，启动 E²PROM 芯片内的写操作过程，换言之，即在其内部电路的控制下把"页缓冲器"的内容存入 E²PROM 单元。

由于 E²PROM 写操作速度很慢，可通过如下方法之一检测写操作是否已结束。

- 对于提供写周期结束指示信号 READY/$\overline{BUSY}$的 E²PROM 芯片来说，启动写操作后，该引脚输出低电平，当写操作结束后，该引脚为高电平，表示写周期已完成，可进行新的操作。因此，通过中断或其他方式检测该引脚电平的变换即可判断写操作是否结束。
- 对于没有提供写周期结束指示信号 READY/$\overline{BUSY}$的 E²PROM 芯片，可以采用软件查询的方法来判断写操作是否已结束。采用软件查询的 E²PROM 芯片具有这样的特点：写周期启动后将最后写入字节的 D7 位取反后送到数据线 D7 上，当写周期结束时，数据线 D7 位恢复原来的状态。因此通过读操作，从 D7 位的状态可判断写周期是否结束。

2) E²PROM 的数据保护

正常情况下，E²PROM 中的数据不会丢失，但由于 E²PROM 靠电擦除和写入，因此在上电和断电瞬间以及由于干扰引起的尖峰脉冲可能破坏 E²PROM 内一个或数个存储单元的数据。因而，软硬件上必须采取一定措施，防止其中数据意外丢失。

对于采用硬件保护措施的 E²PROM 芯片，当电源电压 V_{CC} 小于 3.8V 时，写周期被禁止（内置有电源电压检测电路），电源上电自动延迟一定时间，才启动写入以及在片选信号$\overline{CE}$和写允许信号$\overline{WE}$上加噪声滤波电路等方法。

有些芯片制造商提供了软件数据保护方法。允许用户在每个写周期前，向特定地址写入 3 个特定字节后，才启动写入周期。由于上电、断电及干扰等不可能正确启动写入周期，因此也就保护了其中的信息。

6.4.3　数据存储器扩展设计

1. 8051 扩展 2KB 静态 RAM

图 6-15 所示电路为 8051/8751/89C51（内部有 ROM 的单片机）用地址线直接扩展 2KB 静态 RAM 6116 的接口连线图。

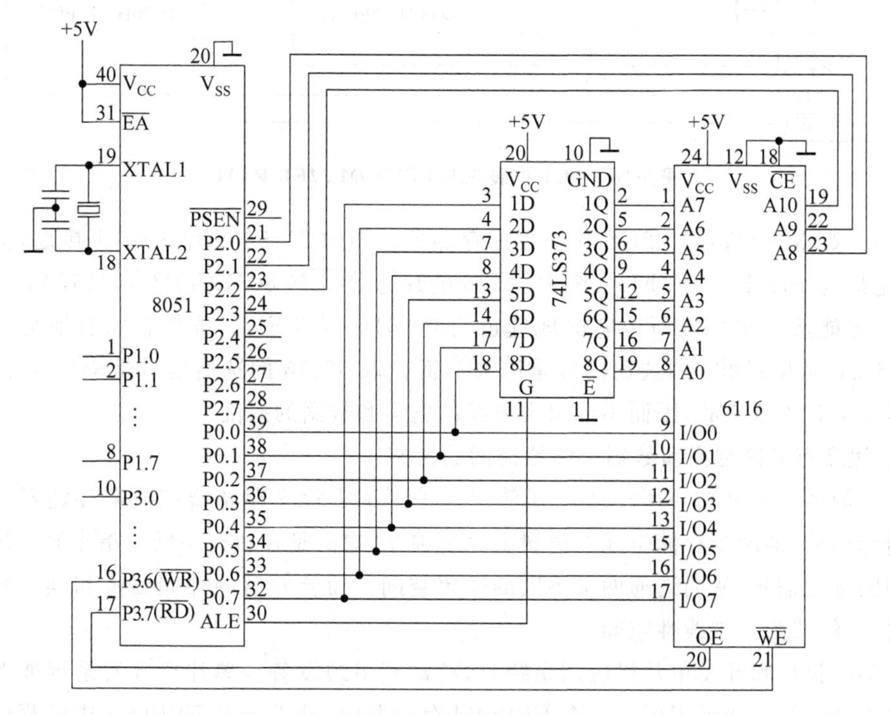

图 6-15　8051 扩展 2KB RAM

与图 6-8 相同，用 74LS373 作锁存器锁存低 8 位地址；8051 的 $\overline{WR}$（P3.6）和 $\overline{RD}$（P3.7）分别与 6116 的写允许端 $\overline{WE}$ 和读选通端 $\overline{OE}$ 连接，以实现读/写控制；由于系统中使用片内 ROM 从 0000H 开始的空间，因此 $\overline{EA}$ 必须接高电平；6116 的片选端 $\overline{CE}$ 接地，为常选状态，地址为 0000H～07FFH，对于有片内 ROM 的 8051/8751/89C51 扩展一片 RAM 便可构成一个系统。

系统中扩展静态存储器 RAM，电路设计比较简单，无需刷新电路。当系统中需要较大容量的数据存储器时，可使用 6264、62128、62256 等集成度高容量大的芯片。

2. 8031 扩展 32KB EPROM 和 32KB RAM

采用大容量的存储器芯片 27256 和 62256 用线选法，可为单片机系统外扩 32KB EPROM 和 32KB RAM，逻辑设计如图 6-16 所示，与逻辑设计无关的电路均未画出。

图中所示的 8031 扩展系统中，用一片 EPROM 27256 作 32KB 片外程序存储器；用

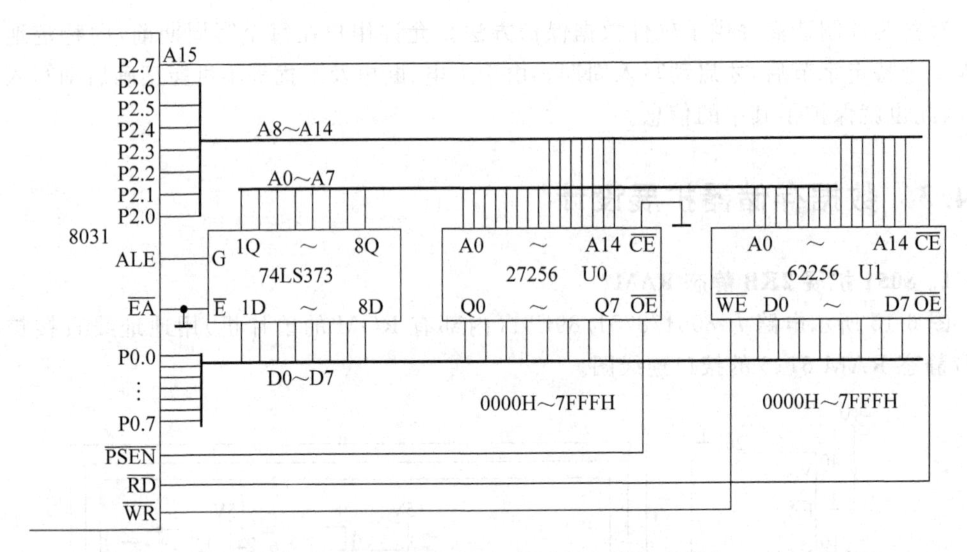

图 6-16 8031 扩展 32KB EPROM 32KB RAM

一片静态 RAM 62256 作 32KB 片外数据存储器。图中 27256 的片选端$\overline{CE}$接地，为常选状态，地址为 0000H～7FFFH。图中 62256 的片选端$\overline{CE}$接 8031 的 P2.7，只有 P2.7 输出为 0 时，才能选通 62256，所以它的地址也为 0000H～7FFFH。虽然它们的地址是相同的，但 8031 读取 27256 的选通信号是$\overline{PSEN}$，而读取 62256 的选通信号是$\overline{RD}$。这两个信号在时序上是不重叠的，因而不会出现总线的竞争和数据的混乱。

3. 程序存储器空间和数据存储器空间的合并

从前面的介绍可知，MCS-51 系列单片机采用了将程序存储器和数据存储器分开寻址的哈佛结构，即两个存储空间在逻辑上完全独立，它们是在执行不同的指令时由硬件产生不同的选通信号，从而选通两个不同的逻辑空间。而合并后的存储器将和其他系统的存储器一样，成为一维线性空间。

在实际设计和开发单片机应用系统时，经常使用的设备是单片机开发系统或者称为单片机仿真系统。如果程序存放在 EPROM 存储器中，就无法对 EPROM 中的程序进行在线修改，如果将程序存放在 RAM 中，则可一面调试一面修改，给系统实验和程序调试带来极大方便。单片机仿真系统的程序仿真存储器就是采用 RAM 构成的。

这种设计如图 6-17 所示，在硬件上将图 6-16 略加修改。把 8031 单片机的$\overline{RD}$信号和$\overline{PSEN}$信号用一与门电路连接，其输出信号去选通 62256 的$\overline{OE}$端，就可以将数据存储器和程序存储器合并为一个逻辑空间。在一个逻辑空间中，存储器地址不允许重合，因此仿真存储器 62256 的地址应从 8000H～FFFFH，62256 的片选端$\overline{CE}$与 P2.7 之间加一反相器。

在执行"MOVX @DPTR(@Ri)"类指令时，产生$\overline{RD}$、$\overline{WR}$控制信号，将程序装入 62256 仿真 RAM，通过键盘可方便地读/写和修改其中的数据和指令。在执行仿真 RAM 中的指令时，由$\overline{PSEN}$选通信号读出 RAM 中的指令。同时$\overline{PSEN}$选通信号也可访问 27256 中的程序，27256 的地址如图 6-17 所示。

4. 8051 扩展 8KB E²PROM

如图 6-18 所示为 8051 扩展一片 8KB E²PROM 2864A 组成的存储器系统(图中未画

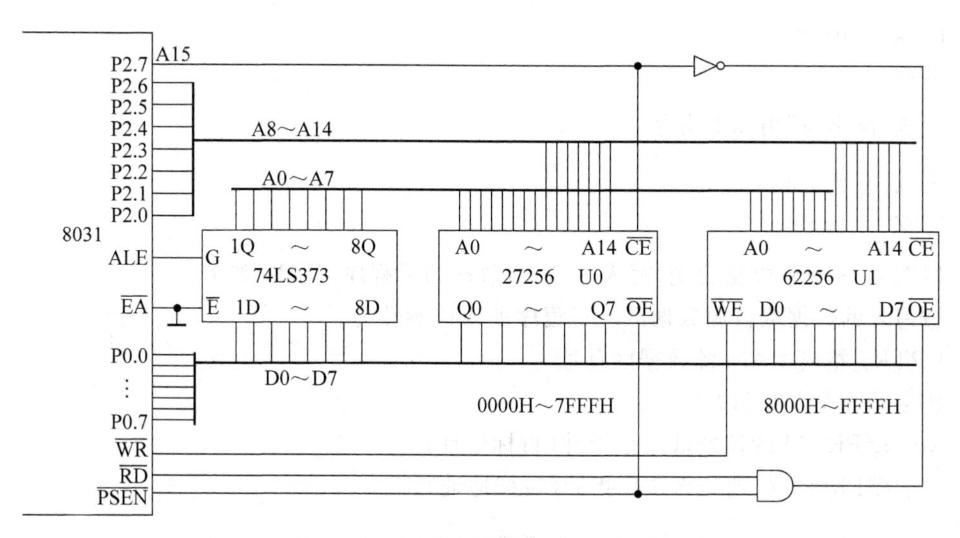

图 6-17 程序存储器和数据存储器空间合并的 8031 系统

出数据存储器 RAM)。2864A 的引脚与 6264 相同且兼容,在读工作方式时,2864A 的引脚及功能与 2764 相同。图中 2864A 的片选端$\overline{CE}$接$\overline{P2.7}$,地址为 8000H～9FFFH;实际上采用了线选法,P2.7 通过非门去选通。与上例相同,采用了将外部数据存储器和程序存储器合并的方法,这样 8KB E^2PROM 既可用作程序存储器,又可用作数据存储器(随机修改其中的数据,掉电时,不丢失数据)。

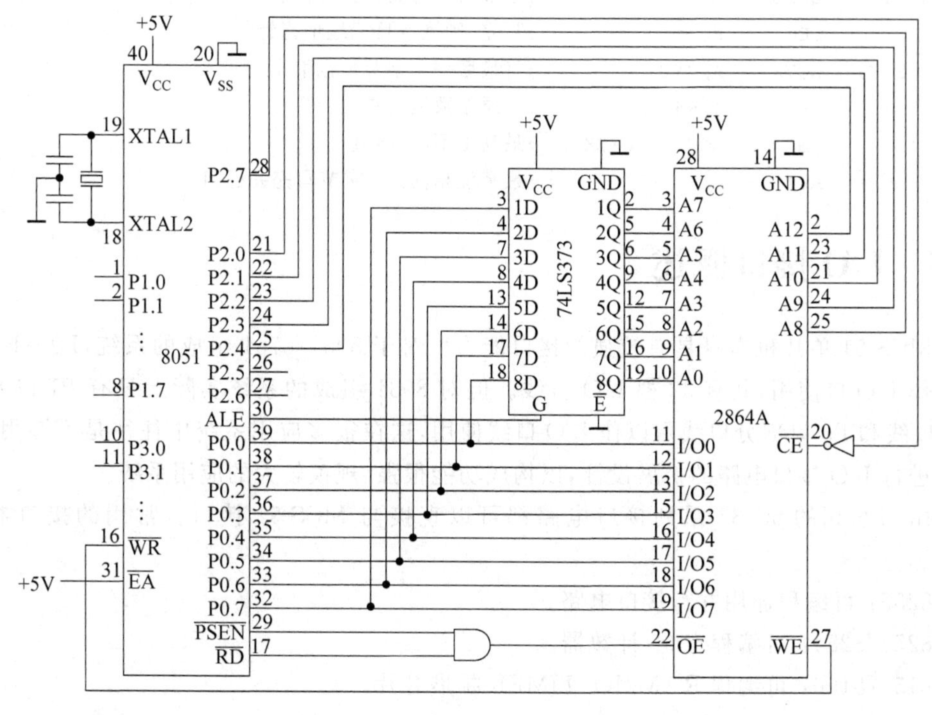

图 6-18 8031 外扩 2864A 系统

系统"写入时"用如下指令。

```
MOVX    @DPTR,A
MOVX    @Ri,A
```

系统“读出时”用如下指令。

```
MOVX    A,@DPTR
MOVX    A,@Ri
```

以图 6-18 所示电路为例，写入 16 字节数据的子程序 WR16 如下。

被写入的数据取自源数据区。子程序的入口参数为。

DPTR：指向 RAM 源数据区首址。

R7：写入字节数(10H)。

R0：E^2PROM 的地址低 8 位指针(目标地址)。

P2：E^2PROM 的地址高 8 位指针(目标地址)。

```
WR16:   MOVX    A,@DPTR         ;取数据
        MOV     R4,A            ;数据暂存,备查
        MOVX    @R0,A           ;数据写入 2864AE²PROM
        INC     DPTR
        INC     R0              ;修改地址指针
        CJNZ    R0,#0,NEXT      ;地址指针低 8 位未溢出,则转
        INC     P2              ;否则,地址指针高 8 位加 1
NEXT:   DJNZ    R7,WR16         ;字节数未写完,转移继续
        DEC     R0              ;写完,则恢复目标地址指针
CHECK:  MOVX    A,@R0           ;将最后一个字节数据取出
        XRL     A,R4            ;与原始数据比较
        JB      ACC.7,CHECK     ;最高位不同,再查
        RET                     ;最高位相同,16 字节写完并返回
```

6.5 I/O 接口概述

MCS-51 单片机本身具有较强的接口能力。对于 8051/8751 组成的系统，P0～P3 口均可作 I/O 口使用，共有 32 根 I/O 口线。但对 8031 组成的系统实际上只有 P1 口 8 根 I/O 口线和 P3 口部分口线可以作 I/O 口线使用，这在很多应用系统中往往是不够用的，需要进行 I/O 接口电路的扩展设计，以构成功能很强、规模较大的应用系统。

Intel 公司的 80/85 系列接口电路都可以直接与 MCS-51 接口。常用的接口器件如下。

8255：可编程通用并行接口电路。

8253/8254：可编程定时/计数器。

8155/8156：可编程 RAM/IO/TIMER 扩展芯片。

8251：可编程串行接口电路。

8279：可编程键盘显示接口电路。

另外，74 系列 TTL 电路或 CMOS 电路也可以作为 MCS-51 的扩展 I/O 接口，如

74LS373 和 74LS377 等。本章将重点介绍一些常用的接口电路及其扩展设计和应用的方法。

6.6 可编程并行 I/O 接口芯片 8255A

6.6.1 8255A 的结构

1. 概述

8255A 是为 Intel 公司的微处理器配套的通用可编程的并行 I/O 接口芯片，它有 3 个 8 位并行端口，分别称为 PA 口、PB 口和 PC 口，PC 口还可分为 2 个 4 位并行端口，称为 PC 口的高 4 位 PC7～PC4 及低 4 位的 PC3～PC0 端口。每个端口均通过控制寄存器编程确定为全部输入或全部输出，也可确定为指定的功能，如 PC 口在 PA 口和 PB 口确定为方式 1 或方式 2 时，它的某些位就可能作为控制功能使用。8255A 可与 MCS-51 单片机系统总线直接接口，其管脚采用 40 线双列直插式封装，如图 6-19 所示。其引脚名及功能说明如下。

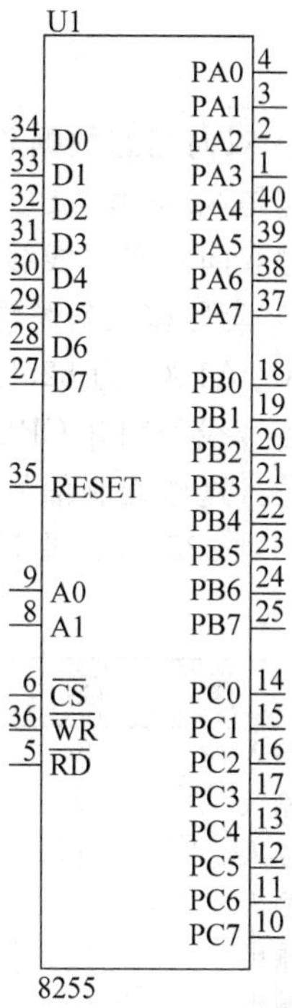

D0～D7：双向数据总线。

RESET：复位输入。

$\overline{\text{CS}}$：片选。

$\overline{\text{WR}}$、$\overline{\text{RD}}$：写选通、读选通。

A0～A1：地址线，选择端口地址。

PA7～PA0：端口 A，I/O 线。

PB7～PB0：端口 B，I/O 线。

PC7～PC0：端口 C，I/O 线。

图 6-19 8255A 引脚配置图

2. 8255A 的结构

8255A 的结构框图如图 6-20 所示，它由以下几个部分组成。

1）I/O 端口 PA、PB、PC

8255A 有 3 个 8 位并行口，即为 PA、PB、PC，它们都可以选择为输入或输出工作方式，但在功能和结构上有些差异。PA 口有一个 8 位数据输出锁存器和缓冲器，一个 8 位数据输入锁存器；PB 口有一个 8 位输入输出锁存缓冲器，一个 8 位的数据输入输出缓冲器；PC 口有一个 8 位的输出锁存缓冲器，一个 8 位输入缓冲器。PA 口和 PB 口作为输入输出口，PC 口可作为输入输出口，也可作为 PA、PB 口选通方式操作时的状态控制信号。

2）A 组和 B 组控制电路

这是两组根据 CPU 命令控制 8255 工作方式的控制电路，A 组控制 PA 口和 PC4～PC7，B 组控制 PB 口和 PC0～PC3。

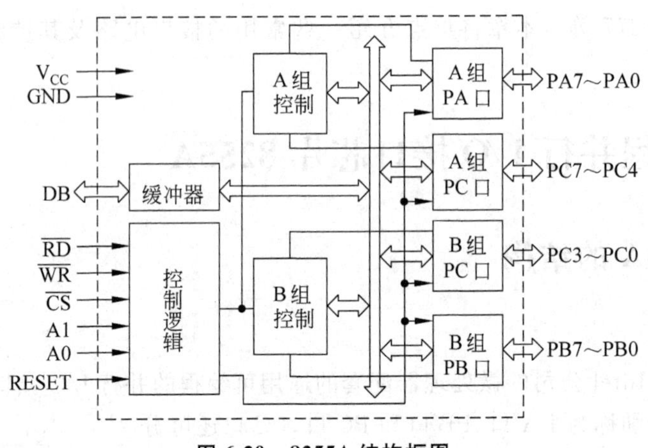

图6-20　8255A结构框图

3）双向三态数据总线缓冲器

这是8255和CPU数据总线的接口，CPU和8255之间的命令，数据和状态的传送就是通过双向三态总线缓冲器传送的，D0～D7接CPU的数据总线。

4）读写和控制逻辑

A0、A1、$\overline{CS}$为8255的口选择信号与片选信号，$\overline{RD}$、$\overline{WR}$为对8255的读写控制信号，这些信号线分别和CPU的地址线和读写信号线相连接，实现CPU对8255的口选择和数据传送。这些控制信号的组合可以实现CPU对8255的PA口、PB口、PC口和控制口的寻址。对8255A的端口寻址如表6-12所示。

表6-12　8255A的端口寻址

操　作	$\overline{CS}$	A1	A0	$\overline{RD}$	$\overline{WR}$	功　能
输入	0	0	0	0	1	A口→数据总线（读端口A）
输入	0	0	1	0	1	B口→数据总线（读端口B）
输入	0	1	0	0	1	C口→数据总线（读端口C）
输入	0	1	1	0	1	状态寄存器→数据总线
输出	0	0	0	1	0	数据总线→A口（写端口A）
输出	0	0	1	1	0	数据总线→B口（写端口B）
输出	0	1	0	1	0	数据总线→C口（写端口C）
输出	0	1	1	1	0	数据总线→控制寄存器
禁止	1	×	×	×	×	数据总线为高阻态

5）RESET

复位信号，高电平有效，消除控制寄存器，8255处于基本操作状态，置PA、PB、PC三个端口均为输入方式。

6.6.2　8255A的操作说明

1. 8255工作方式选择

8255有三种可通过编程来选择的基本工作方式。

方式0：基本输入输出方式。

方式 1：选通输入输出方式。

方式 2：双向传送方式(仅 A 口)。

工作方式的选择由“方式选择字”决定，下面介绍该控制字的作用。

1) 方式选择控制字

8255 的工作方式可由 CPU 向 8255 的控制寄存器写入一个“方式选择字”来确定。这个方式选择字的格式如表 6-13 所示。可分别选择端口 A 和端口 B 的工作方式，端口 C 分成两部分，上半部 PC4～PC7 随端口 A，下半部 PC0～PC3 随端口 B。端口 A 有方式 0、方式 1 和方式 2 三种，而端口 B 只能工作于方式 0 和方式 1。

表 6-13　方式选择字格式

D7	D6	D5	D4	D3	D2	D1	D0
1：方式特征标志	A 组				B 组		
	A 组方式		PA	PCH	B 组方式	PB	PCL
	0 0:方式 0 0 1:方式 1 1×:方式 2		0：输出 1：输入	0：输出 1：输入	0：方式 0 1：方式 1	0：输出 1：输入	0：输出 1：输入

例 6-1　若将方式选择字 91H 写入控制寄存器，由表 6-14 方式选择字可知，8255 被编程为 PA 口工作在方式 0 输入，PB 口工作在方式 0 输出，PC 口高 4 位为输出，PC 口低 4 位为输入。

表 6-14　方式选择字各位的定义

D7	D6	D5	D4	D3	D2	D1	D0
1：方式特征标志	A 组				B 组		
	A 组方式		PA	PCH	B 组方式	PB	PCL
	0 0:方式 0		1：输入	0：输出	0：方式	0：输出	1：输入

例 6-2　若将方式选择字 98H 写入控制寄存器，由表 6-15 方式选择字可知，8255 被编程为 A 组为方式 0 输入，B 组为方式 0 输出。

表 6-15　方式选择字各位的定义

D7	D6	D5	D4	D3	D2	D1	D0
1：方式特征标志	A 组				B 组		
	A 组方式		PA	PCH	B 组方式	PB	PCL
	0 0:方式 0		1：输入	1：输入	0：方式	0：输出	0：输出

2) PC 口按位置/复位控制字

8255 PC 口的输出具有位控功能，PC7～PC0 中的任一位都可由 CPU 写入控制寄存器一个置/复位控制字来置位或复位(其他位的状态不变)。PC 口的置/复位控制字的格式如表 6-16 所示。

例如：07H 写入控制口，将 PC3 位置“1”，若 08H 写入控制器，PC4 位被置“0”，其他

表 6-16 PC 口置/复位控制格式

D7	D6	D5	D4	D3	D2	D1	D0
0：位控标志	×　×　× 未定义			0 0 0：PC0 0 0 1：PC1 0 1 0：PC2 0 1 1：PC3 1 0 0：PC4 1 0 1：PC5 1 1 0：PC6 1 1 1：PC7			1：置位 0：复位

位不变。由于8255的方式选择字和C口置/复位控制字共用一个地址(即共用一个控制寄存器)，故其控制字的D7位是特征标志。D7=1，表示该控制字为8255方式选择字；D7=0，表示该控制字为PC口置/复位控制字。

2. 方式0的操作功能

方式0是一种基本的输入输出方式。在这种工作方式下，三个端口的每一个都可由程序选定作为输入或输出，任一端口都可由简单的传送指令来读或写，用于无条件传送十分方便。基本功能如下。

① 两个8位端口(A,B)，和两个4位端口(C)。

② 任一个端口可作输入或输出。

③ 输出是锁存的。

④ 输入不是锁存的。

⑤ 在方式0时，各个端口的输入、输出可有16种不同组合。

在MCS-51系统中，只要执行MOVX A,@DPTR和MOVX @DPTR,A类指令，便可完成输入输出操作。

3. 方式1的操作功能

这是一种选通I/O方式，在这种方式下，PA口或PB口仍作数据端口输入输出，但同时规定PC口的某些位作为控制或状态信息。主要功能如下。

① 用作一个或两个选通I/O端口。

② 每一个端口包含8位数据线，三条控制线(是固定的，不能用编程改变)提供中断逻辑。

③ 任一端口都可作输入或输出。

④ 若只有一个端口工作于方式1，余下13位可工作在方式0(由控制字决定)。

⑤ 若两个端口都工作于方式1，PC口还剩下两位可由程序指定为输入或输出，也具有置/复位功能。

4. 方式2的操作功能

这种方式，使外设可在单一的8位总线上，既能发送，也能接收数据(双向总线I/O)。工作时可用程序查询方式，也可工作于中断方式。主要功能如下。

① 方式2只用于端口A。

② 一个8位的双向数据总线端口(PA)和一个5位控制端口(PC)。

③ 输入和输出是锁存的。

④ 5 位控制线用作端口 A 的控制和状态信息。

6.6.3　应用举例

例 6-3　8031 扩展 8255A，将 PA 口设置成输入方式，PB 口设置成输出方式，PCH 口设置成输入方式，PCL 口设置成输出方式。试设计扩展接口电路，并给出初始化程序。

完成上述功能的如图 6-21 所示。

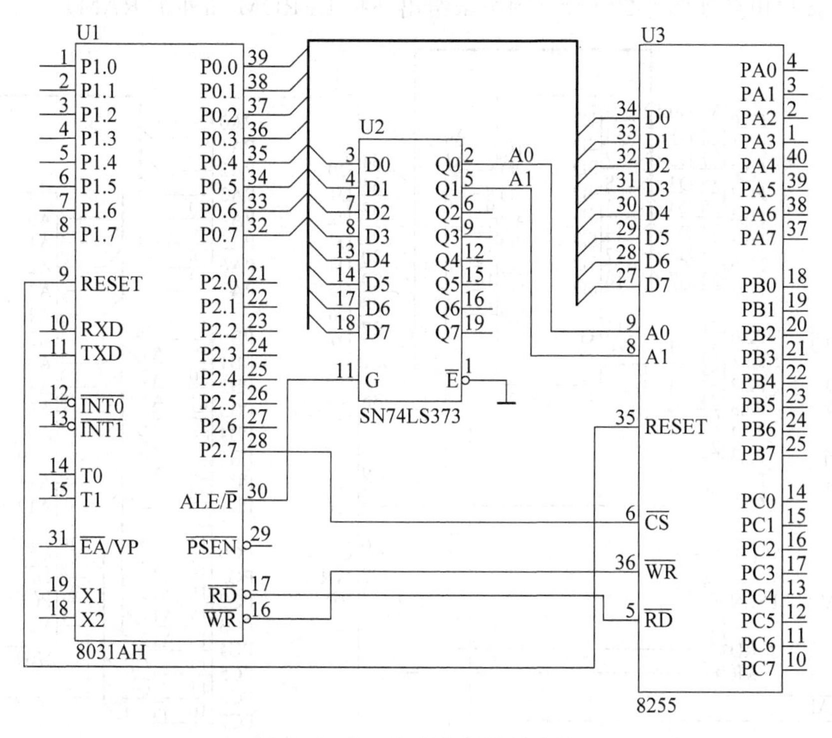

图 6-21　8255A 的扩展接口电路

根据图 6-21 所示的硬件接口方式及结合前面的分析得知，8255A 芯片的 PA 端口的地址为 7FFCH，PB 端口的地址为 7FFDH，PC 端口的地址为 7FFEH，控制寄存器的地址为 7FFFH。可用“MOVX”指令来访问这些端口。

8255A 复位时，所有端口（A、B、C）均被置为基本输入方式，如果不符合应用系统的要求，就必须进行编程改变这个工作方式。所谓编程，就是向 8255A 控制寄存器写入一个控制字，以确定各端口的工作方式，I/O 方向等。

根据题目要求：A 口输入，B 口输出，两者均采用工作方式 0，则控制字为 98H。

把控制字送入 8255A 的控制寄存器，即可完成 8255A 与 CPU 之间的软件接口并成为系统软件的一种扩展，也就是所谓的编程，其程序初始化清单如下。

```
MOV     A,#98H          ;方式控制字→A
MOV     DPTR,#7FFFH     ;选通控制寄存器
MOVX    @DPTR,A         ;方式控制字送入 8255A
```

```
MOV     DPTR,#7FFCH
MOVX    A,@DPTR           ;读 PA 口数据
MOV     DPTR,#7FFDH
MOVX    @DPTR,A           ;送 PB 口输出
```

例 6-4 在一个 8031 的应用系统中，利用扩展 8255A 设计一个 EPROM 2764 编程器，要求 8255A 的 PA 口作为 D0～D7 数据输出口，PB 口作为低 8 位地址口，PC 口作为高 5 位的地址口。并将起始地址设定为 ADR1，长度为 L16 的外扩 RAM 中用户程序固化到起始地址为 ADR2 的 2764 EPROM 中。

硬件接口电路如图 6-22 所示(图中未给出外扩 EPROM 和外扩 RAM)。

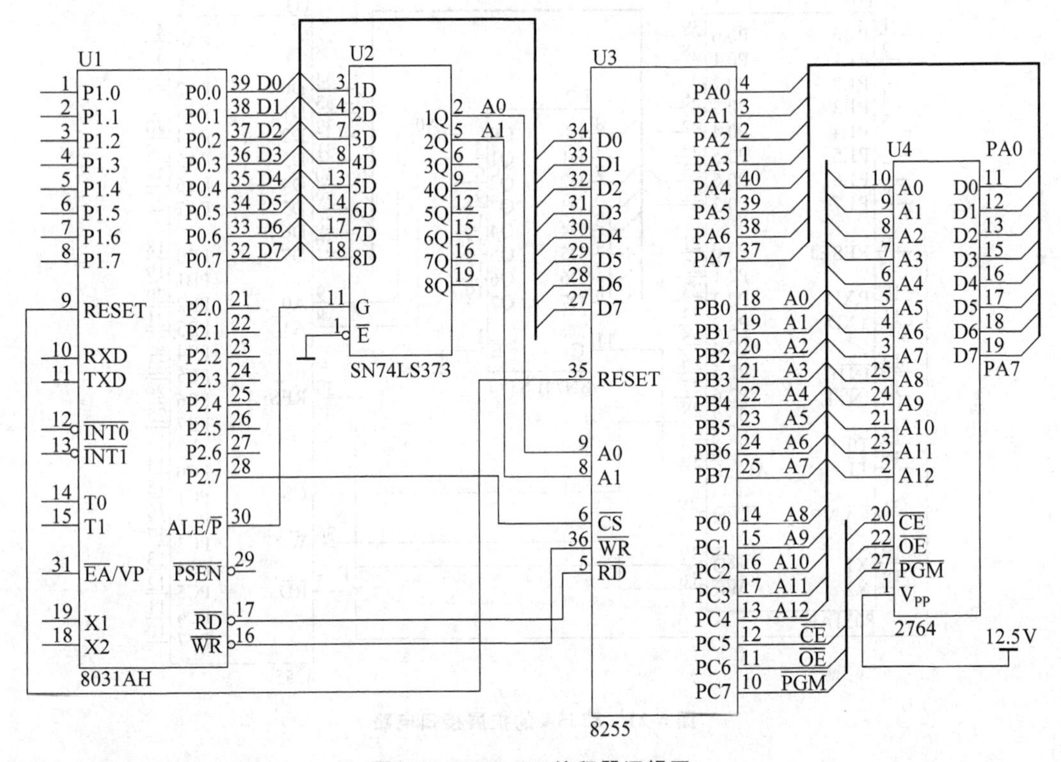

图 6-22 EPROM 编程器逻辑图

在该系统中扩展 8255A 地址分配如下：PA 口，7FFCH；PB 口，7FFDH；PC 口，7FFEH；控制口，7FFFH。

8255A 的 PA 口、PB 口、PC 口均选为方式 0 输出工作方式。PC7 与 EPROM 2764 的编程控制端 $\overline{\text{PGM}}$ 连接，当 PC7＝1 时，EPROM 停止编程；PC6 与 2764 EPROM 的输出使能端 $\overline{\text{OE}}$ 连接；PC5 与 2764 EPROM 的片使能端 $\overline{\text{CE}}$ 连接。

软件程序设计如下。

① 对 8255 的初始化编程用下列程序实现。

```
START:   MOV     DPTR,#7FFFH     ;选通控制寄存器
         MOV     A,#80H
         MOVX    @DPTR,A         ;方式控制字送接口
         MOV     A,#0FH          ;置/复位控制字
```

```
        MOVX    @DPTR,A         ;1→PC7,2764 编程无效
```

② 对 2764 编程的软件框图，如图 6-23 所示。

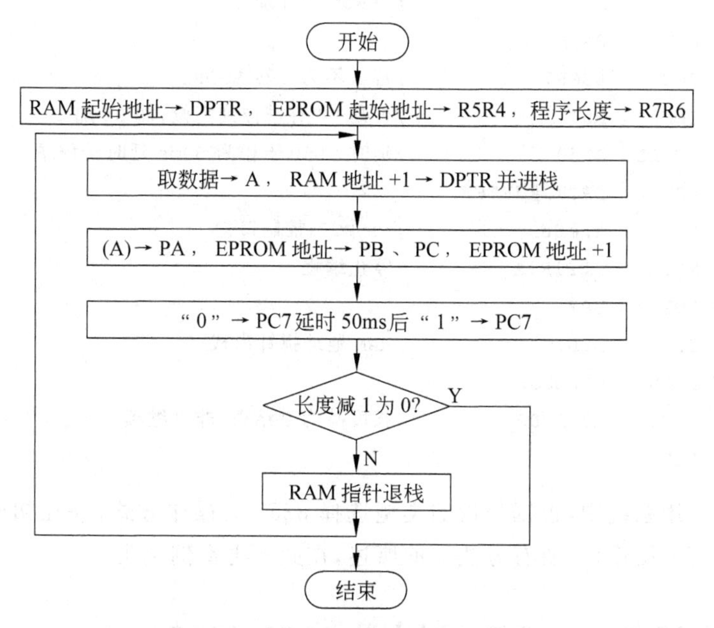

图 6-23　用户程序固化子程序框图

③ 用户程序固化到 2764 EPROM 中的编程子程序清单如下。

```
START1: MOV     DPTR,#addr1     ;RAM 起始地址→DPTR
        MOV     R4,#addr2L
        MOV     R5,#addr2H      ;EPROM 起始地址→R5,R4
        MOV     R6,#L16L        ;长度→R7,R6
        MOV     R7,#L16H
        MOV     A,R6
        JNZ     LOOP
        DEC     R7              ;调整长度值
LOOP:   MOVX    A,@DPTR         ;取 RAM 中数据
        INC     DPTR            ;RAM 地址指针加 1
        PUSH    DPL
        PUSH    DPH             ;RAM 地址压入堆栈
        MOV     DPTR,#07FFCH    ;A 口地址→DPTR
        MOVX    @DPTR,A         ;数据→A 口
        INC     DPTR            ;选通 B 口地址
        MOV     A,R4
        MOVX    @DPTR,A         ;低 8 位地址→B 口
        INC     DPTR            ;选通 C 口地址
        MOV     A,R5
        ANL     A,#1FH          ;地址高 5 位 PC0～PC4
        SETB    ACC.6           ;0→PC7
```

```
        MOVX    @DPTR,A         ;开始写 EPROM
        MOV     A,R4
        INC     A               ;EPROM 地址加 1
        MOV     R4,A
        JNZ     LOOP1           ;若 A 不为 0 转 LOOP1
        INC     R5              ;否则 R4 有进位到高位,即 R5 加 1
LOOP1:  ACALL   DL50            ;延时 DL50 子程为 50ms 延时子程序
        MOV     DPTR,#7FFFH
        MOV     A,#0FH          ;1→PC7(控制口)
        MOVX    @DPTR,A         ;停止编程
        POP     DPH;
        POP     DPL             ;RAM 地址指针出栈
        DJNZ    R6,LOOP
        DJNZ    R7,LOOP         ;长度减为 0 结束,非 0 继续
        RET
```

在实际的应用系统中,根据外设的类型选择 8255 的操作方式,并在初始化程序中把相应的控制字写入操作口,所有方法如前所述,在此不再举例说明。

6.7 可编程 RAM/IO 扩展器 8155/8156

6.7.1 8155/8156 芯片的结构

Intel 8155/8156 是一种多功能的可编程常用外围接口芯片,它具有三个可编程 I/O 端口(PA 口和 PB 口是 8 位,PC 口是 6 位),一个可编程 14 位定时计数器和 256 字节的 RAM,能方便地进行 I/O 扩展和 RAM 扩展,芯片采用 40 线双列直插式封装,其内部结构框图,如图 6-24 所示,引脚配置如图 6-25 所示。

芯片引脚功能说明如下。

RESET:复位输入信号。

$\overline{CE}$:8155 片选信号,低电平有效(8156:CE,高电平有效)。

$\overline{RD}$:读选通信号线,低电平有效。

$\overline{WR}$:写选通信号线,低电平有效。

IO/$\overline{M}$:RAM 及 IO 选择。

当 IO/$\overline{M}$=0,$\overline{CE}$=0 时,单片机选择 8155 的 RAM 读写,AD0~AD7 上地址为 8155 的 RAM 单元地址。

当 IO/$\overline{M}$=1,$\overline{CE}$=0 时,单片机选择 8155 的 I/O 读写,AD0~AD7 上的地址为 8155 的 I/O 口地址。

ALE:地址锁存信号线。8155 片内有地址锁存器,ALE 信号的下降沿将 AD0~AD7 上的地址信息以及$\overline{CE}$,IO/$\overline{M}$的状态锁存在 8155 内部寄存器。

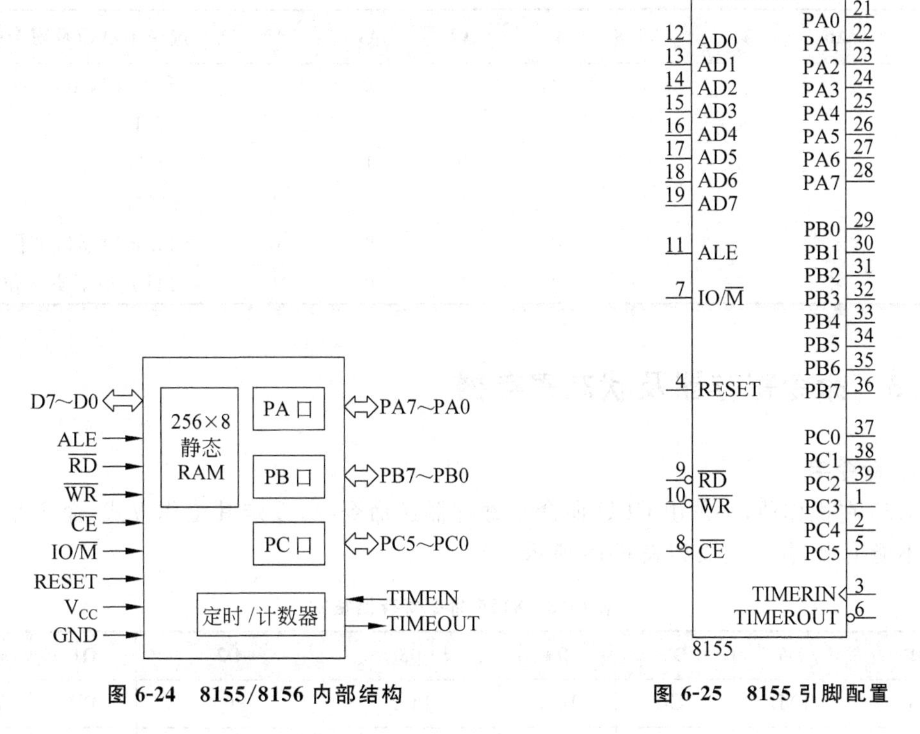

图 6-24　8155/8156 内部结构

图 6-25　8155 引脚配置

AD0～AD7：三态地址/数据复用线。因 8155 片内有地址锁存器，AD0～AD7 应直接与 8031 的 P0 口相连。

PA0～PA7：端口 A，I/O 线。

PB0～PB7：端口 B，I/O 线。

PC0～PC5：端口 C，I/O 线。

TIMERIN：定时计数器的输入端。

TIMEROUT：定时计数器的输出端。

6.7.2 RAM 和 I/O 端口寻址方式及应用

当片选信号$\overline{CE}$=0 时，选中该片，$\overline{CE}$=1 时该片未选中。AD0～AD7 是低 8 位地址线和数据共用输入口，当 ALE=1 时，输入的是地址信息，否则是数据信息。所以，AD0～AD7 应与 8031 的 P0 口连接。

IO/$\overline{M}$是 RAM 或 I/O 选择线。

① 当 IO/$\overline{M}$=0 且$\overline{CE}$=0，选中 8155 片内 RAM，AD0～AD7 为 RAM 地址(00H～FFH)；

② 若 IO/$\overline{M}$=1 且$\overline{CE}$=0，选中 8155 片内三个 I/O 端口(PA，PB，PC)，AD0～AD7 为 I/O 口地址，其分配如表 6-17 所示。

表 6-17 8155 I/O 口编址

A7	A6	A5	A4	A3	A2	A1	A0	选中 I/O 口及寄存器
×	×	×	×	×	0	0	0	命令及状态口
×	×	×	×	×	0	0	1	PA 口
×	×	×	×	×	0	1	0	PB 口
×	×	×	×	×	0	1	1	PC 口
×	×	×	×	×	1	0	0	TL 定时器低 8 位
×	×	×	×	×	1	0	1	TH 定时器高 6 位

6.7.3 命令寄存器及状态寄存器

1. 命令字

8155 在操作前，必须由 CPU 向命令寄存器送命令字，设定其工作方式，命令字只能写入不能读出，各位定义如表 6-18 所示。

表 6-18 8155 命令寄存器格式

D7	D6	D5	D4	D3	D2	D1	D0
TM2	TM1	IEB	IEA	PC2	PC1	PB	PA
00:空操作 01:停止计时 10:时间到则停止计时 11:置入定时器方式控制字和计数初值后，立即启动计时；若正在计时，溢出后按新的定时器方式和计数初值计时		0:禁止 PB 口中断 1:允许 PB 口中断	0:禁止 PA 口中断 1:允许 PA 口中断	00:PA、PB、PC 均为基本 I/O 方式，PA 和 PB 输入输出由 D1D0 确定、PC 口输入 11: PA、PB、PC 均为基本 I/O 方式，PA 和 PB 输入输出由 D1D0 确定、PC 口输出 01:PA 选通方式、PB 为基本 I/O 方式，输入输出由 D1D0 确定；PC0～PC2 为 PA 口联络线，PC3～PC5 基本 I/O 输出方式 10:PA、PB 均为选通方式，输入输出由 D1D0 确定；PC0～PC2 为 PA 口联络线，PC3～PC6 为 PB 口联络线		0:输入 1:输出	0:输入 1:输出

1) 8155 基本 I/O 工作方式

当 8155 的 PA 口、PB 口、PC 口编程为基本输入输出方式时，可用于无条件 I/O 操作。基本输入时执行 MOVX A,@DPTR 类指令，基本输出时执行 MOVX @DPTR,A 类指令。

2) 8155 选通 I/O 工作方式

当 8155 的 PA 口编程为选通 I/O 工作方式时，PC 口低 3 位作 PA 口联络线，PC 口其余位作 I/O 线，PB 口定义为基本 I/O；PA 口和 PB 口可均定义为选通 I/O 方式，PC 口作 PA 口，PB 口联络线，逻辑结构如图 6-26 所示。

INTR: 中断请求输出线，作单片机的外部中断源，高电平有效，当 8155 PA 口(或 PB

口)缓冲器接收到设备打入的数据，或设备从缓冲器中取走数据时，中断请求线 INTR 升高(仅当命令寄存器相应中断允许位为 1 时)，向单片机请求中断。单片机对 8155 的相应 I/O 口进行一次读/写操作，INTR 变低电平。

BF：缓冲器状态标志输出线。缓冲器有数据(满)时，BF 为高电平，否则缓冲器为空时，BF 为低电平。

$\overline{STB}$：设备选通信号输入线，低电平有效。

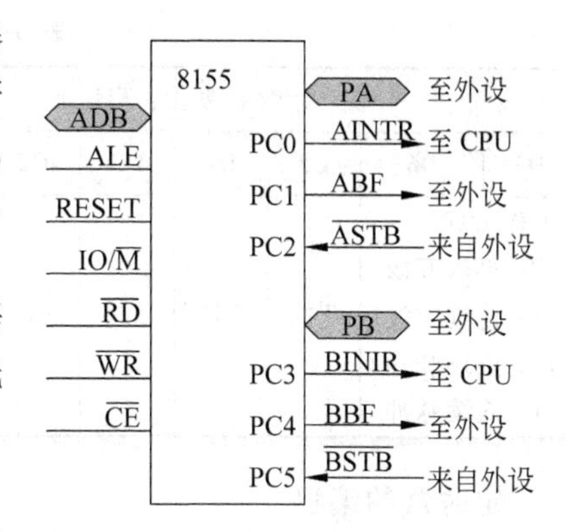

图 6-26 8155 选通 I/O 逻辑结构

在 I/O 口设定为输出口时，仍可用对应的口地址执行读操作，读取输出口的内容；设定为输入口时，输出锁存器被清除，无法将数据写入输出锁存器。所以每次通道由输入方式转为输出方式时，输出端总是低电平。8155 复位时，清除所有输出寄存器，三个端口都为输入方式。

2. 状态字

8155 有一个状态寄存器，锁存 8155 I/O 口和定时器的当前状态，供 CPU 查询，状态寄存器和命令寄存器共用一个地址，只能读出不能写入。因此可以认为 8155 的 00H 口是命令/状态口，CPU 往 00H 口写入的是其命令字；而从 00H 口读出的是其状态字。状态字各位的格式定义如表 6-19 所示。

表 6-19 8155 状态字格式

D7	D6	D5	D4	D3	D2	D1	D0
×	TIMER	INTE B	B BF	INTR B	INTE A	A BF	INTR A
未用	定时中断 1：计数器溢出标志 0：读出状态或复位时	B 口中断允许位 0：禁止 1：允许	B 口缓冲器满标志 0：空 1：满	B 口中断请求标志 0：无 1：有	A 口中断允许位 0：禁止 1：允许	A 口缓冲器满标志 0：空 1：满	A 口中断请求标志 0：无 1：有

6.7.4 8155 内部定时器

8155 片内有一个 14 位减法计数器，可对输入脉冲进行减法计数，外部有两个定时器引脚端 TIMERIN，TIMEROUT。TIMERIN 为定时器时钟输入端，可接系统时钟脉冲，作定时方式；也可接外部输入脉冲，作计数方式。TIMEROUT 为定时器输出，输出各种信号脉冲波形。

定时器的 14 位计数器由 04H(低 8 位)和 05H(高 6 位)组成，定时器输出有四种波形，可由定时器输出方式选择编程来确定，定时器格式如表 6-20 所示，输出波形如图 6-27 所示，a 为单次方波，b 为连续方波，c 为单次脉冲，d 为连续脉冲，e 为最终定时器输出波形。

表 6-20 8155 定时器格式

计数器高位：TH								计数器低位：TL							
D7	D6	D5	D4	D3	D2	D1	D0	D7	D6	D5	D4	D3	D2	D1	D0
工作方式 00：单次方波 01：连续方波 10：单次脉冲 11：连续脉冲		T13	T12	T11	T10	T9	T8	T7	T6	T5	T4	T3	T2	T1	T0

定时器的编程。

对定时器编程时，首先将计数常数及定时器输出方式送入定时器口(定时器低 8 位及高 6 位输出方式选择)04H 及 05H。计数常数在 0002H～3FFFH 之间选择。计数器的启动与停止计数由 8155 命令口的最高两位控制，如表 6-18 命令字所示。任何时候都可以置定时器长度和工作方式，然后必须将启动命令写入命令寄存器，即使计数器已经计数，在写入启动命令后仍可改变定时器工作方式。

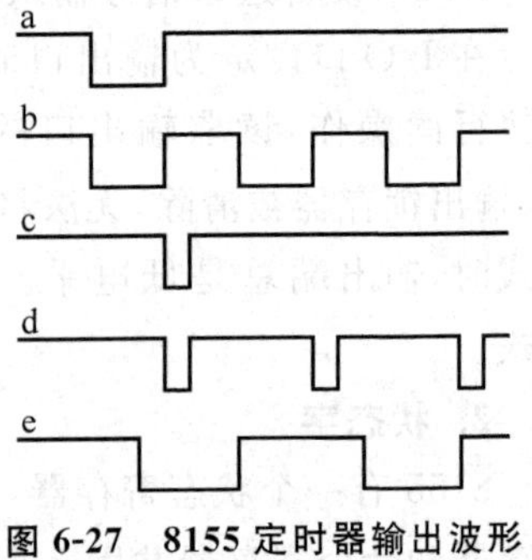

图 6-27 8155 定时器输出波形

如果写入定时器的计数常数为奇数，输出方波不对称，例如计数常数为 9 时，定时器输出的方波在 5 个脉冲周期内为高电平，4 个脉冲周期内为低电平，而计数常数为偶数时，方波输出是对称的。因此最小计数长度为 2。

当用 8155 内部定时器作为随机事件计数器使用时，若将内部定时器初值记为 X0，读取当前定时器计数值记为 X1，则随机事件数 Y 按下式取值：$Y=\frac{X0-X1+1}{2}$的整数部分。

6.7.5 MCS-51 与 8155 的接口方法和应用实例

MCS-51 单片机可以直接与 8155 接口连接而不需要任何外加逻辑，系统便可增加 256 个字节片外 RAM 单元，22 位 I/O 口线及一个 14 位定时器。

例 6-5 8031 与 8155 接口并确定 RAM 和 I/O 口地址。

图 6-28 为 8155 与 8031 接口的一种方案。电路中 8031 的 P2.7 与 8155 的 $\overline{CE}$ 相连，8031 的 P2.0 与 8155 的 IO/$\overline{M}$ 相连，8031 的 P0.0～P0.7 与 8155 的 AD0～AD7 相连。8155 的 RAM 和 I/O 地址分配如下。

① 当 P2.7=0，P2.0=0 时，选中 8155 片内 RAM，地址是 7E00H～7EFFH。

② 当 P2.7=0，P2.0=1 时，选中 I/O 口，各口的地址分配如下。

7F00H(命令状态寄存器地址)

7F01H(PA 口地址)

7F02H(PB 口地址)

7F03H(PC 口地址)

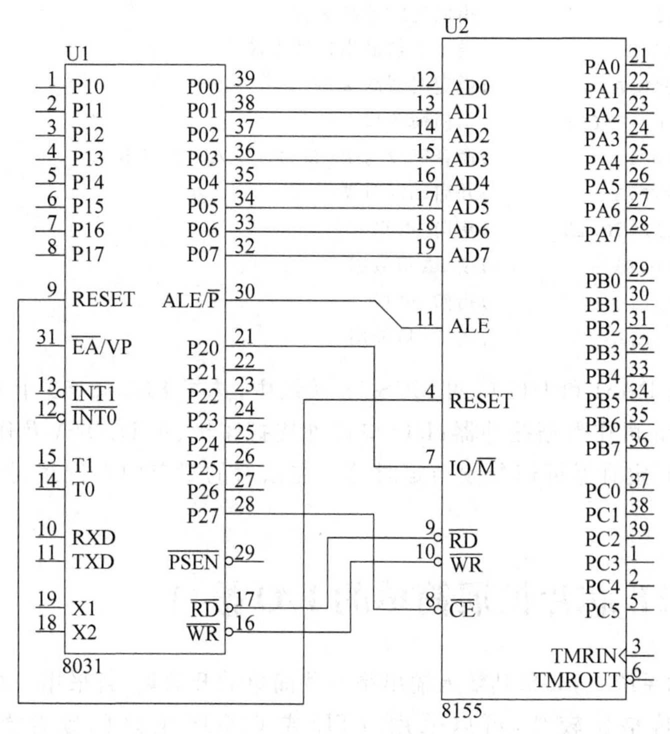

图 6-28　8155 与 8031 接口电路

7F04H(定时器低位地址)

7F05H(定时器高位地址)

例 6-6　8031 与 8155 硬件电路如图 6-28 所示,其内部 RAM 与 I/O 操作如下。

① 将 8155 片内 RAM 的 7E30H 单元内容读入 A 累加器中。

程序段如下。

```
MOV     R0,#30H          ;30H→(R0)
MOV     P2,#7EH          ;P2.7,P2.0 置零,片选和选中片内 RAM
MOVX    A,@R0            ;(30H)→A
```

② 设 A 中的数据为 5,并写入 8155 的 RAM 中 7EF0H 单元。

程序段如下。

```
MOV     DPTR,#7EF0H      ;指向 8155RAM 的 7EF0H 单元
MOV     A,#05H           ;数据送入 A 累加器
MOVX    @DPTR,A          ;05H→7EF0H 单元
```

③ 将 A 口定义为基本输入方式,B 口定义为基本输出方式,C 口定义为输入方式,定时器作为方波发生器对输入脉冲进行 24 分频(注意 8155 定时器最高计数频率为 4MHz),读 PA 口数据送 PB 口输出。则 8155 I/O 口初始化程序如下。

```
MOV     DPTR,#7F04H      ;指向定时器低 8 位
MOV     A,#18H           ;计数常数 18H=24
MOVX    @DPTR,A          ;送计数常数
```

```
INC     DPTR            ;指向定时器高8位
MOV     A,#40H          ;设定时器输出连续方波
MOVX    @DPTR,A         ;送定时器高8位
MOV     DPTR,#7F00H     ;指向命令口
MOV     A,#0C2H         ;命令字设为PA口,PC口入,PB口出
MOVX    @DPTR,A         ;并启动定时器
MOV     DPTR,#7F01H     ;指向PA口
MOVX    A,@DPTR         ;读PA口数据
INC     DPTR            ;指向PB口
MOVX    @DPTR,A         ;送PB口输出
```

在需要扩展RAM和I/O口的MCS-51系统中,选择8155/8156十分经济,8155的256个RAM单元可作数据缓冲器;I/O口可外接打印机、A/D、D/A及作为控制信号的开关量输入输出;定时器可作分频与定时等。在以后的章节中将继续讨论8155的实际应用。

6.8 用TTL芯片扩展简单的I/O接口

在一些控制系统中,如果其输入输出是一些简单的开关量,若采用一些可编程的专用接口芯片往往价格比较高,可以采用TTL或CMOS电路的锁存器,如74LS273、74LS373、74LS377、74LS244等。这些芯片结构简单,配置灵活方便,容易扩展,系统降低了成本、缩小了体积。因而在单片机应用系统中经常被采用。

1. 用74LS377扩展8位输出端口

74LS377为带有允许输出端的8D锁存器,有8个D输入端,8个Q输出端,一个时钟输入端CLK,一个锁存允许信号$\overline{E}$。当$\overline{E}=0$时,CLK端信号的上升沿,把8D输入端的数据打入8位锁存器。利用74LS377这些特性,通过8031的P0口扩展一片74LS377锁存器作输出口,该锁存器被视为8031的一个外部RAM单元。使用MOVX @DPTR,A类指令访问之,输出控制信号为$\overline{WR}$,接口逻辑如图6-29所示。图中377的口地址为7FFFH(即P2.7=0),其输出操作程序如下。

```
MOV     DPTR,#7FFFH    ;指向377口地址
MOV     A,#data        ;取数
MOVX    @DPTR,A        ;送377锁存器
```

2. 用74LS373扩展一个8位并行输入口

74LS373为一个带三态门的8D锁存器,它可以作为8031外部的一个扩展输入口,接口逻辑如图6-30所示。

外部设备向单片机传送数据时,产生一个选通信号XT连接到373的打入端G上,在选通信号的下降沿将数据锁存,同时向单片机发中断请求。此时单片机响应中断。通过P0口在373锁存器中读取数据。

74LS373的输出由P2.7和$\overline{RD}$相“或”控制。373的口地址为7FFFH(即P2.7为0)。若8031将输入的数据送入内部RAM中首地址为30H的数据区,则中断初始化程序和中断服务程序如下。

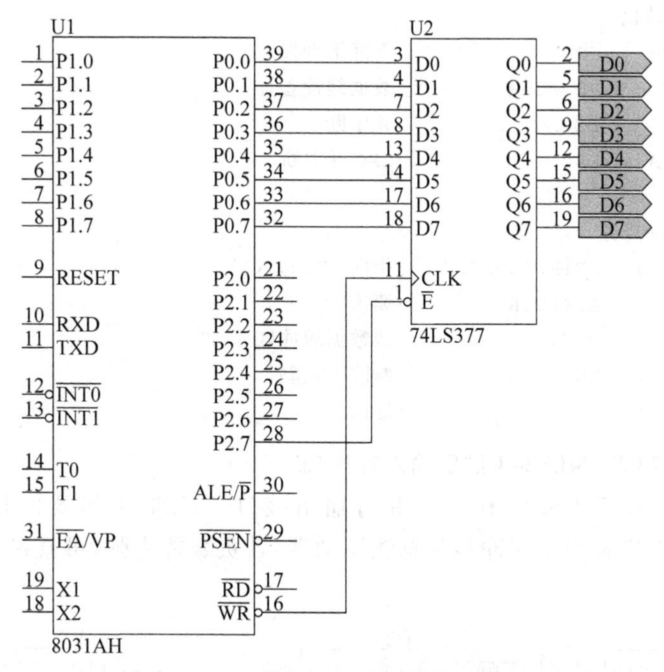

图 6-29 8031 与 74LS377 接口逻辑

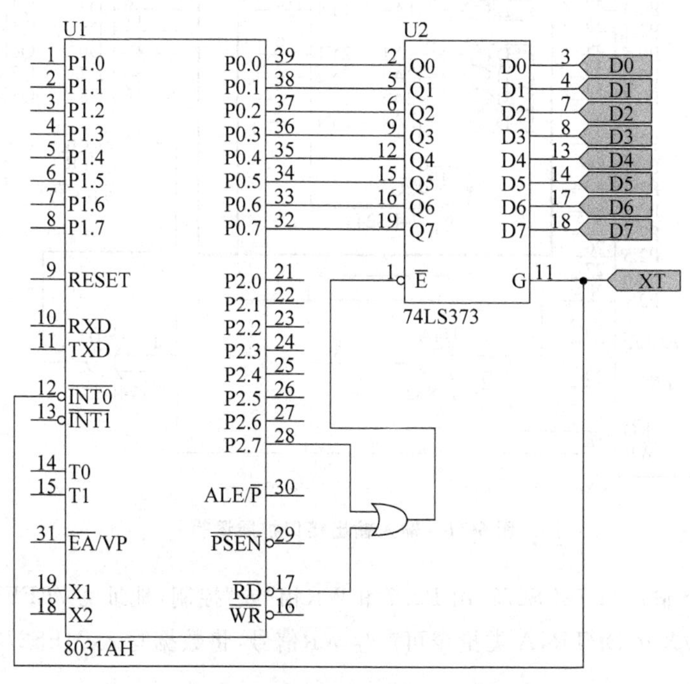

图 6-30 8031 与 74LS373 接口逻辑

```
ORG     0
LJMP    BEGIN
ORG     03H                     ;入口地址
LJMP    PINT0
```

```
        ;初始化
BEGIN:  SETB    IT0             ;下降沿触发
        MOV     R0,#30H         ;数据缓冲首址
        SETB    EX0;            ;开中断
        SETB    EA              ;CPU 开中断
        ⋮
        ;中断服务
PINT0:  MOV     DPTR,#07FFFH    ;指向 373 输入口
        MOVX    A,@DPTR         ;读入
        MOV     @R0,A           ;送数据缓冲区
        INC     R0              ;修改 R0 指针
        RETI                    ;返回
```

3. 用 74LS273 和 74LS244 扩展输入输出口

如图 6-31 所示，74LS273 作 8 位并行输出接口，74LS244 作 8 位并行输入接口。74LS244 是一个三态输出八缓冲器及总线驱动器，其负载能力强，可直接驱动小于 130Ω 的负载。

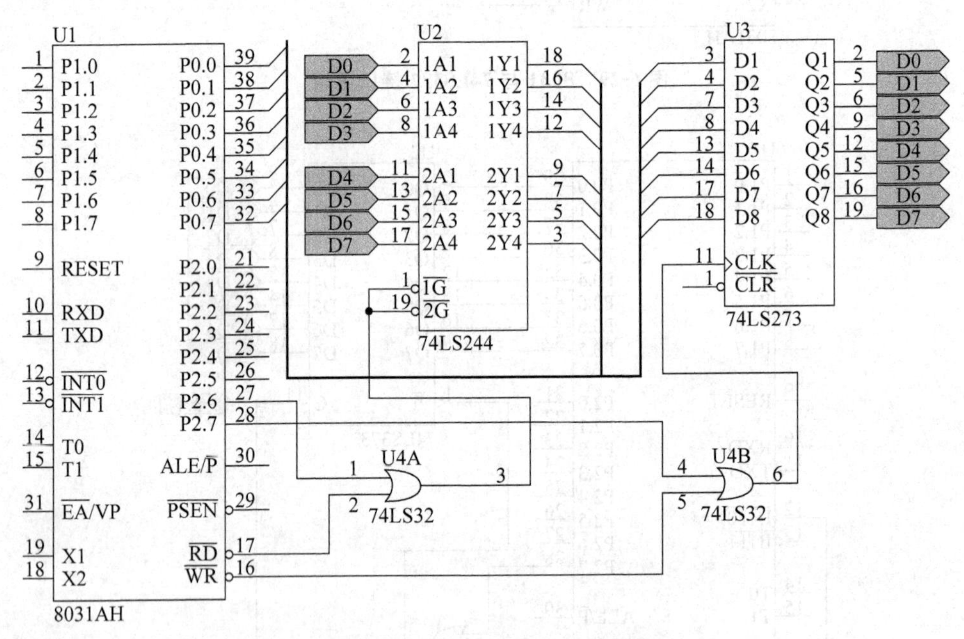

图 6-31 输入输出接口扩展逻辑

① 8 位并行输出口 74LS273，由 P2.7 和 $\overline{WR}$ 相“或”控制，地址为 7FFFH。当 P2.7 = 0 时，执行 MOVX @DPTR,A 类指令可产生 $\overline{WR}$ 信号，将数据写入 74LS273。

```
MOV     DPTR,#7FFFH     ;指向 273 输出口
MOV     A,#DATA         ;取数
MOVX    @DPTR,A         ;输出数据
```

② 8 位并行输入口 74LS244，由 P2.6 和 $\overline{RD}$ 相“或”控制，地址为 0BFFFH，当 P2.6 = 0 时，执行 MOVX A,@DPTR 类指令可产生 $\overline{RD}$ 信号，将数据读入单片机。

```
MOV     DPTR,#0BFFFH        ;指向 244 输入口
MOVX    A,@DPTR             ;输入数据
```

③ 如果将图 6-31 中,U4A 的第一脚接在 P2.7 上,则 8 位并行输出口 74LS273 和 8 位并行输入口 74LS244 共用一个逻辑地址,即 7FFFH。如果要求将输入口 74LS244 输入的数据送输出口 74LS273,执行下面的程序即可完成。

```
MOV     DPTR,#7FFFH
MOVX    A,@DPTR
MOVX    @DPTR,A
```

6.9 显示器与键盘接口

如果用单片机构成一个小系统,例如数字式频率计、数字式扫频仪、数字式测量仪等,都需要有一个人机界面。常采用的方式用 LED 数码管显示测试结果,用一个小键盘控制执行某些功能,如清零、预置值、改变测量范围等。

6.9.1 显示器接口

1. LED 显示器工作原理

LED(light emitting diode)显示是用发光二极管显示字段的显示器件,也称为数码管,其外形结构如图 6-32 所示,由图可见它由 8 个发光二极管构成,通过不同的组合可用来显示 0～9、A～F 及小数点。

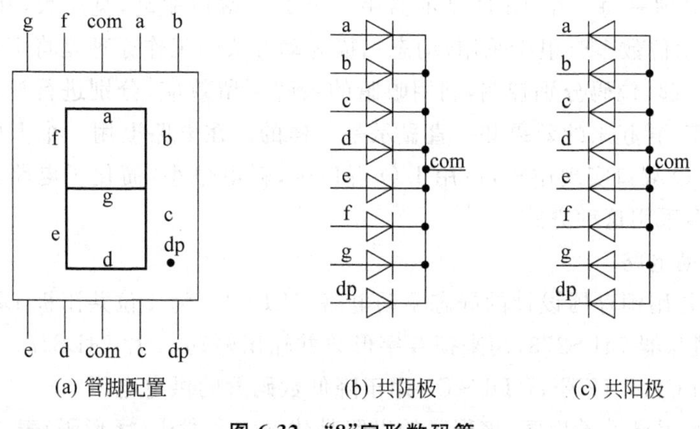

(a) 管脚配置　(b) 共阴极　(c) 共阳极

图 6-32 "8"字形数码管

LED 显示器一般分为共阴极和共阳极两种,共阴极是将 8 个发光二极管阴极连接在一起作为公共端,而共阳极是将 8 个发光二极管的阳极连接在一起作为公共端。以下所述都是以共阴极为例。数码管的公共端相当于一个总开关,一般称为位码开关,当它为高时,数码管全灭;当它为低时,根据发光二极管阳极(一般称段码或字形码)的状态,高电平,该段亮;低电平,该段不亮。输出一个段码就可以控制 LED 显示器的字形。表 6-21 中给出了段码与字形的关系,假定 a、b、c、d、e、f、g、dp 分别对应 D0、D1、D2、D3、D4、D5、

D6、D7。

表 6-21 段码与显示字形的关系

显示字形	D7	D6	D5	D4	D3	D2	D1	D0	段码
	dp	g	f	e	d	c	b	a	
0	0	0	1	1	1	1	1	1	3FH
1	0	0	0	0	0	1	1	0	06H
2	0	1	0	1	1	0	1	1	5BH
3	0	1	0	0	1	1	1	1	4FH
4	0	1	1	0	0	1	1	0	66H
5	0	1	1	0	1	1	0	1	6DH
6	0	1	1	1	1	1	0	1	7DH
7	0	0	0	0	0	1	1	1	07H
8	0	1	1	1	1	1	1	1	7FH
9	0	1	1	0	1	1	1	1	6FH
A	0	1	1	1	0	1	1	1	77H
b	0	1	1	1	1	1	0	0	7CH
C	0	0	1	1	1	0	0	1	39H
d	0	1	0	1	1	1	1	0	5EH
E	0	1	1	1	1	0	0	1	79H
F	0	1	1	1	0	0	0	1	71H

2. LED显示接口

在单片机系统中，LED 显示接口一般采用静态驱动和动态扫描两种驱动方式。静态驱动方式工作原理是每一个 LED 显示器用一个 I/O 端口驱动，亮度大，耗电也大，占用 I/O 端口多，显示位数多时很少采用；动态扫描驱动方式的工作原理是将多个显示器的段码同名端连在一起，位码分别控制，利用眼睛的余晖暂留效应，分别进行显示。只要保证一定的显示频率，看起来的效果和一直显示是一样的。在电路上用一个 I/O 端口驱动段码，用另一个 I/O 端口实现位控，占用 I/O 端口少，耗电也小，简化了电路，降低了成本，显示位数多时多采用这种方式。

1）静态驱动电路

图 6-33 就是用锁存器设计的静态驱动电路。L1～L4 为 4 位共阳极 LED 显示器，扩展了 4 片 8D 锁存器 74LS273，用来锁存字形码并输出驱动，4 片 74LS273 占用系统的 I/O 端口地址 7FFCH～7FFFH，D1～D3 用于降低数码管的供电电压。

下面给出通用显示子程序，该程序的思路是建立一个段码(字形码)表，将显示缓冲区(首址送 R0)中要显示的数取出，通过指令“MOVC A,@A+DPTR”表找到与之对应的字形码，送段码地址锁存器。

功能：显示子程序。

入口：显示数据首址送 R0。

```
DIR:    MOV     P2,7FH          ;P2.7=0
        MOV     R1,#0FFH        ;R1 指向 L1
        MOV     DPTR,#TAB       ;段码表首址
```

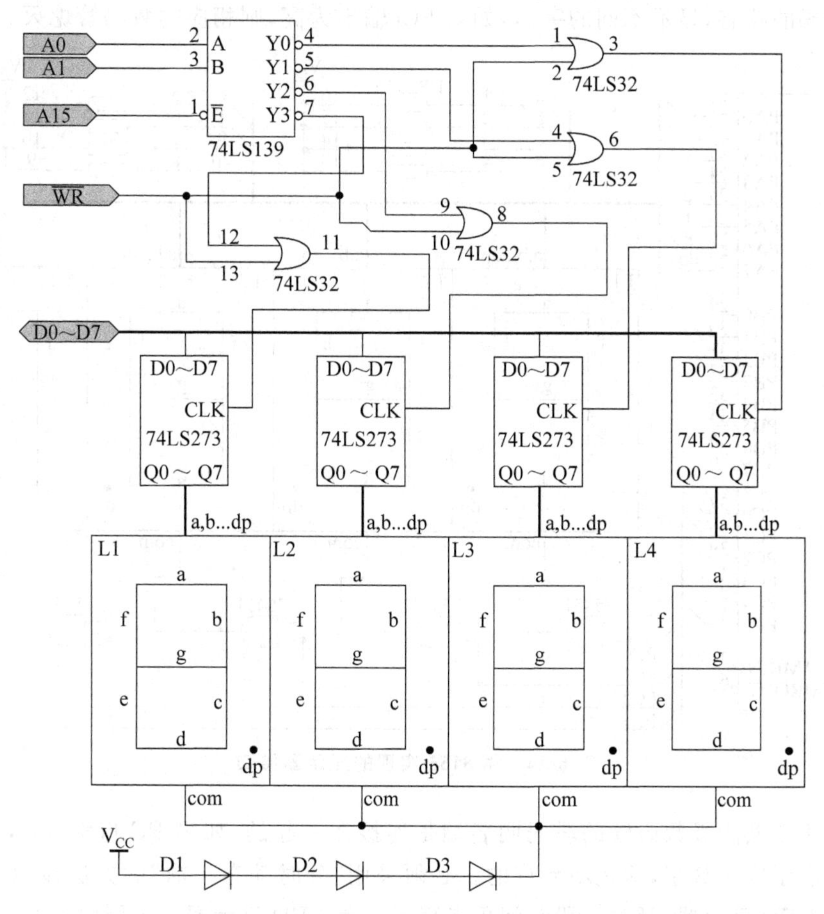

图 6-33　用锁存器设计的静态驱动电路

```
        MOV     R7,#4
DIR1:   MOV     A,@R0           ;取要显示数据
        ANL     A,#0FH
        MOVC    A,@A+DPTR       ;查表
        CPL     A               ;取反
        MOVX    @R1,A           ;送段码显示
        INC     R0              ;指向下一个要显示数据
        DEC     R1              ;指向下一个 LED
        DJNZ    R7,DIR1         ;未完继续
        RET
TAB:    DB      3FH,06H,5BH,4FH
        DB      66H,6DH,7DH,07H
        DB      7FH,6FH,77H,7CH
        DB      39H,5EH,79H,71H
```

2）用 8155 设计动态扫描驱动接口

用 8155 并行接口芯片设计的动态扫描驱动接口电路如图 6-34 所示。8155 的 PA 口可作段码驱动器；8155 的 PC 口经 75451 驱动输出位控码，当 PCi 输出为低时，允许显示，

即根据段码的状态，显示不同的字形，如果PCi输出为高，则相应的数码管熄灭。

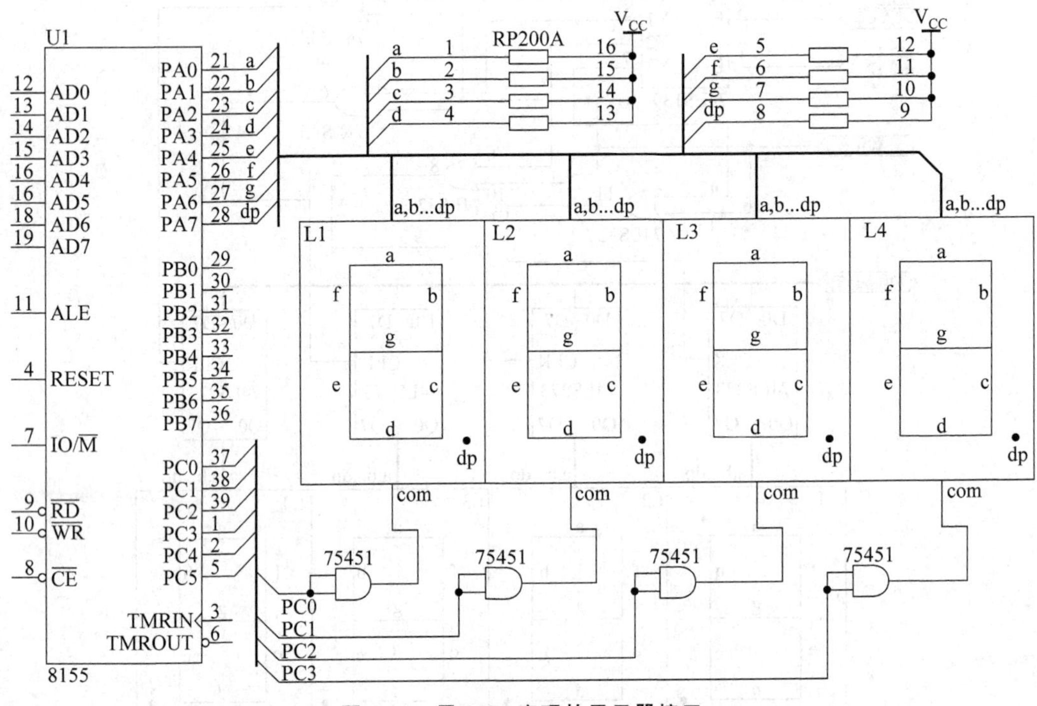

图6-34 用8155实现的显示器接口

由于4个共阴极数码管的段码同名端是连接在一起的，如果PC口都写0，势必使4个数码管显示同一数字，这是不允许的。必须采用“分时动态扫描”的方法显示。即每次点亮一个LED显示器，延时一段时间再点亮下一个LED显示器……周而复始，4个LED显示器轮流扫描动态显示。若每个LED显示器点亮1～2ms，由于人眼视觉余晖的暂留效应，看起来好像几个显示器同时显示，这就是分时轮流扫描产生的效果。因而就可以在4个LED显示器上“同时”显示不同的字符。

由此可以看出，在一个简单的单片机系统中，硬件上必须有一个段码锁存器和一个位码锁存器，与系统数据总线接口，再编制一个软件驱动程序，便可作为系统显示输出设备，以用来显示各种信息和数据。

设8155控制口地址为CWR，A口地址为PA，C口地址为PC。设计一显示子程序，要求4个LED显示器从左至右依次显示一遍。

下面给出一个显示子程序，其功能是将显示缓冲区(DISBUF)70H～73H的BCD数从右至左轮流扫描显示一遍。该程序的思路是建立一个段码(字形码)表，将显示缓冲区70H～73H中要显示的数取出，通过查表指令MOVC A,@A+DPTR找到与之对应的字形码，送PA口，再取相应的位码送PC口，使一个LED显示器显示1～2ms，再取下一个……，直到最右边。程序便可控制4个LED显示从左至右轮流显示一遍。

软件驱动程序如下。

```
DIR:    MOV     DPTR,#CWR
        MOV     A,#4DH          ;设置8155工作方式
```

```
        MOVX    @DPTR,A         ;设 A 口、C 口均作输出口
        MOV     R0,#DISBUF      ;指向显示缓冲区首址
        MOV     R5,#0FEH        ;选中最左边 LED 显示器
        MOV     R4,#4
DIR1:   MOV     A,#0FFH
        MOV     DPTR,#PC
        MOVX    @DPTR,A         ;全熄
DIR0:   MOV     A,@R0           ;取数
        MOV     DPTR,#TAB       ;指向表首址
        MOVC    A,@A+DPTR       ;查表,取段码
        MOV     DPTR,#PA        ;指向段码地址
        MOVX    @DPTR,A         ;送段码至 PA 口
        MOV     A,R5            ;取位码
        MOV     DPTR,#PC        ;指向位码地址
        MOVX    @DPTR,A         ;送位码至 PC 口
        RL      A
        MOV     R5,A            ;修改位码
        LCALL   DELY            ;延时
        INC     R0              ;准备取下一个数
        DJNZ    R4,DIR0
        RET
DELY:   MOV     R7,#3
DEL1:   MOV     R6,#250
        DJNZ    R6,$
        DJNZ    R7,DEL1
        RET
TAB:    DB      3FH,06H,5BH,4FH
        DB      66H,6DH,7DH,07H
        DB      7FH,6FH,77H,7CH
        DB      39H,5EH,79H,71H
```

6.9.2　键盘接口

键盘是由多个按键组成，一般将其排列成阵列式，如图 6-35 所示。当没有键按下时，行线和列线之间是不相连的，若第 N 行第 M 列的键被按下，那么第 N 行与第 M 列的线就被接通。如果在列线上加上信号，根据行线的状态，便可得知是否有键按下。如果在列线上逐行加上一个扫描信号，就可以判断按键的位置。

根据上述原理，利用两个端口，一个作为扫描信号输出口，一个作为信号接收口或称回扫信号输入口，就可以方便地实现扩展键盘接口。图 6-36 给出了由 8155 扩展的键盘接口。键盘由 32 个键组成，排成 8 行 4 列。8155 的 PA 口输出作为键盘的行扫描线，8155 的 PC 口输入作为键盘的列回扫线。当 PA 口输出全部为低电平时，若无键按下，则 PC 口输入都是高电平；若有键按下，PC 口必有一个输入为低电平。仅知道有键按下还不够，必须要判断是哪一个键按下。采用的方法是逐行扫描键盘，即让 PA0 先为低，PA1

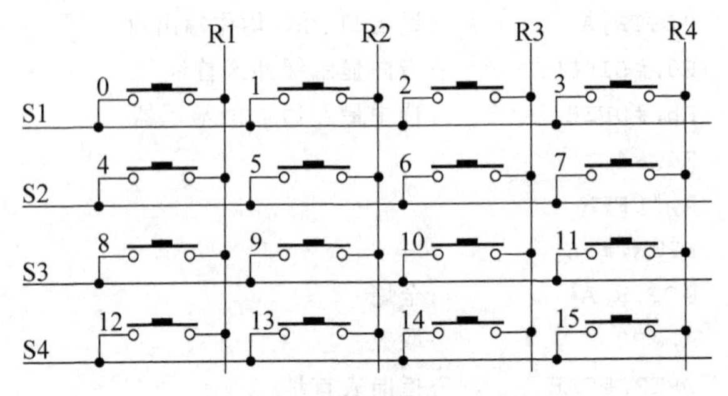

图 6-35 阵列式键盘示意图

到 PA7 为高,看 PC 口输入是否有为低的。如果有,则闭合键在第一行上,如果无,则再使 PA1 为低,PA 口其他端为高,依次扫描下去,找到按键所在的行,同时根据 PC 口输入的哪一位为低,便可知道键在哪一列上。下面给出一个键盘扫描子程序,其中 PA 口地址为 PA,PC 口地址为 PC。

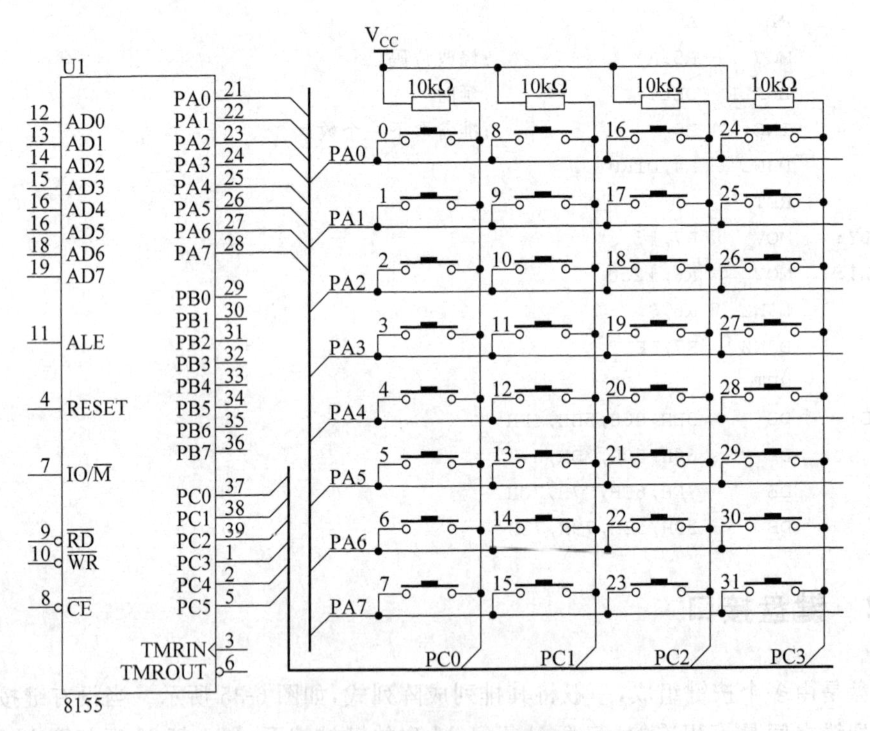

图 6-36 8155 扩展 I/O 口组成的行列式

程序思路:首先判断是否有键按下,如果有则延时一段时间,再判断是否有键按下,其目的是为了消除电路抖动和消除干扰信号。一般按键的时间至少有十几毫秒,而干扰信号的时间都很短。只要两次判断都有键按下,才被确认为是真有键按下。当确认有键按下后,再逐列扫描判断按键的位置。

```
KEY:    CLR     A
        ACALL   KS          ;有键按下吗
        JZ      NK          ;无键按下返回
```

```
        ACALL   DLAY        ;调用延时程序,消除抖动
        CLR     A
        ACALL   KS          ;再次判断是否有键按下
        JZ      NK          ;无键按下返回
        MOV     A,#0FEH     ;行扫描信号,从最低位开始
        MOV     R4,#0       ;行计数器
K1:     MOV     R2,A
        ACALL   KS          ;扫描键盘
        JNZ     FIND        ;找到键转移
        INC     R4          ;行计数器加 1,指向下一行
        MOV     A,R2
        RL      A           ;行扫描信号左移一位
        CJNE    A,#0FE,K1   ;8 行扫描完?
        MOV     A,#0        ;没找到键
        SJMP    NK
FIND:   SWAP    A
        ADD     A,R4
NK:     RET

KS:     MOV     DPTR,#PA    ;A 口地址送 DPTR
        MOVX    @DPTR,A     ;送行扫描信号
        MOV     DPTR,#PC    ;C 口地址送 DPTR
        MOVX    A,@DPTR     ;读列回扫信号
        CPL     A           ;求反
        ANL     A,#0FH      ;屏蔽高 4 位
        RET                 ;A=0,无键按下
```

这个键盘扫描子程序返回值在累加器 A 中,如果无键按下,ACC 的内容为零。如果有键按下,ACC 的低 3 位是行编码,ACC 的高 4 位与列相对应,按键所在列的相应位为 1。

表 6-22 给出了累加器 ACC 返回值的格式,该格式又称为键的特征码。

表 6-22　ACC 返回键值格式

列　编　码				行　编　码			
D7	D6	D5	D4	D3	D2	D1	D0
1:PC3 列有闭合键 0:无闭合键	1:PC2 列有闭合键 0:无闭合键	1:PC1 列有闭合键 0:无闭合键	1:PC0 列有闭合键 0:无闭合键	0	PA7~PA0 编码: 000:PA0 行有闭合键 001:PA1 行有闭合键 010:PA2 行有闭合键 ⋮ 111:PA7 行有闭合键		

6.9.3　可编程键盘/显示接口 8279

用锁存器或用 8155 都可以作键盘显示器的接口。但它们共同的缺点是,需要编制定

时扫描显示和扫描键盘的程序,使整个系统软件变得比较复杂。而Intel8279是一个专用的显示器键盘接口,它用硬件完成对显示器和键盘的扫描。在硬件上它只占用两个地址,在软件上省去了显示和键盘扫描,大大方便了用户,使用户程序变得简洁、易读和模块化。

1. 8279的主要功能

Intel8279可以显示8或16位LED显示器,可以和具有64个按键或传感器的阵列相连,通过编程可以实现多种工作方式。8279的主要功能如下。

① 键盘与显示器能同时工作。

② 扫描式键盘工作方式。

③ 扫描式传感器工作方式。

④ 用选通方式送入输入信号。

⑤ 带有8字符的键盘先入先出存储器(FIFO)。

⑥ 触点回弹时两键封锁或N键巡回。

⑦ 双排8字或单个16字的数字显示器。

⑧ 可右入或左入的16字节显示器RAM。

⑨ 工作方式可由CPU编程。

⑩ 可编程扫描定时,键盘送入时有中断输出。

2. Intel8279的管脚

8279采用40引脚封装,其管脚配置及逻辑符号如图6-37所示,其引脚功能分述如下。

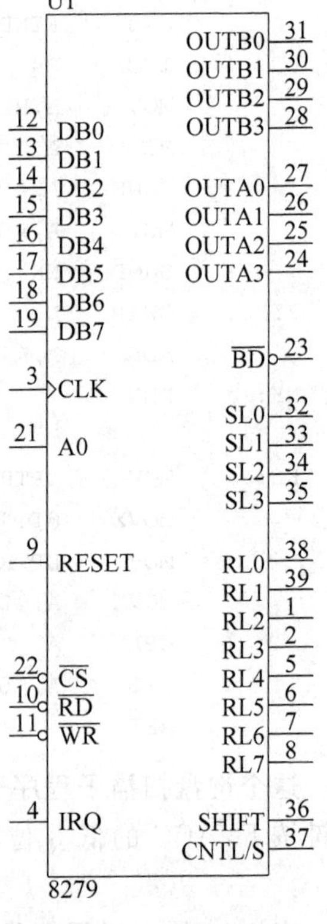

图6-37 8279逻辑符号及管脚配置

DB0~DB7:双向缓冲数据总线,与CPU总线连接,用于在CPU和8279之间传送命令、数据和状态信息。

CLK:时钟输入线,为8279提供内部定时时钟。

RESET:复位线,当输入高电平时,8279复位。其复位状态为16个字符左入显示;编码扫描键盘——双键封锁;时钟为31分频。

$\overline{\text{CS}}$:片选信号,当输入低电平时,允许对8279进行读写操作,否则禁止。

A0:数据缓冲器地址输入线。A0=1时,选择命令或状态寄存器,A0=0时,选择数据寄存器。

$\overline{\text{RD}}$、$\overline{\text{WR}}$:读写控制线,低电平有效。

IRQ:中断请求线,高电平有效。在键盘工作方式下,当FIFO/传感器RAM有数据时(有键闭合),IRQ变为高电平向CPU请求中断。当CPU读出FIFO数据时,IRQ变低,若RAM中还有数据,IRQ在读出后又返回高电平,直至FIFO中数据被读完,该线复位。在传感器工作中,每当检测到传感器状态变化时,IRQ就出现高电平。

V_{CC}、V_{SS}:电源线(+5V)、地线(图中未给出)。

SL0~SL3:行扫描输出线,用来扫描键盘和显示器。扫描分为译码方式和编码方式(通过编程设定)。图6-38分别给出了译码方式和编码方式的输出波形图。

从图6-38可以看出,在编码方式下,扫描线输出的是二进制编码信号。SL0~SL3等4根线共输出16种不同的状态。对编码信号进行译码,可以得到16个译码信号,作为16

个扫描信号线。

在译码方式下，SL0～SL3 输出 4 个译码信号，即在同一时刻，只有一个输出为低电平，所以在这种方式下，SL0～SL3 可以直接作为扫描信号线。当需要扫描信号数不多于 4 个时，一般采用译码方式。当需要多于 4 个扫描信号时，则采用编码方式，并通过译码器获得多个(最多可得到 16 个)扫描信号。

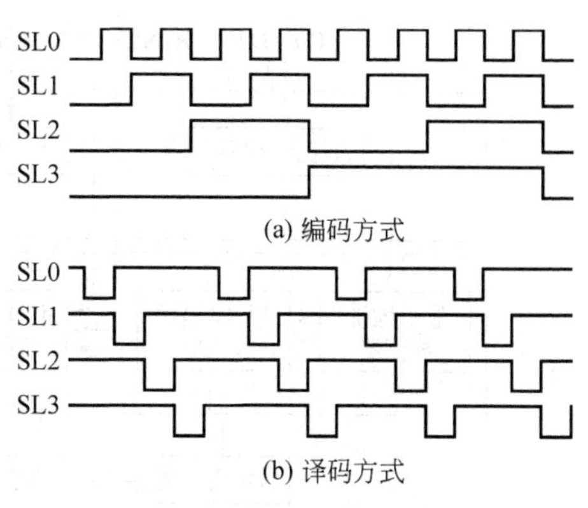

图 6-38 编码及译码方式

RL0～RL7：回送线，内部含有源提升电路，以保持高电平，有键闭合为低电平。在选通工作方式中，也可以作为一般的数据输入端。

SHIFT：字形变换输入线，在键盘方式时，用于扩充键的功能，可以用作键盘的上下档功能键。在传感器方式和选通方式下，该信号线无效。

CNTL/$\overline{\text{STB}}$：控制/选通输入线。在键盘方式时，通常用来扩充键的控制功能。在选通输入方式时，该信号的上升沿将锁存 RL0～RL7 的信号。在传感器方式，该线无用。

OUTA0～OUTA3：A 组显示输出线(显示 RAM 高 4 位)。

OUTB0～OUTB3：B 组显示输出线(显示 RAM 低 4 位)。

这是两个 16×4 显示刷新寄存器的输出端。依次把显示 RAM 的内容送到端口上，并与扫描线(SL0～SL3)同步。两个端口可分别使用，也可合起来作为一个 8 位端口。

$\overline{\text{BD}}$：显示熄灭信号，该信号在数字切换或使用熄灭命令时，输出为低电平。

3. 8279 的内部结构

8279 的内部结构如图 6-39 所示。DB0～DB7 是数据线，与 CPU 总线相连。当$\overline{\text{CS}}$=0 时，选中该片。此时，若 A0=1，数据线上的信息是命令或状态。若 A0=0，数据上的信息是显示数据或键盘数据。即 A0=1、$\overline{\text{WR}}$=0 命令写到定时与控制寄存器去，对 8279 进行编程，$\overline{\text{RD}}$=0 读 FIFO/传感器 RAM 状态寄存器的内容；A0=0、$\overline{\text{WR}}$=0 数据写到显示 RAM，$\overline{\text{RD}}$=0 读显示 RAM 或 FIFO/传感器 RAM 的内容。

扫描计数器通过 SL0～SL3 输出扫描信号，扫描信号分为译码和编码两种(由编程确定)。显示寄存器通过 OUTA 和 OUTB 同步输出显示 RAM 的内容。这一过程 8279 通过硬件自动完成，无须程序干预。

扫描输出和回扫线可以构成对键的一个扫描阵列。当有键按下时，该键在行列中的位置加上 SHIFT 和 CNTL 的状态一起被送到 FIFO 存储器中，同时使 IRQ 变高。FIFO/传感器 RAM 是一个 8×8RAM，在键盘和选通方式工作时，它是 FIFO 存储器，其输入或读出遵循先入先出的原则。此时 FIFO 状态寄存器存放 FIFO 存储器空、满、溢出等状态。当 FIFO 存储器有数据时，IRQ 信号变为高电平。在传感器矩阵方式工作时，这个存储器是传感器 RAM，它的每一位对应着一个传感器的状态。当传感器发生变化时，IRQ 信号变为高电平。

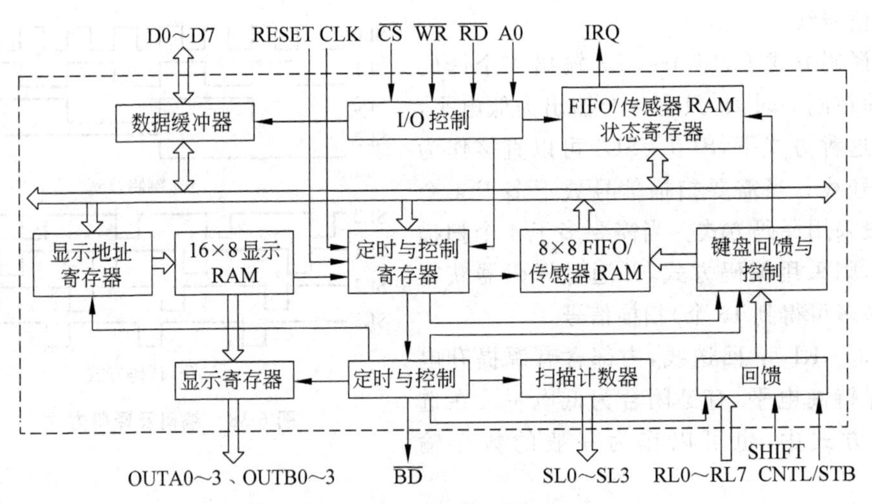

图 6-39　8279 结构框图

4. 8279 编程命令

8279 的工作方式是通过 CPU 对 8279 编程来实现的。当$\overline{CS}=0$,A0=1,$\overline{WR}=0$,写入 8279 的数据是 8279 的编程命令。8279 共有 8 条命令。

1）键盘显示器方式设置命令

此命令用于设置键盘与显示器的工作方式,其代码如下。

D7	D6	D5	D4	D3	D2	D1	D0
0	0	0	D	D	K	K	K

其中 D7D6D5=000 是键盘显示方式设置命令的特征位,后 5 位是参数。

D D 用来设定显示方式。

D D
0 0　8 个字符显示,左端送入
0 1　16 个字符显示,左端送入
1 0　8 个字符显示,右端送入
1 1　16 个字符显示,右端送入

在编码扫描方式下,如果是 8 个字符显示,扫描线只有 SL0～SL2 起作用,显示 RAM 只用 8 个。如果是 16 个字符显示,则 SL0～SL3 全部起作用,显示 RAM 用 16 个。

将显示数据写入显示 RAM 有两种不同的写入方式,即左端送入和右端送入。

在左端送入方式中,每个显示位置均直接和显示器 RAM 中的一个字节相对应,是一种最简单的显示形式。RAM 的地址 0 构成最左边的显示字符,而地址 15 乃是显示器最右边的显示字符。在自动加 1 方式下,字符的进入从 0 位置开始,使显示器从左起填充。第 17 个字符又重新送入最左边的位置,并从此位重新开始填入,如表 6-23 所示。

右端送入乃是大多数电子计算器所使用的方法。

表 6-23 左端送入方式(自动加 1)

写入次数	RAM地址	显示位 0	显示位 1	显示位 2	…	显示位 12	显示位 13	显示位 14	显示位 15
1	0	1							
2	1	1	2						
3	2	1	2	3					
…					…				…
…					…				…
14	13	1	2	3		13	14		
15	14	1	2	3		13	14	15	
16	15	1	2	3		13	14	15	16
17	0	17	2	3		13	14	15	16
18	1	17	18	3	…	13	14	15	16

第一次送入的被放在最右边的显示字符上。

第二次送入时,已送入的字符左移一位,其中最左边的字符被移出界外并丢失,最右端是第二次送入的字符。

…

最后字符送入时,已送入的字符仍然左移一位,其中最左边的字符被移出界外并丢失,最右端是最后送入的字符,如表 6-24 所示。

注意:*复位后 DD=01,即为 16 位字符左入显示方式。*

表 6-24 右端送入方式(自动加 1)

写入次数	RAM地址	显示位 0	显示位 1	显示位 2	显示位 3	…	显示位 11	显示位 12	显示位 13	显示位 14	显示位 15
1	0										1
2	1									1	2
3	2								1	2	3
…						…					
…						…					…
14	13			1	2		10	11	12	13	14
15	14		1	2	3		11	12	13	14	15
16	15	1	2	3	4		12	13	14	15	16
17	0	2	3	4	5		13	14	15	16	17
18	1	3	4	5	6	…	14	15	16	17	18

K K K 用来设定键盘方式如下。

K K K	
0 0 0	编码(外译码)扫描键盘双键互锁
0 0 1	译码(内译码)扫描键盘双键互锁
0 1 0	编码(外译码)扫描键盘 N 键巡回
0 1 1	译码(内译码)扫描键盘 N 键巡回
1 0 0	编码(外译码)扫描传感器阵列
1 0 1	译码(内译码)扫描传感器阵列

110　选通输入，编码显示扫描

111　选通输入，译码显示扫描

① 如果设定为扫描键盘，则 FIFO/传感器是先进先出存储器(FIFO 堆栈)。在双键互锁方式下，如果有两个以上的键先后按下，则先按下键被认为有效；如果有两个以上的键同时按下，则最后释放的键被认为有效，并将其信息存入 FIFO 存储器。在 N 键巡回方式下，有多个键按下时，按照键盘扫描时发现它们的顺序，将这些键的信息依次存入 FIFO 栈。

② 如果是传感器方式，传感器 RAM 的每一位对应着每一个传感器的状态(0 或 1)。

③ 选通输入方式中，RL0～RL7 的数据只有在 CNTL/$\overline{STB}$线上升沿时才进入 FIFO 堆栈。

④ 复位后 KKK＝000，即为编程扫描双键互锁方式。

2) 时钟编程命令

该命令是将引脚 CLK 输入的时钟信号进行分频，代码如下。

D7	D6	D5	D4	D3	D2	D1	D0
0	0	1	P	P	P	P	P

D7D6D5＝001 为时钟编程命令特征位。

PPPPP 的值可在 2～31 的范围之内。

8279 典型的内部工作时钟为 100kHz，如果输入时钟频率为 2MHz，PPPPP 取 10100，即 20 分频，则时钟编程命令为 34H；输入时钟频率为 1MHz，PPPPP 取 01010，即 10 分频，则时钟编程命令为 2AH。在典型的内部工作时钟为 100kHz 时，对 8 字符显示周期为 5.1ms，16 字符为 10.3ms。

复位后分频系数为 31。

3) 读 FIFO/传感器 RAM 命令

代码如下。

D7	D6	D5	D4	D3	D2	D1	D0
0	1	0	AI	×	A	A	A

D7D6D5＝010 为该命令的特征位。

这条命令的目的是指定读 8279 的数据为 FIFO/传感器 RAM 的内容。

当 A0＝0，$\overline{RD}$＝0 时，对 8279 的读有两种情况：一是读 FIFO/传感器 RAM；二是读显示 RAM。若先设置了这一条命令，那么读数据就是 FIFO/传感器的内容，其中 AI 为自动加 1 标志，AAA 为 FIFO/传感器的地址。

如果 AI=1，当读了一次 FIFO/传感器的内容，下一次读的就是 AAA＋1 的内容。如果 AI＝0，则读出 AAA 单元内容后，下一次读的仍是 AAA 的内容(地址固定为 AAA)。

在扫描键盘时，对 FIFO RAM 的读总是按键送入的顺序读取，按先进先出的原则。

4）读显示器 RAM 命令

代码如下。

D7	D6	D5	D4	D3	D2	D1	D0
0	1	1	AI	A	A	A	A

D7D6D5＝011，是该命令的特征位。

当设置这条命令后，读 8279 的数据（A0＝0）就是读显示 RAM 的内容，也就是当前显示的段码。其中 AI 为自动加 1 标志（如果AI＝1，每读一次，RAM 地址自动加 1；AI＝0，则每次读取的是固定地址 AAAA），AAAA 为显示 RAM 地址。

5）写显示 RAM 命令

代码如下。

D7	D6	D5	D4	D3	D2	D1	D0
1	0	0	AI	A	A	A	A

D7D6D5＝100，是该命令的特征位。

这条命令是用来设置写显示 RAM 的地址。寻址方式和自动加 1 功能均与读显示 RAM 相同。

6）显示器屏蔽/熄灭命令

代码如下。

D7	D6	D5	D4	D3	D2	D1	D0
1	0	1	×	IWA	IWB	BLA	BLB

D7D6D5＝101，是该命令的特征位。

有时在应用中需要将 OUTA 和 OUTB 分别输出，可用 IW 位来屏蔽半字节。当 IWA＝1 时，OUTA 被屏蔽，从 CPU 送数据进入显示 RAM 时就不影响该端口。同样 IWB＝1 时，OUTB 被屏蔽。必须注意，OUTB0 对应显示 RAM 的 D0 位，OUTA3 对应显示 RAM 的 D7 位。BL 位是熄灭位，如果 BLA/BLB＝1，则 OUTA/OUTB 口输出熄灭段码。段码（00H 或 FFH 或 20H）由清除命令决定。应注意到，为了使 8 位端口显示熄灭，两个 BL 位都应该置位。

7）清除命令

代码如下。

D7	D6	D5	D4	D3	D2	D1	D0
1	1	0	CD_2	CD_1	CD_0	CF	CA

D7D6D5＝110，是该命令的特征位。

这条命令是用来清除显示 RAM 和 FIFO/传感器 RAM 状态寄存器的。

CD_2	CD_1	CD_0	
1	0	×	显示 RAM 全 00H(×：任意值)
1	1	0	显示 RAM 全 20H(00100000B)
1	1	1	显示 RAM 全 FFH
0	×	×	不清除显示 RAM(若 CA=1，则 CD_1CD_0 仍有效)

CD_2：为 1 时允许清除显示 RAM(或用 CA=1)。

CD_1、CD_0：用于确定显示 RAM 初始状态，即 CD_1CD_0 = 0×时，显示 RAM 清为全 00H；即 CD_1CD_0 = 10 时，显示 RAM 清为全 20H；CD_1CD_0 = 11 时，显示 RAM 清为全 FFH。

在显示器 RAM 被清除期间(160μs)不能被写入。在此期间，FIFO 状态字的最高位被置"1"，清除完毕时，该位自动复位。

CF：若 CF=1，则清除 FIFO 状态寄存器，并将中断输出线复位，FIFO/传感器 RAM 的地址指示器也被清 0。

CA：是总清位，它的功能相当于 CD_2 与 CF 的结合。

8) 中断结束/出错方式设置命令

代码如下。

D7	D6	D5	D4	D3	D2	D1	D0
1	1	1	E	×	×	×	×

D7D6D5=111，是该命令的特征位。

对传感器阵列方式而言，此命令将 IRQ 线变低电平(即中断结束)，并允许对 RAM 的进一步写入。在传感器阵列中，传感器开关的状态被直接送到传感器 RAM 中。用这一方法，传感器 RAM 将保持着传感器阵列中开关状态的"映像"。若在一次传感器阵列扫描的终了，检测出任何一只传感器的数值发生变化，IRQ 线也变为高电平。如果自动加 1 标志被置为"0"(不自动加 1)，则 IRQ 由第一次读数据操作被复位为低电平。若自动加 1 标志为"1"(自动加 1)，则需要用中断结束命令来使 IRQ 线复位为低电平。即在传感器阵列方式自动加 1 状态下，当传感器开关的状态发生变化时，IRQ 线变高，在此之后，传感器开关的状态发生变化，都将被阻止，不能写入 RAM。只有通过写一次中断结束命令，使 IRQ 线复位为低电平之后，新的状态才能被写入 RAM。

如果扫描键盘为 N 键巡回方式，当多个键同时按下时，8279 将按照扫描时发现它们的顺序，将这些键的信息依次存入 FIFO 存储器。但如果设置成特殊出错方式，即置 E=1，那么当巡回键时发现两个以上键同时按下，就建立出错标志。这一标志将阻止任何对 FIFO 的进一步写入，并设置中断。在此方式中，可用读 FIFO 状态字这条命令读取该出错标志，设置清除命令 CF=1，就将该出错标志复位。

以上 8 种用于确定 8279 操作方式的命令，皆有 D7D6D5 等 3 个特征位来定义，输入 8279 命令口(A0=1)后，能自动寻址相应的命令寄存器。

9) 状态字

当 A0=1，$\overline{RD}$=0，是读 FIFO 的状态，FIFO 状态寄存器的格式如下。

D7	D6	D5	D4	D3	D2	D1	D0
DU	S/E	O	U	F	N	N	N

NNN：FIFO 中的字符数(闭合键次数)。FIFO 无字符(无闭合键)时，此数为 000。

F：FIFO 满标志，当 FIFO 有 8 个字符时，F=1，FNNN=1000。

U：读空标志，即当 FIFO 中无字符(FNNN=0000)时，去读 FIFO，该位置 1。

O：FIFO 溢出标志，当 FIFO 已满(有 8 个字符)，再送入一个字符，该位置 1。

S/E：在传感器方式时，若 S/E=1，表示至少有一个开关闭合；在 N 键巡回，特殊出错方式下，S/E=1，表示有多键同时按下，该位用 CF=1 的清除命令复位。

DU：显示无效特征位。在显示器 RAM 被清除期间，该位置 1。当显示器再度变为可用时即自动复位。

10) FIFO RAM 的数据格式

① 键盘工作时，FIFO RAM 的数据格式如下。

D7	D6	D5	D4	D3	D2	D1	D0
CNTL	SHIFT	扫描码			回送码		

D2～D0 为 RL7～RL0 的编码值，D5～D3 为 SL3～SL0 扫描计数器的值。

② 在传感器阵列中，由于 RAM 的每一位对应一个传感器，AAA 就是选择 RAM 的地址。若 AI=1，则下一次读的是 AAA+1 的内容。数据格式如下。

D7	D6	D5	D4	D3	D2	D1	D0
RL7	RL6	RL5	RL4	RL3	RL2	RL1	RL0

③ 在选通输入方式中，数据从回线进入 FIFO(用 CNTL/$\overline{STB}$线的上升沿进入)。数据格式如下。

D7	D6	D5	D4	D3	D2	D1	D0
RL7	RL6	RL5	RL4	RL3	RL2	RL1	RL0

6.9.4 MCS-51 与 8279 的连接应用举例

1. 硬件连接

8279 管脚与 Intel CPU 兼容，可以很方便地与 MCS-51 连接。图 6-40 给出了一个实际应用的实例。

8279 与 DB0～DB7 与 8051 的 P0 口相连。8279 的 IRQ 经非门接到 8051 的$\overline{INT0}$(P3.2)管脚上，可以实现键盘查询或键盘中断。8051 的 ALE 输出作为定时时钟从 8279 的 CLK 管脚输入。8051 的$\overline{RD}$、$\overline{WR}$与 8279 的$\overline{RD}$、$\overline{WR}$相连。8051 的 P2.7 作为 8279 的片选($\overline{CS}$)信号。并且 P2.0 与 8279 的 A0 相连。因此 8279 的地址分别如下。

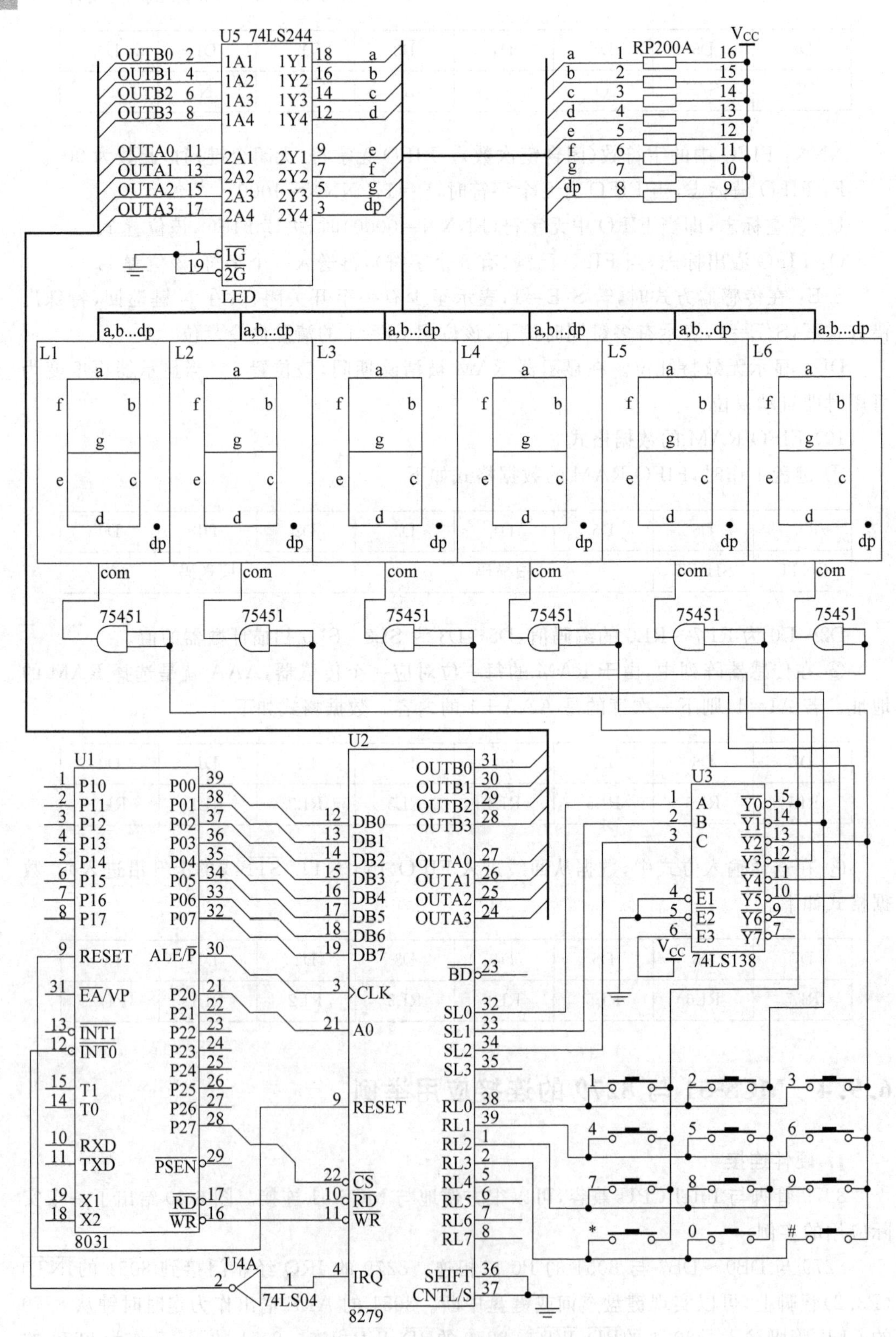

图 6-40 8279键盘/显示接口电路原理图

数据口：7EFFH。

命令或状态口：7FFFH。

8279 与 6 个共阴极显示器和一个 12 键的小键盘连接。SL0～SL2 的扫描按编码方式经 74LS138 译码输出作为键盘的行扫描线，同时经驱动器 75451 接 LED 显示器的 COM 端作为显示器位扫描驱动信号。OUTA 与 OUTB 经驱动器 74LS244 与显示器的段码线相连，直接控制显示字形，RP200A 为 8 个 200Ω/0.5W 上拉电阻。键盘的列扫描线送到回扫端 RL0～RL3 上。

2. 编程举例

8279 与一个 12 键的小键盘相连，12 键的编码为 0、1、2、…、9、*、#。这是一个 3×4 的矩阵，根据扫描信号与回扫线的连接可以计算出键符与 8279 扫描键盘送入 FIFO 键值的关系，如表 6-25 所示。

表 6-25　键符(有序数编码)与扫描键值的关系

键符(有序数编码)	扫描码	回送码	扫描键值
1(01H)	000	000	00H
4(04H)	000	001	01H
7(07H)	000	010	02H
*(0AH)	000	011	03H
2(02H)	001	000	08H
5(05H)	001	001	09H
8(08H)	001	010	0AH
0(00H)	001	011	0BH
3(03H)	010	000	10H
6(06H)	010	001	11H
9(09H)	010	010	12H
#(0BH)	010	011	13H

OUTA 口和 OUTB 口与显示器的段码相连，根据连线可以计算出段码与字形的关系，如表 6-25 所示。

下面给出一个程序，这个程序的功能为：如果按下的是数字键，则在显示器上将该数字依次显示；如果按下的是“*”键，则显示器全灭；如果按下的是“#”键，则 6 个 LED 显示 123456。

```
;初始化程序
          ORG     0H
          MOV     SP,#2FH          ;设定栈指针
          MOV     DPTR,#7FFFH      ;初始化 8279
          MOV     A,#0D1H          ;清除命令
          MOVX    @DPTR,A          ;清显示器,清 FIFO
          NOP
          NOP
LOOP:     MOVX    A,@DPTR          ;读状态字
          JB      ACC.7,LOOP       ;清除未完毕,则循环
```

```
          MOV     A,#34H
          MOVX    @DPTR,A           ;20分频(fosc=12MHz)
          MOV     A,#0              ;设键盘与显示方式
          MOVX    @DPTR,A           ;(双键互锁,编码方式、8字符、左进)
;主程序
MAIN:     JB      P3.2,MAIN         ;查询是否有键闭合
          LCALL   KEY               ;若有键闭合,调键盘处理子程序
          LCALL   DIR               ;调显示子程序
          SJMP    MAIN
;键盘处理子程序
KEY:      MOV     DPTR,#7FFFH ;
          MOV     A,#40H            ;写"读扫描键值命令"
          MOVX    @DPTR,A
          MOV     DPTR,#7EFFH;
          MOVX    A,@DPTR           ;读扫描键值
          ANL     A,#3FH
          MOV     DPTR,#KTAB
          MOVC    A,@A+DPTR         ;查表转换成键有序编码
          CJNE    A,#0AH,KEY1
KEY1:     JC      PDATA             ;是数字键,转PDATA处理
          SUBB    A,#0AH            ;以下为命令键处理
          MOV     B,#03H
          MUL     AB
          MOV     DPTR,#COMTAB
          JMP     @A+DPTR
COMTAB:   LJMP    COMA1             ;转"*"键处理
          LJMP    COMA2             ;转"#"键处理
          …
COMA1:    MOV     R0,#70H           ;"*"键处理
          MOV     R2,#06H
          MOV     A,#10H            ;送暗码序号,6个LED全暗
COMA11:   MOV     @R0,A
          INC     R0
          DJNZ    R2,COMA11
          RET
COMA2:    MOV     R0,#70H           ;"#"键处理,(123456送70H~75H)
          MOV     R2,#06H
          MOV     A,#01H
COMA21:   MOV     @R0,A
          INC     A
          INC     R0
          DJNZ    R2,COMA21
          RET
PDATA:    MOV     R0,#70H           ;数字键处理
          MOV     R2,#6
```

```
PDATA1: XCH     A,@R0
        INC     R0
        DJNZ    R2,PDATA1
        RET
DIR:    MOV     DPTR,#7FFFH     ;显示子程序
        MOV     A,#90H
        MOVX    @DPTR,A         ;写显示命令,自增方式
        MOV     P2,#07EH
        MOV     R1,#0FFH
        MOV     DPTR,#DTAB
        MOV     R7,#6
        MOV     R0,#70H
DIR1:   MOV     A,@R0
        MOVC    A,@A+DPTR
        MOVX    @R1,A
        INC     R0
        DJNZ    R7,DIR1
        RET
        ;DTAB:显示字形段码表
DTAB:   DB      3FH,06H,5BH,4FH  ;0,1,2,3
        DB      66H,6DH,7DH,07H  ;4,5,6,7
        DB      7FH,6FH,77H,7CH  ;8,9,A,B
        DB      39H,5EH,79H,71H  ;C,D,E,F
        DB      00H              ;(暗码)
        ;KTAB:根据扫描键值大小(由小到大)
        ;形成的键有序数编码转换表
KTAB:   DB      01H,04H,07H,0AH  ;1,4,7,*:('*'=0AH)
        DB      00H,00H,00H,00H  ;由于键值不连续,空余单元中置 0
        DB      02H,05H,08H,00H  ;2,5,8,0
        DB      00H,00H,00H,00H  ;空余单元中置 0
        DB      03H,06H,09H,0BH  ;3,6,9,#:('#'=0BH)
        END
```

在内存 70H～75H 开辟显示缓冲区,对应 LED1～LED6。当按下键时,程序通过第一次查表,将从 8279 读到的键值转换成键有序数编码。由于键值不连续,所以转换表中在空余单元中置 0。根据键有序数编码大小,区分是数字键还是功能键?如果是数字键,则转数字键处理;如果是功能键,则转功能键处理。处理完毕,则调用显示子程序将显示缓冲区内容输出显示。

查询有无闭合键可以通过对 8279 的 IRQ 线进行查询(如上例),也可以通过对 8279 的状态字查询来实现,程序如下。

```
MAIN:   MOV     DPTR,#7FFFH
        MOVX    A,@DPTR         ;读 FIFO 状态
        ANL     A,#0FH
        JZ      MAIN            ;FIFO 的低 4 位全为零,无键按下,转 MAIN
```

```
        …                               ;有键按下……
```

键盘处理也可用中断方式，将上述初始化程序中增加 SETB EA，SETB EX0 两条指令；主程序中去掉 LCALL KEY 指令；增加键盘中断处理子程序即可，程序如下。

```
         ORG    03H
         LJMP   KEYINT
KEYINT:  PUSH   PSW             ;现场保护 PSW
         PUSH   ACC
         PUSH   DPL
         PUSH   DPH
         SETB   RS0             ;中断服务子程序用工作寄存器区 3
         SETB   RS1             ;保护工作寄存器区 0
         LCALL  KEY             ;调键盘处理子程序 KEY
         POP    DPH             ;恢复现场
         POP    DPL
         POP    ACC
         POP    PSW
         RETI                   ;中断返回
```

6.10 并行打印机接口

打印机是单片机系统比较常用的输出设备。由于单片机所构成的系统，一般来说成本较低。所以单片机系统大多选用体积小、功耗低、可靠性高、价格廉的微型打印机，例如GP16、TPμp 系列(如：TPμp-40A)、PP40 等智能打印机。GP16、TPμp-40A 是行打印机，GP16 每行可打印 16 个字符，TPμp-40A 是每行可打印 40 个字符。PP40 是四色描绘式打印机，可用来描绘字符及图形，具有较强的绘图功能。虽然 PP40 工作速度较慢，但由于它体积小、价格低、可靠性高、噪声低，即可以作打印机，又可以作描图仪，以 PP40 为例，介绍 8031 与打印机的接口。

6.10.1 PP40 的接口信号

PP40 的接口信号通过一个 36 芯的插头与主机相接，36 芯实际只用了 13 个。如表 6-26 所示，所有的 I/O 信号与 TTL 电平兼容。

表 6-26 PP40 的接口信号

芯 位	信 号	芯 位	信 号
1	$\overline{\text{STROBE}}$	11	BUSY
2～9	DATA1～8	12,14～17,30,33	GND
10	$\overline{\text{ACK}}$	19～29	GND*

* 用以和信号线绞线，以提高抗干扰能力。

DATA1～8：数据线。

$\overline{\text{STROBE}}$：选通输入信号线，它的上升沿将 DATA1～8 上的信息打入 PP40，并启动 PP40 机械装置开始描绘。

BUSY：状态输出线。PP40 正在处理主机的命令或数据（描绘）时 BUSY 输出高电平，空闲时 BUSY 输出低电平。BUSY 可作为中断请求线或供 CPU 查询。

$\overline{\text{ACK}}$：响应输出线，当 PP40 接收并处理完主机的命令或数据时，$\overline{\text{ACK}}$输出一个负脉冲，它也可以作为中断请求线。

PP40 和主机之间的通信时序如图 6-41 所示。

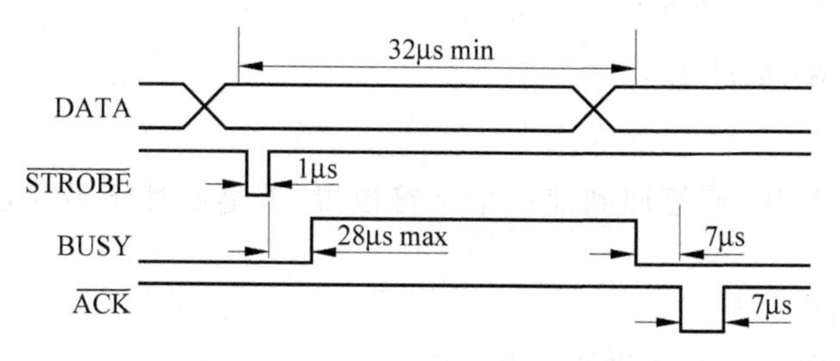

图 6-41　PP40 和主机的通信时序

6.10.2　PP40 的工作方式

PP40 具有文本模式和图形模式。文本模式用于打印字符串；图形模式提供多种绘图命令可以画出各种图形。在文本模式下，通过回车符(0DH)和控制编码 2(12H)命令，可以从文本模式转换到图形模式。在图形模式下也可以通过回车符(0DH)和控制编码 1(11H)命令，从图形模式转换到文本模式。

1. 文本模式

PP40 在文本模式下，可以打印所有 ASCII 码字符。PP40 可以打印的字符编码如表 6-27 所示。表中除了字符编码外，还有一些控制编码，它们的定义如下。

表 6-27　PP40 文字符号编码

	0	1	2	3	4	5	6	7
0				0	@	P	‘	p
1		DC1	!	1	A	Q	a	q
2		DC2	"	2	B	R	b	r
3			#	3	C	S	c	s
4			$	4	D	T	d	t
5			%	5	E	U	e	u
6			&	6	F	V	f	v
7			'	7	G	W	g	w
8	BS		(	8	H	X	h	x
9			)	9	I	Y	i	y
A	LF		*	:	J	Z	j	z

续表

	0	1	2	3	4	5	6	7
B	LU		+	;	K	[	k	{
C			,	<	L	\	l	|
D	CR	NC	-	=	M	]	m	}
E			。	>	N	^	n	~
F			/	?	O	—	o	⊠

注 DC1：配制控制1(文本模式)；
DC2：配制控制2(图形模式)；
NC：转色；
CR：回车(笔返回左方位置)。

• 回位(08H)。

将08H写入PP40，使笔回到前一个字符位置，若笔已处于最左边位置，则该命令失效。

• 进纸(0AH)。

将0AH写入PP40，PP40将纸推进一行。

• 退纸(0BH)。

将0BH写入PP40，PP40将纸退后一行。

• 回车(0DH)。

将0DH写入PP40，PP40将笔返回到最左边，并进纸一行。

• 方式控制编码1(11H)。

将0DH和11H依次写入PP40，则将PP40置成文本模式。

• 方式控制编码2(12H)。

将0DH和12H依次写入PP40，则将PP40置成图形模式。

• 转色(1DH)。

将1DH写入PP40，笔架转动一个位置，描图笔换一种颜色。

当超过一行的字符写入PP40后，PP40自动回车并进纸一行。

2. 图形模式

PP40在图形模式下有多种绘图命令，可以方便灵活地绘出各种四色的图形。表6-28给出了绘图命令格式和功能。

X、Y方向定义如图6-42(a)所示。字母编印方向定义如图6-42(b)所示。

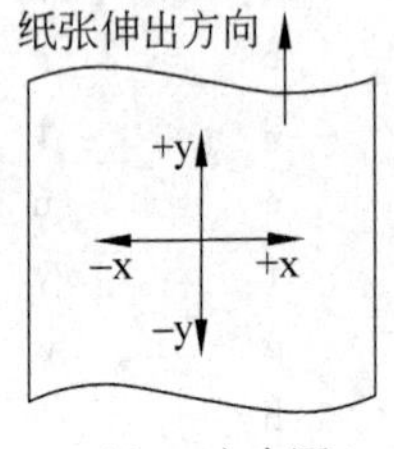

(a) x,y方向图

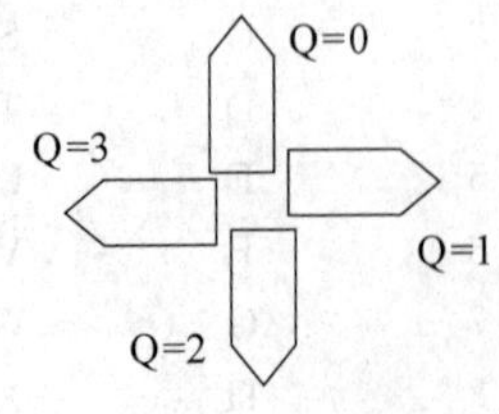

(b) 字母编印方向定义

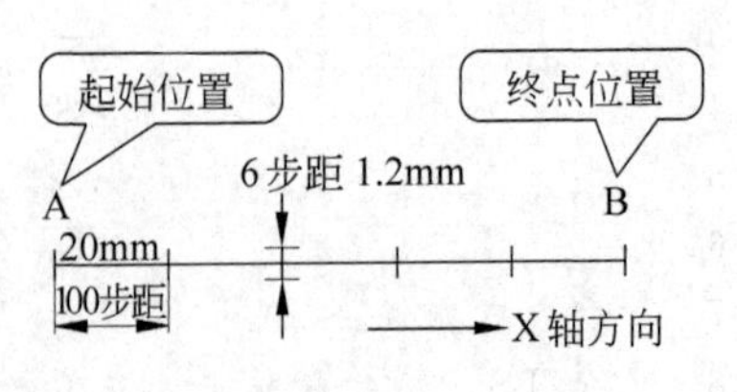

(c) x1,100,5命令执行结果

图6-42 图形模式

表6-28　绘图命令表

指　令	格　　式	功　能
线形式	LP(P=0～15)	所绘划线的形式。实线：P=0，点线P=1～15，而且具有指定格式
重置	A	笔架返回X轴最左边，而Y轴不变动，返回文字模式，并以笔架停留作为起点
回档	H	笔嘴升起返回起点
预备	I	以笔架位置作为起点
绘线	Dx,y,…,Xn,Yn (−999≤x,y≤999)	由现时笔嘴位置至(x,y)连线
相对绘线	JΔx,Δy,…,ΔXn,ΔYn (−999≤Δx,Δy≤999)	由现时笔嘴位置画一直线至笔嘴点Δx,Δy距离之点上
移动	Mx,y(−999≤x,y≤999)	笔嘴升起，移动至起点相距Δx,Δy之点上
相对移动	RΔx,Δy (−999≤Δx,Δy≤999)	笔嘴升起，移动至现时笔架相距Δx,Δy之新点上
颜色转换	Cn　(n=0至3)	颜色转换由n指定0:黑,1：蓝,2：绿,3：红
字符尺码	Sn　(n=0至63)	指定字符尺码
字母编印方向	Qn　(n=0至3)	指示文字编印方向(只在图形模式下适用)
编印	PC,C,…,Cn(n无限制)	编印字符(C为字符)
轴	xp,q,r(p=0～1) (q=−999～999)(r=1～255)	由现时笔架位置绘画轴线 y轴：p=0,x轴：p=1,q=点距,r=重复次数

X指令示例，当执行指令“X1,100,5”(将58H,31H,2CH,31H,30H,30H,2CH,35H,0DH写入PP40)后，描绘出的图形如图6-42(c)所示。

PP40的绘图命令可以分为5类。

① 不带参数的单字符指令，这一类指令包含A、H和I这3条指令。

② 只带一个参数的指令，这一类指令包含L、C、S、Q 4条指令，参数跟在命令符号后面。

③ 带两个参数的指令，这一类包含D、J、M、R 4条指令，参数之间需以“,”作分隔符，指令以回车(0DH)结束。

④ P指令，编印字符指令，字符和字符之间以“,”分隔，以回车(0DH)结束。

⑤ X指令，绘编轴线指令，带三个参数，参数之间以“,”分隔，以回车结束。

3. 绘图命令缩写

- 单字符指令后可直接跟其他指令(返回文本命令除外，它后面必须跟回车符0DH)。

例如：HJ300,−100[CR]等价于

H[CR]

J300,−100[CR]

- 一个参数的指令，可以在参数后加“,”后跟其他指令。

例如：L2,C3,Q3,S0,M−150,−200[CR]

- 两个以上参数的指令必须以回车符(0DH)结束，不可省略。

6.10.3　8051 与 PP40 的接口方法

单片机与 PP40 的接口有多种方法，可以直接利用片内的 I/O 端连接；也可以利用锁存器，与 PP40 接口；也可以利用通用接口芯片 8155 或 8255 与打印机接口。无论哪一种接法，都必须考虑数据、状态和应答信号的特性及时序，尤其要注意信号的有效宽度，若忽略了这一点，打印机同样不能正常工作。这些信号的时序及有效宽度在图 6-41 已经给出。

图 6-43 给出了利用 8051 的端口直接与 PP40 相连。8051 的 P1 口作为数据口，P3.0 作为选通信号输出线，选通信号由软件产生 P3.3 作为中断请求输入线，也可以作为查询状态输入。

图 6-44 给出了利用 8255 扩展 PP40 打印机。8255 的 B 口作为数据输出口，工作在选通方式。8255 的$\overline{\text{OBFB}}$信号经非门与 PP40 打印机的$\overline{\text{STROBE}}$相连，PP40 的$\overline{\text{ACK}}$信号作为 8255 的$\overline{\text{ACKB}}$相连，8255 的 PC0 经反相器与 MCS-51 的外部中断相连（图中未给出），可采用边沿触发方式。

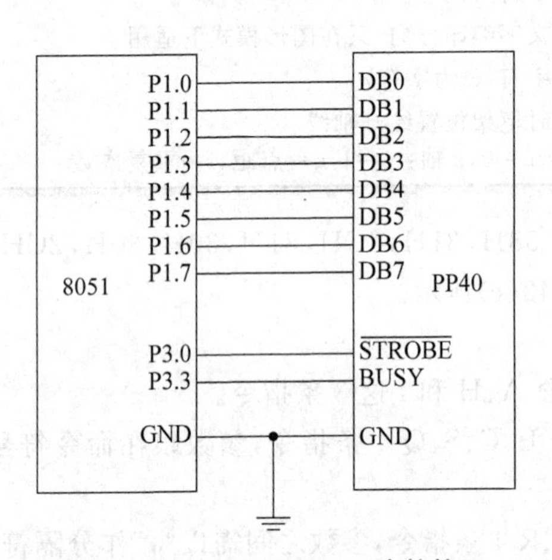

图 6-43　PP40 和 MCS-51 直接接口

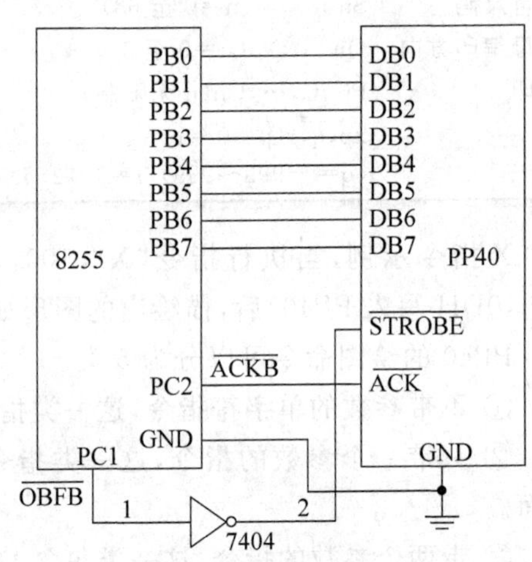

图 6-44　PP40 和 8255 的接口

6.10.4　打印程序设计举例

在单片机系统中，打印机一般用来硬拷贝测量结果。在设计打印程序时，既要考虑到尽量少占用内部 RAM 存储器，还要考虑到如何提高 CPU 和打印机工作效率。

1. PP40 文本模式程序设计

下面给出的例子，都是按图 6-43 的连接来编制程序的，在文本模式下打印字符，只需要将该字符的 ASCII 码送给打印机即可。

例 6-7　在 PP40 机上输出一个字符，该字符的 ASCII 码放在累加器 A 中。

```
PSUB1:   MOV   P1,A       ;P1 口输出字符
         CLR   P3.0       ;产生STROBE信号
         NOP              ;延时
```

```
    SETB  P3.0      ;STROBE信号结束
    …
```

以上四条指令产生一选通信号$\overline{\text{STROBE}}$,将 P1 口上的数据打入 PP40。

例 6-8 在 PP40 机上输出一个字符串,该字符串存放的首址为 CHTB,第一个字节为字符串长度。以查询方式输出字符以实现速度匹配,程序如下。

```
PSUB2:  MOV     DPTR,#CHTB      ;取字符串首址
        CLR     A
        MOVC    A,@A+DPTR       ;取字符串长度
        MOV     R2,A            ;设置循环指针
PRN:    INC     DPTR
        CLR     A
        MOVC    A,@A+DPTR       ;取字符进累加器
        MOV     P1,A            ;将字符输出到打印机
        CLR     P3.0            ;产生STROBE信号
        NOP
        SETB    P3.0            ;STROBE信号结束
PL:     JB      P3.3,PL         ;判断是否打印完毕
        DJNZ    R2,PRN          ;打印下一个字符
        RET                     ;字符串打印完毕
```

PP40 打印速度较慢,为了提高系统工作效率,可以以中断方式来实现例 7-7 所规定的功能,主程序如下。

```
MAIN:   MOV     SP,#3FH         ;设堆栈
        …
        CLR     00H             ;清打印标志
        ORL     PSW,#18H        ;选工作寄存器区 3
        MOV     DPTR,#CHTB      ;取首址作指针
        CLR     A
        MOVC    A,@A+DPTR       ;取字符长度
        MOV     R2,A            ;R2 作计数器
        INC     DPTR            ;修改 DPTR 指针
        CLR     A
        MOVC    A,@A+DPTR       ;取第一个字符
        INC     DPTR            ;修改 DPTR 指针
        MOV     R5,DPL
        MOV     R6,DPH          ;暂存 DPTR
        MOV     P1,A            ;送字符
        CLR     P3.0
        NOP
        SETB    P3.0            ;产生STROBE信号
        SETB    IT1             ;INT1 边沿触发
        ORL     IE,#84H         ;开中断
        ANL     PSW,#0E7H       ;选工作寄存器区 0
        …                       ;运行主程序
```

中断服务程序如下。

```
PRINT:  PUSH    ACC
        PUSH    PSW
        PUSH    DPH
        PUSH    DPL
        ORL     PSW,#18H        ;选用工作寄存器区 3
        MOV     DPL,R5
        MOV     DPH,R6          ;缓冲器地址→DPTR
        CLR     A
        MOVC    A,@A+DPTR       ;取字符
        MOV     P1,A            ;输出字符
        CLR     P3.0
        NOP
        SETB    P3.0            ;产生STROBE信号
        INC     DPTR            ;指向下一个单元
        MOV     R5,DPL
        MOV     R6,DPH          ;保留缓冲区地址
        DJNZ    R2,PIRI         ;是否全部打印完毕?
        SETB    00H             ;打印完设置标志
        CLR     EX1             ;关中断
PIRI:   POP     DPL
        POP     DPH
        POP     PSW
        POP     ACC
        RETI
```

2. PP40 图形方式程序设计

PP40 在图形方式下,可以输出各种图形。PP40 图形方式程序设计的关键是掌握 PP40 绘图命令功能和使用方法。先看一个画一条直线的子程序。

例 6-9 编制一个画一条(x0,y0)至(x1,y1)的直线的子程序 x0,y0,x1,y1 分别存在 60H,61H,62H,63H 等 4 个单元中。

编程思路:首先用 Mx0,y0[CR]命令将笔移至 x0,y0,然后用 Dx1,y1 命令画出直线。由于 x0,y0,x1,y1 都是二进制数,传送给打印机,必须将它们转换成 BCD 码,然后再转换成 ASCII 码。

并将

```
Mx0,y0,[CR]
Dx1,y1,[CR]
```

存储在缓冲区中。最后调用 PRINT 子程序将线画出。

```
SUB3:  MOV     DPTR,#BUF       ;取缓冲区首地址
       MOV     R2,#0           ;R2 为计数器
       MOV     A,#'M'          ;即 40H→A
       ACALL   SCH             ;送 M 进缓冲区
```

```
        MOV     A,60H
        ACALL   BBA             ;将 x0 转换成 ASCII 码并送缓冲区
        MOV     A,#','          ;即 2CH→A
        ACALL   SCH             ;送,进缓冲区
        MOV     A,61H
        ACALL   BBA             ;将 y0 转换成 ASCII 码并送缓冲区
        MOV     A,#0DH
        ACALL   SCH             ;送回车符进缓冲区
        MOV     A,#'D'          ;即 44H→A
        ACALL   SCH             ;送 D 进缓冲区
        MOV     A,62H
        ACALL   BBA             ;将 x1 转换成 ASCII 码并送缓冲区
        MOV     A,#','          ;即 2CH→A
        ACALL   SCH             ;送,进缓冲区
        MOV     A,63H
        ACALL   BBA             ;将 y1 转换成 ASCII 码并送缓冲区
        MOV     A,#0DH
        ACALL   SCH             ;送回车符进缓冲区
        MOV     DPTR,#BUF
        ACALL   PRINT           ;将线画出
        RET
SCH:    MOVX    @DPTR,A         ;A 的内容进缓冲区
        INC     DPTR            ;缓冲区地址加 1
        INC     R2              ;计数器加 1
        RET
BBA:    JNB     ACC.7,NG        ;判断数据是否为负
        PUSH    ACC
        MOV     A,#'—'
        ACALL   SCH             ;送负号进缓冲区
        POP     ACC
        CPL     A
        INC     A               ;求 A 的绝对值
NG:     MOV     B,#100
        CLR     F0              ;清用户标志 PSW.5
        DIV     AB              ; A/100
        JZ      Z100            ;商等于 0 转移
        ORL     A,#30H          ;将百位数转换成 ASCII 码
        ACALL   SCH             ;百位数送缓冲区
        SETB    F0
Z100:   MOV     A,B             ;余数→A
        MOV     B,#10
        DIV     AB              ; A/10
        JNZ     SS              ;商不等于 0 转移
        JNB     F0,Z10          ;商等于 0 且百位数为 0 转移
SS:     ORL     A,#30H          ;将十位为数转换成 ASCII 码
```

```
        ACALL   SCH             ;十位数送缓冲区
Z10:    MOV     A,B
        ORL     A,#30H          ;将个位数转换成ASCII码
        ACALL   SCH             ;个位数送缓冲区
        RET
PRNT:   MOVX    A,@DPTR
        MOV     P1,A
        CLR     P3.0
        NOP
        SETB    P3.0
        INC     DPTR
WAT:    JB      P3.3,WAT
        DJNZ    R2,PRNT
        RET
```

在进行绘图前，往往需要给打印机送一些初始化命令。比如设置到图形模式，规定画线形式等，下面再介绍一个画矩形的程序。

例 6-10 画一个(x0,y0)～(x1,y1)的矩形框。(x0,y0)和(x1,y1)分别为矩形的对角坐标，存储在60H,61H,62H,63H单元中。

在画矩形框之前，先要将打印机设置到图形方式，然后抬笔返回到起始位置，并规定画线的形式为实线，线的颜色为绿色。这些初始化的命令编码为CR DC2 CR HLO,C2 CR。这部分编码可事先存放在程序存储器中。

画矩形首先用M(x0,y0)命令将笔移至起始点。然后用Jx1－x0,0,0,y1－y0,x0－x1,0,0,y0－y1命令将矩形框画出。

```
        MOV     DPTR,#CHTB      ;取初始化编码首地址
        MOV     R2,#10          ;编码长度→R2
        ACALL   PRN             ;将初始化命令送打印机
        MOV     DPTR,#BUF       ;取缓冲区首址
        MOV     R2,0            ;计数器清0
        MOV     A,#'M'
        ACALL   SCH             ;M进缓冲区
        MOV     A,60H
        ACALL   BBA             ;x0进缓冲区
        MOV     A,#','
        ACALL   SCH             ;","进缓冲区
        MOV     A,61H
        ACALL   BBA             ;y0进缓冲区
        MOV     A,#0DH
        ACALL   SCH             ;回车进缓冲区
        MOV     A,#'J'
        ACALL   SCH             ;J进缓冲区
        MOV     A,62H
        CLR     C
        SUBB    A,60H
```

```
        ACALL   BBA             ;x1-x0进缓冲区
        MOV     A,#','
        ACALL   SCH             ;","进缓冲区
        MOV     A,#30H
        ACALL   SCH             ;0进缓冲区
        MOV     A,#','
        ACALL   SCH             ;","进缓冲区
        MOV     A,#30H
        ACALL   SCH             ;0进缓冲区
        MOV     A,#','
        ACALL   SCH             ;","进缓冲区
        MOV     A,63H
        CLR     C
        SUBB    A,61H
        ACALL   BBA             ;y1-y0进缓冲区
        MOV     A,#','
        ACALL   SCH             ;","进缓冲区
        MOV     A,60H
        CLR     C
        SUBB    A,62H
        ACALL   BBA             ;x0-x1进缓冲区
        MOV     A,#','
        ACALL   SCH             ;","进缓冲区
        MOV     A,#30H
        ACALL   SCH             ;0进缓冲区
        MOV     A,#','
        ACALL   SCH             ;","进缓冲区
        MOV     A,#30H
        ACALL   SCH             ;0进缓冲区
        MOV     A,#','
        ACALL   SCH             ;","进缓冲区
        MOV     A,61H
        CLR     C
        SUBB    A,63H
        ACALL   BBA             ;y0-y1进缓冲区
        MOV     A,#0DH
        ACALL   SCH             ;回车进缓冲区
        ACALL   PRNT            ;将框画出
        RET
CHTB:   DB      0DH,12H,0DH,48H ;CR DC2 CR H
        DB      4CH,30H,2CH     ;L O
        DB      43H,32H,0DH     ;C 2 CR
PRN:    CLR     A
        MOVC    A,@A+DPTR
        MOV     P1,A
```

```
        CLR     P3.0
        NOP
        SETB    P3.0
PL:     JB      P3.3,PL
        DJNZ    R2,PRN
        RET
```

BBA、SCH 和 PRNT 子程序同上例，就不再列出。

习题与思考

1. MCS-51 单片机与外部扩展存储器系统接口时，P0 口输出的低 8 位地址为何必须通过地址锁存器？而 P2 口输出的高 8 位地址则不必锁存？

2. 在 8031 应用系统中，当外部程序存储器和外部数据存储器地址重叠时，为什么两个存储空间不会发生冲突？

3. 当 8031 应用系统中有外扩程序存储器时，空余的 P2 口能否再作 I/O 线用，为什么？

4. MCS-51 单片机的最大寻址范围是多少字节？如果一个 8031 应用系统的外扩数据存储器 RAM 需扩展 256K 字节，将采取什么措施扩展之？

5. MCS-51 单片机系统工作时，何时产生 ALE 和 $\overline{PSEN}$ 控制信号？何时产生 $\overline{WR}$ (P3.6)和 $\overline{RD}$ (P3.7)控制信号？

6. 在使用外部程序存储器的系统中，当不执行 MOVX 指令时，P0 口上一个指令周期中出现的信息序列是什么？当执行 MOVX 指令时，P0 口上出现的信息序列又是什么？它与 P2 口以及外扩存储器的控制信号 ALE、$\overline{PSEN}$、$\overline{RD}$、$\overline{WR}$ 是如何配合工作的？P0 口和 P2 口上的地址信息都来源于哪些专用特殊功能寄存器？

7. MCS-51 单片机应用系统扩展时，采用三总线结构有何优越性？线选法译码、部分地址译码和全地址译码各有何优缺点？

8. 在访问外部数据存储器的系统中，在外部 RAM 读写周期内，P0 口上的信息变化是什么？P0 口和 P2 口上的地址信息都来源于哪些专用特殊功能寄存器？

9. 用 RAM 芯片可否作外部程序存储器？控制线如何连接？

10. 试设计以 8031 为主机，用 74LS138(或 139)为译码器，分别选中 3 片 2764 EPROM 的存储器系统，画出电路图并写出各个 2764 所占的地址空间。如果用线选法译码，用 P2.7、P2.6、P2.5 分别连接到 3 片 2764 的片选 $\overline{CE}$ 端，它们所占用的地址又是多少？

11. 试设计以 8031 为主机，用 74LS138 为译码器，采用 1 片 27128 作 ROM，地址为 0000H～3FFFH；采用 2 片 6264 作 RAM，4000H～7FFFH 的扩展系统(加 1 个与门)，地址不允许重叠，画出电路图。如果 RAM 地址为 8000H～BFFFH 或 C000H～FFFFH，2 片 6264 的片选 $\overline{CE}$ 端与译码器的输出应如何连接？

12. 设计一个 16KB 的外部数据存储器 RAM，若采用 6116 需要多少片？应选择什么译码器？试设计出电路图并写出各芯片所占有的地址。如果系统中还有一片 27128 作 ROM，同时总线上还有其他 I/O 接口电路，系统设计时应注意什么问题？

13. 若用 8 片 6116 构成的外部数据存储器，地址为 0000H～3FFFH；试编写一存储器诊断程序（诊断到某片）。

14. 为什么当系统接有外部程序存储器时，P2 口不能再作 I/O 口使用了？

15. 8255 有几种工作方式？

16. 8255 与 8031 的连接见图 6-21，8255 的 A 口作输入 PA0～PA7 接一组开关 K0～K7，B 口作输出 PB0～PB7 接一组发光二极管，要求当 A 口某位开关接高电平时，B 口相应的二极管点亮。试编制相应的程序。

17. 8155 扩展器由几部分组成？试说明其作用？

18. 8155 与 8031 的连接见图 6-28。

（1）若将 8155 的 PA0～PA7 与 PB0～PB7 用跨接线相接，C 口的 PC0～PC5 接 6 个发光二极管，试编制 I/O 口诊断程序，即从 B 口输出数据，经 A 口读回，若正确则 C 口发光二极管左循环点亮否则同时点亮。

（2）试编制 8155 RAM 诊断程序，并记录出错地址。

（3）设 8155 的 TIN 接 2MHz 时钟，试编制定时 5ms 的定时程序，并从 TOUT 输出一单次方波。

19. 试设计 8031 单片机系统，系统至少有 120 条外部 I/O 口线和 16K EPROM，并写出其地址。

第7章 数模及模数转换器接口

在微机过程控制和数据采集等系统中，经常要对一些过程参数进行测量和控制，这些参数往往是连续变化的物理量，如温度、压力、流量、速度和位移等。这里所指的连续变化即数值是随时间连续可变的，通常称这些物理量为模拟量，然而计算机本身所能识别和处理的都是数字量。这些模拟量在进入计算机之前必须转换成二进制数码表示的数字信号。能够把模拟量变成数字量的器件称为模数转换器(analog converter to digital，A/D)。相反，微机加工处理的结果是数字量，也要转换成模拟量才能去控制相应的设备。能够把数字量变成模拟量的器件称为数模转换器(digital to analog converter，D/A)。本章将介绍数模及模数转换器原理及其与单片机系统的接口应用技术。

7.1 D/A转换器

能够将数字量转换成模拟量(电流或电压)的器件称为数/模转换器，简称D/A转换器或DAC。每一个数字量都是二进制代码按位的组合，每一位数字代码都有一定的"权"，对应一定大小的模拟量。为了将数字量转换成模拟量，应将其每一位都转换成相应的模拟量，然后求和即得到与数字量成正比的模拟量。一般数模转换器都是按这一原理设计的。

7.1.1 R-2R T型解码网络D/A转换器

数/模转换器的类型很多，目前在集成化的数模转换器中经常使用的是R-2R式T型解码网络和MOS或TTL型电流开关结构，如图7-1所示。

该电路是一个8位并行D/A转换器。在此，V_{REF}为外加基准电源，R_{fb}是连接运算放大器的反馈电阻，D7～D0为控制电流开关的数据输入端，虚线部分表示要外接的运算放大器和输入数据寄存器。不难证明，各$2R$支路电流具有二进制的关系，即：

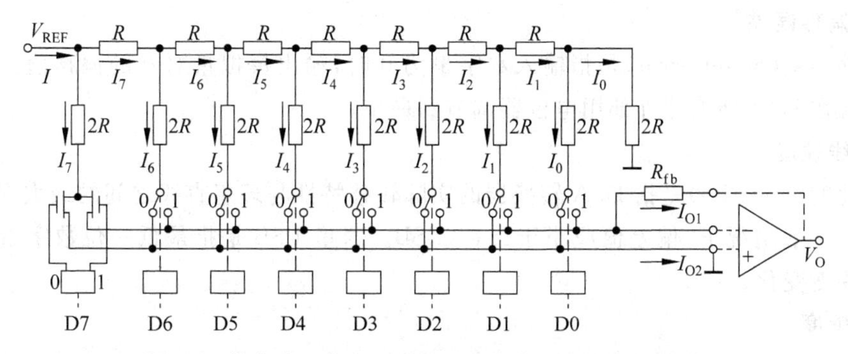

图 7-1　带电流开关和 T 型解码网络的 8 位 D/A 原理图

$$I_7 = I/2 = V_{REF}/2R \qquad I_6 = I_7/2 = I/2^2$$
$$I_5 = I_6/2 = I/2^3 \qquad I_4 = I_5/2 = I/2^4$$
$$I_3 = I_4/2 = I/2^5 \qquad I_2 = I_3/2 = I/2^6$$
$$I_1 = I_2/2 = I/2^7 \qquad I_0 = I_1/2 = I/2^8$$

当输入数据为全 1 时，则全部电流开关均处于逻辑 1 的状态，此时加权电阻与 I_{01} 端接通，I_{01} 端输出总电流为：

$$I_{01} = I_7 + I_6 + I_5 + I_4 + I_3 + I_2 + I_1 + I_0$$

而 I_{02} 端因与加权电阻断开使输出总电流为 0，即：$I_{02}=0$。

若运算放大器的反馈电阻 R_{fb} 等于反相端输入电阻 R，那么运算放大器输出模拟电压为：

$$\begin{aligned} V_0 &= I_{01} \times R_{fb} \\ &= (-V_{REF}/2^8)(2^7 + 2^6 + 2^5 + 2^4 + 2^3 + 2^2 + 2^1 + 2^0) \\ &= \left(-\frac{V_{REF}}{2^8}\right) \times \sum_{i=0}^{7} 2^i \end{aligned}$$

对于 N 位二进制数码输入时，输出模拟电压为：

$$V_0 = -\frac{V_{REF}}{2^N} \sum_{i=0}^{N-1} A_i \times 2^i$$

其中，当 $A_i=1$ 时，表示与之对应位的电流开关处于逻辑“1”状态；当 $A_i=0$ 时，则对应于逻辑“0”状态。

根据以上分析可见，此时的输出电压正比于输入的数字量，实现了数模转换的目的。不言而喻，采用电流开关进行控制，具有开关时间短、缓冲性能好、转换精度高等优点，因而得到广泛应用。

7.1.2　描述 D/A 转换器的性能参数

1. 分辨率

分辨率(resolution)反映了数字量在最低位上变化一位时输出模拟量的最小变化量。一般用相对值表示，对于 8 位 D/A 转换器来说，分辨率为最大输出幅度的 0.39%，即为 1/256。而对 10 位 D/A 转换器来说，分辨率可以提高到 0.1%，即 1/1024。

2. 偏移误差

偏移误差(offset error)是指输入数字量为0时,输出模拟量对0的偏移值。这种误差一般可在D/A转换器外部用电位器调节到最小。

3. 线性度

线性度(linearity)是指D/A转换器的实际转移特性与理想直线之间的最大误差或最大偏移。一般情况下,偏差值应小于±1/2LSB。这里LSB是指最低一位数字量变化所带来的幅度变化。

4. 精度

精度(accuracy)为实际模拟输出与理想模拟输出之间的最大偏差。除了线性度不好会影响精度之外,参考电压的波动等因素也会影响精度。可以理解为线性度是在一定测试条件下得到的D/A转换器的误差,而精度则是描述在整个工作区间D/A转换器的最大偏差。

5. 转换速度

转换速度(conversion rate)即每秒钟可以转换的次数,其倒数为转换时间。

6. 温度灵敏度

温度灵敏度(temperature sensitivity)是指在输入不变的情况下,输出模拟信号随温度变化的程度。

7.2 MCS-51单片机与8位D/A转换器接口技术

目前,能与微机接口的D/A转换器芯片有许多种,其中有的不带数据锁存器,这类D/A转换器与微机连接时需要扩展并行I/O接口,使用起来不够方便;也有的带数据锁存器,可以直接与单片机或微处理器相连接,应用较为广泛,本节将通过8位典型芯片来介绍这类D/A转换器的接口。

7.2.1 DAC0832的技术指标

DAC0832是美国国家半导体公司(NSC)的产品,是一种具有两个输入数据寄存器的8位D/A转换器,它能直接与MCS-51单片机相接口,不需要附加任何其他I/O接口芯片。其主要技术指标如下。

① 分辨率8位。

② 电流稳定时间1μs。

③ 可双缓冲、单缓冲或直接数字输入。

④ 只需在满量程下调整其线性度。

⑤ 单一电源供电(+5V～+15V)。

⑥ 低功耗,20mW。

DAC0832是DAC0830系列产品的一种,其他产品有DAC0830、DAC0831等,它们都是8位D/A转换器,完全可以相互代换。

7.2.2　DAC0832 的结构及原理

DAC0832 采用 CMOS 工艺，具有 20 个引脚双列直插式单片 8 位 D/A 转换器，其结构如图 7-2 所示。

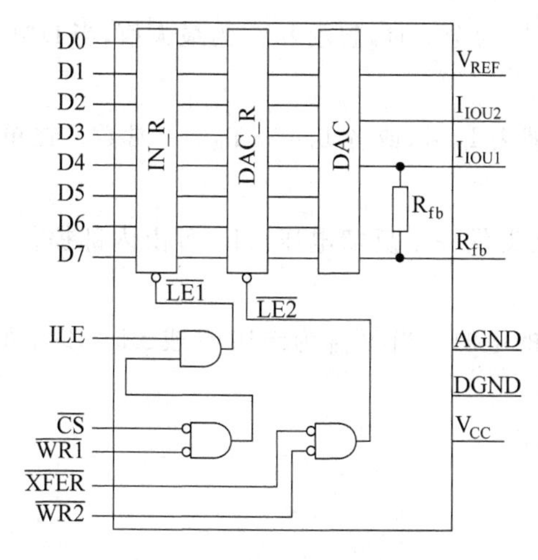

图 7-2　DAC0832 结构框图

它由三大部分组成：一个 8 位输入寄存器，一个 8 位 DAC 寄存器和一个 8 位 D/A 转换器组成。在 D/A 转换器中采用的是 T 型 R-2R 电阻网络。DAC0832 器件由于有两个可以分别控制的数据寄存器，使用时有较大的灵活性。可以根据需要接成多种工作方式。它的工作原理简述如下。

如图 7-2 所示，$\overline{LE}$为寄存命令。当$\overline{LE}=1$时，寄存器的输出随输入变化；$\overline{LE}=0$ 时，数据锁存在寄存器中，而不随输入数据的变化而变化。

由此可见，当 $ILE=1$，$\overline{CS}=0$，$\overline{WR1}=0$ 时，$\overline{LE1}=1$，允许数据输入，而当$\overline{WR1}=1$ 时，$\overline{LE1}=0$，则数据被锁存。能否进行 D/A 转换，除了取决于$\overline{LE1}$以外，还要依赖于$\overline{LE2}$。

由图可知，当$\overline{WR2}$和$\overline{XFER}$均为低电平时，$\overline{LE2}=1$，此时允许 D/A 转换，否则$\overline{LE}2=0$，将数据锁存于 DAC 寄存器中。

在使用时可以采用双缓冲方式（两级输入锁存），也可以用单缓冲方式（只用一级输入锁存，另一级始终直通），或者接成完全直通的形式。因此，这种转换器用起来非常灵活、方便。

7.2.3　DAC0832 管脚功能

DAC0832 的引脚排列，如图 7-3 所示。

各管脚的功能如下。

1. 控制信号引脚

$\overline{CS}$：片选信号引脚（低电平有效）。

ILE：输入锁存允许信号（高电平有效）。

$\overline{WR1}$：第一级锁存写选通（低电平有效）。当$\overline{WR1}$为低电平时，用来将输入数据传送到输入锁存器；当$\overline{WR1}$为高电平时，输入锁存器中的数字被锁存；当 ILE 为高电平，又必须是$\overline{CS}$和$\overline{WR1}$同时为低电平时，才能将锁存器中的数据进行更新。以上三个控制信号构成第一级输入锁存。

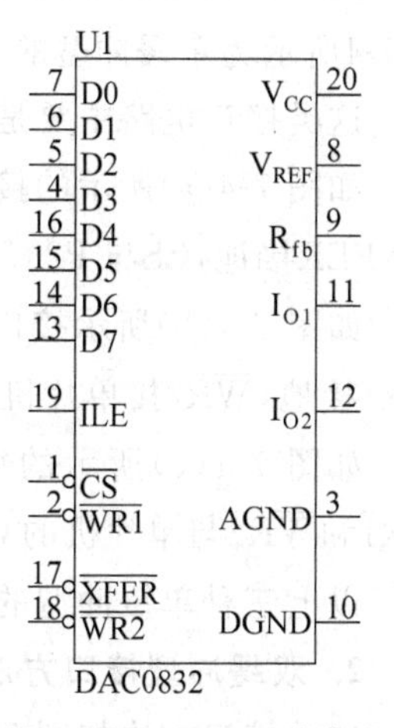

图 7-3　DAC0832 引脚图

$\overline{WR2}$：第二级锁存写选通（低电平有效）。该信号与$\overline{XFER}$配合，可使锁存器中的数据传送到 DAC 寄存器中进行转换。

$\overline{XFER}$：传送控制信号（低电平有效）。$\overline{XFER}$将与$\overline{WR2}$配合使用，构成第二级锁存。

2. 其他管脚的功能

D0～D7：数字输入量。D0是最低位（LSB），D7是最高位（MSB）。

I_{OUT1}（I_{O1}）：DAC电流输出1。当DAC寄存器为全1时，表示I_{OUT1}为最大值，当DAC寄存器为全0时，表示I_{OUT1}为0。

I_{OUT2}（I_{O2}）：DAC电流输出2。I_{OUT2}为常数减去I_{OUT1}，或者$I_{OUT1}+I_{OUT2}=$常数。在单极性输出时，I_{OUT2}通常接地。

R_{fb}：内部集成反馈电阻，为外部运算放大器提供一个反馈电压。R_{fb}可由内部提供，也可由外部提供。

V_{REF}：参考电压输入，要求外部接一个精密的电源。当V_{REF}为±10V（或±5V）时，可获得满量程四象限的可乘操作。

V_{CC}：数字电路供电电压，一般为＋5～＋15V。

AGND：模拟地。

DGND：数字地。

这是两种不同的地，但在一般情况下，这两个地最后总有一点接在一起，以便提高抗干扰能力。

7.2.4 8位D/A转换器接口方法

现在以DAC0832为例来说明单片机系统设计时，对于D/A转换器输入端与单片机接口，有以下几种方法可供选择。

1. 单缓冲型接口方法

这种接口电路主要应用于一路D/A转换器或多路D/A转换器不同步的场合。图7-4所示为单缓冲型的三种接口方法。

这类接口电路主要是把D/A转换器中的两个寄存器中任一个接成常通状态。

如图7-4(a)所示的接口电路是把DAC寄存器接成常通状态；即ILE接高电平，$\overline{WR2}$和$\overline{XFER}$接地，$\overline{CS}$与P2.7口连接，$\overline{WR1}$与单片机的$\overline{WR}$端连接。

如图7-4(b)所示接口电路是将输入寄存器接成常通状态；即将ILE接高电平，$\overline{CS}$和$\overline{WR1}$接地，$\overline{WR2}$接单片机的$\overline{WR}$端，$\overline{XFER}$与P2.7口连接。

如图7-4(c)所示的接口电路使两个寄存器同时选通及锁存；即将ILE接高电平，$\overline{WR1}$和$\overline{WR2}$与单片机的$\overline{WR}$连接，$\overline{CS}$和$\overline{XFER}$与P2.7口连接。

以上三种单缓冲型的接口方法是最常用的。

2. 双缓冲型接口方法

这种接口方法如图7-5所示，主要应用在多路D/A转换器同步系统中。该接口电路中，P2.7接$\overline{CS}$，P2.6接$\overline{XFER}$，进行二次输出操作完成数据的传送及转换。第一次$\overline{CS}$

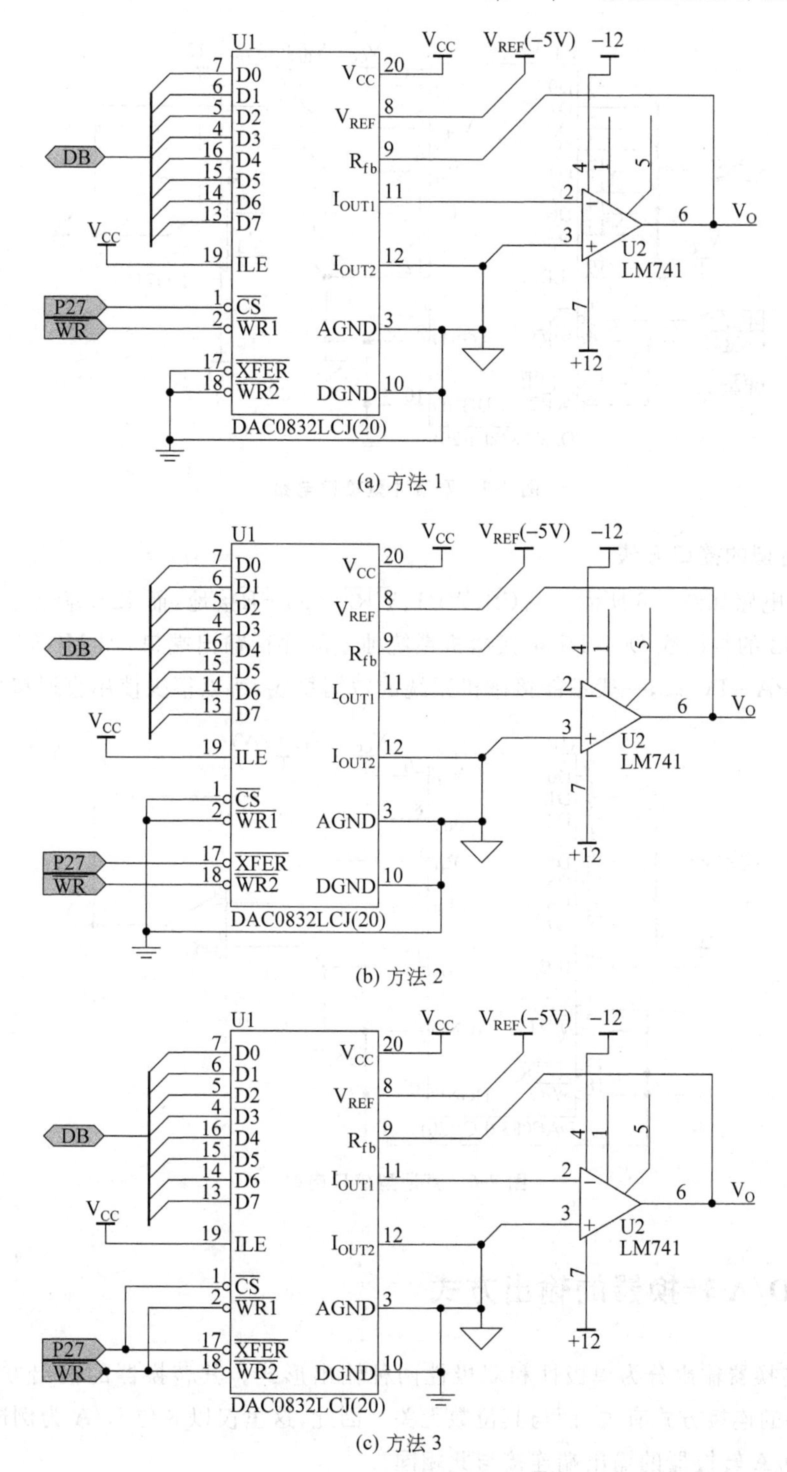

(a) 方法 1

(b) 方法 2

(c) 方法 3

图 7-4　单缓冲型接口

(P2.7=0)有效时，完成将 D0～D7 数据线上数据锁存到输入寄存器中。第二次当$\overline{\text{XFER}}$(P2.6=0)有效时，完成将输入寄存器中内容锁存到 DAC 寄存器，并由 D/A 转换成输出电压。

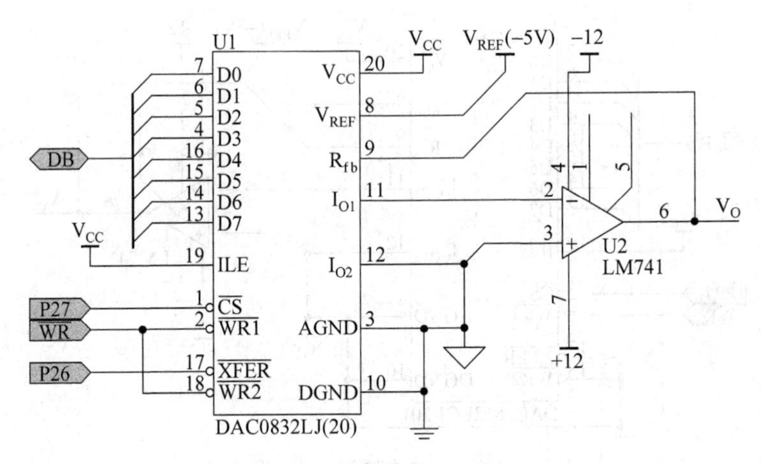

图 7-5 双缓冲型接口电路

3. 直通型的接口方法

直通型电路如图 7-6 所示。将$\overline{CS}$、$\overline{WR1}$、$\overline{WR2}$和$\overline{XFER}$接地，而 ILE 端必须保持高电平，DAC0832 的数据线 D0～D7 可接微机系统独立的并行输出端口，如 MCS-51 的 P1 口或 8255 的 PA～PC 口，一般不能接微机系统的数据总线，所以很少使用直通接口方法。

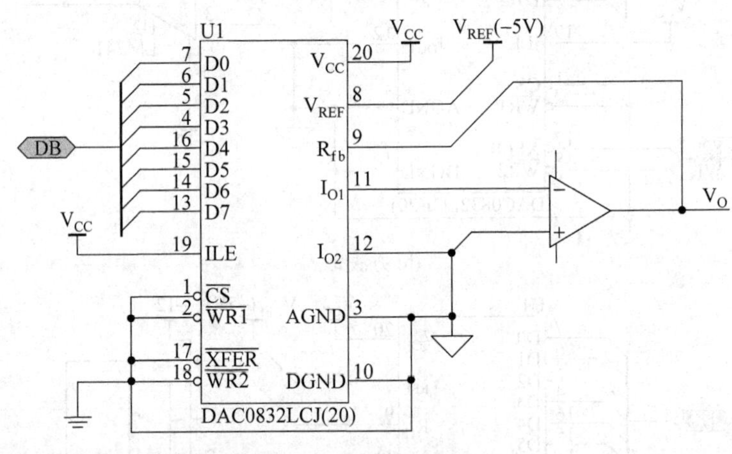

图 7-6 直通型接口电路

7.2.5 D/A 转换器的输出方式

D/A 转换器输出分为单极性和双极性两种输出形式。其转换器的输出方式只与模拟量输出端的连接方式有关，而与其位数无关。因此，这里仅以 8 位 D/A 为例进行讨论，其他位数 D/A 转换器的输出端连接与此相同。

1. 单极性输出

图 7-7 给出了 DAC0832 与 8031 单片机的接口电路。DAC0832 的输出端连接成单极性输出电路。其输入端连接成单缓冲型接口电路。它主要应用于只有一路模拟输出，或几路模拟量不需要同步输出的场合。这种接口方式将二级寄存器的控制信号并接，输

入数据在控制信号作用下，直接打入DAC寄存器中，并由D/A转换成输出电压。

如图7-7所示，ILE接+5V，$\overline{WR1}$和$\overline{WR2}$同时连接到8031单片机的$\overline{WR}$端口，$\overline{CS}$和$\overline{XFER}$相连接到地址线P2.7，DAC0832芯片也作为8031的一个外部I/O端口，口地址为7FFFH，CPU对它进行一次写操作，把一个数据直接写入DAC寄存器，DAC0832便输出一个新的模拟量。执行下面一段程序，DAC0832输出一个新的模拟量，数据存放于R3中。

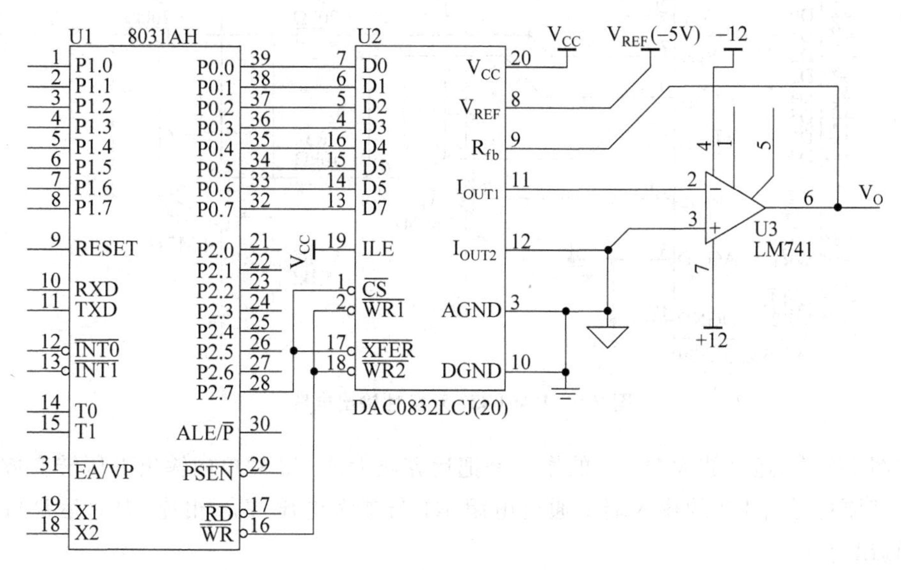

图7-7 DAC0832单极性输出接口

程序段如下。

```
MOV     DPTR,#7FFFH
MOV     A,R3
MOVX    @DPTR,A
```

CPU执行MOVX @DPTR,A指令时，便产生写操作，更新了DAC寄存器内容，输出一个新的模拟量。在单极性输出方式下，当V_{REF}接−5V(或+5V)时，输出电压范围是0～+5V(或0～−5V)。若V_{REF}接−10V(或+10V)时，输出电压范围为0～+10V(或0～−10V)。其中数字量与模拟量的转换关系，如表7-1所示。

表7-1 单极性输出D/A关系

输入数字量	模拟量输出(V)
MSB … LSB	
1 1 1 1 1 1 1 1	$\pm V_{REF}(255/256)$
1 0 0 0 0 0 1 0	$\pm V_{REF}(130/256)$
1 0 0 0 0 0 0 0	$\pm V_{REF}(128/256)$
0 1 1 1 1 1 1 1	$\pm V_{REF}(127/256)$
0 0 0 0 0 0 0 0	$\pm V_{REF}(0/256)$

2. 双极性输出

在一般情况下把D/A转换器输出端接成单极性输出方式。但在随动系统中(例如电机控制系统),由偏差产生的控制量不仅与其大小有关,而且与控制量的极性有关。这时,要求D/A转换器输出为双极性,此时,只需在图7-7的基础上增加一个运算放大器即可,其电路如图7-8所示。

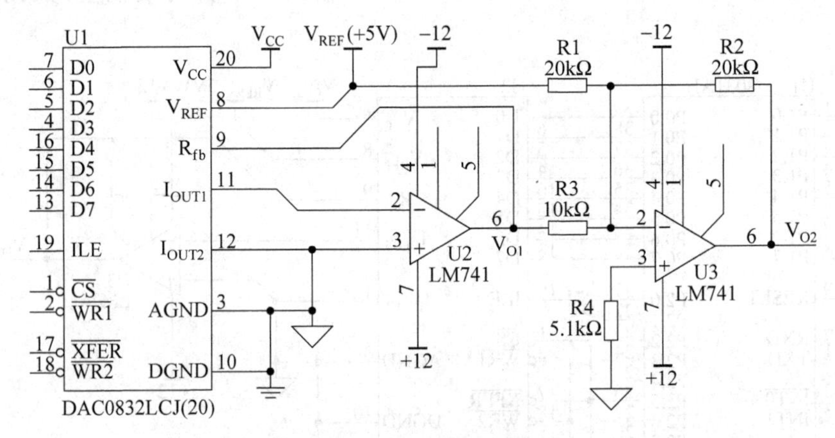

图 7-8 DAC0832 双极性输出电路

在图7-8中,运算放大器U3的作用是把运算放大器U2的单向输出电压转变成双向输出。其原理是将U3的输入端2通过电阻R1与参考电压V_{REF}相连,因此运算放大器U3的输出电压:

$$V_{O2}=-((R2/R3)V_{O1}+(R2/R1)V_{REF})$$

代入R1、R2、R3的值,可得:

$$V_{O2}=-(2V_{O1}+V_{REF})$$

设$V_{REF}=+5V$ 当$V_{O1}=0V$时,$V_{O2}=-5V$;

当$V_{O1}=-2.5V$时,$V_{O2}=0V$;

当$V_{O1}=-5V$时,$V_{O2}=+5V$。

其D/A转换关系如表7-2所示。

表 7-2 双极性输出 D/A 关系

输入数字量	模拟量输出 V_{O2}	
MSB … LSB	$+V_{REF}$	$-V_{REF}$
1 1 1 1 1 1 1 1	$V_{REF}-1LSB$	$-\|V_{REF}\|+1LSB$
1 1 0 0 0 0 0 0	$V_{REF}/2$	$-\|V_{REF}\|/2$
1 0 0 0 0 0 0 0	0	0
0 1 1 1 1 1 1 1	$-1LSB$	$+1LSB$
0 0 1 1 1 1 1 1	$\|V_{REF}\|/2-1LSB$	$\|V_{REF}\|/2+1LSB$
0 0 0 0 0 0 0 0	$-\|V_{REF}\|$	$+\|V_{REF}\|$

7.3 MCS-51 单片机与 12 位 D/A 转换器接口技术

8 位 D/A 转换器的分辨率是比较低的，在有些控制系统中往往满足不了要求，有时为了提高精度，需要用 10 位、12 位等高精度 D/A 转换器。

下面以 DAC1210 为例，说明 12 位 D/A 转换器的原理及接口技术。

7.3.1 DAC1210 的技术指标

DAC1210 系列是美国国家半导体公司生产的 12 位双缓冲乘法 D/A 转换器，可以与各种微处理器直接接口。在与 16 位微处理器一起使用时，DAC1210 系列的 12 根数据输入线可直接与微处理器的数据总线接口。其主要技术指标如下。

① 分辨率 12 位。

② 电流建立时间 1μs。

③ 线性度，满量程的 8 位、10 位、11 位、12 位。

④ 可双缓冲、单缓冲或直接数字输入。

⑤ 满足 TTL 电平规范的逻辑输入。

⑥ 可与所有通用微处理器直接接口。

⑦ 参考电压 V_{REF} = −10V～+10V。

⑧ 单电源，+5V～+15V。

⑨ 低功耗，20mW。

DAC1210 系列包括 DAC1208、DAC1209、DAC1210 等各种型号的产品，它们的管脚是兼容的，具有互换性。

7.3.2 DAC1210 的结构与原理

1. DAC1210 的结构

DAC1210 的硬件结构如图 7-9 所示。

可以看到，DAC1210 转换器是一种带有双输入缓冲器的 12 位 D/A 转换器。第一级缓冲器由高 8 位输入寄存器和低 4 位输入寄存器构成；第二级缓冲器即 12 位 DAC 寄存器。此外，还有一个 12 位 D/A 转换器。

2. 管脚功能

DAC1210 共有 24 个管脚，采用双列直插式结构，其排列顺序如图 7-10 所示。DAC1210 管脚又分为三组，现描述如下。

1）输入输出线

数据总线 D0～D11 用来传送被转换的数字，高 8 位 D4～D11 对应高 8 位输入寄存器，低 4 位 D0～D3 对应低 4 位输入寄存器。电流输出线 I_{OUT1} 和 I_{OUT2}。I_{OUT1} + I_{OUT2} = 常量。DAC 寄存器中所有数字位均为“1”时，I_{OUT1} 为最大；为全“0”时，I_{OUT1} 为零。

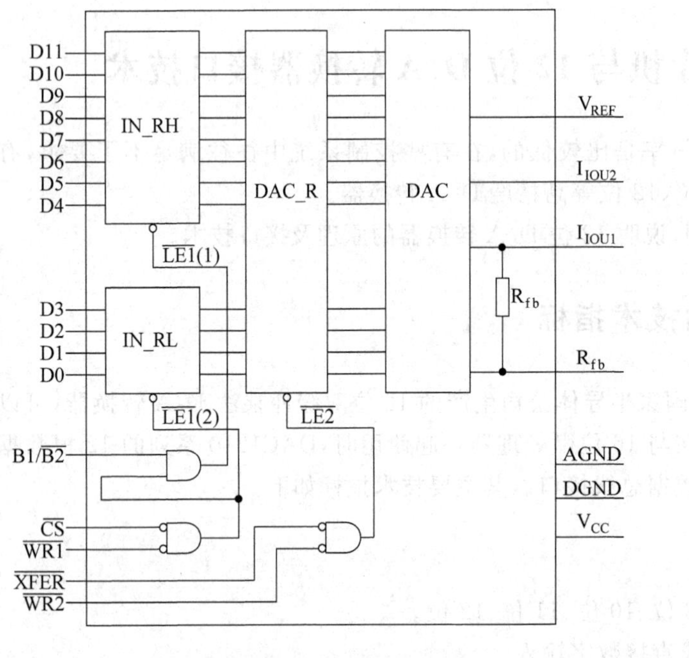

图 7-9　DAC1210 功能方块图

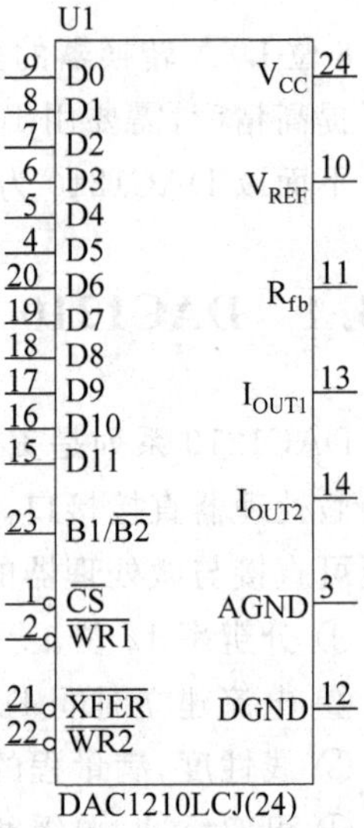

图 7-10　DAC1210 管脚

2）电源及地线

V_{CC}：数字电源电压输入。

AGND：模拟地。

DGND：数字地。

V_{REF}：基准电压输入，选择范围－10V～＋10V。

3）控制线

R_{fb}：片内集成反馈电阻，为外部运算放大器提供一个反馈电压。

$\overline{CS}$：片选信号。

$\overline{WR1}$：第一级缓冲器的写选通信号。

B1/$\overline{B2}$：字节顺序控制信号。此控制端为高电平，高 8 位输入寄存器及低 4 位输入寄存器均被允许；此控制端为低电平时，仅低 4 位输入寄存器被允许。

$\overline{WR2}$：第二级缓冲器的写选通信号，即 12 位 DAC 寄存器写信号。

$\overline{XFER}$：传送控制信号。

3. 工作原理

DAC1210 时序图如图 7-11 所示。其中，$\overline{LE}$为寄存命令。当$\overline{LE}$＝0 时，寄存器的输出随输入变化；$\overline{LE}$＝1 时，数据锁存在寄存器中，不随输入数据变化。

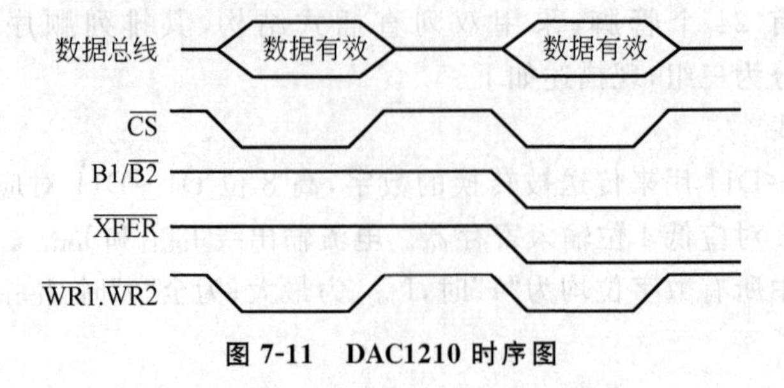

图 7-11　DAC1210 时序图

结合 DAC1210 时序图可知：当 B1/$\overline{\text{B2}}$与$\overline{\text{XFER}}$为高电平，$\overline{\text{CS}}$和$\overline{\text{WR1}}$、$\overline{\text{WR2}}$为低电平时，高 8 位输入寄存器($\overline{\text{LE1}}$(1)＝1)和低 4 位输入寄存器($\overline{\text{LE1}}$(2)＝1)随 12 位输入数据 D11～D0 同时更新，并在$\overline{\text{WR1}}$、$\overline{\text{WR2}}$的上升沿被锁存。能否进行 D/A 转换，最终依赖于$\overline{\text{LE2}}$的状态。由图 7-11 时序可知，当$\overline{\text{WR1}}$、$\overline{\text{WR2}}$与 B1/$\overline{\text{B2}}$和$\overline{\text{XFER}}$也为低电平时，$\overline{\text{LE2}}$＝1，改写低 4 位输入寄存器并使 12 位 DAC 寄存器内容更新，同时 12 位数据送入 D/A 寄存器进行 D/A 转换。否则$\overline{\text{LE2}}$＝0，12 位 DAC 寄存器内容保持不变。这里需要强调的是，图 7-11 工作时序是对将 DAC1210 引脚控制线 BY1/$\overline{\text{BY2}}$和$\overline{\text{XFER}}$连接在一起使用的情形。$\overline{\text{WR1}}$和$\overline{\text{WR2}}$也是连接在一起使用的。根据 DAC1210 转换器的工作原理，控制线完全可根据其逻辑表达式进行控制，即高 8 位，低 4 位以及 12 位 DAC 寄存器的锁存命令$\overline{\text{LE}}$可分别进行控制产生。这样 DAC1210 转换器既可异步输出，又可多路同步输出，有极大的灵活性。

7.3.3　8031 与 DAC1210 转换器接口技术

图 7-12 给出了 DAC1210 与 8031 的接口电路。

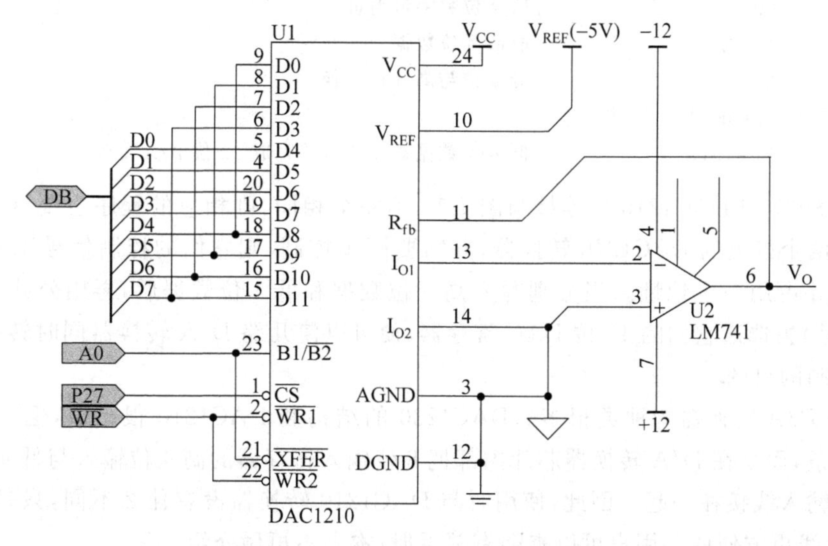

图 7-12　DAC1210 与 8031 接口电路

需要指出的是，这儿采用的是向左对齐的数据格式：

高字节	低字节
D11D10D9D8D7D6D5D4	D3D2D1D0××××
MSB←—— DAC 数据	——→LSB
字节 1	字节 2

×：无关位

即一个 12 位数据的高 8 位作为字节 1 通过数据线 D7～D0 送 DAC1210 的 D11～D4，而低 4 位作字节 2 通过数据线 D7～D4 送 DAC1210 的 D3～D0。从图 7-12 可以看出，DAC1210 转换器占有两个地址：当 P2.7＝0、A0＝1 时，送高 8 位数据；而 A0＝0

时，送低4位数据。即DAC1210的8位输入寄存器地址为7FFFH，4位输入寄存器地址为7FFEH。从图中还可以看到，DAC1210转换器的工作采用输入双缓冲方式，在送入数据时要先送12位数据中的高8位D11～D4，然后再送入低4位数据D3～D0，而不能按相反的顺序传送。这是因为在输入8位寄存器时，4位输入寄存器也是打开的，如果先送低4位后送高8位，结果就会产生错误。这里4位输入寄存器与12位DAC寄存器是同一个地址7FFEH，即当送完高8位数据后，送低4位数据时，12位DAC寄存器同时被打开并送12位D/A转换器转换。设12位数据存放在内部RAM的两个单元中：DIGIT和DIGIT＋1。12位数字量的高8位在DIGIT单元，低4位在DIGIT＋1单元的低4位。若按图7-12的连接送到DAC1210转换器去转换，有关控制程序如下。

```
MOV     DPTR,#7FFFH         ;8位输入寄存器地址
MOV     R0,#DIGIT           ;高8位数字量地址
MOV     A,@R0               ;取高8位数据
MOVX    @DPTR,A             ;高8位数送1210
MOV     DPTR,#7FFEH         ;4位输入寄存器地址
INC     R0                  ;低4位数字量地址
MOV     A,@R0               ;取低4位数据
SWAP    A                   ;低4位与高4位交换
ANL     A,#0F0H
MOVX    @DPTR,A             ;低4位数据送1210,并完成12位D/A转换
```

如果8031与DAC1210的连接与图7-12不完全相同，则相应的程序也要有所修改。若系统有两个以上的DAC1210转换器，并需要同步控制，则它们的控制信号$\overline{\text{XFER}}$需要单独控制并占用一个地址。当分别写入高8位数据和低4位数据后，再用公共地址（即$\overline{\text{XFER}}$信号）去选通它们的12位DAC寄存器，便可以使几路D/A转换器同时转换，以达到同步控制的目的。

12位D/A转换器的种类很多。DAC1230的结构和DAC1210很相似，但数据输入线只有8条，而是在D/A转换器芯片内部把8位输入寄存器的高4位输入与低4位输入寄存器的输入线接在一起。因此，使用时与DAC1210转换器没有什么不同，只是与8位CPU的接线更方便些。用户可以查阅有关手册，本书不再做介绍。

7.4 D/A转换器接口技术举例

D/A转换器的接口方式前面已做了介绍。D/A转换技术可以应用在许多场合。在此，综合应用前面已学过的基础知识，介绍8位D/A转换器接口系统硬件设计和程序设计。

7.4.1 单极性输出接口系统设计

题目要求：若在外部RAM区6000H～607FH单元中存放着一个控制模型（128个8

位二进制数)，要求实现如下功能：按顺序从 6000H 开始的存储区域中取出一个字节的二进制数据送往 D/A 转换器转换成电压输出，经过 Δt 延时后，再取下一个字节数据，转换成电压输出。直到 128 个字节都转换完毕。再从头重复执行上述过程。

1. 系统硬件设计

为了完成上述题目要求，需要进行系统硬件设计。硬件系统如图 7-13 所示，采用 32K×8 的 27256 EPROM 作系统的外部程序存储器，用 8K×8 的 6264 RAM 作系统的外部数据存储器。

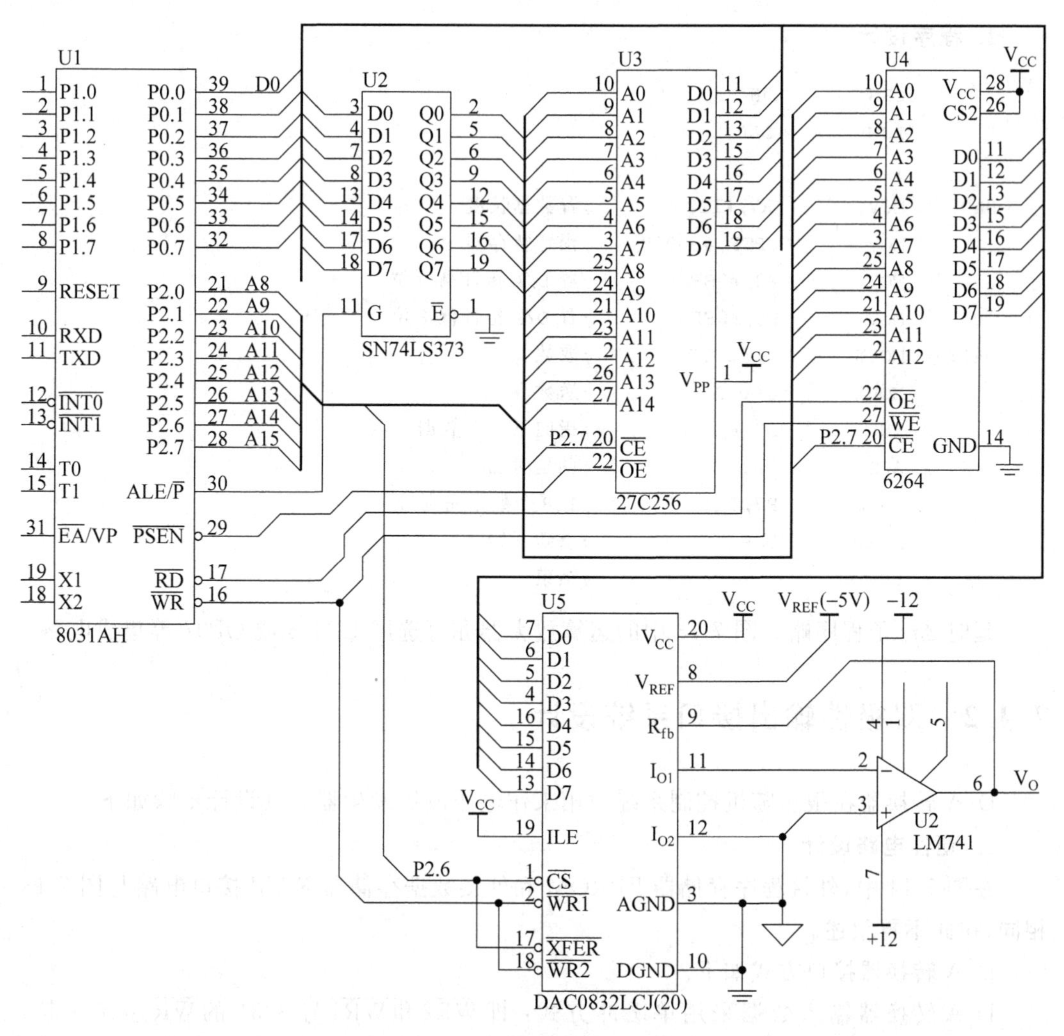

图 7-13　D/A 转换硬件接口电路

27256 EPROM 和 6264 RAM 的片选端 $\overline{\text{CS}}$ 接 P2.7。27256 EPROM 地址空间为 0000H～7FFFH，外部数据存储器 6264 地址空间为 6000H～7FFFH，由 P2 口提供高 8 位地址，P0 口(通过 373)分时提供低 8 位地址和 8 位数据线。

外部数据存储器 6264 的读($\overline{\text{OE}}$端)和写($\overline{\text{WE}}$端)由 8031 的 $\overline{\text{RD}}$ 和 $\overline{\text{WR}}$ 信号控制。而外部程序存储器 27256 的读($\overline{\text{OE}}$端)由 8031 的程序存储器读选通 $\overline{\text{PSEN}}$ 信号控制，两者由于

读选通信号不同,故不会发生冲突。

如图7-13所示的D/A转换器输出为单极性电压输出,输入数据端接口电路采用单缓冲工作方式,$\overline{CS}$、$\overline{XFER}$接P2.6,编址为0BFFFH。

完成D/A转换任务的程序如下。

```
MOV      DPTR,#0BFFF H        ;选输入寄存器
MOVX     @DPTR,A              ;数据送输入寄存器和DAC寄存器
                              ;由D/A转换输出电压
```

2. 程序设计

```
        ORG       0H
        LJMP      DA0
        ;
DA0:    MOV       R7,#128         ;置数据长度
        MOV       DPTR,#6000H     ;预置暂存器
        MOV       P2,#0BFH        ;置D/A指针高8位
        MOV       R0,#0FFH        ;置D/A指针低8位
DA1:    MOVX      A,@DPTR         ;取数
        MOVX      @R0,A           ;送数
        INC       DPTR            ;指向下一个数据
        ACALL     DLY             ;调延时Δts
        DJNE      R7,DA1          ;128个数未完则转
        AJMP      DA0             ;重新开始
        END                       ;结束
```

延时Δts子程序略。图7-13中的运算放大器亦可选用LF356或OP07等集成电路。

7.4.2　双极性输出接口系统设计

D/A转换器在很多随机控制系统中用来作电压波形发生器。其设计步骤如下。

1. 硬件电路设计

在图7-14中,外接程序存储器EPROM和外接数据存储器RAM接口电路与图7-13相同,在此不再叙述。

D/A转换器接口方式如下。

D/A转换器输入数据采用单缓冲方式:即$\overline{WR2}$和$\overline{WR1}$与8031的$\overline{WR}$连在一起,$\overline{XFER}$控制线与$\overline{CS}$接P2.6。当P2.6=0时,选通D/A通道。

对于D/A转换器输出部分的接口电路,由于考虑到由软件产生电压波形有正、负极性输出,因此这部分电路设计成双极性电压输出。其中U6、U7亦可选用LF356、OP07等集成电路,低噪声的运算放大器可选用OP27集成电路。

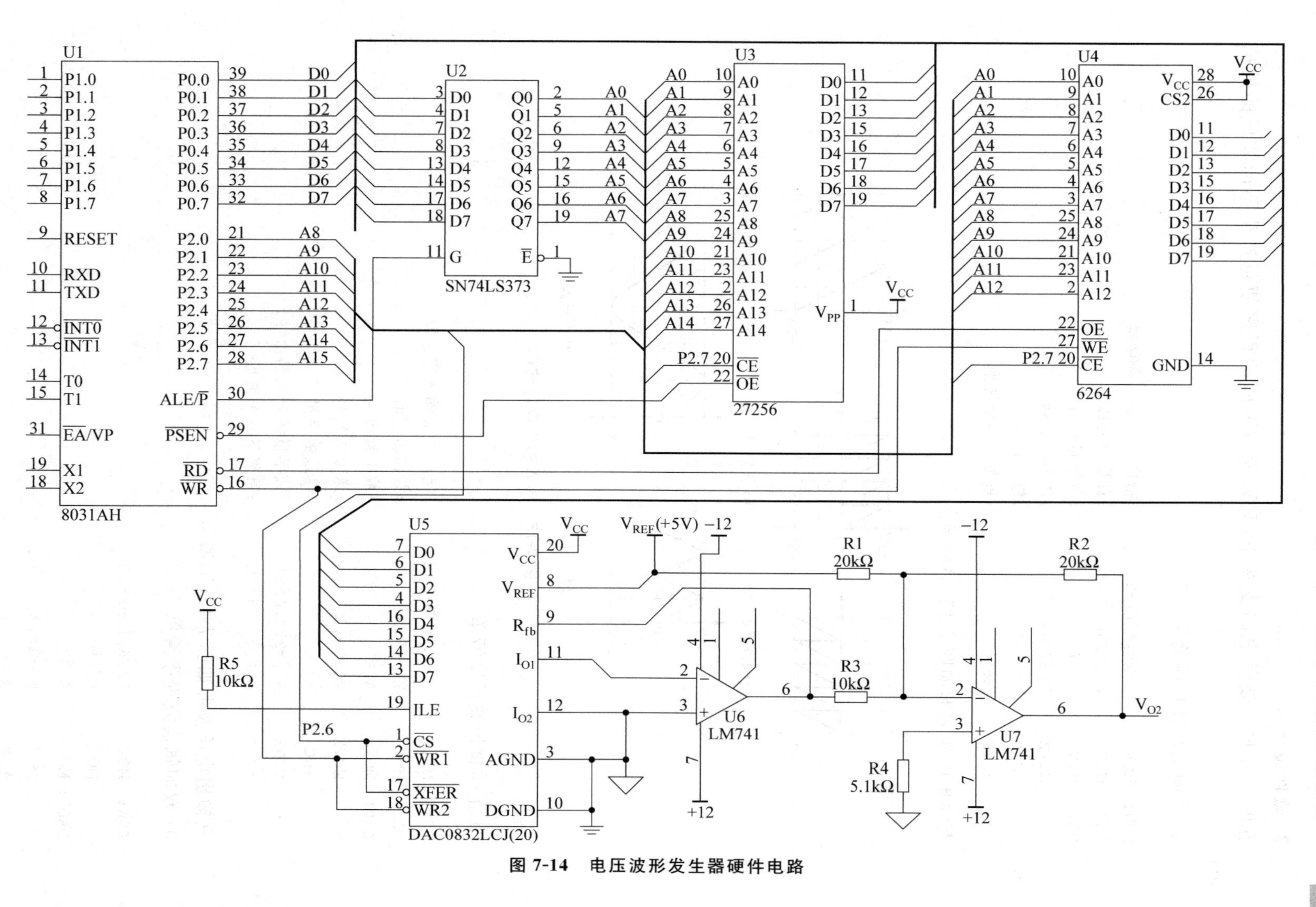

图 7-14　电压波形发生器硬件电路

2. 软件设计

在图7-14同一硬件电路支持下，只要编写不同的程序便可产生不同波形的模拟电压。

1）反向锯齿波程序清单

```
MSW:  MOV     DPTR,#0BFFFH        ;指向 D/A 输入寄存器
DA0:  MOV     R7,#80H             ;置输出初值
DA1:  MOV     A,R7                ;数字量送 A
      MOVX    @DPTR,A             ;送 D/A 转换
      DJNZ    R7,DA1              ;修改数字量
      AJMP    DA0                 ;重复下一个波形
```

其输出电压波形如图7-15(a)所示。

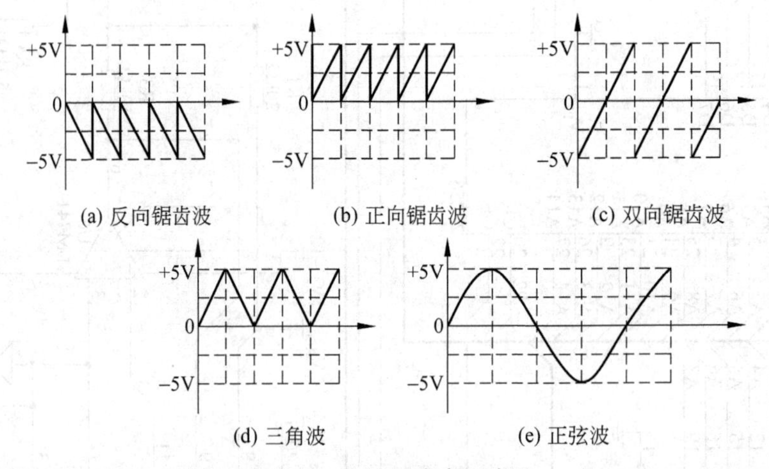

图7-15　D/A输出电压波形

2）正向锯齿波程序清单

```
PSW:  MOV     DPTR,#0BFFFH        ;指向 D/A 输入寄存器
DAP0: MOV     R7,#80H             ;置输出初值
DAP1: MOV     A,R7                ;数字量送 A
      MOVX    @DPTR,A             ;送 D/A 转换
      INC     R7                  ;修改数字量
      CJNE    R7,#255,DAP1        ;数字量≠255,转 DAP1
      AJMP    DAP0                ;重复下一个波形
```

其输出电压波形如图7-15(b)所示。

3）双向锯齿波程序清单

```
DSW:  MOV     DPTR,#0BFFFH
      MOV     R7,#0
DAD0: MOV     A,R7
      MOVX    @DPTR,A
      INC     R7
      AJMP    DAD0
```

其输出波形如图 7-15(c)所示。

4）三角波程序清单

```
SSW:  MOV      DPTR,#0BFFFH
DAS0: MOV      R7,#80H
DAS1: MOV      A,R7
      MOVX     @DPTR,A
      INC      R7
      CJNE     R7,#255,DAS1
DAS2: DEC      R7
      MOV      A,R7
      MOVX     @DPTR,A
      CJNE     R7,#80H,DAS2
      AJMP     DAS0
```

其输出波形为正向三角波如图 7-15(d)所示。

5）正弦波电压输出

正弦波电压输出双极性电压。最简单的办法是将一个周期内电压变化的幅值(－5V～＋5V)按 8 位 D/A 分辨率分为 256 个数值列成表格，然后依次将这些数字量送入 D/A 转换输出。只要循环不断地送数，在输出端就能获得正弦波输出，如图 7-15(e)所示。正弦波程序清单如下。

```
SIN:      MOV      R7,#00H                 ;置偏移量
DAS0:     MOV      A,R7
          MOV      DPTR,#TABH              ;设指针
          MOVX     A,@A+ DPTR              ;取数据
          MOV      DPTR,#8000H
          MOVX     @DPTR,A                 ;送 D/A 转换
          INC      R7                      ;修改偏移量
          AJMP     DAS0
TAB:      DB       80H,83H,86H,89H,8DH,90H
          DB       93H,96H,99H,9CH,9FH,0A2H
          DB       0A5H,0A8H,0ABH,0AEH
          …
          DB       6FH,72H,76H,79H,7CH,80H
```

7.4.3　双路 D/A 同步控制系统设计

DAC0832 工作在双缓冲方式时，输入寄存器的锁存信号和 DAC 寄存器锁存信号分开控制，这种方式适合于几路模拟量同步输出的控制系统，每一路模拟量输出需要一个 DAC0832，构成多个模拟量同步输出的控制系统。

图 7-16 为双极性输出双路 D/A 同步输出的 8031 系统。图中 U2 和 U3 的第一级缓冲器的选通由 8031 的 P2.5 和 P2.6 线选控制，其地址分别为 DFFFH 和 BFFFH，第二级缓冲器共用一个选通信号(地址)由 8031 的 P2.7 线选控制，其地址为 7FFFH。8031 执行下列程序，即可完成双路 D/A 同步控制。

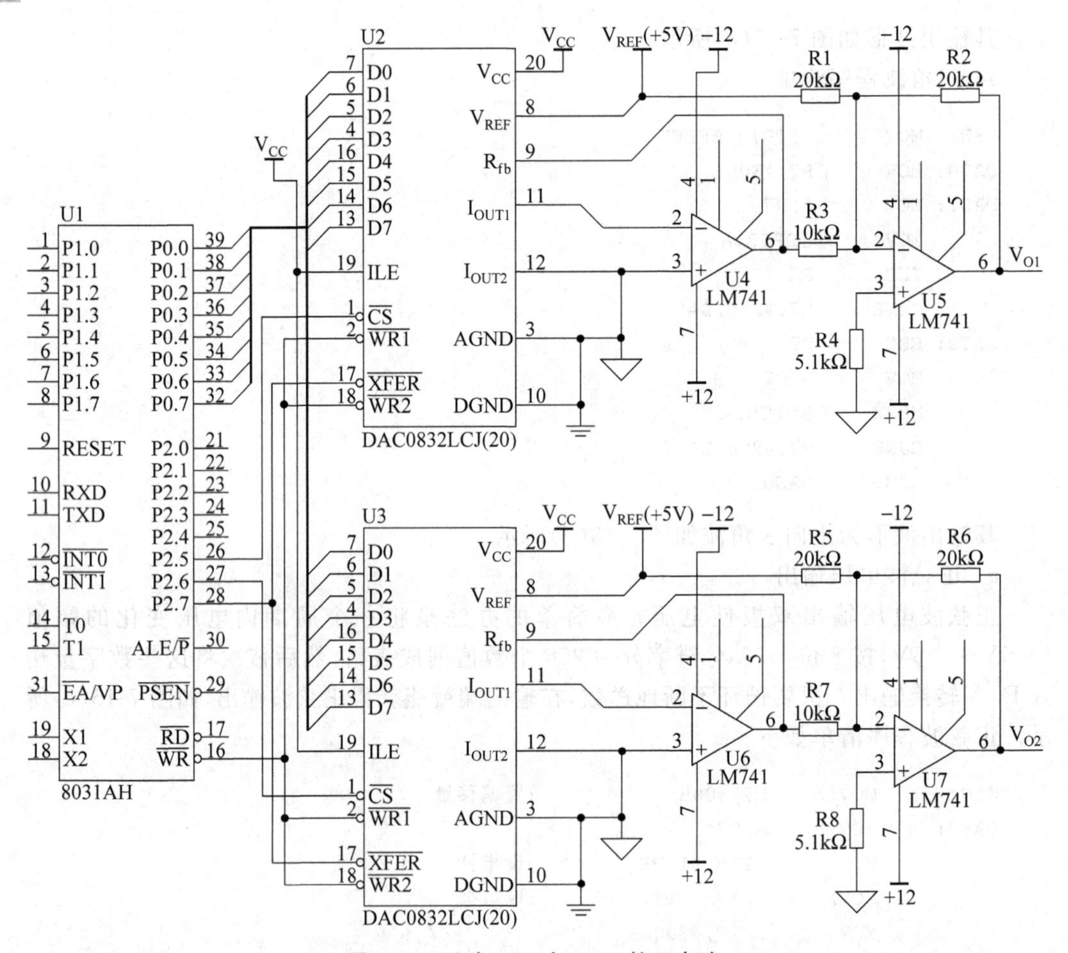

图 7-16 双路 0832 与 8031 接口电路

程序清单如下。

```
MOV     DPTR,#0DFFFH        ;选通 U2 输入寄存器
MOV     A,#Data1            ;数字量送 A
MOVX    @DPTR,A             ;数字量锁入 U2 输入寄存器
MOV     DPTR,#0BFFFH        ;选通 U3 输入寄存器
MOV     A,#Data2            ;数字量送 A
MOVX    @DPTR,A             ;数字量锁入 U3 输入寄存器
MOV     DPTR,#7FFFH         ;选通 U2、U3 的 DAC 寄存器
MOVX    @DPTR,A             ;同步转换
```

在图 7-16 中若将 U2、U3 的第二级缓冲器锁存信号分开控制，并修改相应的程序，就可以进行异步输出的控制。

7.5 A/D 转换器

能够将模拟量转换成数字量的器件称为模/数转换器，简称 A/D 转换器或 ADC。计算机所能识别并处理的都是数字量，然而在一些实际的测控系统中所发生的各种物理参数常常是一些模拟量(如压力、温度、位移等)。对于这样一些物理参数首先用传感器将其转换成电信号(电压或电流),再经过模/数转换器转换成数字信号,传送给计算机进行处理。

A/D 转换器的种类很多,就位数来分,有 8 位、10 位、12 位和 16 位等。位数越高,其分辨率就越高,一般价格也越贵。和 D/A 转换器一样,A/D 转换器型号很多,在精度、速度和价格上也千差万别。就 A/D 转换器的工作原理,最常用的有两种:双积分式 A/D 转换器和逐位逼近式 A/D 转换器。

7.5.1　双积分 A/D 转换器原理

双积分 A/D 转换器采用间接测量原理,它将被测电压转换成时间常数 T,其工作原理如图 7-17 所示。双积分 A/D 转换器由电子开关、积分器、比较器、计数器和控制逻辑等 5 部分组成。

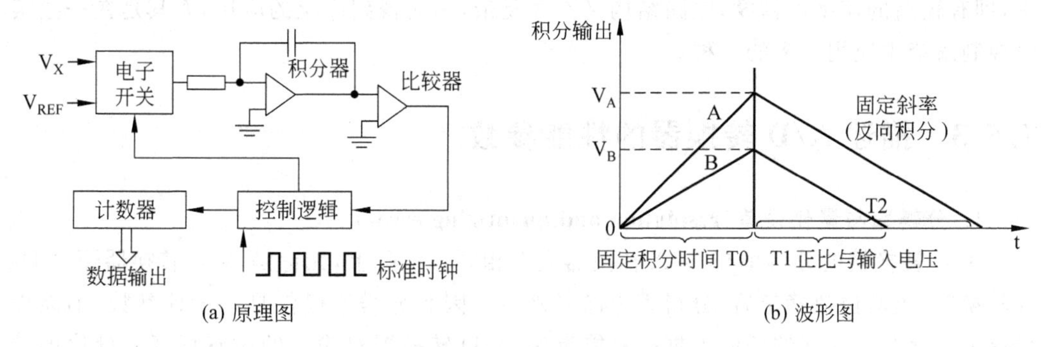

图 7-17　双积分 A/D 转换器原理

所谓双积分就是进行一次 A/D 转换需要两次积分。电路先对被测的输入电压 V_X 进行固定时间(T0)的正向积分,然后控制逻辑将积分器的输入端用电子开关接参考电压 V_R,由于参考电压与输入电压反向,且参考电压值是恒定的,所以反向积分的斜率是固定的,直至反向积分输出返回到起始值。则对参考电压进行反向积分的时间 T,正比于输入电压。

如图 7-17(b)所示,输入电压越大,反向积分时间越长。用高频标准时钟脉冲计数测量这个时间,即可得到相应于输入电压的数字量。其特点:①消除干扰和电源噪声;②精度高;③速度慢。故此类转换器主要用于数字式测量仪表中。

7.5.2　逐位逼近式 A/D 转换器原理

逐位逼近式 A/D 转换器原理图如图 7-18 所示。主要由 n 位逐位逼近式寄存器、D/A 转换器、比较器、控制逻辑和输出缓冲器 5 部分组成。

能实现对分搜索的控制,完成 A/D 转换。n 位寄存器的初始状态为全"0",当启动信号作用后,先使最高位 $D_{n-1}=1$,n 位寄存器内容经 D/A 转换得到一个整个量程一半的模拟电压 V_S,与输入被测电压 V_X 比较,若 V_X 大于 V_S,则保留 $D_{n-1}=1$,若 V_X 小于 V_S,则

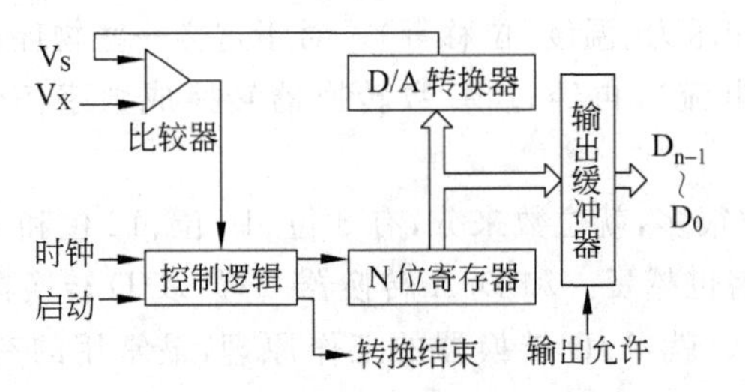

图 7-18 逐位逼近式 A/D 转换框图

D_{n-1}清“0”。然后使下一位 $D_{n-2}=1$，与上一次的结果一起经 D/A 转换后与 V_X 相比较，重复这样的过程直至使 $D_0=1$，再经 D/A 转换后得到的模拟量 V_S 与被测电压 V_X 比较，由 V_X 大于 V_S 还是小于 V_S 决定 D_0 位保留为“1”还是清“0”，这样经过 n 次逐位比较后，发出转换结果信号，此时，n 位寄存器的内容即为转换后的数据，只要发送读(输出允许)信号即可获得 A/D 转换结果。逐位逼近式 A/D 转换器从速度和转换精度来看比较适中，即有较高的速度和精度，电路结构又不太复杂，因而得到广泛的应用，尤其是在一些实时控制系统中应用最多的一种。

7.5.3 描述 A/D 转换器的性能参数

1. 分辨率与量化误差(resolution and quantizing error)

A/D 转换器的分辨率与 D/A 转换器完全相同。实际上，无论是 A/D 转换器还是 D/A 转换器，当其位数确定后，分辨率也已经确定。因此分辨率仅仅是一设计参数，不能提供有关精度和线性度的任何根据。只能反映 A/D 转换器对输入的敏感程度。量化误差则是由于 A/D 转换器分辨率有限引起的误差，其大小通常规定为±(1/2)LSB。该量反映了 A/D 转换器所能辨认的最小输入量，因而量化误差与分辨率是统一的，提高分辨率可减少量化误差。

2. 偏移误差(offset error)

与 D/A 转换器一样是指输入模拟量为 0 时，输出数字量不为“0”的偏移值，一般在 A/D 转换器外部加一电位器作调节用便可使偏移误差调至最小。

3. 线性误差(linearity)

线性误差又叫线性度或非线性度，与 D/A 转换器一样，线性误差也是由实际的输出特性曲线偏离理想直线的最大偏移值。线性误差不论是对 A/D 转换器还是 D/A 转换器都是十分重要的性能指标。它不包括量化误差、偏移误差。它不像偏移误差那样可以进行调整。但可以用实验的方法将误差测出，再用软件的方法进行补偿。

4. 精度(accuracy)

A/D 转换器的精度可用绝对精度和相对精度来描述。绝对精度是指转换器在其整个工作区间理想值与实际值之间的最大偏差。它包括量化误差、偏移误差和线性误差等所有误差。相对误差是指绝对误差与满刻度值之比，一般用百分数(%)表示。

5. 转换速度(conversion rate)

与 D/A 转换器一样，这是一项重要的技术指标。产品手册一般会给出完成一次转换所需的时间。一般情况下，速度越高价格越贵。在应用时要根据实际需要和价格来选择器件。

6. 电源灵敏度(source sensitivity)

当电源电压发生变化时，将使A/D转换器的输出数据发生±1LSB变化所对应的电源电压变化范围。通常A/D转换器对电源变化的灵敏度用相当于同样变化的模拟输入量的百分数表示。例如，电源灵敏度为0.05%/ΔU_S时，其含义是电源电压U_S变化百分之一时，相当于引入0.05%模拟量输入量的变化。

7.6 MCS-51单片机与8位A/D转换器接口技术

8位A/D转换器应用较为广泛，大都采用逐位逼近式进行转换。下面以国内应用最多的ADC0808/0809转换器为例介绍其性能、结构、工作原理及接口技术。

7.6.1 ADC0808/0809的主要功能

ADC0808/0809的主要功能如下。

① 分辨率为8位。

② 总的不可调误差在±(1/2)LSB和±1LSB范围内。

③ 典型转换时间为100μs。

④ 具有锁存控制的8路多路开关。

⑤ 具有三态缓冲输出控制。

⑥ 单一+5V供电，此时输入范围为0～5V。

⑦ 输出与TTL兼容。

⑧ 工作温度范围−40～85℃。

7.6.2 ADC0808/0809的组成及工作原理

如图7-19所示。ADC0808/0809由两部分组成，第一部分为8通道多路模拟开关以及相应的通道地址锁存与译码电路，可以实现8路模拟信号的分时采集，三个地址信号A、B和C决定是哪一路模拟信号被选中并送到内部A/D转换器中进行转换。C、B和A为000～111分别选择IN0～IN7。

第二部分为一个逐位逼近式A/D转换器，它由比较器、控制逻辑、三态输出缓冲器、逐位逼近寄存器以及开关树和256R梯形电阻网络组成。其中由开关树和256R梯形电阻网络构成D/A转换器。

控制逻辑用来控制逐位逼近寄存器从高位至低位逐位取“1”，然后将此数字量送D/A转换输出一个模拟电压V_S，V_S与输入模拟量V_X在比较器中进行比较，当$V_S > V_X$时，该位Di=0，若$V_S \leqslant V_X$时，该位Di=1。因此从D7～D0逐位逼近并比较8次，逐位逼近寄存器中的数字量，即为与模拟量V_X所对应的数字量。此数字量送入输出锁存器，并同时发出转换结束信号EOC(高电平有效，经反相器后，可向CPU发中断请求)，表示一次转换结束。此时，CPU发出一个输出允许命令OE(高电平有效)即可读取数据。

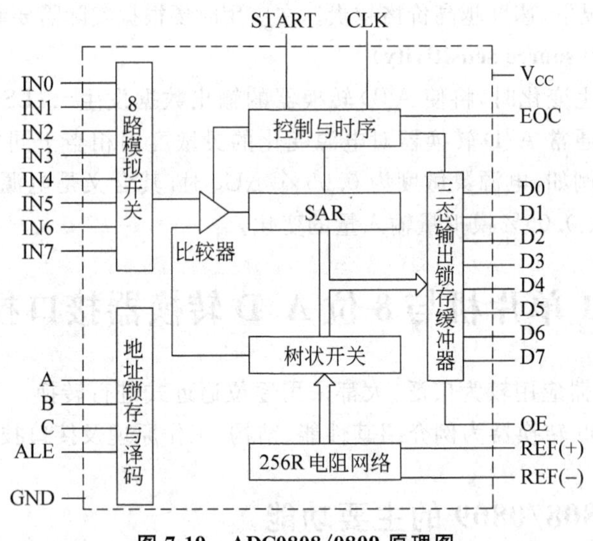

图 7-19 ADC0808/0809 原理图

7.6.3 ADC0808/0809 管脚功能

ADC0808/0809 的引脚，如图 7-20 所示。

(1) IN0～IN7：8 个模拟量输入端。

(2) START：启动 A/D 转换，当 START 为高电平时，A/D 开始转换。

(3) EOC：转换结束信号。当 A/D 转换结束时，由低电平转为高电平。此信号可用作 A/D 转换是否完成的查询信号或向 CPU 请求中断的信号。

(4) OE(OUTPUT ENABLE)：输出允许信号或称为 A/D 数据读信号。当此信号为高电平时，可从 A/D 转换器中读取数据。此信号可作系统中的片选信号。

(5) CLK：工作时钟，最高允许值为 1.2MHz，可通过外接振荡电路改变频率，也可用系统 ALE 分频获得，当 CLK 为 640kHz 时，转换时间为 100μs。

(6) ALE：通道地址锁存允许，上升沿有效，锁存 C、B、A 通道地址，则选中的通道的模拟输入送 A/D 转换器。

(7) A、B、C：通道地址输入，C 为最高，A 为最低。

(8) D0～D7：数字量输出线。

U1

引脚	左侧	右侧	引脚
17	D0	V_{CC}	11
14	D1		
15	D2	IN0	26
8	D3	IN1	27
18	D4	IN2	28
19	D5	IN3	1
20	D6	IN4	2
21	D7	IN5	3
		IN6	4
25	A	IN7	5
24	B		
23	C		
10	CLK	$V_{REF}(+)$	12
22	ALE		
6	START	$V_{REF}(-)$	16
9	OE		
7	EOC	GND	13

ADC0809

图 7-20 ADC0808/0809 引脚

(9) V_{REF}(＋)，V_{REF}(－)：正负参考电压，用来提供D/A 转换器的基准参考电压。一般 V_{REF}(＋)接＋5V 高精度参考电源，V_{REF}(－)接模拟地。

(10) V_{CC}，GND：电源电压 V_{CC} 接＋5V，GND 为数字地。

ADC0808/0809 的操作时序如图 7-21 所示。

从时序图中可以看出，地址锁存信号 ALE 的上升沿将 3 位通道地址锁存，相应通道的

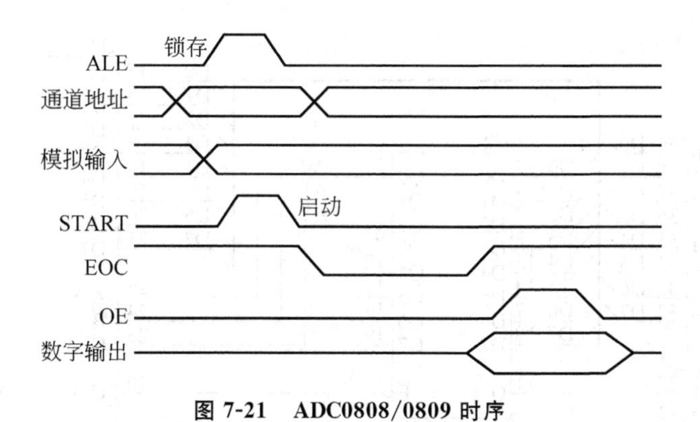

图 7-21 ADC0808/0809 时序

模拟量经多路模拟开关送到 A/D 转换器。启动信号 START 上升沿复位内部电路,START 信号的下降沿启动 A/D 转换。此时转换结束信号 EOC 呈低电平状态,由于逐位逼近需要一定过程,所以,在此期间模拟输入量应维持不变,比较器要一次次进行比较,直到转换结束。此时转换结束信号 EOC 变为高电平,若 CPU 发出一输出允许信号 OE(高电平)则可读出数据。一次 A/D 转换的过程就完成了。ADC0808/0809 具有较高的转换速度和精度,受温度影响小,且带有 8 路模拟开关,因此,用在测控系统中是比较理想的器件。

7.6.4 8031 与 ADC0808/0809 接口设计

1. 硬件接口设计

A/D 转换器与单片机的硬件接口一般有两种方法,一种方法是通过并行 I/O 接口与 8031 单片机连接(例如 8155 或 8255)需占用两个并行接口(其中一个口接 A/D 转换器数据线,另一个接口用来产生 A/D 转换器工作控制信号);第二种接口方法是利用 ADC0808/0809 转换器三态输出锁存功能,可以直接与 8031 的总线相连接,如图 7-22 所示,在系统中把 ADC0808/0809 转换器当作外部 RAM 单元对待。

系统中的 ADC0808/0809 转换器的片选信号由 P2.7 线选控制,其通道地址 IN0～IN7 分别为 7FF8H～7FFFH。当 8031 产生 $\overline{WR}$ 写信号时,则由一个或非门产生转换器的启动 START 和地址锁存信号 ALE(高电平有效),同时将地址总线送出的通道地址 A、B、C 锁存,模拟量通过被选中的通道送到 A/D 转换器,并在 START 下降沿时开始逐位转换,当转换结束时,转换结束信号 EOC 变高电平。经反相器可向 CPU 发中断请求,当 8031 产生 $\overline{RD}$ 读信号时,则由一个或非门产生 OE 输出允许信号(高电平有效),使 A/D 转换结果读入 8031 单片机。图 7-22 中设 8031 的晶振为 6MHz,ALE 为 1MHz,作为转换器的时钟信号 CLK。

2. ADC0808/0809 转换器程序设计方法

根据测量系统要求不同以及 CPU 忙闲程度,通常多采用如下三种软件编程控制方式。

1) 程序查询方式

对 A/D 转换器而言,所谓程序查询方式即条件传送 I/O 方式。在接入模拟量之后,发出一启动 A/D 转换命令,查询 P3.2($\overline{INT0}$)引脚电平是否为“0”(A/D 转换器数据是否

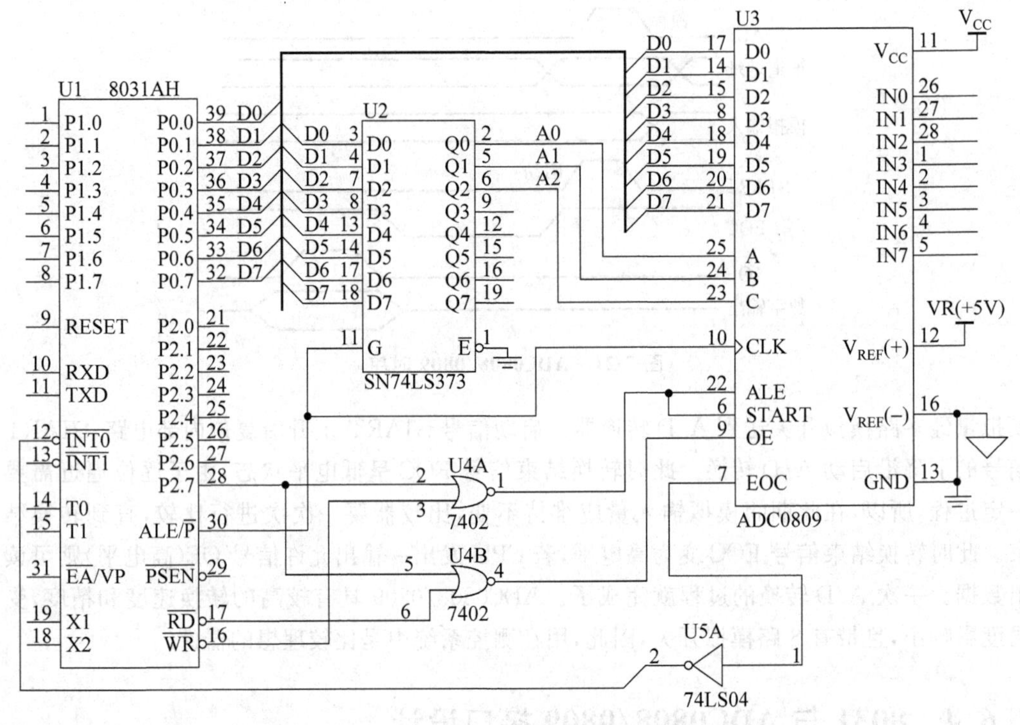

图 7-22 8031与ADC0808/0809转换器接口电路

准备就绪)的方法来读取A/D转换器的数据，否则继续查询，直到P3.2($\overline{\text{INT0}}$)引脚电平为"0"。这种方法较好地协调了CPU与A/D转换器在速度上的差别，通常用于检测回路较少、而CPU工作不十分繁忙的情况下。

例 7-1 模拟量由通道0输入，转换成对应的数字量之后存入内部RAM的40H单元中。

程序清单如下。

```
MOV     R0,#40H        ;置数据缓冲区指针
MOV     DPTR,#7FF8H    ;置 IN0 通道地址
MOVX    @DPTR,A        ;IN0 接 A/D,并启动 A/D
JB      P3.2,$         ;INT0为高,则继续查询
MOVX    A,@DPTR        ;数据读入 A
MOV     @R0,A          ;存入 40H 单元
```

例 7-2 求通道7模拟量8次采样的算术平均值，并存入内部RAM的7FH单元中。

程序清单如下。

```
        CLR     A
        MOV     R2,A
        MOV     R3,A            ;清除工作单元 R3R2
        MOV     R7,#8           ;作采样次数计数器
        MOV     DPTR,#7FFFH     ;选 IN7 通道
L1:     MOVX    @DPTR,A         ;启动 A/D 转换
```

```
        JB      P3.2,$           ;等待 A/D 转换结束
        MOVX    A,@DPTR          ;采样
        ADD     A,R2             ;加低 8 位
        MOV     R2,A             ;存低 8 位
        MOV     A,R3             ;取高 8 位
        ADDC    A,#0             ;加 CY
        MOV     R3,A             ;存高 8 位
        DJNZ    R7,L1            ;未完则继续
        MOV     R7,#3            ;R7 作移位计数器
L2:     CLR     C                ;清除 CY
        MOV     A,R3
        RRC     A
        MOV     R3,A
        MOV     A,R2
        RRC     A
        MOV     R2,A
        DJNZ    R7,L2            ;R3R2 内容右移 3 次即除 8
        MOV     7FH,A            ;存算术平均值
```

这种取 8 次采样平均值的方法，可以消除干扰，使采样数据更稳定可靠。

2）延时方式

这种方式实际是无条件传送 I/O 方式，当向 A/D 转换器发出启动命令后，即进行软件延时，延时时间取决于进行一次 A/D 转换所需的时间，此时 A/D 转换器的数据（准备就绪）肯定转换完毕，从 A/D 转换器中读取数据即为采样值。若 8031 的晶振为 6MHz，ALE 为 1MHz，A/D 转换时间小于 100μs，则延时程序清单如下。

```
MOV Rn,#25        ;延时常数
DJNZ Rn,$         ;重复执行一次 4μs
```

为了确保转换完成，延时时间一定要大于 A/D 转换时间。

3）中断采样方式

不论采用查询方式，还是采用延时方式，CPU 大部分时间都消耗在查询或延时等待上，这在多回路的采样检测并且 CPU 工作很忙的测控系统中，不宜采用，应采用中断方式。在中断方式中，CPU 启动 A/D 转换后，可以继续执行主程序。当 A/D 转换结束时，发出一转换结束信号 EOC，该信号经反相器接 8031 的 P3.2($\overline{\text{INT0}}$)引脚，向 CPU 发出中断请求。CPU 响应中断后，即可读入数据并进行处理。

例 7-3　根据图 7-22 接口电路连接图，采用中断方式对 IN0 通道的模拟输入量依次采样 16 个点，存放在内部数据存储器 70H～7FH 单元中待用。

程序分为如下三部分。

① 初始化程序：对中断$\overline{\text{INT0}}$和各工作单元初始化。

② 主程序：启动 A/D 转换、控制通道地址/数据存储器地址修改。

③ 中断服务程序：读取 A/D 转换器数据、送存。

程序清单如下。

```
            ORG         0
            LJMP        START
            ORG         03H
            LJMP        INT0P
            ;初始化程序
START:      MOV         R0,#70H         ; RAM 首地址
            MOV         R7,#16          ; 计数器
            MOV         SP,#3FH         ; 设堆栈区
            SETB        IT0             ; 边沿触发
            SETB        EX0             ; INT0开中断
            SETB        EA              ; CPU 开中断
            ;主程序
MAIN0:      MOV         DPTR,#7FF8H     ; A/D 通道首址
MAIN:       CLR         F0              ; 清 F0
            MOVX        @DPTR,A         ; 启动 A/D 转换
TEST:       JNB         F0,DONE         ; 测试
            DJNZ        R7,MAIN         ; 16 个点未完,则继续
            …
DONE:       …                           ; 继续执行
            SJMP        TEST
            ;中断处理程序
INT0P:      PUSH        ACC             ;进栈
            SETB        F0              ;置位 F0
            MOVX        A,@DPTR         ;读 A/D 转换数据
            MOV         @R0,A           ;A/D 数据送存 RAM
            INC         R0              ;地址加"1"
            POP         ACC             ;退栈
            RETI                        ;返回
```

例 7-4 图 7-23 给出 8031 与 ADC0809 的另一种接法,注意 0809 的操作时序,按查询方式编制 IN0 通道采集程序段。

在图 7-23 中,ADC0808/0809 转换器的片选信号仍由 P2.7 线选控制,端口地址 7FFFH。当 8031 产生 $\overline{\text{WR}}$ 写信号时,则由 U4A 产生地址锁存信号 ALE(高电平有效),将数据线上送出的模拟量通道地址 A、B、C 锁存,被选中的模拟量送到 A/D 转换器;同时再由 U5C 产生转换器的启动 START(低电平有效)信号,并开始逐位转换。当转换结束时,转换结束信号 EOC 变高电平。经反相器 U5A 可向 CPU 发中断请求。当 8031 产生 $\overline{\text{RD}}$ 读信号时,则由 U4B 和 U5B 产生 OE 输出允许信号(高电平有效),读取 A/D 转换结果。图 7-23 中设 8031 的晶振为 6MHz,ALE 为 1MHz,作为转换器的时钟信号 CLK。

程序如下。

```
MOV         DPTR,#7FFFH         ;送 0809 端口地址
```

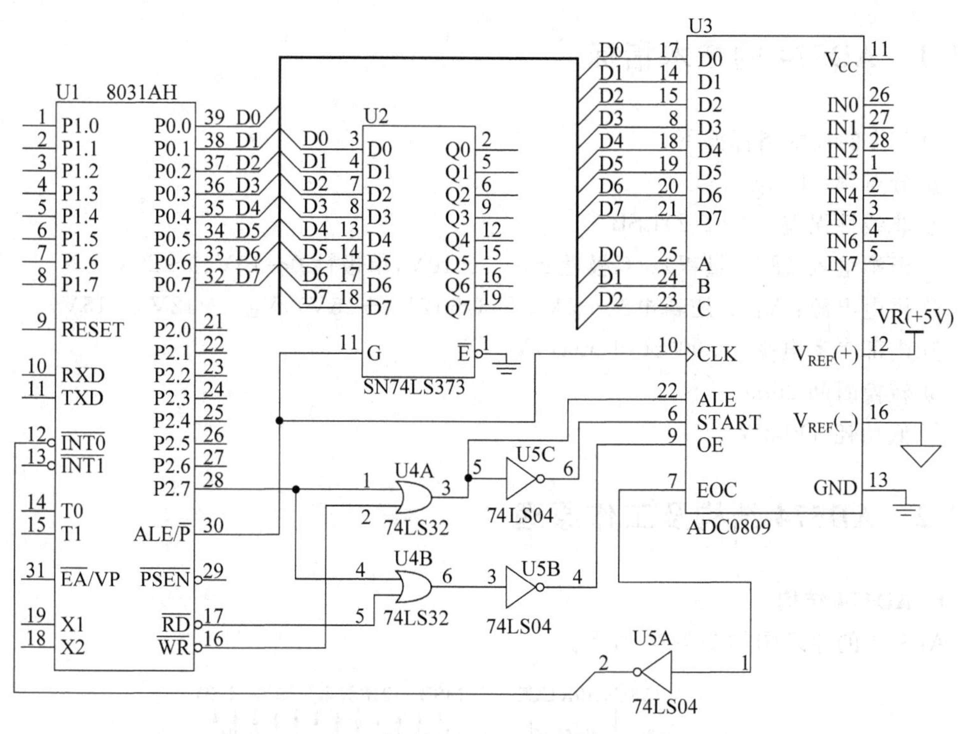

图 7-23　8031 与 ADC0808/0809 转换器接口电路

```
MOV     A,#0           ;送 IN0 通道地址
MOVX    @DPTR,A        ;锁存通道地址并启动 A/D
NOP
NOP
JB      P3.2,$         ;INT0为高,则继续查询
MOVX    A,@DPTR        ;数据读入 A
MOV     40H,A          ;存入 40H 单元
```

值得注意：图 7-22 与图 7-23 是两种不同的接法，A/D 通道地址分别从地址总线和数据总线送出，因此编程操作方法也不同。

7.7　MCS-51 单片机与 12 位 A/D 转换器接口技术

在一些测控系统中，有的对精度要求比较高，因此，前面所述的 8 位 A/D 转换器往往难以满足要求，需要更多位数的 A/D 转换器，如 10 位、11 位、12 位 A/D 转换器。本节将以 AD574 为例介绍 12 位 A/D 转换器的性能、结构、原理、接口技术及程序设计方法。AD574 是 AD 公司的产品，是一完整的 12 位逐位逼近式带三态输出缓冲器的 A/D 转换器，它可以直接与 8 位或 16 位微机总线接口。AD574 有 6 个等级。AD574J、K 和 L 专门适用于温度在 0～70℃的范围内。AD574S、T 和 U 则适用于－55～＋125℃温度区，所有 AD574 全部采用 28 脚双列直插式封装。读者可查阅有关手册。

7.7.1 AD574的技术指标

AD574的技术指标如下。

① 分辨率：12位。

② 非线性误差：±(1/2)LSB。

③ 模拟输入(两个量程)：双极性±5V、±10V，单极性0～10V、0～20V。

④ 供电电源：V_{LOGIC}逻辑电源+5V，V_{CC}(+12V/+15V)，V_{EE}(−12V/−15V)。

⑤ 内部参考电平10.00±0.1(max)V。

⑥ 转换时间25μs。

⑦ 低功耗390mW。

7.7.2 AD574结构及工作原理

1. AD574结构

AD574的原理图如图7-24所示。

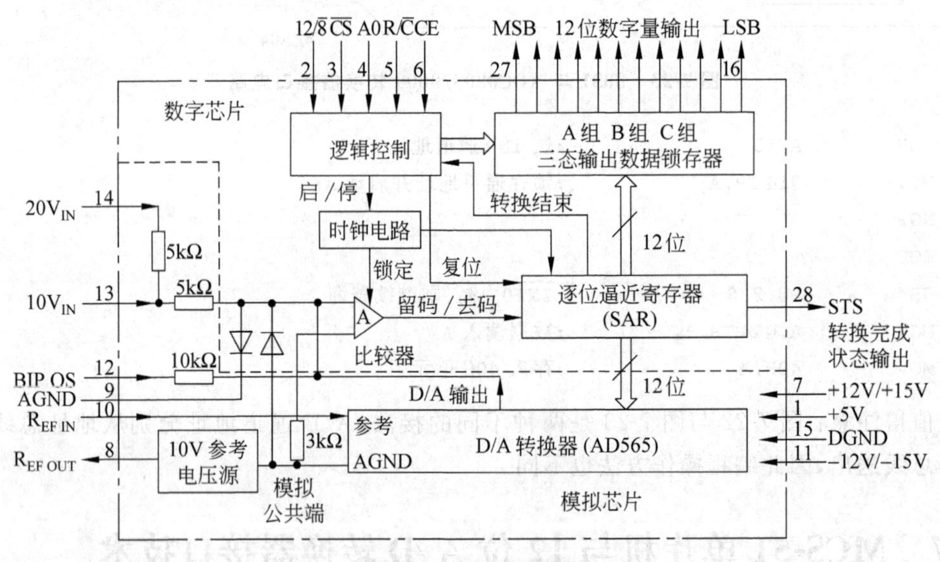

图7-24 AD574原理图

从图中可以看出，AD574由两部分组成：一部分是模拟电路，另一部分是数字电路。其中模拟电路是由高性能的12位D/A转换器的AD565(AD565，快速，单片结构，电流输出型，建立时间200μs)和参考电压组成。数字电路由控制逻辑电路、逐位逼近寄存器和三态输出缓冲器组成。控制逻辑用以发启/停及复位信号，并控制转换过程。其转换原理与ADC0809基本是一样的，也是采用逐位逼近式原理工作的。

2. AD574引脚功能

AD574如图7-25所示。

(1) DB0～DB11：12位数据线。

(2) $\overline{CS}$：片选线，低电平有效。

(3) CE：片使能，高电平有效。

$\overline{CS}$、CE 均有效时，AD574 才能操作，否则处于禁止操作状态。

(4) R/$\overline{C}$：读出和启动转换控制线：当 R/$\overline{C}$=0 时，启动 AD574 转换；当 R/$\overline{C}$=1 时，读 AD574 转换结果。

(5) 12/$\overline{8}$：为数据格式选择端。当 12/$\overline{8}$=1 时，12 位数据线一次读出，主要用于 16 位微机系统；12/$\overline{8}$=0 时，可与 8 位机接口。AD574 采用向左对齐的数据格式。12/$\overline{8}$与 A0 配合，使 12 位数据分两次读出，A0=0 时，读高 8 位，A0=1 时，读低 4 位(数据低半字节附加零)，请注意，12/$\overline{8}$不能用 TTL 电平控制，必须用+5V 或数字地控制。

(6) A0：为字节选择线。A0 引脚有两个作用，一是选择字节长度，二是与 8 位机接口时用选择读出字节。转换之前若 A0=1，则 AD574 按 8 位 A/D 转换，转换时间为 10μs；若 A0=0，则按 12 位 A/D 转换，转换时间为 25μs，这与 12/$\overline{8}$的状态无关。读操作中，A0=0，高 8 位数据有效；而 A0=1，则低 4 位数据有效。但12/$\overline{8}$=1(接+5V)时，则 A0 的状态不起作用。以上控制信号的组合控制功能如表 7-3 所示。

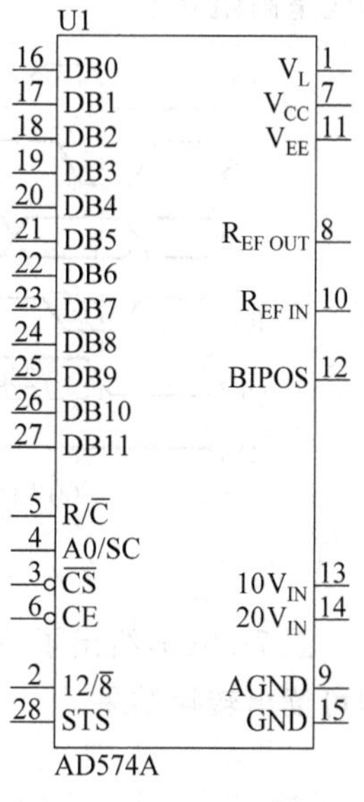

图 7-25　AD574 管脚

表 7-3　AD574 控制信号真值表

CE	$\overline{CS}$	R/$\overline{C}$	12/$\overline{8}$	A0	工 作 状 态
0	×	×	×	×	禁止
×	1	×	×	×	禁止
1	0	0	×	0	启动 12 位转换
1	0	0	×	1	启动 8 位转换
1	0	1	接 1 脚(+5V)	×	12 位并行输出有效
1	0	1	接 15 脚(地)	0	高 8 位并行输出有效
1	0	1	接 15 脚(地)	1	低 4 位加上尾随 4 个 0 有效

(7) STS：转换结束信号。当启动 A/D 转换后，STS 信号变高电平，表示正处于转换状态，转换完成时 STS 变低电平，该信号可向 CPU 发中断请求或供 CPU 查询用。

(8) $10V_{IN}$、$20V_{IN}$：模拟输入端。

(9) $R_{EF\ IN}$、$R_{EF\ OUT}$、BIPOS：参考输入、参考输出、双极性增益补偿调节端。

(10) V_{CC}、V_{EE}、V_L：工作电源。接+15V(12V)，−15V(−12V)，+5V。

(11) DC、AC：数字地与模拟地。

3. AD574 的控制时序

图 7-26 给出了 AD574 转换器的控制时序波形图。由图 7-26(a)启动转换时序可见：只有当 CE=1 与$\overline{CS}$=0 时，且 R/$\overline{C}$为低电平时，才能开始启动转换，在控制程序的安排上，应先让 R/$\overline{C}$为低电平，然后使 CE 或$\overline{CS}$变为有效，否则将产生不必要的读操作，此时数

据线呈高阻状态。

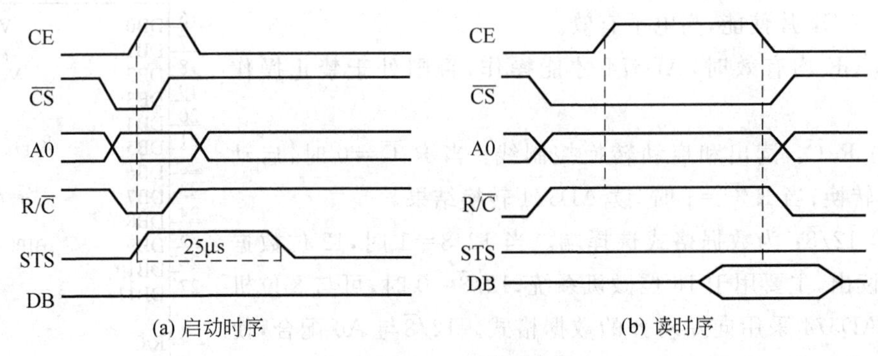

(a) 启动时序　　(b) 读时序

图 7-26　AD574 控制时序

图 7-26(b)给出了 AD574 读操作时序图。当转换器被选中的情况下，使 R/$\overline{C}$=1 时，即可读出转换结果。

7.7.3　AD574 转换器的应用

AD574 有单极性和双极性两种工作方式，可根据模拟输入信号的性质来选择。

1. 单极性输入

单极性模拟量输入有两种量程，0～10V 量程使用引脚 13 和 9；0～20V 量程使用引脚 14 和 9。如图 7-27(a)所示。图中电位器 W1(100Ω)用作满量程调整，W2(100kΩ)用作零位调整。

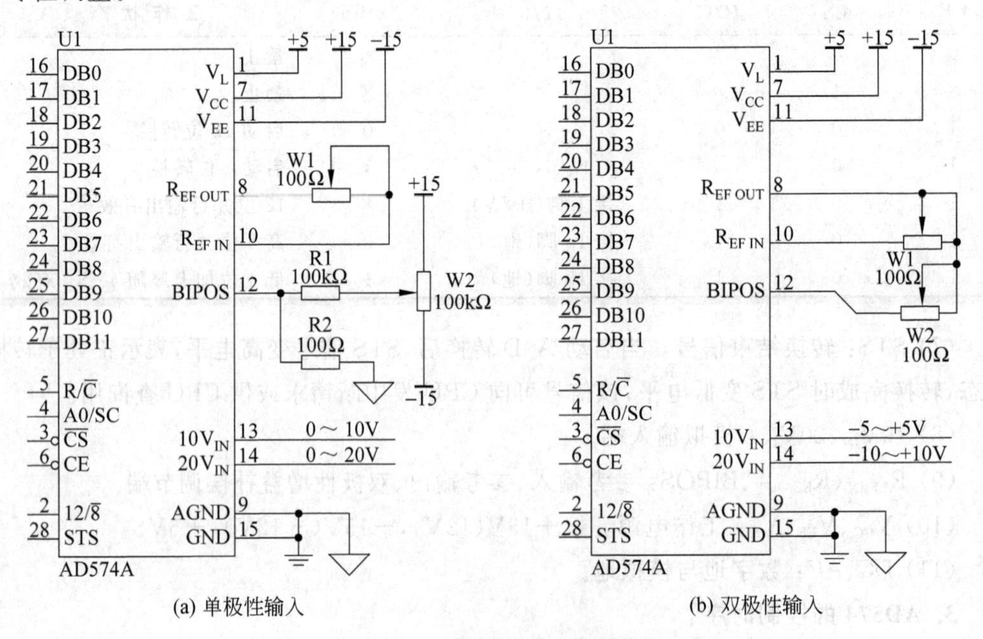

(a) 单极性输入　　(b) 双极性输入

图 7-27　单极性与双极性输入

2. 双极性输入

双极性输入也有两种量程：－5V～＋5V 量程使用引脚 13、9 和 12；－10V～＋10V 量程使用引脚 14、9 和 12 如图 7-27(b)所示，图中 W1、W2 均 100Ω 电位器，用来调整满量程和零位。

7.7.4　AD574 与单片机的接口及程序设计

1. 硬件接口设计

根据 AD574 的真值表与控制时序，可以容易地设计出 AD574 与 8031 单片机的接口电路，其接口电路如图 7-28 所示。

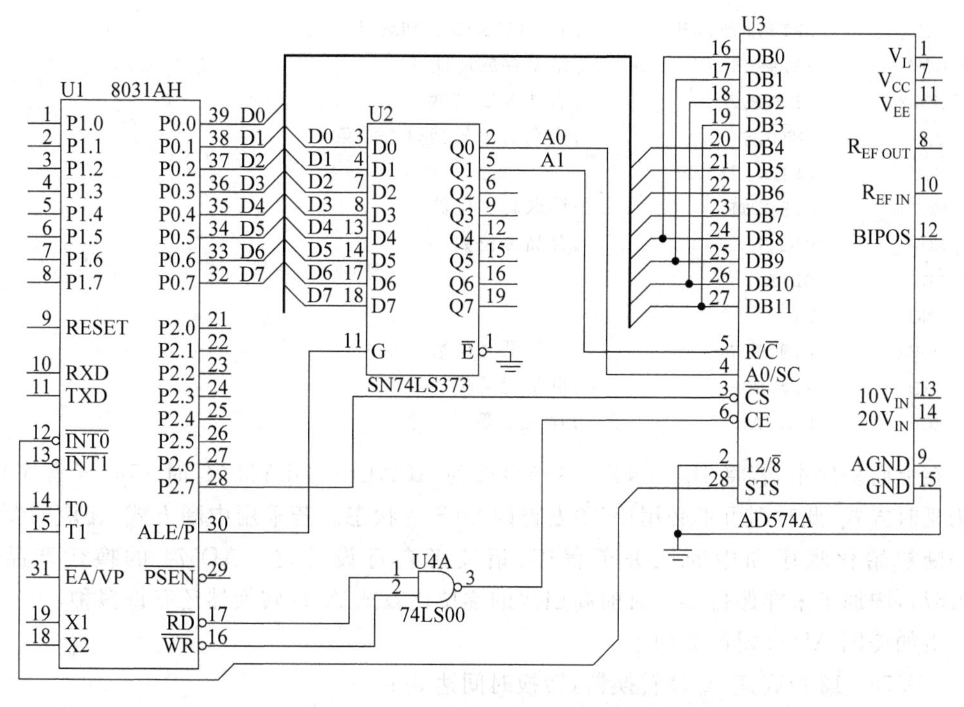

图 7-28　AD574 与 8031 接口电路

在图 7-28 中，AD574 的输出是三态锁存器，因而可直接与 8031 单片机数据总线接口。该电路是 12 位向左对齐的数据输出格式，AD574 的低 4 位 DB3～DB0，接到 8031 的 D7～D4 上；AD574 的高 8 位 DB11～DB4 接到 8031 的 D7～D0 上。可分二次读出数据，第一次读高 8 位，第二次读低 4 位。为了便于位寻址查询，AD574 的标志 STS 接 8031 单片机的 $\overline{\text{INT0}}$。

根据 AD574 真值表可知共有 5 根控制线。

① 12/$\overline{8}$：常接地，与 8 位机接口。

② CE：由 $\overline{\text{WR}}$ 和 $\overline{\text{RD}}$ 信号通过一个与非门控制，不论是读操作还是写操作，CE 均为“1”，片使能有效。

③ $\overline{\text{CS}}$：由地址线 P27 控制，当 P27＝0 时，片选有效。

④ R/$\overline{C}$：由地址线A1控制，当A1=0时，启动A/D转换；当A1=1时，读取A/D转换数据。

⑤ A0：由地址线A0控制，当A0=0时，读高8位；当A0=1时，读低4位。

因此，AD574(12位)启动地址为7FFCH，高8位读取地址为7FFEH，低4位读取地址为7FFFH。

2. 程序设计

12位A/D转换器与8031单片机的程序设计方法，与8位A/D转换器的程序设计方法一样，也可采用三种方法。即：程序查询方法延时、延时方式和中断控制方式。由于AD574转换器的速度较快，所以大都采用程序查询方法。

查询法程序清单如下。

```
MOV     DPTR,#7FFCH     ;(12位)A/D启动地址
MOV     R1,#40H         ;结果存放地址
MOVX    @DPTR,A         ;启动A/D转换
JB      /INT0,$         ;查询A/D转换是否结束
MOV     DPTR,#7FFEH
MOVX    A,@DPTR         ;读取高8位数
MOV     @R1,A           ;存高8位数
INC     DPTR
INC     R1
MOVX    A,@DPTR         ;读取低4位数
AND     A,#0F0H         ;屏蔽无关位
MOV     @R1,A           ;存A/D低4位数
```

在上面程序中，若将JB $\overline{\text{INT0}}$，\$指令改为ACALL DLY35(延时35μs子程序)即变为延时方式，此时则可不必用$\overline{\text{INT0}}$去查询STS的状态。若采用中断方式，相应的要编写中断初始化程序和中断服务子程序，请读者自行设计之。AD574的换代产品为AD1674，增加了采样保持器。目前高档次的逐位比较式A/D转换器还有许多种。

例如美国AD公司产品如下。

AD578：12位高速A/D转换器，转换时间达3μs。

ADC1140：16位快速A/D转换器，转换时间小于35μs，非线性误差小于±0.003%。

ADC1131：14位快速A/D转换器，转换时间为12μs，非线性误差小于±(1/2)LSB。

美国BB公司产品如下。

CM77P：16位快速A/D转换器，转换时间为8μs，非线性误差小于±0.018%。由于人们对A/D转换器的转换精度、转换速度要求越来越高，因此将有速度更快、精度更高的A/D转换器不断问世，用户可根据实际情况选用。

7.8 测控系统中的模拟量输入通道

测量控制系统完成的任务是把被检测的模拟信号转换成数字信号，并由计算机加工处理，以便进行控制、显示或打印。在某些物理过程中，往往有许多物理参数需要测量和控制，这些物理参数少则几点、十几个点，多则几十个点，甚至于上百个点。如果不采用有

效的方案来检测这些参数,所需的设备量就会很庞大,不仅耗资同时使系统可靠性下降,例如计算机对某一物理过程的测量与控制如图 7-29所示。

物理过程中的被测参数,如压力、温度、位移和流量等,经传感器将这些物理量变成电量,再由变送器转换成统一的标准信号,送入模拟量输入通道,并经 A/D 转换器转换成数字量送计算机。计算机便可对这些数据进行处理,将控制量送入模拟量输出通道,转换成标准信号驱动执行机构,对物理过程施加控制。下面介绍模拟量输入通道的一些应用问题。

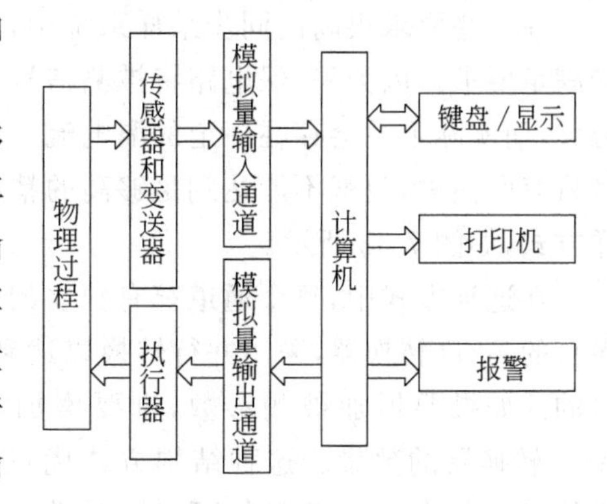

图 7-29　测量控制系统原理图

7.8.1　模拟量输入通道的结构形式

在图 7-28 中,测量电路的核心是 A/D 转换器。单通道的转换比较简单,多通道的测量系统根据物理过程不同或需要可采用三种结构形式。

1. 共享采/保电路和 A/D 转换器方式

这种结构形式如图 7-30 所示,也是应用最多的一种结构,各被测参数通过多通道模拟开关共用同一个 S/H 采保电路和同一个 A/D 转换器。因此硬件电路简单,若要增加被测输入参数,则可扩展多通道模拟开关以增加通道数。每个通道的采样时间取决于多通道模拟开关的开关时间,采保电路的建立时间和 A/D 转换器的转换时间。为了节约时间可以由上一通道采样结束信号接通下一通道并控制采/保电路保持该采样值,从而为下一次采样做好准备。采样可以按通道顺序进行,也可以根据需要随机进行。但对于需同步采样的测量系统而言,会因分时采样带来明显的误差。

2. 多路采/保电路共享 A/D 转换器方式

在一些同步采样系统中,为了克服分时采样带来的误差,保证各通道参数在同一时刻被采样,经常采用图 7-31 所示电路结构。

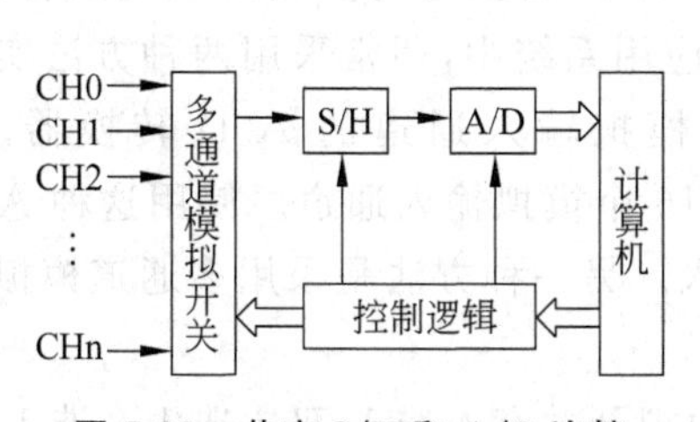

图 7-30　共享 S/H 和 A/D 连接

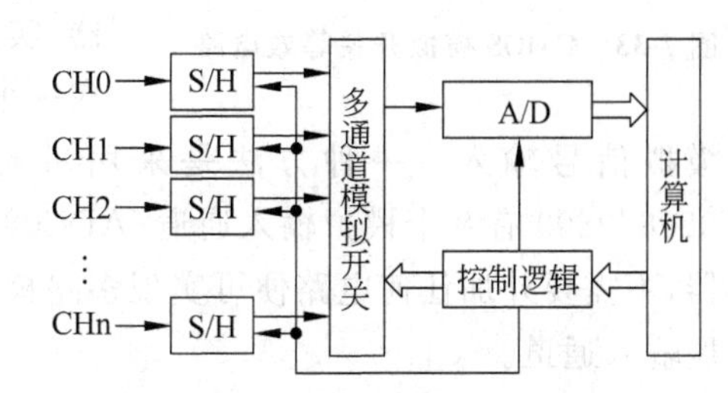

图 7-31　多路采/保共享 A/D 连接

在这一方式中,每个通道都设置一个采/保电路,而且各通道的采/保电路受同一信号控制,以接通采/保电路,采集各通道的模拟输入并保持之。在采/保电路允许的时间内由 A/D 转换器转换之,以获得各通道模拟输入在同一时刻的采样值。该方式亦称为同步采样。这种结构方式以多路采/保电路共享 A/D 转换器的方式获得同步数据采集。

3. 多路 A/D 转换器并行工作方式

在一些要求很高的同步采样系统中，采用多路采/保共享 A/D 转换器的方式往往不能满足要求。因为采/保电路将被测信号保持在一个电容上，理想的电容对地的电阻为无穷大，而实际上总会存在一定的漏电流。如果不是同时转换被采/保电路保持的信号，信号将有所损失，也就不能达到足够高的精度，因此需要多路 A/D 转换并行工作的同步采样方式，如图 7-32 所示。

在这种方式中，每个通道都有独立的采/保电路和各自的 A/D 转换器，采用并行转换以达到同步采样的目的。如果要增加被测参数，则要增加采/保电路和 A/D 转换器的数量。这种结构方式优点：一，每个通道的采样保持和 A/D 转换可以同时进行，因此采样值更加接近实际变化的模拟值；二，读取 A/D 转换器的数据与读取外部 RAM 数据的操作相同，节省了主机的时间。

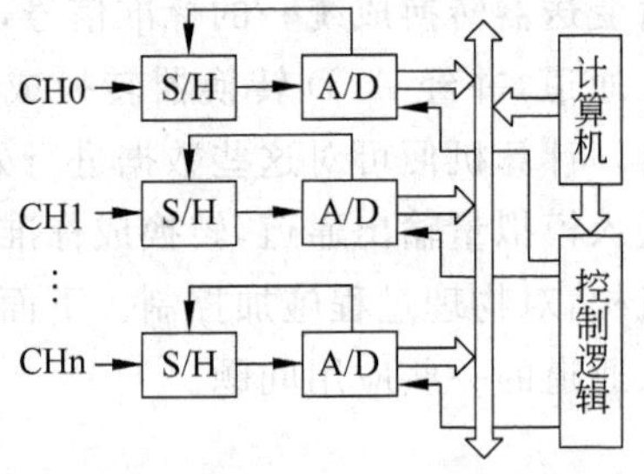

图 7-32 多路 A/D 并行工作方式

这种结构方式经常用于多路信号同步测量的控制系统中，其代价则是增加了 A/D 转换器数量及其电路的复杂性，成本上升。

7.8.2 多通道模拟开关

模拟开关是一种受控制而将模拟信号接通或断开的电路。一个理想的开关是，接通电阻 $R_{on}\to 0$，断开电阻 $R_{off}\to\infty$，这两种状态的过渡时间为 0。而实际上，其接通电阻 R_{on} 在 100Ω 左右，断开电阻 R_{off} 一般高达 $10^9\,\Omega$ 以上，接通与断开的过渡时间一般小于 1μs。

CMOS 模拟开关等效电路如图 7-33 所示。CMOS 模拟开关断开电阻常用漏电流表示，一般为 1nA 左右，图中 R_{on} 是接通电阻，C 是输出电容，S 是理想开关。多通道模拟开关的主要用途是把多路模拟信号逐个、分时地送入 A/D 转换器，实现一个 A/D 转换器对多路模拟量的转换。

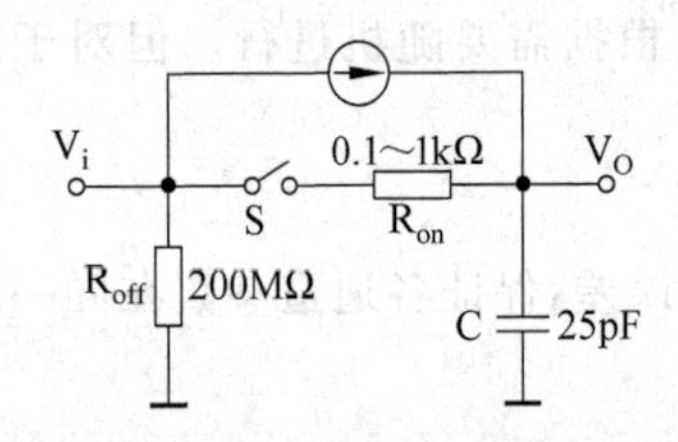

图 7-33 CMOS 模拟开关等效电路

在一个实际应用系统中，通常采用两种方法实现多路模拟信号输入。一种方法是采用带有多路模拟输入通道的 A/D 转换器，如 ADC0808/0809 有 8 个模拟输入通道；ADC0816 有 16 个模拟输入通道。使用这种 A/D 转换器，不需要外加任何电路便可实现多路模拟输入。另一种方法是采用多通道模拟开关扩展输入通道。

目前，可供微机测控系统使用的集成化多通道模拟开关有 4 选 1，双 4 选 1，8 选 1，双 8 选 1 和 16 选 1 共 5 种类型。常用的芯片有 CD4051(8 选 1)，CD4052(双 4 选 1)，AD7501/AD7503(8 选 1)，AD7506(16 选 1)，DG508(8 选 1)等。

1. CD4051

CD4051 模拟开关由电平转换电路、译码电路和开关电路三部分组成。

其中，电平转换电路可完成 CMOS 到 TTL 逻辑电平的转换功能，因此输入电平范围宽，数字量信号电平幅度为 3～15V，模拟信号的峰-峰值可达 15V。地址译码具有禁止功能，可根据 CPU 给出的地址信号，方便地选择其输入通道，从而使输入与输出相连通，其引脚如图 7-34 所示。

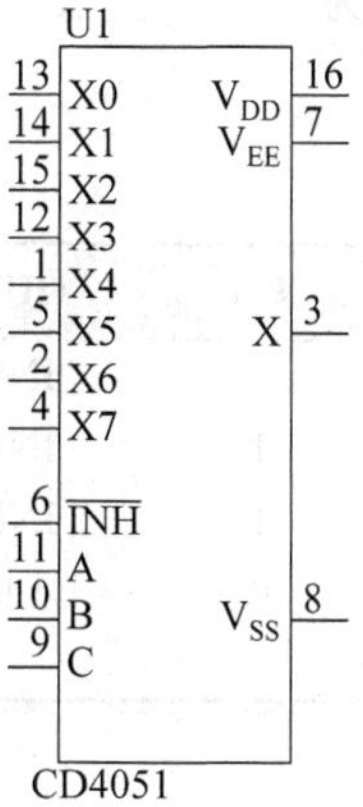

图 7-34　CD4051 引脚图

CD4051 引脚功能及其使用方法如下。

(1) V_{EE}、V_{DD}、V_{SS}：电源线。

一般情况下 V_{EE} 和 V_{SS} 接地，V_{DD} 接 5～15V，如果为双极性输入，V_{EE}～V_{DD} 可接 −5～+5V 或 −10～+10V。它可以开关比控制信号逻辑值（V_{DD}～V_{SS}）大的振幅为 V_{EE}～V_{DD} 的模拟信号。例如：设 $V_{DD}=5V$，$V_{SS}=0$，$V_{EE}=-5V$，那么就能开关 −5～+5V 间的模拟信号。

(2) C、B、A：通道地址线。

当 CBA＝000B～111B 时，可选择通道 X0～X7。

(3) $\overline{INH}$：禁止控制端。

当 $\overline{INH}=1$ 时，所有通道均被断开；当 $\overline{INH}=0$ 时，则根据 CBA 值，允许所选的一个通道输入与输出相选通。使用该控制端还可以方便地实现多通道的扩展。

(4) X0～X7：8 个通道的输入输出引脚。

当用做多到一开关使用时为输入线，当用作一到多开关使用时为输出线。

(5) X：OUT/IN 输出输入公共端。

利用 X0～X7 和 OUT/IN 引线可以完成 1～8 或 8～1 的双向输入输出。

表 7-4 为 CD4051 通道译码真值表。

表 7-4　CD4051 译码真值表

地址输入				通道	地址输入				通道
$\overline{INH}$	C	B	A	Xi	$\overline{INH}$	C	B	A	Xi
1	×	×	×	禁止	0	1	0	0	X4
0	0	0	0	X0	0	1	0	1	X5
0	0	0	1	X1	0	1	1	0	X6
0	0	1	0	X2	0	1	1	1	X7
0	0	1	1	X3					

CD4051 的典型参数：导通电阻 125Ω；关断漏电流 100μA；开关时间 120ns。

2. DG508

DG508 是单片 8 通道多路模拟开关。它与 CD4051 一样，也由三部分组成。芯片提供三条地址线和一个使能控制端来选择 8 个通道的任一个，其引脚如图 7-35 所示。DG508 引脚功能及使用方法如下。

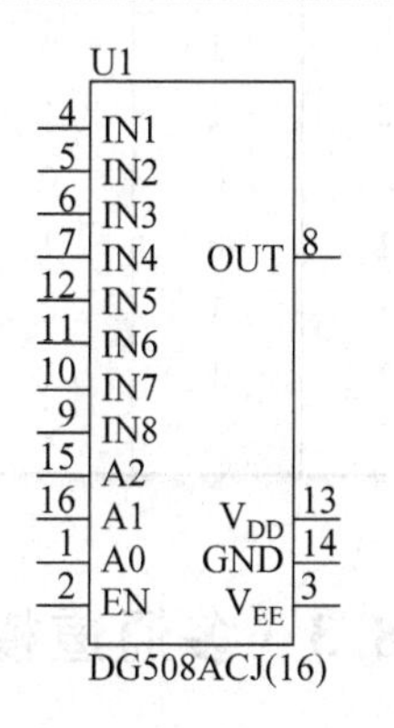

图 7-35　DG508 引脚图

V_{EE}、GND、V_{DD}：电源线，接 −15V、地和 +15V。

A2、A1、A0：通道地址线。

EN：使能控制端。

IN1～IN8：模拟通道输入线。

OUT：输出公共端。

DG508 典型参数：输入电压范围，单极性为 0～20V；双极性为 ±10V。表 7-5 为 DG508 通道译码真值表。

表 7-5 DG508 通道译码真值表

A2	A1	A0	EN	OUT	A2	A1	A0	EN	OUT
0	0	0	1	IN1	1	0	1	1	IN6
0	0	1	1	IN2	1	1	0	1	IN7
0	1	0	1	IN3	1	1	1	1	IN8
0	1	1	1	IN4	×	×	×	0	禁止
1	0	0	1	IN5					

3. 7501/7503 多路模拟开关

7501/7503 是单片 8 通道多路模拟开关。它与 CD4051 一样，也由三部分组成。芯片提供三条地址线和一个使能控制端来选择 8 个通道的任一个。其引脚如图 7-36 所示。7501 引脚功能及使用方法如下。

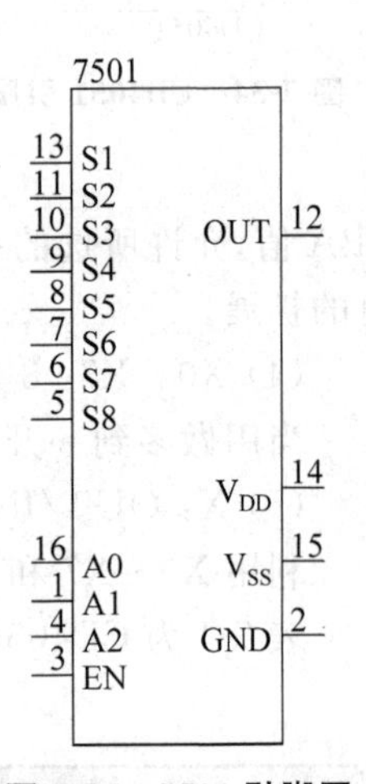

图 7-36 7501 引脚图

V_{EE}、GND、V_{DD}：电源线，接 −15V、地和 +15V。

A2、A1、A0：通道地址线。

EN：使能控制端。

S1～S8：模拟通道输入线。

OUT：输出公共端。

7501/7503 典型参数：输入电压范围，单极性为 0～20V；双极性为 ±10V。接通电阻为 170Ω，开关时间为 0.8μs。

表 7-6 为 7501/7503 通道译码真值表。

表 7-6 7501/7503 通道译码真值表

7501					7503				
A2	A1	A0	EN	OUT	A2	A1	A0	$\overline{EN}$	OUT
0	0	0	1	S1	0	0	0	0	S1
0	0	1	1	S2	0	0	1	0	S2
0	1	0	1	S3	0	1	0	0	S3
0	1	1	1	S4	0	1	1	0	S4
1	0	0	1	S5	1	0	0	0	S5
1	0	1	1	S6	1	0	1	0	S6
1	1	0	1	S7	1	1	0	0	S7
1	1	1	1	S8	1	1	1	0	S8
×	×	×	0	禁止	×	×	×	1	禁止

7.8.3 多通道模拟开关的扩展应用

在巡回检测系统中，有时仅有 8 个通道不能满足系统检测的需要。某些系统要用 16

选1,32选1甚至128选1。通道数增多无法集成在同一块芯片上,在这种情况下往往需要多片8选1多通道开关芯片,并利用其使能禁止端在逻辑1(或0)输入时所有通道被切断的功能,实现16选1,32选1,64选1等扩展任务。

用两片CD4051和一反相器可组成16选1的16通道模拟开关电路,图7-37表示出这种电路的扩展方法。

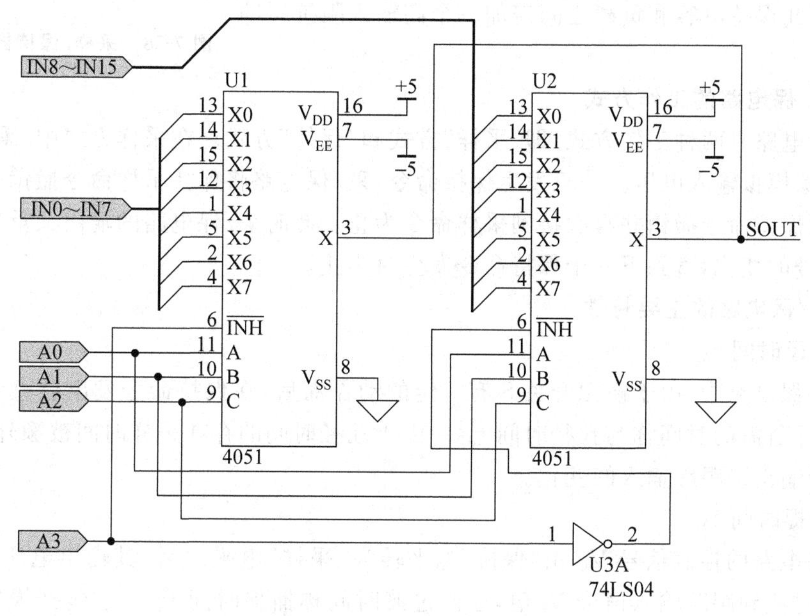

图7-37　16选1开关连接法

因16选1要求4位二进制地址码输入即A3A2A1A0。将A3作芯片选择控制,CD4051禁止端"$\overline{\text{INH}}$"为低电平时芯片被选中。所以在前8个通道地址码为0000、0001、…、0111时,A3=0,U1的禁止端处于低电平,因而允许U1工作,并由低3位地址码选择IN0～IN7等通道,此时U2的禁止端为高电平,即U2被禁止。在后8个通道地址为1000、1001、…、1111时,由于A3=1,U1被禁止,U2被选中,此时低3位地址码选择后8个通道IN8～IN15。多路模拟开关主要应用于巡回检测、遥控、遥测、数字滤波等数据采集系统。

7.8.4　采样/保持电路

由于模拟量转换成数字量有一个过程,对于一个动态模拟信号在模拟转换过程中,输入的模拟信号是不确定的,从而引起转换器输出的不确定性误差,直接影响转换精度。尤其是在同步测量系统中,几个通道的模拟量均需取同一瞬时值。如果直接送入A/D转换器进行转换(共享一个A/D),所得到的值就不是同一瞬时值,无法进行比较、判断与计算。因此要求输入模拟量在整个模数转换过程中被"冻结"起来,保持不变。但在转换之后,又要求A/D转换器的输入端能跟踪输入模拟量的变化,能完成上述任务的器件叫采样/保持电路,简称采/保(S/H)。最基本的采/保电路由模拟开关、保持电容和缓冲放大器组成,如图7-38所示。图中S为模拟开关,V_C为模拟开关S的控制信号,C_H为保持电容。当控制信号 V_C 为采样电平时，开关 S 导通，模拟信号通过开关 S 向保持电容 C_H 充电，这时输出电压 V_O 跟踪输入电压 V_i 的变化。当控制信号 V_C 为保持电平时，开关 S 就断开，此时输出电压 V_O 保持模拟开关 S 断开时的瞬时值。显然保持电容直接与负载相连是绝对不行的，因为保持阶段 C_H 上的电荷会通过负载而泄放掉，因此保持电容和负载之间需加一个高输入阻抗缓冲放大器 A。

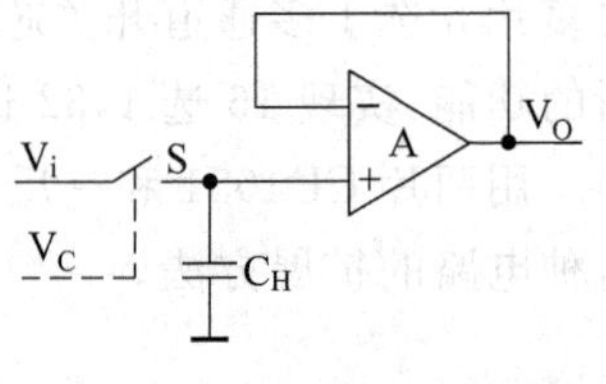

图 7-38　采样/保持器原理图

1. 采/保电路的工作方式

采/保电路有两种工作方式，即"采样"方式和"保持"方式。在采样方式中，采/保电路的输出跟踪模拟输入电压。一旦发生保持命令，采/保电路将保持采样命令撤销时刻的采样值，直到保持命令撤销并再次接到采样命令为止。此时采/保电路的输出又重新跟踪输入模拟信号的变化，直到下一个保持命令发生时为止。

2. 采/保电路的主要特性

1）孔径时间 t_{AP}

在采/保电路中，由于模拟开关 S 有一定的动作滞后，在保持命令发出后直到模拟开关完全断开所需的时间称为孔径时间 t_{AP}。由于孔径时间的存在采样时间被额外延迟了，在 t_{AP} 期间输出仍跟踪输入的变化。

2）捕捉时间 t_{AC}

采/保电路的控制信号 V_C 由"保持"电平转为"采样"电平之后，其输出电压 V_O 将从原保持值过渡到跟踪输入信号 V_i 值，这段过渡时间称捕捉时间 t_{AC}。它包括模拟开关的导通延时时间和建立跟踪的稳定时间，显然采样周期必须大于捕捉时间，才能保证采样阶段充分地采集到输入的模拟信号 V_i。

3）保持电压的变化在保持状态下，由于保持电容的漏电流会使保持电压不断地衰减或上升，保持电压的变化率为：

$$dV_0/dt \propto I_D/C_H$$

式中 I_D 为保持阶段流入或流出保持电容 C_H 的总泄漏电流，它包括缓冲放大器的输入电流，模拟开关断开时的漏电流，电容内部的漏电流等。增大电容 C_H 值可减少这种变化，但捕捉时间 t_{AC} 也随之增大。因此，减小 I_D 可减小这种变化。采用高输入阻抗的运算放大器，选择优质电容如聚四氟乙烯电容器作保持电容以及选用漏电流小的模拟开关等措施，可以减小保持电压的变化。

4）输入输出的直通耦合

在保持阶段中，虽然模拟开关处于断开状态，但由于极间分布电容的耦合作用，使输入信号的变化引起输出信号的微小变化，这就是输入输出的直通耦合作用。输入信号变化快时，耦合影响大。

3. 采/保集成电路

最常用的采/保集成电路有 AD582、AD583、AD585 以及国家半导体公司的 LF398 等。下面以 LF398 为例，介绍采/保电路结构与工作原理，其他采/保电路与它大致相同。LF398 具有采样速度快，保持下降率低以及精度高等特点。片内不包含保持电容 C_H，用户可根据自己的需要选择不同的 C_H 值外接，当保持电容为 0.01μF 时，信号达到 0.01%

精度所需的获取时间(采样时间)为25μs,其下降速率为3mV/S。即使输入信号等于电源电压时,也可以将输入直通耦合到输出端。OFFSET为偏置端,VL+和VL-为逻辑控制端,可直接与TTL、PMOS和CMOS电路相连。其门限值为1.4V,供电电源可从±5V到±18V。LF398的引脚如图7-39所示。

LF398典型应用电路如图7-40所示。当逻辑参考端脚7接地,逻辑输入端脚8为高电平时,LF398工作在采样状态。反之,当引脚8为低电平时,电路则工作在保持状态。保持电容C_H值的大小一般由采样频率和系统所要求的采样精度来选择,采样频率越高,C_H值越小,但此时输出衰减速度加快,采样精度下降,因此两者需要综合考虑。通常在一些采样检测的系统中,C_H值一般选择在几百pF到0.01μF之间。

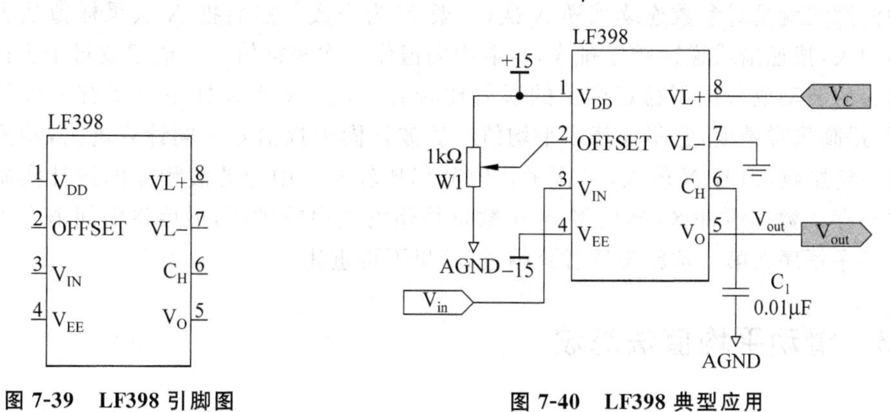

图7-39　LF398引脚图　　　　图7-40　LF398典型应用

7.9　A/D转换中数字滤波程序设计

在A/D转换过程中,由于被测对象工作环境有时比较恶劣,输入信号中常含有各种噪声和干扰,如电场、磁场以及温度湿度等的辐射引起的干扰,影响了系统的稳定性和精度。为了减少对采样值的干扰,提高信噪比,提高系统精度以及系统稳定性和可靠性,在模拟系统中往往采用RC滤波电路。而在微机组成的测控系统中则常采用数字滤波的方法,它与模拟滤波器相比较具有如下优点。

① 用程序实现数字滤波,无需增加任何硬设备,不存在阻抗匹配问题,可实现多通道共享,降低系统成本。

② 可以对频率很低的信号实现滤波,而RC滤波器由于受电容容量的影响,频率不能太低。

③ 可根据需要编制不同的滤波程序,以选择不同的滤波方式,使用灵活方便。由于数字滤波具有上述优点,因而在一些测控系统中得到广泛应用,数字滤波的方法很多,我们仅介绍几种常用的数字滤波方法。

7.9.1　算术平均值法滤波

算术平均值法是按输入N个采样数据$X_i(i=1\sim N)$计算它们的算术平均值作输入

信号 Y，即

$$Y=\frac{1}{N}\sum_{i=1}^{N}X_i$$

在编制程序时，应该合理地选择 N，N 越大对噪声的抑制能力越好，但频率响应速度低。如求模拟量8次采样的算术平均值的方法，能有效地消除输入信号的干扰，提高信噪比，使采样数据更可信，更可靠。对速度要求不高的系统可采用这一方法。

7.9.2 中值法滤波

中值滤波就是对参数连续采样 N 次(一般 N 为奇数)，然后把 N 次采样值从大到小或从小到大，按递增或递减顺序排序，再取中间值作本次采样值。中值滤波对于去掉偶然因素引起的波动或采样不稳定产生的误差比较有效，在 N 次采样中只要有一次是正确的，即可提高采样精度，它不像算术平均值法滤波连同干扰信号一同计算进去，检测结果仍受到一定影响，但若 N 较大，N 次采样时间仍比较长。中值滤波程序的设计实质是将采样数据存入数据缓冲区，然后将 N 个数据按递增或递减排序，最后将中间值存入结果单元。排序程序在第4章已向读者介绍过，这里不再重述。

7.9.3 滑动平均值法滤波

A/D转换器的每一次采样，从启动转换到转换结束，需要一定的转换时间。采用算术平均值法或中值法滤波，每计算一次测量结果，均需从A/D转换器采样 N 次数据，若当 N 较大时，检测速度很慢。对有些系统是无法使用的。为克服这一缺点，可采用滑动平均值法。即在RAM区中设置一个先进先出的循环队列作测量数据缓冲区，其长度固定为 N，每采样一个新数据，就将其存入队尾，而丢掉原来队首的一个数据，而后求出包括新数据在内的 N 个数据的算术平均值。这样每进行一次采样，就可计算出一个新的平均值，从而提高了系统响应速度和测量精度。滑动平均值法滤波程序的关键是每采样一次，移动一次数据块，然后求出数据块的算术平均值。

7.9.4 程序判断法滤波

被检测参数，有时因传感器工作不稳定或由于随机干扰引起严重失真。如大功率用电设备的启停，造成电流或电压尖峰干扰，以及强磁场变化引起的干扰等，可采用程序判断法滤波。方法是根据经验，确定两次采样值所允许的最大偏差 Δx。若先后两次的采样 $X_n-X_{n-1}>\Delta x$，则表明该输入是干扰信号，应该丢掉，用上次采样值作本次采样值；若 $X_n-X_{n-1}\leqslant\Delta x$，则表明本次采样值没有受到干扰，本次采样有效。当采样值 $\Delta x_i<0$ 时，则应求补取其绝对值。

7.9.5 复合法数字滤波

以上介绍的每一种滤波方法均有各自的特点，为了进一步提高系统精度，有时可以把两种或两种以上滤波方法结合起来使用，组成复合数字滤波器，或称为多级数字滤波器。例如，先采用程序判断法采样 A/D 转换器，去掉电网波动和传感器失真，然后用算术平均值法滤波，使检测数据更逼近真实情况。也可以采用中值法滤波，比如连续采样三次，去其中最大值和最小值，取其中间值，有效地去掉干扰信号，再用滑动平均值法滤波，既提高了速度，又提高了系统精度，获得理想的滤波效果。

总之，在实际应用中，可根据系统对速度和精度等技术指标的要求，以及检测系统的工作环境，传感器类型等实际情况，灵活并恰到好处地选择和组合上述几种数字滤波方法，编制出更好的数字滤波程序。

习题与思考

1. 试述 DAC0832 的结构组成？它与 8031 单片机的接口方式有几种？并分别说明几种接口方式控制信号的连接及其作用？

2. 试述 DAC1210 的结构组成？它与 8031 单片机接口时采用哪种数据格式？当向 DAC1210 送数时能否先送低 4 位，后送高 8 位？为什么？

3. 设 DAC0832 在系统中的地址为 EFFFH，并按单缓冲方式与 8031 单片机接口，DAC0832 接成单极性输出。

(1) 试画出 8031 与 DAC0832 硬件接口电路图。

(2) 试编程产生梯形波，幅度变化为 0～2.5V，水平部分采用程序延时。

4. 在图 7-12 中，若 DAC1210 与 8031 单片机接口电路的 P2.7 改为 P2.4，DAC1210 在系统中的地址是多少？试编写锯齿波发生器程序。

5. 设一个 8031 应用系统中有两片 DAC0832 转换器，简述同步输出转换原理。

6. 试述 ADC0808、0809 的结构组成及各部分的作用，并分析图 7-21 ADC0808、0809 时序及有关控制引脚的控制意义。

7. 试述 AD574 的结构组成及各部分的作用，并对照表 7-3 分析 AD574 控制信号真值表中有关引脚信号的控制作用，进一步掌握图 7-26 AD574 的控制时序。

8. 在图 7-28 中，AD574 与 8031 接口电路，若将片选信号 $\overline{CS}$ 改接到 P2.6 上，试写出 AD574 的启动地址，高 8 位读地址和低 4 位读地址。

9. 设系统中 8031 的 P1.0～P1.7 接 DAC0832 的 D0～D7，DAC0832 单极性输出，并接成直通型接口电路；系统中的 ADC0809 的地址为 BFF8H～BFFFH，转换结束信号 EOC 通过反向器接 8031 的 $\overline{INT1}$ 引脚。

(1) 试画出系统硬件接口电路。

(2) 试编程用 A/D 转换器的 ch0 通道诊断 D/A 转换器输出是否正确，若误差大于 10mV，则 F0=1，表示有错，否则 F0=0。

10. 试比较几种数字滤波程序的优缺点。

11. 如果内部 RAM 中存有 8 次 12 位 A/D 采样数据，试编程求 12 位 A/D 8 次采样的算术平均值子程序 FAVG。

功能：求 12 位 A/D 8 次采样的算术平均值。

入口：(R1)=指向第 n 次采样数据的低 4 位地址，(R7)=数据个数 n=8。

出口：(R4R3)＝12 位 A/D 8 次采样算术平均值。

12. 试编程比较 R1 指出的 6 个单元中的三个双字节无符号数的大小，并取其中值存入 R4R3 单元。

13. 试按先进先出的次序，编制一循环队列子程序 FSUF。

入口：(A)＝8 位 A/D 采样数据，(R1)＝指向队尾，(R7)＝固定长度 n。

出口：(R1)＝指向队首。

第8章 单片机C语言程序设计

C语言是目前世界上最流行、使用广泛的高级程序设计语言。在对操作系统和系统使用程序以及需要对硬件进行操作的场合，利用C语言明显优于其他高级语言，许多大型应用软件都是用C语言编写的。C语言绘图能力强，可移植性好，并具备很强的数据处理能力，因此适于编写系统软件，三维、二维图形和动画，它也是数值计算的高级语言。

C51是一种在MCS-51单片机上使用的特定的C语言，能对单片机的硬件资源进行灵活、便捷地操作，具备汇编语言的功能，同时不失高级语言的可读性好、可移植性好等优点，可以方便调用成熟的库函数(或程序模块)等现有资源，因此广泛应用于控制工程、信号处理等众多领域。

8.1 C语言与汇编语言的编程特点

8.1.1 汇编语言的特点

汇编语言具有的优点如4.1.1节所述，但汇编语言在工程实际应用中也存在一些明显不足。

(1) 开发效率低、时间长。

(2) 编写的代码难懂，可读性差，不易维护和升级。

(3) 只能针对特定的处理器和体系结构进行编程。

(4) 调试较困难。

(5) 使用汇编语言需要编程者具备较多的计算机硬件知识。

因此汇编语言适用于对实时性要求较高和对时序要求较严格的场所，如系统引导程序、实时测控程序、中断处理程序等。

8.1.2 C语言的特点

C语言具有如下优点。

(1) C语言具有较好的可读性,方便系统维护和升级。

(2) 不需要较多考虑微处理器具体指令系统和体系结构的细节问题,如存储器分配、存储地址寻址方式等,编程者不需要具备较多的计算机硬件知识。

(3) 编程和调试时间远小于汇编语言,从而可以大大缩短系统的开发周期。

(4) 具有较好的移植性,几乎所有的单片机都支持C语言编程,能实现程序代码资源的灵活共享。

但同时C语言也具有如下不足。

(1) 程序生成的目标代码占用空间大。

(2) 不能够准确计算程序的运行时间。

因此在实际工程应用中,C语言更适合于一些由团队共同开发的复杂和庞大系统,并能不断改进和更新(升级)系统。

8.1.3 C51的特点

C51是一种在单片机上使用的特定C语言,能对单片机的硬件资源进行灵活、便捷地操作,具备C语言的功能,与标准C语言没有什么本质的差别,完全支持标准C语言全部指令,同时C51增添了许多用来优化8051指令结构的指令,对标准C进行了扩展(详细内容见8.3节),在大多数应用环境下,C51程序的执行效率已经非常接近汇编语言程序,因此使用C51进行程序设计已经成为单片机程序设计的主流选择之一。

8.2 C语言简介

本节对C语言做简要介绍,作为了解后续各小节内容的基础框架。

8.2.1 概述

下面,先看一小段简单的C程序。

例8-1

```
main ()                                 /*求两数之和*/
{int a,b,sum;                           /*定义变量*/
      a=123;b=456;
      sum=a+b;
      printf("sum is%d\n",sum);         /*输出结果*/
}
```

其中,main表示主函数,每一个C程序都必须有一个main函数。函数体由大括号{}括起来。本程序的作用是求两个整数a和b之和sum。/*……*/表示注释部分(也可用"//注释语句"的形式代替),便于对程序的理解;第2行定义变量a,b,sum为整型(int)变量;第3行分别对变量a和b进行赋值;第4行对a和b求和,结果赋给sum;第5行将求和结果(sum)输出,"%d"是输入输出的"格式字符串",用来指定输入输出时的数据类型和格式。

接下来的各小节将依次介绍 C 语言的数据类型、基本运算符和表达式、语句等基本知识，以便对 C 语言有一初步了解。

8.2.2　C 语言的数据类型

在 C 语言中，数据类型可分为基本数据类型、构造数据类型、指针类型和空类型 4 大类。

1. 基本数据类型

基本数据类型最主要的特点是其值不可以再分解为其他类型。也就是说，基本数据类型是自我说明的，C 语言中基本数据类型的分类及特点如表 8-1 所示。

表 8-1　C 语言基本数据类型

数据类型	位数	字节数	数值范围
字符型 char	8	1	－128～＋127
无符号字符型 unsigned char	8	1	0～255
短整型 short [int]	16	2	－32 768～＋32 767
无符号短整型 unsigned short	16	2	0～65 535
基本整型 int	16	2	－32 768～＋32 767
无符号基本整型 unsigned [int]	16	2	0～65 535
长整型 long [int]	32	4	－2 147 483 648～＋2 147 483 647
无符号长整型 unsigned long	32	4	0～4 294 967 295
单精度实型 float	32	4	±1.176E－38～±3.40E＋38(6 位数字)
双精度实型 double	64	8	±1.176E－38～±3.40E＋38(10 位数字)

* []中的内容可以省略。

对于基本数据类型量，按其取值是否可改变又分为常量和变量两种。在程序执行过程中，其值不发生改变的量称为常量，其值可变的量称为变量。它们可与数据类型结合起来分类。例如，可分为整型常量、整型变量、浮点常量、浮点变量、字符常量、字符变量等。常量后缀：L 或 l 表示长整型；U 或 u 表示无符号数；F 或 f 表示浮点数。在程序中，常量可以不经说明直接引用，而变量必须先说明后使用。

2. 构造数据类型

构造数据类型是根据已定义的一个或多个数据类型用构造的方法来定义的。也就是说，一个构造类型的值可以分解成若干个“成员”或“元素”。每个“成员”都是一个基本数据类型或又是一个构造类型。在 C 语言中，构造类型有以下几种。

(1) 数组类型，如定义 int array[3]表示由三个 int 型元素构成一个数组 array，数据的引用方式为 array[i] (i = 0, 1, 2)。

(2) 结构类型(struct)，将一组具有不同数据类型的数据用一个整体结构来表示，其形式如下。

```
struct 结构名{
                数据类型    成员名 1;
```

```
        数据类型     成员名 2;
        …
        数据类型     成员名 n;
      } 结构变量名 1,结构变量名 2,…,结构变量名 m;
```

数据的引用方式为结构变量名.成员名。

如：

```
struct student
{int num;
 char name[20];
 char sex;
 int age;
 float score;
}student1,student2;
```

此例定义了两个结构类型变量 student1 和 student2,每个变量包括 num,name,sex,age,score 几个不同类型的数据项。

可以这样访问各成员：

```
student1.num
student2.score
```

(3) 联合类型(union),联合表示几个变量共用一个内存位置,在不同的时间保存不同的数据类型和不同长度的变量,其形式如下。

```
union 联合名{
        数据类型   成员名 1;
        数据类型   成员名 2;
        …
        数据类型   成员名 n;
      } 联合变量名 1,联合变量名 2,…,联合变量名 m;
```

数据的引用方式为联合变量名.成员名。

(4) 枚举类型(enum),如果一个变量只有几种可能的值,可以将其定义为枚举类型。"枚举"是指将变量的值一一列举出来,变量的值只限于列举出来的值的范围。其形式如下。

```
enum 枚举名 {
        标识符 1 [=整型常数],
        标识符 2 [=整型常数],
        …
        标识符 n [=整型常数]
      } 枚举变量名 1,枚举变量名 2,…,枚举变量名 m;
```

如果枚举没有初始化,即省掉"=整型常数"时,则从第一个标识符开始,顺次赋给标识符数值 0,1,2,…,但当枚举中的某个成员赋值后,其后未赋值的成员按依次加 1 的规则确定其值。枚举变量只能取枚举说明结构中的某个标识符常量。

数据的引用方式为枚举变量名＝标识符 n。

3. 指针类型

指针是一种特殊的，同时又是具有重要作用的数据类型。其值用来表示某个量在内存储器中的地址。根据所指的变量类型不同，可以是整型指针（int *）、浮点型指针（float *）、结构指针（struct *）和联合指针（union *）等。

指针变量定义的一般形式为类型标识符 * 标识符。

"标识符"就是指针变量的名字，" * "表示该变量为指针变量。

与其相关的有两个运算符。

① &：取地址运算符。

② *：间接访问运算符。

如 &a 为变量 a 的地址，* p 为指针变量 p 所指向的变量。

又如

```
int * ptr1, m=3; float * ptr2, f=4.5; char * ptr3, ch='a';
ptr1=&m;ptr2=&f; ptr3=ch;
```

上面的语句表示定义了 3 个指针变量 ptr1、ptr2 和 ptr3，分别指向整型变量 m、实型变量 f 和字符型变量 ch。ptr1 ＝ &m 表示将变量 m 的地址赋给 ptr1。

4. 空类型

在调用函数时，通常应向调用者返回一个函数值。这个返回的函数值具有一定的数据类型，应在函数定义及函数说明中给以说明，调用后需要向调用者返回函数值（其类型可以为上述三种类型）。但是，也有一类函数，调用后并不需要向调用者返回函数值，这种函数可以定义为"空类型"，其类型说明符为 void。如 void main( )。

8.2.3 数据类型转换

在程序设计中，整型、单精度型、双精度型等各种数据类型的数据可以混合运算，因此经常遇到数据类型之间的转换，在 C 语言中支持如下两种方式。

1. 自动转换

由系统自动实现转换。

在混合运算时，不同类型的数据要先转换成同一类型，然后进行计算。转换规则：由少字节类型向多字节类型转换，如图 8-1 所示，向左的箭头表示必定的转换，纵向的箭头表示当运算对象为不同类型时转换的方向。

不同类型的量相互赋值时也由系统自动进行转换，把赋值号右边的类型转换为左边的类型。

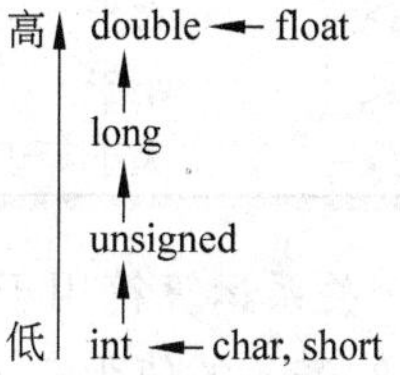

高　double ← float
long
unsigned
低　int ← char, short

图 8-1　数据类型转换规则

2. 强制转换

由强制转换运算符完成转换。

其一般形式为(类型名)(表达式)。

如

```
(double)a          (将 a 强制转换成双精度实型)
```

(int)(x+y)　　　(将x+y的值强制转换成整型)

8.2.4 基本运算符和表达式

1. 运算符

C语言的运算符主要分为以下几类。

1) 算术运算符

基本算术运算符有7种，如表8-2所示。

表8-2 算术运算符表

运算符	作用	运算符	作用	运算符	作用	运算符	作用
+	加	%	取模	*	乘	--	自减
-	减	++	自增	/	除		

+、-、*、/ 运算符几乎可用于所有C语言定义的数据类型，当"/"被用于整数或字符运算时，结果取整。"%"运算符要求%两侧均为整型数据，运算结果为余数，如7%4的值为3。

++、--是两个很有用的运算符，其作用分别使变量的值增1、减1。如：x=x+1，可写成x++(在使用x之后，再使x的值加1)或++x(在使用x之前，先使x的值加1)。又如：x=i++表示将i的值赋给x后，i加1；而x=++i表示i先加1后，再将新值赋给x。再如：若i原值为3，则表达式m=(i++)+(i++)+(i++)的值为9，应理解为先将i的原值取出作为表达式中i的值，因此运算结果m=9，然后i再实现三次自增，i的值变为6；若i原值为3，表达式n=(++i)+(++i)+(++i)的值为18，应理解为先对i的原值进行三次自增(++i)，i变为6，然后进行三个i的相加，因此运算结果n=6+6+6=18。它们只能用于变量，而不能用于常量或表达式，如：5++或--(a+b)都是不合法的。它们的结合方向是"自右至左"，如：-i++ 相当于-(i++)，若i原值为3，则表达式k=-i++ 的值为-3，i值为4。

2) 关系运算符和逻辑运算符

关系运算符和逻辑运算符如表8-3所示。

表8-3 关系运算符和逻辑运算符表

关系运算符	作用	逻辑运算符	作用	关系运算符	作用	逻辑运算符	作用
>	大于	&&	逻辑与	<=	小于等于		
<	小于	||	逻辑或	==	等于		
>=	大于等于	!	逻辑非	!=	不等于		

关系运算符用于比较两个操作数的大小，判断比较的结果是否符合给定的条件。如a>3，若a的值为5，则结果为"真"(即条件满足)；若a的值为2，则结果为"假"(即条件不满足)。逻辑运算符用于逻辑运算，常与关系运算符一起使用，其结果也用"真"、"假"来表示。"真"可以是不为0的任何值，"假"则为0。若表达式为"真"，则返回1；为"假"，则返回0。如：(a>b)&&(x>y)，若a>b为"真"，x>y为"假"，则整个表达式为"假"，返回

值为 0。

3）位运算符

位运算即布尔操作，也就是按二进制的位来操作，其位运算符如表 8-4 所示。

表 8-4　位运算符表

运算符	作用	运算符	作用	运算符	作用	运算符	作用
&	按位与	^	按位异或	～	按位取反	>>	右移
|	按位或	<<	左移				

C 语言支持全部的位运算符。运算符中除“～”以外，均为二元运算符，即要求两侧各有一个运算量。运算量只能是整型或字符型数据，不能为实型数据。&、|、～、^对运算量按位进行相应的运算，<<、>> 用来将一个数的各二进制位的全部左移或右移若干位，移位后空白处补 0，而溢出的位舍弃。

如，若 a=0x54，b=0x3B，则表达式 c = a & b 的值为 0x10，即

```
a:      01010100
b:   &  00111011
     -----------
c=      00010000
```

又如，若 a=0xEA，则表达式 a = a << 2，将 a 值左移两位，其结果为 0xA8，即

```
         舍弃
a:        ↓ 11101010
<<2:     [11]101010[00] ←补 0
结果为:     10101000
```

4）赋值运算符

赋值运算符对变量进行赋值，分为简单赋值运算符（=）、复合算术赋值运算符（+=，-=，*=，/=，%=）和复合位赋值运算符（&=，|=，^=，>>=，<<= ）三类。采用复合赋值运算的目的是为了简化程序，提高 C 程序编译效率。

如，a+=b　　相当于 a=a+b　　a%=b　　相当于 a=a%b

a*=b　　相当于 a=a*b　　a<<=3　　相当于 a=a<<3

又如，PORTA&=0xf7 相当于 PORTA = PORTA & 0xf7，其作用是使用“&”位运算符将 PORTA.3 位置 0。

5）条件运算符

条件运算符是一个三目运算符，用于条件求值。

格式：

```
表达式 1 ? 表达式 2 : 表达式 3
```

执行顺序：先求解表达式 1，若为非 0（真）则求解表达式 2，此时表达式 2 的值作为整个条件表达式的值；若表达式 1 的值为 0（假），则求解表达式 3，表达式 3 的值就作为整个条件表达式的值。

如，

```
max=(a>b)? a : b;    //将 a,b 中较大的值赋给 max
```

6）逗号运算符

逗号运算符用于把多个表达式组合成一个表达式。

格式：

```
表达式1,表达式2,…,表达式n
```

执行顺序：依次求解表达式1,2,…,n,最右边表达式n的值是整个表达式的值。

如：y =(x = x-5,x / 5),若x的初值为50,则y = 9,因为x减5后变为45,45除5为9。

7）指针运算符

“&”运算符用于返回操作数地址；

“*”运算符用于返回地址内变量的值,是对“&”运算符的一个补充。

如，

```
int i, j, *m;
i=10;
m=&i;            //将变量i的地址赋给m
j=*m;            //将指针变量m所指单元的值赋给j
```

8）求字节数运算符

用于计算变量或数据类型所占的字节数。

格式：

```
sizeof(变量或数据类型)
```

如，

```
float f;int i;i=sizeof(f);     //i的值为4
sizeof(double);                //结果为8
```

9）强制类型转换运算符

将变量或表达式转换成所需要的类型。

格式：

```
(类型)(表达式)
```

如，

```
(float)(5%3);      //将5%3的值转换成float型
(int)x             //将x的值转换成整型
```

需要说明的是,在强制类型转换时,得到一个所需类型的中间变量,原来变量的类型未发生变化。

10）特殊运算符

包括小括号( ),下标运算符[ ],分量运算符(包括→和.)等几种运算符。

2. 表达式

C语言的表达式可分为以下几种：算术表达式、赋值表达式、逗号表达式、关系表达式和逻辑表达式。表达式是由运算符连接常量、变量、函数所组成的式子。每个表达式都有一个值和类型。C 语言规定了各种运算符的结合方向,并且运算符具有不同的优先级(见表 8-5)。在表达式中,若有多个运算符参加运算,各运算量参加运算的先后顺序不仅要遵守运算符优先级别的规定,还要受运算符结合性的制约,以便确定是"自左向右"进行运算还是"自右向左"进行运算。

表 8-5 C 语言运算符的优先级和结合性表

运 算 符	优先级	结合方向
( )(小括号)[ ](数组下标).(结构体成员)－＞(指向结构体成员)	最高	自左至右
！(逻辑非)～(按位取反)－(负号)＋＋(自增)－－(自减)(类型)(类型转换)＊(指针)&(变量地址)sizeof(求字节数)	↑	自右至左
＊(乘)/(除)%(取模)	↑	自左至右
＋(加)－(减)	↑	自左至右
＜＜(位左移)＞＞(位右移)	↑	自左至右
＜(小于)＜＝(小于等于)＞(大于)＞＝(大于等于)	↑	自左至右
＝＝(等于)！＝(不等于)	↑	自左至右
&(按位与)	↑	自左至右
^(按位异或)	↑	自左至右
|(按位或)	↑	自左至右
&&(逻辑与)	↑	自左至右
||(逻辑或)	↑	自左至右
?:(条件运算符)	↑	自右至左
＝,＋＝,－＝,＊＝,/＝,%＝,&＝,|＝,^＝,＞＞＝,＜＜＝(赋值)	↑	自右至左
,(逗号运算符)	最低	自左至右

8.2.5 C 程序的语句

C 程序的执行部分是由语句组成的,程序的功能也是由执行语句实现的。C 语句可分为以下 7 类。

1. 表达式语句

表达式语句由表达式加上分号";"组成,用来描述算术运算、逻辑运算或产生某种特定的动作。执行表达式语句就是计算表达式的值。

其一般形式为

```
表达式;
```

如:

```
x=y+z;          // 赋值表达式语句
y+z;            // 加法运算语句,但计算结果不能保留,无实际意义
i++;            // 自增 1 语句,i 的值增 1
```

2. 函数调用语句

由函数名、实际参数加上分号";"组成。

其一般形式为

```
函数名(实参表列);
```

其中,实参与形参按顺序对应,一一传递参数;若调用无参函数,则实参表列可以没有,但括号不能省略。执行函数语句就是调用函数体并把实际参数赋予函数定义中的形式参数,然后执行被调函数体中的语句,求取函数值。按函数在程序中出现的位置,可分为三种函数调用方式。

(1) 函数语句,把函数调用作为一个语句。

如,

```
printstar();    //调用printstar()函数
```

这时,不要求函数返回值,只要求函数完成一定的操作。

(2) 函数表达式,函数出现在一个表达式中,这种表达式称为函数表达式。这时要求函数返回一个确定的值以参加表达式的运算。

如,

```
c=2*max(a,b);
```

函数 max(a,b)是表达式的一部分,它的值乘以 2 再赋给 c。

(3) 函数参数,函数调用作为一个函数的实参。

如,

```
m=max(a,max(b,c));
```

其中,max(b,c)是一次函数调用,它的值作为 max 另一次调用的实参。m 的值是 a,b,c 三者中最大的。

3. 赋值语句

赋值语句是由赋值表达式加上一个分号构成的表达式语句。

其一般形式为

```
变量=表达式;
```

如,

```
a=3;
```

赋值语句的功能和特点都与赋值表达式相同,它是程序中使用最多的语句之一。

4. 数据输入输出语句

C语言中没有提供专门的输入输出语句,所有的输入输出都是通过调用标准 I/O 库函数中的输入输出函数来实现的。在调用之前,要用预编译命令"#include"将"stdio. h"文件包括到用户源文件中(printf 和 scanf 函数除外)。

(1) 输出函数。

如,

putchar 函数是字符输出函数,向终端输出一个字符。

printf 函数是格式输出函数,可按指定的格式输出任意类型的数据。

(2) 输入函数。

如，

getchar 函数是字符输入函数，从终端(或系统隐含指定的输入设备)接收一个字符。

scanf 函数是格式输入函数，可按指定的格式输入任意类型数据。

5. 控制语句

控制语句用于控制程序的流程，以实现程序的各种结构方式。它们由特定的语句定义符组成。C 语言有九种控制语句。可分成以下三类。

条件判断语句：if 语句，switch 语句。

循环执行语句：while 语句，do…while 语句，for 语句。

转向语句：break 语句，continue 语句，goto 语句，return 语句。

1) 条件判断语句

(1) if 语句。

if 语句是用来判定所给条件是否满足，根据判定的结果(真或假)决定执行给出的两种操作之一。if 语句有以下三种形式。

- if(表达式) 语句

如，

```
if(x>y) printf("%d",x);
```

- if(表达式) 语句 1 else 语句 2

如，

```
if(x>y) printf("%d",x);
else printf("%d",y);
```

- if(表达式 1) 语句 1

```
else   if(表达式 2)语句 2
       …          …
else   if (表达式 n) 语句 n
else   语句 n+1
```

说明如下。

- 表达式一般为逻辑表达式或关系表达式，值为 0 按“假”处理，为非 0 按“真”处理。
- 在 if 和 else 后面可以只含一个内嵌的操作语句，也可以有多个操作语句，此时用花括号括起来而成为一个复合语句。

(2) switch 语句。

switch 语句是多分支选择语句。

其一般形式为

```
switch(表达式)
{ case 常量表达式 1: 语句 1
  case 常量表达式 2: 语句 2
        …
  case 常量表达式 n: 语句 n
  default : 语句 n+1
}
```

说明：

① switch后面括号内的“表达式”，可以是整型表达式或字符型表达式，也可以是枚举型数据。

② 当表达式的值与某一个case后面的常量表达式的值相等时，就执行此case后面的语句，若所有的case中的常量表达式的值都没有与表达式的值匹配的，就执行default后面的语句。

③ 每一个case后的常量表达式的值必须互不相同，否则就会出现互相矛盾的现象。

④ 各个case的出现次序不影响执行结果。

⑤ 执行完一个case后面的语句后，流程控制转移到下一个case继续执行。在执行switch语句时，根据switch后面表达式的值找到匹配的入口标号，就从此标号开始执行下去，不再进行判断。如果只想执行一个分支，可在每个分支后加入break语句跳出switch结构。

⑥ 多个case可以共用一组执行语句。

(2) 循环执行语句。

(1) while语句。

while语句用来实现“当型”循环结构。

其一般形式为

```
while(表达式) 语句
```

当表达式为非0时，执行while语句的内嵌语句；直到表达式为0才结束循环，并继续执行循环体外的后续语句。其特点是先判断表达式，后执行语句。

如求1到100的自然数之和。用while语句编程如下。

```
main ( )
{     int i,sum=0;
      i=1;
      while (i<=100)
        { sum=sum+i;
          i++;
        }
      printf("%d",sum);
}
```

(2) do…while语句。

do…while语句用来实现“直到型”结构。

其一般形式为

```
do
语句
while(表达式);
```

先执行一次指定的内嵌语句，然后判断表达式，当表达式的值为非0时，返回重新执行该语句，如此反复，直到表达式的值等于0为止，此时循环结束。其特点是先执行语句，后判断表达式。

如求1到100的自然数之和。用do…while语句编程如下。

```
main( )
{ int i,sum=0;
  i=1;
  do
  { sum=sum+i;
    i++;}
  while(i<=100);
  printf("%d",sum);
}
```

一般情况下,用while语句和用do…while语句处理同一问题时,若二者的循环部分是一样的,它们的结果也是一样的。但是如果while后面的表达式一开始就为假(0值)时,两种结果是不同的。

(3) for语句。

for语句使用最为灵活,不仅可以用于循环次数已经确定的情况,而且可以用于循环次数不确定而只给出循环结束条件的情况,它完全可以代替while语句。

其一般形式为

```
for(表达式1;表达式2;表达式3) 语句
```

执行过程:首先求解表达式1;然后求解表达式2,若其值为"真"(非0),则执行for语句中指定的内嵌语句,执行完后,求解表达式3,再返回求解表达式2,若其值为"真",则执行循环体,如此反复;直到求解表达式2的值为"假"(0),结束循环。

最易理解的形式可表示为:for(循环变量赋初值;循环条件;循环变量增值)循环体。

如求1到100的自然数之和。用for语句编程如下。

```
main ( )
{    int i,sum=0;
     for(i=1;i<=100;i++) sum=sum+i;
     printf("%d",sum);
}
```

说明如下。

- for语句中表达式1、表达式2、表达式3可省略,但分号不可省略。
- 表达式1可以是设置循环变量初值的赋值表达式,也可以是与循环变量无关的其他表达式。
- 表达式2一般是关系表达式(如 $i < 100$)或逻辑表达式(如 $a < b$ && $x < y$),但也可以是数值表达式或字符表达式,只要其值为非零,就执行循环体。

3) 转向语句

(1) break语句。

break语句用来从循环体内跳出循环体,即提前结束循环,接着执行循环体下面的语句。

其一般形式为

```
break;
```

只能用于循环语句(while、do…while、for 语句)和 switch 语句中。

(2) continue 语句。

continue 语句的作用是结束本次循环,即跳过循环体中尚未执行的语句,接着进行下一次是否执行循环的判定。

其一般形式为

```
continue;
```

注意 break 语句和 continue 语句的区别是 break 语句是结束整个循环过程,而 continue 语句只是结束本次循环。

(3) goto 语句。

goto 语句是无条件转向语句。

一般形式为

```
goto 语句标号;
```

语句标号用符号表示,它的命名规则与变量名的命名规则相同,即由字母、数字和下划线组成,其第一个字符必须为字母或下划线。语句标号加上一个"："一起出现在同一个函数内某处(与 goto 语句可以不在一个循环层中),执行 goto 语句后,程序将跳转到该标号处并执行其后的语句。

(4) return 语句。

return 语句用于从被调用函数向调用者返回值,return 之后可以跟任意表达式。

一般形式为

```
return (表达式);
```

在必要时要把表达式转换成函数的返回类型(结果类型)。表达式往往用圆括号括起来,也可以省略。一个函数中可以有多个 return 语句,执行到哪一个 return 语句,哪一个语句起作用。如果函数不需要从被调用函数带回函数值,可以不要 return 语句,被调用函数执行到最后一条语句,自动返回调用函数,并返回给调用函数一个 0。

6. 复合语句

把多个语句(包括不同类型的语句)用花括号{ }括起来组成的一个语句称复合语句。在程序中应把复合语句看成是单条语句,而不是多条语句,如

```
int x, y, t;
if (x>y)
{                   /* 复合语句开始 */
    t=x;
    x=y;
    y=t;
}                   /* 复合语句结束 */
printf("%d, %d", x, y);
```

复合语句内的各条语句都必须以分号";"结尾,在大括号"}"外不能加分号。

7. 空语句

只有一个分号";"组成的语句称为空语句。空语句什么功能也不做,有时用来当作被转向点或循环语句中的循环体。

8.3 C51对标准C语言的扩展

C51对标准C的扩展直接针对51系列单片机,更注重对系统资源的合理利用,在如下几个方面对标准C语言进行了扩展。

8.3.1 数据类型

C51定义了标准C语言的所有数据类型(见表8-1),同时为了更加有效地利用51系列单片机的硬件资源,对标准C语言进行了扩展,增加了如下几个特殊的数据类型。

1. bit型变量

bit型变量可以用于定义一个位变量,但不能定义位指针,也不能定义位数组。它的值是一个二进制位(即0或1),类似一些高级语言中的Boolean类型中的True和False。

2. sfr特殊功能寄存器

sfr特殊功能寄存器,占用一个字节内存单元,值域为0～255,利用它可以访问51系列单片机内部的所有特殊功能寄存器。如用sfr P1 = 0x90这一句定义变量P1为P1端口在片内的寄存器,在后面的语句中可以用P1 = 255(对P1端口的所有引脚置高电平)之类的语句来对特殊功能寄存器进行操作。

3. sfr16特殊功能寄存器

sfr16特殊功能寄存器占用两个内存单元,值域为0～65 535。sfr16和sfr一样用于操作特殊功能寄存器,所不同的是它用于操作占两个字节的寄存器,如定时器T0和T1。

4. sbit型变量

sbit型变量可以访问和操作芯片内部RAM中的可寻址位或特殊功能寄存器中的可寻址位。如已做如下定义sfr P1 = 0x90,因为P1端口的寄存器是可位寻址的,所以我们可以进一步定义sbit P1_1 = P1^1(其中P1_1是P1.1位对应的变量名,"^"后面的数字表明要定义P1口的第几位),就可以通过P1_1实现对P1.1引脚的操作。

为了使用方便,将C51的基本数据类型列于表8-6中。

表8-6 C51基本数据类型

数据类型	位数	字节数	数值范围
char	8	1	－128～＋127
unsigned char	8	1	0～255
short	16	2	－32 768～＋32 767
unsigned short	16	2	0～65 535
int	16	2	－32 768～＋32 767
unsigned int	16	2	0～65 535

续表

数据类型	位数	字节数	数值范围
long	32	4	−2 147 483 648～+2 147 483 647
unsigned long	32	4	0～4 294 967 295
float	32	4	±1.176E−38～±3.40E+38(6位数字)
double	64	8	±1.176E−38～±3.40E+38(10位数字)
bit	1		0或1
sfr	8	1	0～255
sfr16	16	2	0～65 535
sbit	1		0或1

8.3.2 变量存储类型

8051存储区可分为内部数据存储区、外部数据存储区以及程序存储区,各自的寻址方式不同。

C51将内部数据存储区分为三种不同的存储类型,分别用data,idata和bdata来表示。51系列及其派生系列最多可有256B的内部存储区,其中低128B可直接或间接寻址,高128B(从0x80到0xFF)只能间接寻址,从20H～2FH的128b可位寻址;C51能对其进行读/写操作。对存放在低128B直接寻址的变量用data说明;对存放在整个内部数据存储区(256B)间接寻址的变量用idata说明;对存放在20H～2FH的位寻址的变量用bdata说明。

C51将外部数据存储区分为两种不同的存储类型,分别用xdata和pdata来表示。外部数据存储区最多可有64KB,C51可对其进行读/写操作。xdata可以指定外部数据存储区64KB内的任意地址,而pdata仅指示1页(或256B)的外部数据存储区。访问外部数据存储区比访问内部数据存储区慢,因为外部数据存储区是通过数据指针加载地址来间接访问的。

C51用code来表示程序存储区类型,程序存储区是只读不写的。值得注意的是:程序存储区可能在8051CPU内或者在外部或者内外都有,具体要看设计时选择的CPU的型号来决定程序存储区在CPU内、外的分布情况,以及根据程序容量决定是否需要程序存储器的扩展。

C51数据存储类型与8051系列单片机实际存储空间的对应关系如表8-7所示。

表8-7 变量存储类型

存储类型	与存储空间的对应关系
data	直接寻址片内数据存储区,访问速度快(128B)
bdata	可位寻址片内数据存储区,允许位与字节混合访问(16B)
idata	间接寻址片内数据存储区,可访问片内全部RAM地址空间(256B)
pdata	分页寻址片外数据存储区(256B),通过P0口的地址对其寻址(在汇编语言中由MOVX @Rn访问)
xdata	片外数据存储区(64KB)(在汇编语言中由MOVX @DPTR访问)
code	程序代码存储区(64KB)(在汇编语言中由MOVC @DPTR访问)

下面用实例来说明如何定义各种存储类型变量。

① char data var1;表示字符变量var1被定义在8051单片机片内数据存储区中(地址为00H～0FFH)。

② bit bdata var2;表示位变量var2被定义在8051单片机片内数据存储区的位寻址区中(地址为20H～2FH)。

③ float idata var3,var4;表示浮点变量var3,var4被定义在8051单片机片内数据存储区中,并且只能用间接寻址方式访问。

④ int pdata var5;表示整型变量var5被定义在片外数据存储区中,它的高字节地址保存在P2口中。

⑤ unsigned int xdata var5;表示无符号整型变量var5被定义在片外数据存储区中。

8.3.3　存储器模式

C51提供了三种存储器模式:small、compact和large模式,用来决定变量的默认存储类型、参数传递区和无明确存储类型说明变量的存储类型。

在small模式下,所有的默认变量都位于内部RAM中(这和使用data定义存储类型方式的结果一样)。如果有函数被声明为再入函数,编译器会在内部RAM中为它们分配空间。这种模式的优势为数据的存取速度很快,因此在程序设计中应该尽量使用small模式。不足之处:只能使用120B的存储空间(总共有128B,但至少有8B被寄存器组使用)。一般来说如果系统所需要的内存数小于内部RAM数时,都应以small模式进行编译。

compact模式下,所有的默认变量都位于外部RAM区的一页内(这和使用pdata定义存储类型方式的结果一样)。该存储器类型适用于变量不超过256B的情况,这是由寻址方式所决定的。和small模式相比,效率较低,对变量的访问速度相对慢一些,但比large模式快。对数据的寻址是通过R0和R1(这两个寄存器用来存放地址的低位字节)进行间接寻址,如果要使用多于256B的变量,高位字节(指出具体哪一页)可用P2口指定。

在large模式中,所有默认变量可放在多达64KB的外部RAM中(这和使用xdata定义存储类型方式的结果一样),均使用数据指针DPTR进行寻址。其优点是空间大,可存变量多;缺点是速度较慢,尤其对于两个以上的多字节变量的访问速度来说更是如此。

8.3.4　特殊功能寄存器

51系列单片机片内高128B为特殊功能寄存器(SFR)区,地址为0x80～0x0FF。SFR在程序中被用来控制定时器、计数器、串口、输入输出端口以及各种外设。只能用直接寻址方式对其按照比特、字节或字的方式进行访问。

C51特殊功能寄存器的使用可以通过对特殊功能寄存器进行说明来实现。C51提供了一个自主形式的定义方法,可用以下几种关键字来说明。

1. sfr:说明字节寻址的特殊功能寄存器。

一般格式:

```
sfr 特殊功能寄存器名=特殊功能寄存器地址常数;
```

如

```
sfr P0=0x80;        //P0 端口,地址为 0x80
sfr SCON=0x98;      //串口控制寄存器,地址为 0x98
```

注意：sfr后面必须跟一个特殊寄存器名，"="后面的地址必须是常数，不允许是带有运算符的表达式，这个常数值的范围必须在特殊功能寄存器地址范围内（0x80～0xFF）。

2. sfr16：说明16位的特殊功能寄存器

许多新的51系列单片机中，有时会使用两个连续的特殊功能寄存器来指定一个16位值。为了有效地访问这类SFR，可使用关键字"sfr16"。16位SFR定义的格式与8位SFR相同，但其低端地址必须作为"sfr16" 的定义地址。

如，

```
sfr16 T2=0xCC;// 8052 中定时器 2: T2 低 8 位地址=0xCC,高 8 位地址=0xCD
```

3. sbit：说明可位寻址的特殊功能寄存器和别的可位寻址的目标

与SFR定义一样，关键字"sbit"用于定义某些特殊位，"="后将绝对地址赋给变量名。这种地址的分配有三种方法。

(1) 在已定义好的bdata或者SFR变量名的基础上进行定义，用于SFR的地址为字节的情况下。

形式为

```
sfr_name ^ int_constant
```

其中，sfr_name是已经定义的SFR变量名（相当于基地址），int_constant是基地址上特殊位的位置（值为0 ～ 7）。

如，

```
sfr PSW=0xD0;          //定义 PSW 为特殊功能寄存器,地址为 0xD0
sbit OV=PSW^2;         //定义 OV 位为 PSW.2,地址为 0xD2
sbit CY= PSW^7;        //定义 CY 位为 PSW.7,地址为 0xD7
```

(2) 在直接指出的特殊寄存器地址的基础上进行定义，此方法以一个整常数作为基地址。

形式为

```
add_constant^int_constant
```

其中add_constant为基地址，该值必须在0x80～0xFF之间，int_ constant是基地址上的特殊位的位置（值为0 ～ 7）。

如，

```
sbit EA=0xA8^7;         //定义中断允许位,为 0xA8 的第 7 位
sbit OV=0xD0^2;         //定义溢出位变量 OV,为 0xD0 的第 2 位
```

(3) 直接使用位的绝对地址进行定义。

形式为

```
add_constant
```

其中 add_constant 为被定义位的绝对地址,该值必须在 0x80～0xFF 之间。

如,

```
sbit OV=0xD2;        //定义溢出位,其地址为 0xD2
sbit CY=0xD7;        //定义进位位,其地址为 0xD7
```

51 系列单片机 SFR 的数量与类型都不相同,因此建议将所有定义的 SFR 放在一个头文件中。该文件应包括 51 系列单片机成员中 SFR 的定义。编程者可自己编写,也可使用标准库提供的头文件 reg51.h(见附录 A)。

8.3.5 指针

C51 支持两种指针:通用指针和存储器指针。

1. 通用指针

通用指针用三个字节进行存储:第一字节为存储器类型(其编码见表 8-8),第二字节为 16 位偏移地址的高字节,第三字节为 16 位偏移地址的低字节。它的声明和使用与标准 C 语言相同。

表 8-8 存储器类型编码

存储器类型	idata/data/bdata	xdata	pdata	code
值	0x00	0x01	0xFE	0xFF

如,

```
char * string;       //定义了一个指向 char 型数据的指针,而指针 string 本身
                     //则根据不同的存储器模式存放在相应的区域
int * number;        //定义了一个指向 int 型整数的指针,而指针 number 本身
                     //则根据不同的存储器模式存放在相应的区域
```

此外,C51 也可以使用前面介绍的关键字(见表 8-7)对指针的存储位置进行声明。

如,

```
char * xdata ptr;        //定义了一个指向 char 数据的指针,而指针 ptr 本身存
                         //放在外部数据存储区
long * idata varptr;     //定义了一个指向 long 型整数的指针,而指针 varptr
                         //本身存放在内部数据存储区,用间接方式寻址
```

2. 存储器指针

C51 允许编程者规定指针指向的存储区域,因此这种指针又称为存储器指针,包含了对数据类型和数据空间的说明。

如,

```
char data * str;        //定义指向 data 区中 char 型变量的指针
int xdata * number;     //定义指向 xdata 外部数据存储区中 int 型整数的指针
```

同时与通用指针一样,也可以使用前面介绍的关键字(见表 8-7)对存储器指针的存储位置进行声明。

如,

```
char data * xdata ptr;      //存放在 xdata 区的指针,指向 data 区中的字符型数据
int xdata * xdata varptr;   //存放在 xdata 区的指针,指向 xdata 区中的 int 型整数
```

3. 指针转换

C51 编译器可以在存储器指针和通用指针之间转换,应注意以下几个问题。

(1) 当存储器指针作为一个实参传递给使用通用指针的函数时,指针自动转换。

(2) 一个存储器指针作为一个函数的参数,如果没有说明函数原形,存储器指针经常被转换为通用指针。如果调用希望一个短指针作为参数,可能会发生错误。为了避免这种错误,可使用预编译命令:#include 文件和所有外部函数的原形。这样可以确保编译器进行必须的类型转换并检测出类型转换错误。

(3) 可以强行改变指针类型。

8.3.6 绝对地址的访问

C51 提供了如下三种访问绝对地址的方法。

1. 绝对宏

在 C51 自带的 ABSACC.H 头文件(见附录 B)中已经给出了指向不同存储区首地址的指针(包括字类型和字节类型)的宏定义。在程序中只要加入语句"#include <absacc.h>",就可以直接使用已定义的关键字进行程序设计,访问存储器的相应单元。

如,

```
rval=CBYTE[0x0006];     //读程序存储区地址 0006H 的字节内容
rval=XWORD [0x0002];    //读外部数据存储区地址 0004H(2×sizeof(unsigned
                        //int)=4)的字内容
DBYTE[0x0002]=5;        //向内部数据区 0002H 写入字节内容 5
PWORD[0x0002]=57;       //向 pdata 存储区地址 0004H(2×sizeof(unsigned
                        //int)=4)写入字内容为 57
```

2. _at_关键字

_at_关键字可以把变量定位在 51 单片机某个固定的地址空间上。用法:直接在数据定义后加上_at_ const 即可,其中 const 是常量(指明定位变量的地址)。

注意:(1)绝对变量不能被初始化。

(2) bit 型函数及变量不能用_at_指定。

如,

```
char xdata text[256] _at_0xE000;     //指定数组 text 开始于 xdata 的 0E000H
```

提示，如果外部绝对变量是 I/O 端口等可自行变化数据，需要使用 volatile 关键字进行描述，请参考 absacc. h。

3. 连接定位控制

此方法是利用连接控制指令 code、xdata、pdata、data 和 bdata 对“段”地址进行指定，如要指定某具体变量地址，则很有局限性，在此不作详细讨论。

8.3.7 函数的使用

C51 中函数的定义方式与标准 C 语言是相同的，由于 C51 在标准 C 语言的基础扩展了若干专用的关键字，因此可以将其应用于函数的定义中。

C51 的函数定义格式如下。

```
[return_type] funcname ([args]) [{small/compact/large}] [reentrant]
[interrupt n] [using n]
```

其中，return_type：函数返回值类型，默认为 int。

funcname：函数名。

args：函数参数列表。

{small/compact/large}：函数模式选择(任选其中一种)。

reentrant：表示函数是可递归的或可重入的。

interrupt：中断函数(n 为中断源编号)。

using：指定函数所用的寄存器组(n 为 0～3 的整数)。

1. 中断函数

单片机的中断系统十分重要，C51 中断函数可以来声明中断和编写中断服务程序，中断过程通过使用 interrupt 关键字和中断源编号(0 ～ 31)来实现，其中基本中断号为 0 ～ 4。

函数格式为：

```
return_type funcname interrupt n using n
```

其中，interrupt n 中的 n 为中断源编号，中断源编号告诉编译器中断程序的入口地址，两者之间一一对应，基本中断号的对应关系如表 8-9 所示。

表 8-9 基本中断源编号与入口地址对应关系

中断源编号	中断源描述	入口地址	中断源编号	中断源描述	入口地址
0	外部中断 0	0003H	3	定时器/计数器 1 溢出	001BH
1	定时器/计数器 0 溢出	000BH	4	串行口中断	0023H
2	外部中断 1	0013H			

using n 中的 n 对应四组通用寄存器中的一组，函数入口时将其所在的寄存器组保存，函数返回时再恢复寄存器组。C51 中可使用 using 指定寄存器组，n 的取值为 0 ～ 3 的常整数，分别表示 51 单片机内的 4 个寄存器组。此关键字一般在不同优先级别的中断函数中很有用，这样可以不用在每次中断的时候都对所有寄存器进行保存。

在使用中断函数时，编译器会进行以下操作。

(1) 在函数被激活的时候，如果有需要，将会把ACC、B、DPH、DPL以及PSW中的内容压入堆栈中进行保存；

(2) 所有正在使用的寄存器都会被压入堆栈中进行保存，除非使用了using关键字；

(3) 在函数退出时，所有使用的寄存器，以及特殊寄存器，都会出栈，以恢复函数执行前的状态；

(4) 函数结束时会调用51的RETI指令。

2. 重入函数

C51为了节省内部数据空间，提供了一种压缩堆栈，即为每个函数设定一个空间用于存放局部变量。函数中的每个变量都放在这个空间的固定位置，当此函数被递归调用时，会导致变量被覆盖。

在某些应用中一般函数是不可取的，因此C51允许将函数定义成重入函数。重入函数，又叫再入函数，是一种可以在函数体内间接调用其自身的一种函数。编译器采用模拟堆栈的方法，即在每次函数调用时，局部变量都会被单独保存，因此重入函数可被递归调用和多重调用，而不必担心变量被覆盖。

函数格式为：

```
funcname (args) reentrant
```

如，

```
int calc (int i,int b ) reentrant
    { int x;
    x=table[i];
    return( x*b);
    }
```

注意：

(1) 重入函数不能传递bit类型参数。

(2) 重入函数不能被alien关键字定义的函数所调用。

(3) 在编译时：重入函数建立的是模拟堆栈区，small模式下模拟堆栈区位于idata区，compact模式下模拟堆栈区位于pdata区，large模式下模拟堆栈区位于xdata区。

(4) 在同一程序中可以定义和使用不同存储器模式的重入函数，任意模式的重入函数不能调用不同存储器模式的重入函数，但可以调用普通函数。

(5) 实际参数可以传递给间接调用的重入函数，无重入属性的间接调用函数不能包含调用参数。

8.4 C51典型程序设计举例

在工程实际应用中，C51的程序设计粗略地可分为两大类：其一为数据分析和处理，其二为对硬件(接口)的操控，下面列举几个典型的例子来阐释如何设计C51程序。

8.4.1 数据分析和处理

例 8-2 找出内存单元 0004H 和 0028H 中存放的整型数的最大值。

```
#include<reg51.h>            //定义特殊寄存器的头文件
#include<absacc.h>
int max(int x, int y);       //子函数说明
void main(void)
{  int data a, b, c;
   a=DWORD[0x02];
   b=DWORD[0x14];
   c=max(a, b);              //调用比较大小子函数
   while(1);
}

int max(int x, int y)        //比较大小子函数
{
   int data z;
   if(x>y) z=x;
   else z=y;
   return (z);
}
```

本例中包含一个主函数 main( )函数和一个子函数 max(int x,int y),子函数用来比较大小并返回值较大的数。程序的开始用了预处理命令 #include,它告诉 C51 编译器在编译时将头文件 reg51. h 和 absacc. h 读入后一起编译。在头文件 reg51. h 中包括了对 8051 单片机特殊功能寄存器的说明,在 absacc. h 中定义的宏可以用来访问绝对地址。在函数中用到的变量或子函数必须“先说明,后使用”。由于没有操作系统来接受 main( )函数的返回值,所以对一个嵌入式系统来说,main 函数永远不会被退出,它必须有一个循环来保证程序不会被终止,在本书中,用 while(1)函数来保证程序的运行。

此外,程序中对数据的处理和标准 C 语言相同。

注意:当使用 absacc. h 中的关键字 DWORD 对内存单元进行访问时,相应内存单元的地址是由[ ]中的值乘以 2 得到。

例 8-3 以升序对内部数据存储器中任意大小的数组进行排序。

```
#include<reg51.h>
#define NUM 10                        //宏定义待排序数组的大小,在这里设计为 10
void sort(int * v, int n);
bit exchange;                         //交换标志
void main(void)
{
    int data array[NUM];
    int data i;
```

```
for(i=0; i<NUM; i++ )                          // 为了调试,我们对数组赋值
array[i]=30-2 * i;
    sort(array, NUM);                          //调用排序子函数对数组以升序进行排序
    while(1);
}

//升序排列子函数(冒泡法)
void sort(int * v, int n)
{
int data L, k;
void swap(int data * x, int data * y);         // 交换位置子函数说明

  for(k=n-1; k>=0; k-- )
    {
        exchange=0;                            //本趟排序前交换标志应为假

        for(L=0; L<k; L++)
        {
            if(v[L]>v[L+1]) swap(&v[L], &v[L+1]);
        }

        if(! exchange)
        return;                                //本趟排序未发生交换,提前终止算法

  }
}

// 交换位置子函数
void swap(int data * x, int data * y)
{
int data temp;
    temp= * x;
    * x= * y;
    * y=temp;

    exchange=1;                                //发生交换,将交换标志置为真
}
```

冒泡法是一种典型的排序方法。这种方法的基本思想是两两比较待排序的元素,发现两个元素次序相反时即进行交换,直到没有反序的元素为止。

排序方法是将被排序数组 array[0…n-1]中每个记录看做是重量为 array[i]的气泡。根据轻气泡不能在重气泡之下的原则,从上往下扫描数组 array,凡扫描到违反原则的轻气泡,就使其向上"漂浮"。如此反复进行,直到最后任何两个气泡都是轻者在上,重者在下为止。

(1) 初始 array[0…n-1]为无序区。

(2) 第一趟扫描。

从无序区顶部向下依次比较相邻两个气泡的重量，即依次比较(array[0],array[1]),(array [1],array [2]),…,(array [n－2],array [n－1])；对于每对气泡，若发现array[i]>array[i+1]，则交换两者的位置。

第一趟扫描完毕时，“最重”的气泡就沉到该区间的底部，轻气泡就上浮。

(3) 第二趟扫描。

扫描 array[0…n－2]。扫描完毕时，“次重”的气泡沉到 array[n－2]的位置上……

最后，经过 n－1 趟扫描可得到有序区 array[0…n－1]。

注意：若在某一趟排序中未发现气泡位置的交换，则说明待排序的无序区中所有气泡均满足轻者在上，重者在下的原则，因此，冒泡排序过程可在此趟排序后终止。为此，在程序中引入一个位变量 exchange，在每趟排序开始前，先将其置为 0(假)。若排序过程中发生了交换，则将其置为 1(真)。各趟排序结束时检查 exchange，若未曾发生过交换则终止算法，不再进行下一趟排序。这样可以提高程序的运行效率。

例 8-4 线性插值(离散时间序列插值)。

已知函数 $y=f(x)=\frac{1}{1+x^2}$ 在区间[0,5]上取等距插值节点(如表 8-10 所示)，利用区间上分段线性插值函数 $I_n(x)=-y_k\times(x-k-1)+y_{k+1}\times(x-k)$ 编程求出 $f(4.5)$ 的近似值。

表 8-10 离散序列对应值

x_i	0	1	2	3	4	5
y_i	1	0.5	0.2	0.1	0.058 82	0.038 46

```
#include<reg51.h>
#include<stdio.h>
#define NUM 6                                  // 宏定义离散时间数据序列的长度,在这里设为 6
#define PRETIME 4.5                            //宏定义待插值(查询)时刻
float lineInsert(float * v, float x);          //线性插值子函数说明
void main(void)
{   float data array[NUM];                     //定义数组,用于存储离散时间数据
    int i;
    float data output;

    for(i=0; i<6; i++ )                        //插值离散数据
    array[i]=1.0/(1+i * i);

    output=lineInsert(array, PRETIME);
    while(1);
}

//线性插值子函数
float lineInsert(float * v, float x)
{   int data k;
```

```
    float data y;
    k=(int) x;
    y=-v[k] * (x-k-1)+v[k+1] * (x-k);
    return y;
}
```

"线性插值"问题可简单描述如下。

给定区间[a,b]，将其分割成 $a=x_0<x_1<\cdots<x_n=b$，已知函数 $y=f(x)$ 在这些插值节点的函数值为 $y_k=f(x_k)(k=0,1,\cdots,n)$，求一个分段函数 $I_n(x)$，使其满足：

① $I_n(x_k)=y_k(k=0,1,\cdots,n)$。

② 在每个区间$[x_k,x_{k+1}]$上，$I_n(x)$是个一次函数。可知，$I_n(x)$是个折线函数，在每个区间$[x_k,x_{k+1}](k=0,1,\cdots,n)$ 上，$I_n(x)=\frac{x-x_{k+1}}{x_k-x_{k+1}}y_k+\frac{x-x_k}{x_{k+1}-x_k}y_{k+1}$。

于是，$I_n(x)$在[a,b]上是连续的，但其一阶导数不连续。因此可以通过 $I_n(x)$来获取任意点 $x\in[x_k,x_{k+1}]$的近似函数值。

在实际工程计算中，常常只能获取系统的部分信息，利用"插值"构建全部信息是一个很重要的问题，上面介绍的线性插值是其中最简单的一种方法。

本程序可以计算任意一点的分段函数值，只要设置 PRETIME 即可，子函数 lineInsert(float * v, float x)用于计算任意一点的函数值。此例设置 PRETIME = 4.5，即在 4～5 之间插值，程序运行结果为 0.048 642 53。

8.4.2 硬件(接口)的操控

例 8-5 通过串口进行 I/O 操控，要求从键盘接收一字符串，并将接收到的字符串通过串口进行输出。

```
#include<reg51.h>
#include<stdio.h>
void main(void)
{
    unsigned char idata string[80];
    SCON=0x50;                    //设置串口工作方式 1,通过串口输出显示
    TMOD=0x20;                    //定时器 1 用于串行通信波特率发生器,工作在方式 2
    TH1=0xF3;
    TL1=0xF3;
    TR1=1;                        //启动定时器 1
    TI=1;                         //发送第一个字符

    printf("please input strings:\n");
    gets(string, 80);             //从键盘输入字符串,字符个数<=80
    printf("%s\n", string);       //将字符串输出到屏幕
    while(1);
}
```

C51 程序可直接使用标准 C 语言中的库函数实现输入输出操作，因此在使用时，必须包含头文件 stdio. h(包含了对标准输入输出函数的说明)。C51 编译器提供的输入输出函数是通过单片机的串行口实现的，因此，在使用之前必须对单片机的串行口进行初始化。此程序在执行的过程中，可通过 gets 函数接收从键盘输入的字符串，并且可通过 printf 函数将字符串进行输出(如用 Keil 公司的 μVision3 软件进行调试，字符串将会输出到窗口 serial ＃1 中，此窗口用来显示程序到串口的输出信息。)

但是对单片机应用系统来说，由于具体要求不同，应用系统的输入输出方式多种多样，不可能一律采用串行口做输入输出。因此应该根据实际需要，由应用程序设计人员自己来编写满足特定需要的输入输出函数。

例 8-6 定时器和中断，设主频为 12MHz，利用定时器 T0 定时，使 P1.0 口输出频率为 100Hz 的连续方波。

```
#include<reg51.H>
void main()
{
    P1=0;                                    // 清 P1 口
    TMOD=0x00;                               // T0 使用定时模式，工作在方式 0，无门控位
    TH0=0x63;                                // 为 T0 填入初值，定时时间 5ms
    TL0=0x18;
    TR0=1;                                   // 启动 T0
    ET0=1;                                   // 允许定时器 0 中断
    EA=1;                                    // CPU 开放中断

    while(1);                                // 循环等待
}

// T0 溢出中断处理函数
void timer0_int () interrupt 1 using 2   // T0 溢出中断，使用寄存器组 2
{
    TH0=0x63;                                // 重新填入初值
    TL0=0x18;
    P1^=0x01;                                // P1.0 取反，产生方波
}
```

本例题利用 8051 单片机的定时器在 P1.0 引脚上输出频率为 100Hz 的正方波。要产生 100Hz 的正方波，定时时间应为 5ms，即每 5ms P1.0 求反一次，每个方波周期为 10ms。如果主频为 12MHz，定时器工作在方式 0，可以求出计数器的计数初值 X 如下：$X=2^n-\frac{\text{定时时间}}{\text{机器周期}}=2^{13}-\frac{5\times10^{-3}}{1\times10^{-6}}=3192$，将其转化为十六进制，$X$＝0C78H。对于 13 位定时器，8051 使用 TH0 的高 8 位和 TL0 的低 5 位存放计数初值，因此应设置 TH0＝0x63，TL0＝0x18。

本例中使用中断的方法来实现方波的产生。因此在程序中要对相应的中断控制位(ET0 和 EA)进行设置。T0 溢出执行中断处理函数 void timer0_int() interrupt 1 using

2 {…};其中,interrupt 1 表示定时器/计数器 0 溢出就执行此程序,using 2 表示使用寄存器组 2。

例 8-7 D/A 转换,硬件连接如图 7-14 所示,以下编程实现产生两种不同波形的模拟电压。

① 输出连续的双向三角波。

```
#include<reg51.h>
#include<absacc.h>
#define da0 XBYTE[0xbfff]                 //设置 D/A 转换的地址 0xbfff 为 da0
#define uchar unsigned char
#define uint unsigned int
void delay_50us(uint t);                  //50μs 延时子函数声明
void main()
{   uint i;
    while(1)
    {   for(i=128;i<=255;i++)
        {da0=i;
        delay_50us(2);
        }
        for(;i>=0;i--)
        {da0=i;
         delay_50us(2);
         }
        for(;i<=128;i++)
        {da0=i;
         delay_50us(2);
        }
    }
}

// 50μs 延时子函数。主频为 12MHz 时,延时时间为 t*50μs
void delay_50us(uint t)
{
    uchar j;
    for(;t>0;t--)
    for(j=19;j>0;j--)
        ;
}
```

执行程序输出的电压波形如图 8-2(a)所示。

其中子函数 void delay_50us(uint t) 是一个延时程序,注意:延时时间的计算基于 1MIPS,AT89 系列对应主频 12MHz,W77、W78 系列对应主频 3MHz。延时时间=t*50μs,如,调用 delay_50us(20),得到 1 毫秒的延时。因此,可以通过 t 的取值来改变三角波的宽度。

② 输出连续的正弦波。

```
#include<reg51.h>
#include<absacc.h>
#include"math.h"
#define da0 XBYTE[0xbfff]                    //设置 D/A 转换的地址 0xbfff 为 da0
#define T 0.001                              //设置 T 为输出正弦波的周期,单位为 s
char xdata s[256]={0x80,0x83,0x85,0x88,0x8A,0X8D,0x8F,0x92,
                   0x94,0x97,0x99,0x9B,0x9E,0xA0,0xA3,0xA5,
                      ……
                   0x6C,0x6E,0x71,0x73,0x76,0x78,0x7B,0x7D};
                                             //正弦波离散数据列表
int data i;
void main(void)
{
   TMOD=0x10;                                // T1 使用定时模式,工作在方式 1,无门控位
   TH1=(65536-T*1000000)/256;                // 为 T1 填入初值,定时时间由 T 决定
   TL1=(int)(65536-T*1000000)%256;
   ET1=1;                                    // 允许定时器 1 中断
   EA=1;                                     // CPU 开放中断
   TR1=1;                                    // 启动 T1
   i=0;
   while(1);                                 // 循环等待
}

// T1 溢出中断处理函数
void timer0_int () interrupt 3 using 2       // T1 溢出中断,使用寄存器组 2
{
       TH1=(65536-T*1000000)/256;            // 重新装入初值
       TL1=(int)(65536-T*1000000)%256;

       da0=s[i];
       if(i>=255)i=0;
       else i++ ;
}
```

执行程序输出的电压波形如图 8-2(b)所示。

本程序是利用单片机内部定时/计数器来控制输出数据所间隔的时间，间隔时间为正弦波周期 T 的 256 分之一，从而可以输出所需周期的正弦波。

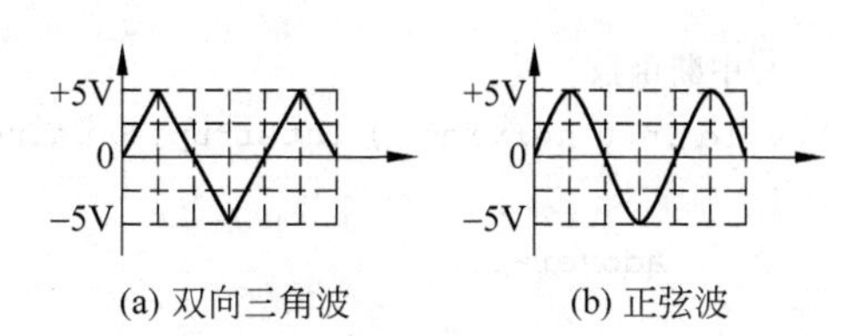

(a) 双向三角波　(b) 正弦波

图 8-2　D/A 输出电压

例 8-8　A/D 转换，硬件连接见图 7-22，该图采用算术平均滤波法对采样值进行滤波处理。

```
#include<reg51.h>
#include<absacc.h>
```

```
#define ad0 XBYTE[0x7fff]                //设置通道7对应的地址为0x7fff
#define res DBYTE[0x7f]
#define uchar unsigned char
#define uint unsigned int
#define NUM 8                            //平均滤波所用采样次数,在这里设计为8
bit adover;                              //A/D转换结束标志位
void main(void)
{
        int i;
        uint sum;
        uchar data a[NUM];
        adover=0;
        IT0=1;                           //中断int0为边沿触发方式
        EX0=1;                           //int0开中断
        EA=1;                            //cpu开中断
  L1:   i=0;
        sum=0;
        ad0=0;                           //启动A/D转换

        while(i<NUM)
        {
            if(adover)
            {
                adover=0;
                a[i]=ad0;                //如果转换结束取采样结果
                sum=sum+a[i];
                i=i+1;
                ad0=i;                   //启动下一次A/D转换
            }
        }

res=(uchar)sum/NUM;
goto L1;
}

//中断函数
void int0_service() interrupt 0 using 1
{
    adover=1;
}
```

本例题是将第7章例7-2用C51重新进行实现。程序中,引入了一个位变量adover作为A/D转换结束标志位。adover为1时,表示A/D转换结束;为0时表示A/D转换未结束。A/D转换一旦结束,就会引起一个中断,CPU就要执行中断函数void int0_service() interrupt 0 using 1{……},在中断函数中,将adover置1,表示A/D转换结束,于是可以返回主函数对采样结果进行处理。goto 语句保证连续地对通道 7 进行采样并对采样值求均值。

习题与思考

1. C51 与标准 C 的异同？

2. C51 如何实现对单片机硬件的直接操作？

3. C51 在实现硬件编程时的基本步骤。

4. 中断函数是如何定义的？各种选项的意义如何？

5. 通用指针与存储器指针有何区别？

6. 求解 n!的值，用递归函数实现。

7. 计算半径为 1～15 的圆的面积，仅打印出超过 50 的圆面积。

8. 试完成外部 RAM 的 000EH 单元和 000FH 单元的内容交换，用 C51 实现。

9. 将外部数据存储器中的两个字符串进行合并，通过调用 C51 的库函数实现编程。

10. 单片机和通用微机通过串口进行通信，设微机有专门的接收程序，现通过单片机串口发送数据，每发送一串字符“HELLO”后，延时一段时间重复发送，试用 C51 编程实现单片机串口数据发送程序。

11. 某系统如下：系统中用 P1 口控制驱动 8 个发光二极管 LED，P1 口 I/O 口线输出低电平 LED 点亮，需要它们轮流闪动。先是只有 1 号 LED 灯亮，其他灯灭，过一会儿以后只有 2 号灯亮，再过一会儿只有 3 号灯亮……；在 8 号灯亮过之后，再只让 1 号灯亮，每个 LED 灯亮 1 秒钟，如此循环。试用 C51 编程实现。

12. 设 P1 口的 P1.0，P1.1 上有两个开关 S1 和 S2，周期开始时它们全关。2s 以后 S1 开，0.1s 后 S2 开；S1 保持开 2.0s，S2 保持开 2.4s，周而复始，采用 10MHz 的晶振。用 C51 编程实现。

13. 设主频为 12MHz，使用定时器 T1(在方式 0 下)，用 C51 实现在 P1.0 口产生周期为 2ms 的方波。

14. 在第 8 章图 8-14 硬件电路支持下，用 C51 编程产生以下 5 种波形：反向锯齿波、正向锯齿波、双向锯齿波、三角波和正弦波。

15. 编写一个完整的 C51 程序，利用定时器 0 经过 50ms 延时后产生一个中断。

16. 在实际工程中常常需要对装置的温度、压力等状态进行监控，当温度(或压力等)超出一定范围时，应该给出相应的报警信息，并执行相应的控制动作保护该装置免受破坏。因此在实际监控系统硬件设计中，需要考虑的问题包括三方面：一为温度(或压力等)模拟信号的采样；二为信号大小的比较；三为控制信号的输出。利用图 7-22 的硬件做监测系统，通过 AD 采样实现对通道 0 的模拟量进行采样，判断采样值，如超出警戒值则通过 P1.0 口输出高电平实现报警。用 C51 编程实现此监控系统的运行。

第9章 与 MCS-51 兼容的新型单片机

在单片机的应用中,MCS-51 系列单片机已被国内科技界、工业界的用户广泛认可和采用。然而,产品性能需要提高,技术需要更新,而用户更希望自己对产品的软硬件投资能得到保护。近几年一些公司推出了以 8051 为内核,独具特色而性能卓越的新型系列单片机,如:ATMEL 公司的 AT89 系列,Philips 公司的 80C51 系列产品,ADI 公司的 ADuC 系列,以及 SIEMENS、FUJITSU 等公司也都在 MCS-51 的基础上先后推出了新型兼容机,它们不仅与 Intel 的 MCS-51 系列单片机具有相同的指令系统、地址空间和寻址方式以及模块化的系统结构,而且提高了速度,增加了内部功能部件。这些功能部件有:A/D 转换器、捕捉输入/定时输出、脉冲宽度调制输出 PWM、I²C 串行总线接口、视屏显示控制器、监视定时器 Watchdog Timer、闪速存储器 Flash 等。在单片机的应用中,尤其是面向过程控制的领域里,给 51 系列单片机注入了极强的生命力和竞争力。因而确信在未来由单片机组成的智能化系统中,51 系列单片机将仍在其中扮演一个极其重要的角色,有着广泛的应用前景。

本章主要介绍以 MCS-51 为内核的 8 位单片机,如 ATMEL 公司的 89 系列,Philips 公司 8XC552 单片机,ADI 公司的 ADuC 系列单片机等。这些公司的系列产品,其指令系统均与 MCS-51 指令系统兼容,但硬件扩展功能更强,用途更加广泛。

9.1 ATMEL 89 系列单片机

9.1.1 概述

ATMEL 89 系列单片机是 ATMEL 公司生产的,以 8051 为内核构成的,内含 Flash 程序存储器的 MCS51 兼容系列,是 8031/80C51 的换代产品。

1. 结构特点与分类

ATMEL 89 系列单片机内部结构与 80C51 接近,主要含有以下部件。

① 8051CPU。

② 内部振荡电路。

③ 总线控制部件。

④ 定时/计数部件、中断控制部件。

⑤ 并行 I/O 接口、串行 I/O 接口。

⑥ 片内 RAM、特殊功能寄存器 SFR、Flash 程序存储器。

ATMEL 89 系列单片机可分为标准型、低档型和高档型。标准型有 AT89C51、AT89C52、AT89LV51、AT89LVC52 等 4 种型号，它们的基本结构与 80C51 是类同的，是 80C51 的兼容产品；低档型有 AT89C1051/2051，它们的 CPU 内核与 AT89C51 是相同的，但并行 I/O 线少；高档型如 AT89C8252，它是在标准型的基础上，增加了一些功能形成的，如在系统编程(ISP)、Watchdog 定时器、SPI 接口等。

2. 兼容性

ATMEL 89 系列单片机与 MCS-51 指令系统兼容，可以用相同引脚的 89 系列单片机直接替代 80C51 产品。

3. 型号编码

ATMEL 89 系列单片机型号编码由三部分组成，即前缀、型号、后缀，格式如下。

AT89CXXXX-XXXX。其中，“AT”为前缀，“89CXXXX”为型号，符号“-”为分隔符，分隔符后面的“XXXX”为后缀。

1) 前缀

前缀“AT”，表示该器件是 ATMEL 公司的产品。

2) 型号

型号由 89CXXXX、89LVXXXX、89SXXXX 等表示。“9”表示该器件内部含有 Flash 存储器；“C”表示该器件是 CMOS 产品；“LV”表示该器件是低压产品；“S”表示该器件支持在系统编程(ISP)的产品；“XXXX”表示该器件的产品型号，如 51、1051、2051、8251 等。

3) 后缀

后缀“XXXX”由 4 个参数组成，各参数定义如下。

(1) 第 1 个参数“X”表示振荡主频。

X=12，表示振荡主频最高为 12MHz。

X=16，表示振荡主频最高为 16MHz。

X=20，表示振荡主频最高为 20MHz。

X=24，表示振荡主频最高为 24MHz。

(2) 第 2 个参数“X”表示封装。

X=D，CERDIP。

X=J，表示塑料 J 引线芯片载体。

X=L，表示无引线芯片载体。

X=P，表示塑料双列直插 DIP 封装。

X=S，表示 SOIC 封装。

X=Q，表示 PQFP 封装。

X=A，表示 TQFP 封装。

X=W，表示裸芯片。

(3) 第 3 个参数“X”表示温度范围。

X=C，表示商业用产品，温度范围为 0～+70℃。

X=I，表示工业用产品，温度范围为 −40～+85℃。

X＝A，表示汽车用产品，温度范围为－40～＋125℃。

X＝M，表示军用产品，温度范围为－55～＋150℃。

(4) 第4个参数"X"表示产品的处理情况。

X为空，表示处理工艺为标准工艺。

X＝/813，表示处理工艺采用MIL-STD-883标准。

如某器件型号为AT89C51-12PI，表示ATMEL公司生产的含有Flash存储器的单片机，内部为C51结构，主频12MHz，塑封DIP，工业用产品，标准工艺。

9.1.2 AT89C2051/AT89C1051单片机

1. 主要性能

(1) 与MCS51兼容。

(2) 内部128B RAM；AT89C2051/1051含有2KB/1KB Flash程序存储器；两级程序存储器锁定。

(3) 15条可编程I/O线，直接驱动LED。

(4) AT89C2051有两个16位定时/计数器；5个中断源，两个优先级；一个全双工串行UART接口；AT89C1051有一个16位定时/计数器；三个中断源，两个优先级；没有工串行UART接口；片内精确模拟比较器。

(5) 片内振荡器及时钟电路，全静态工作频率为0～24MHz。

(6) 工作电压范围2.7～6V，具有低功耗的休眠和掉电模式。

(7) 寿命为10 000次擦/写循环，数据保留时间为10年。

2. 结构与引脚描述

1) 结构

AT89C2051结构图如图9-1所示，与MCS-51结构基本一致，区别是减少了P0和P2端口，增加了一个模拟比较器。

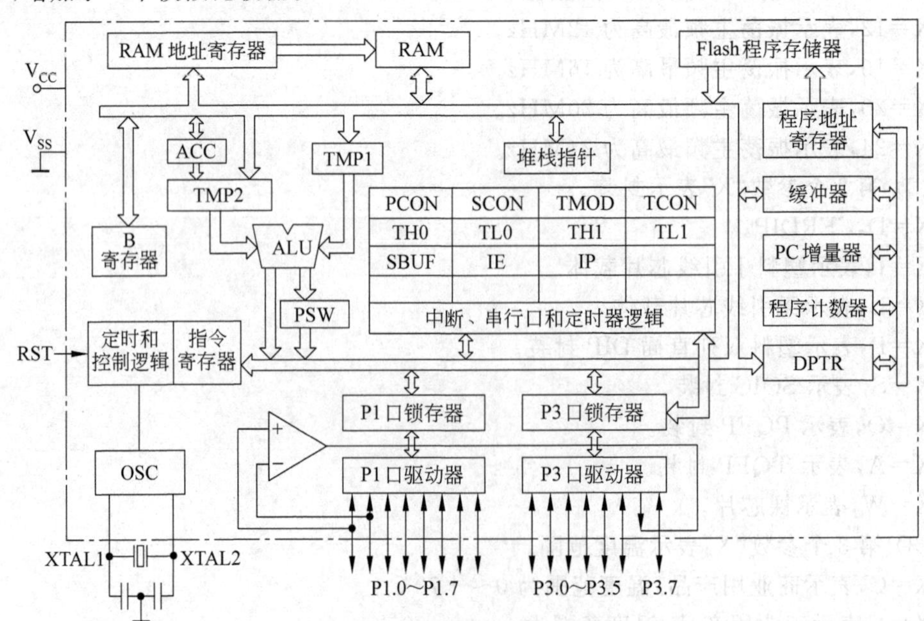

图9-1 AT89C2051结构框图

2）引脚描述

AT89C2051 减少了 P0 和 P2 端口，因而外部引脚大大减少，封装尺寸减小，引脚配置如图 9-2 所示。

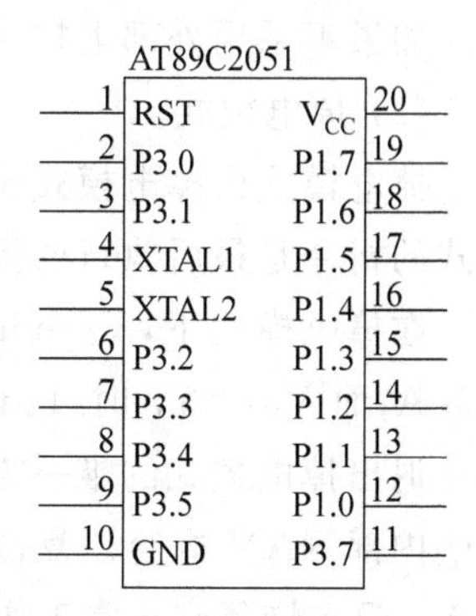

图 9-2 AT89C2051 引脚图

① V_{CC}，GND：电源，地。

② RST：复位输入，高电平有效。

③ XTAL1、XTAL2：反向振荡放大器输入、输出。

④ P1.0～P1.7：P1 端口，可吸收 20mA 的电流，能直接驱动 LED 显示器。引脚P1.0和 P1.1 需要外部上拉，可用作片内精确模拟比较器的正向输入（AIN0）和反向输入（AIN1）。

⑤ P3.0～P3.5，P3.7：P3.0～P3.5 是多功能口，如表 9-1 所示。P3.6 因与片内比较器输出相连，不能作为通用 I/O 口使用；P3.7 可作为通用 I/O 口使用。

表 9-1 P3 口特殊功能

P3 口引脚	特殊功能	P3 口引脚	特殊功能
P3.0	RXD(串行输入)	P3.3	$\overline{\text{INT1}}$(外部中断 1)
P3.1	TXD(串行输出)	P3.4	T0(定时器 0 外部输入)
P3.2	$\overline{\text{INT0}}$(外部中断 0)	P3.5	T1(定时器 0 外部输入)

3. 指令约束条件与 CPU 工作模式

1）指令约束条件

AT89C2051 是 ATMEL 公司 AT89 系列中经济低价产品。指令系统兼容 MCS-51指令集，但由于仅有 2KB Flash 程序存储器，存储空间有一定限制，在使用转移（LJMP、AJMP、SJMP、JMP、JZ、JNZ、JB、JNB、JBC、JC、JNC）、比较不相等转移（CJNE）、减 1 不为零则转移（DJNZ）、查表（MOVC）及调用指令（LCALL、ACALL）时，目标地址必须在0～7FFH范围内；另外，由于没有 P0 和 P2 端口，也就不能扩展程序存储器及数据存储器，从而禁止使用 MOVX 指令，当然，也禁止用任何指访问令操作 P0 和 P2 端口。

2）CPU 工作模式

AT89C2051 有两种低功耗工作模式：空闲模式（待机模式）与掉电模式。

(1) 空闲模式。

当用指令使空闲模式位 IDL(PCON.0)=0 时，单片机进入空闲模式。此时，CPU 处于休眠状态，而片内所有其他外围设备都保持工作状态，片内 RAM 和特殊功能寄存器 SFR 的内容保持不变。

在空闲模式下，当 fosc=12MHz，V_{CC}=6V 时，电源电流 I_{CC}从 20mA 降至 5mA；而 V_{CC}=3V 时，I_{CC}降至 1mA。

中断与硬件复位可终止空闲模式。当空闲模式由硬件复位终止时，CPU 要从休眠状态恢复程序执行，执行两个机器周期后，内部复位电路才起作用。此时，硬件禁止访问内部 RAM，但可访问外部引脚。为了防止休眠被复位终止时对端口引脚意外写入的可能性，在生成空闲模式的指令后，不应紧跟对端口的写指令。

如果不采用外部上拉，P1.0 和 P1.1 应置“0”；如果采用外部上拉，则应置“1”。

(2) 掉电模式。

掉电模式由掉电模式位 PD(PCON.1)＝1 设置。此时，振荡器停止工作，设置掉电模式的指令是最后执行的指令，片内 RAM 和特殊功能寄存器 SFR 的内容保持不变。

在掉电模式下，V_{CC} min＝2V。当 fosc＝12MHz，V_{CC}＝6V 时，电源电流 I_{CC} max＝100μA；而 V_{CC}＝3V 时，I_{CC}max＝20μA。

退出掉电模式的唯一方法是硬件复位。硬件复位将重新定义特殊功能寄存器，但不影响内部 RAM 内容。复位的时间应足够长，以便振荡电路能重新开始工作并稳定下来。在 V_{CC}没有恢复到正常工作电压之前，不应进行复位。

4. Flash 存储器加密位与编程

1) Flash 程序存储器加密位

AT89C2051 片内有两个锁定加密位，可以编程也可以不编程(用 P 表示已编程，U 表示未编程)，从而获得三种锁定加密保护模式，如表 9-2 所示。

表 9-2 三种锁定加密保护模式

保护模式 \ 编程锁定位	LB1	LB2	说　明
1	U	U	均未编程，没有加密保护
2	P	U	禁止对存储器进一步编程
3	P	P	同模式 2，同时禁止校验

Flash 程序存储器加密后，CPU 仍可执行其内部程序，但不能从外部读出。锁定位只能由芯片擦除操作来实现其擦除。

2) Flash 程序存储器编程

AT89C2051 片内有 2KB Flash 程序存储器阵列，一片新的 AT89C2051，其存储器阵列处于擦除状态(FFH)，此时可对其进行编程，存储器阵列一次编程一个字节，若编程任何非空字节时，需对整个存储器阵列进行片擦除。

编程时，AT89C2051 利用内部存储器地址计数器提供寻址存储器的地址信息，RST 的上升沿将该地址计数器复位至 000H，引脚 XTAL1 所施加的正向连续脉冲使地址计数器不断加 1。RST 上出现 12V(编程电源)高压时，预示着 1 字节的编程操作开始，这时 P3 提供编程所需的控制与状态信号，P1 口为数据通道，如图 9-3 所示。对这些端口和引脚按图 9-4 所示的时序施加正确的控制组合就可以通过 P1 口将数据编程到内部的闪速存储器中。

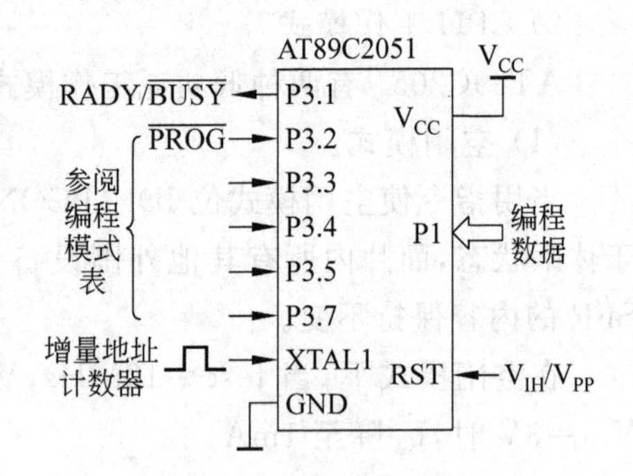

图 9-3 编程闪速存储器

AT89C2051 根据引脚 RST、P3.2～P3.7 的状态组合可以产生 5 种编程模式，如表 9-3 所示。

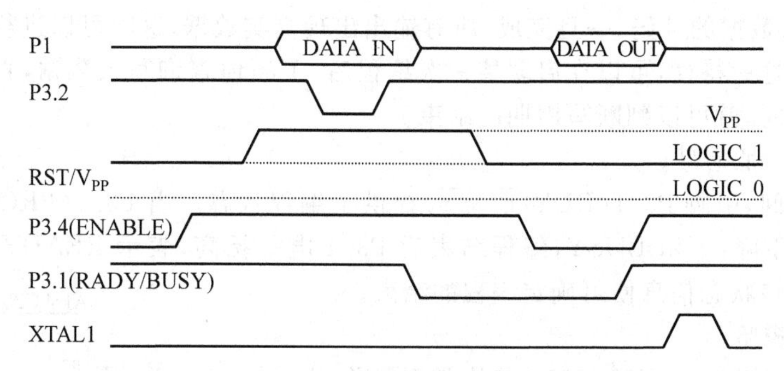

图 9-4　编程与校验时序

表 9-3　五种编程模式

编程模式	RST/V_{PP}	P3.2	P3.3	P3.4	P3.5	P3.7
写代码数据	12V	负脉冲	L	H	H	H
读代码数据	H	H	L	L	H	H
写锁定位-1	12V	负脉冲	H	H	H	L
写锁定位-2	12V	负脉冲	H	H	L	H
芯片擦除	12V	负脉冲	H	L	L	L
读特征字	H	H	L	L	L	L

(1) 编程算法。

① 上电过程：V_{CC}加电，置 RST 为 L(低电平)，XTAL1 为 L，其他所有引脚悬空，等待 10ms 以上。

② 置 RST 为 H(高电平)，P3.2 为 H。

③ 在引脚 P3.3、P3.4、P3.5、P3.7 上施加相应的逻辑电平，选定基本编程模式。

④ 地址信号由内部地址计数器提供(初始值为 000H)，欲写入该地址中的数据加至引脚 P1.0～P1.7 上。

⑤ 将 RST 电平升至 12V 启动编程。

⑥ 给 P3.2 施加一负脉冲，则编程内部编程存储器阵列或锁定位的一个字节，字节写周期采用自定时，通常为 1.2ms。

⑦ 若要检验已编程数据，将 RST 从 12V 降至逻辑电平 H，并将 P3.3～P3.7 置为校验模式电平，输出数据就可在 P1 口读出。

⑧ 编程下一个地址字节，对 XTAL1 施加已一正脉冲，内部地址计数器加 1，然后在 P1 口加载欲写入的新数据。

⑨ 重复步骤⑤～⑧，改变数据，递增地址计数器直到 2KB 存储器阵列全部编程或目标文件结束。

⑩ 下电过程：置 XTAL1 为 L，RST 为 L，其他引脚悬空，V_{CC}下电。当前次编程未结束时，不允许进行下一次编程。如何确定一次编程是否结束，AT89C2051 提供了以下两种方法。

• 数据查询特性。

AT89C2051 具有通过数据查询来检查写周期结束的特性，在写周期，读操作将导致

P1.7输出写入数据的补码，一旦完成，所有输出出现真实数据，这时可以进行下一个数据的编程。利用这一特性，可以在启动某一次编程后，不断地查询写入数据，直到查询的数据是写入数据时，就可以判断写周期已结束。

• 准备好/忙信号。

在编程期间，引脚P3.1(RDY/$\overline{\text{BUSY}}$)提供了编程状态。当P3.2($\overline{\text{PROG}}$)电平升高后，P3.1电平下降，表示BUSY，编程结束后P3.1电平抬高，表示READY(见图9-4时序。利用查询该状态信息便可确定编程的结束。

(2) 编程校验。

进行编程校验时，AT89C2051芯片各引脚作用如图9-5所示，如果锁定位LB1和LB2未被编程，则可通过下述步骤进行校验。

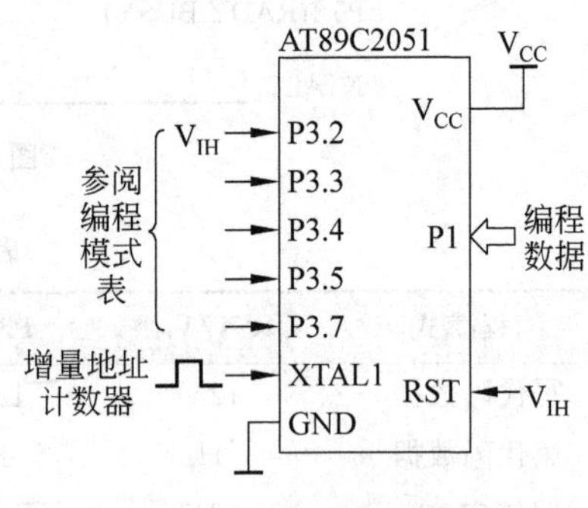

图9-5 校验闪速存储器

① 使RST由L(低电平)变为H，地址计数器复位000H。

② 提供适当的控制信号见图9-4时序，从P1口读取数据与编程写入数据比较。

③ 给XTAL1施加一正脉冲，地址计数器加1。

④ 从P1口读取下一个数据与编程写入数据比较。

⑤ 重复步骤③～④，直到2KB存储器阵列全部校验结束。

(3) 写锁定位。

写锁定位完成对闪速存储器的加密。编程锁定位时，先选定写锁定位模式，然后将RST升至12V，P3.2施加编程脉冲，即可将锁定位写入(通过模式选择：P3.3、P3.4、P3.5、P3.7的输入组合来确定锁定位LB1、LB2的写入，见表9-3)。不能直接校验锁定位，要通过观察其特性是否被允许来完成。

(4) 芯片擦除。

编程模式先选定芯片擦除模式，使P3.2引脚施加10ms的$\overline{\text{PROG}}$负脉冲后，整个2KB存储器和锁定位均被擦除。擦除后，存储器阵列全为FFH。

(5) 读特征字节。

特征字节表示AT89C系列芯片的基本特性，由3或4字节组成，存储于程序存储器的低端。AT89C2051芯片的特征字节位于地址000H、001H、002H中，当选择读特征字节模式并采用类似校验步骤读取数据时，即可获得AT89C2051芯片的特征字节。

• (000H)＝1EH表示该产品由ATMEL生产。

• (001H)＝21H表示是89C2051，11H表示是89C 1051。

• (002H)＝FFH表示该产品为12V编程。

9.1.3 AT89C51/52与AT89LV51/52单片机

AT89C51/52和AT89LV51/52分别和相同封装的80C51/52兼容，指令系统完全相同，开发与设计均与80C51/52相同，是ATMEL公司功能强、性价比高的单片机。

AT89C51/52和AT89LV51/52的内部结构和输出引脚都是相同的。它们之间的差别仅在于工作电压范围不同。AT89C51/52工作电压为＋5V±10%；AT89LV51/52可工作在低电压的情况，它的工作电压范围是 2.7V～6V，可以在便携式、袖珍式、无交流电的环境中使用，所以特别适用于仪器仪表和各种体积小的设备中。

1. 程序存储器的加密位

AT89C51/LV51 内部有 4KB 闪速程序存储器，AT89C52/LV52 内部有 8KB 闪速程序存储器。AT89C51/LV51 和 AT89C52/LV52 的闪速程序存储器均有 3 个加密位，通过软件编程可定义这 3 个加密位的状态，以获得一些附加功能。这 3 个加密位的状态及相应的功能如表 9-4 所示。

表 9-4 加密位功能表

LB1	LB2	LB3	功 能
U	U	U	程序存储器没有保密功能
P	U	U	禁止从外部程序存储器中执行 MOVC 指令读取内部程序存储器内容
P	P	U	除上述功能外，还禁止程序校验
P	P	P	除上述功能外，还禁止外部执行

2. 程序存储器的编程与校验

AT89C51 片内有 4KB Flash 程序存储器阵列，一片新的 AT89C51，其存储器阵列处于擦除状态(FFH)，此时可对其进行编程，存储器阵列一次编程一个字节，若编程任何非空字节时，需对整个存储器阵列进行片擦除。

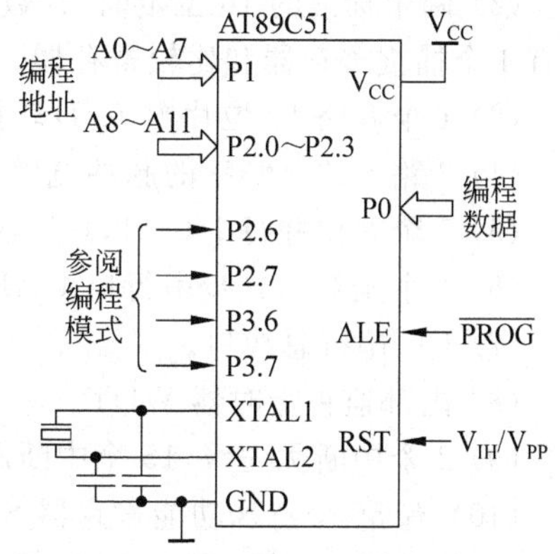

图 9-6 AT89C51 编程闪速存储器

编程程序存储器如图 9-6 所示，编程模式如表 9-5 所示，编程过程如下。

(1) 编程前，必须按图 9-6 及编程模式(如表 9-5 所示)建立好地址、数据和控制信号。

(2) 编程单元的地址，加在 P1 端口和 P2 端口的 P2.0～P2.3(12 位地址为 0000H～0FFFH)。

(3) 编程数据加在 P0 端口。

(4) 引脚 P2.6、P2.7、P3.6、P3.7 的电平选择见表 9-5，$\overline{PSEN}$应保持低电平，而 RST 应保持高电平，$\overline{EA}/V_{PP}$是编程电源输入端，ALE/$\overline{PROG}$输入编程脉冲(应为负脉冲信号)。

表 9-5 程序存储器编程方式

方 式	RST	$\overline{PSEN}$	ALE/$\overline{PROG}$	$\overline{EA}/V_{PP}$	P2.6	P2.7	P3.6	P3.7
写代码数据	H	L	‾‾__‾‾ (负脉冲)	H/12V	L	H	H	H
读代码数据	H	L	H	H	L	L	H	H
写加密位 LB1	H	L	‾‾__‾‾ (负脉冲)	H/12V	H	H	H	H
写加密位 LB2	H	L	‾‾__‾‾ (负脉冲)	H/12V	H	H	L	L
写加密位 LB3	H	L	‾‾__‾‾ (负脉冲)	H/12V	H	L	H	L
片擦除	H	L	‾‾__‾‾ (负脉冲)	H/12V	H	L	L	L
读特征字	H	L	H	H	L	L	L	L

(5) 编程时，采用 4～20MHz 振荡器。

9.2 Philips公司8XC552系列单片机

Philips公司生产的与MCS-51单片机兼容的CMOS型系列单片机中，8XC552的功能最强，最具有代表性。它除了具有8051单片机的全部功能之外，又增加了大量的硬件：高速I/O、PWM、A/D、WDT、计数器的捕获比较逻辑、串行总线I^2C BUS等都集成在片内。

8XC552在指令系统上与MCS-51单片机完全兼容，它有如下三种不同的型号。

(1) 80C552：片内无ROM。

(2) 83C552：片内带8KB编程ROM。

(3) 87C552：片内带8KB用户可编程EPROM。

9.2.1 8XC552的主要性能

8XC552是增加了许多功能模块的8051单片机，它具有如下特性。

(1) 8KB的内部ROM(83C552)或EPROM(87C552)，可外扩64KB EPROM；片内有256B RAM，还可外扩64KB RAM或I/O口。

(2) 两个标准的16位定时/计数器(T0、T1)，一个附加的16位定时/计数器(T2)，并配有4个捕捉寄存器和比较寄存器。

(3) 1个8路10位片内A/D转换器。

(4) 2路8位分辨率的脉冲宽度调制解调器输出PWM。

(5) 5个8位并行I/O口，1个与A/D合用的输入口。

(6) 1个全双工异步串行口UART。

(7) I^2C串行总线口。

(8) 内部监视定时器WDT。

(9) 2个中断优先级，15个中断源。

(10) 有56个特殊功能寄存器SFR。

(11) 采用68引脚或80引脚PLCC封装。

(12) 工作时钟频率可选择1.2～16MHz。

9.2.2 8XC552内部结构及引脚描述

8XC552采用PLCC68脚封装形式如图9-7所示，内部结构及引脚功能如图9-8所示。各引脚功能如下。

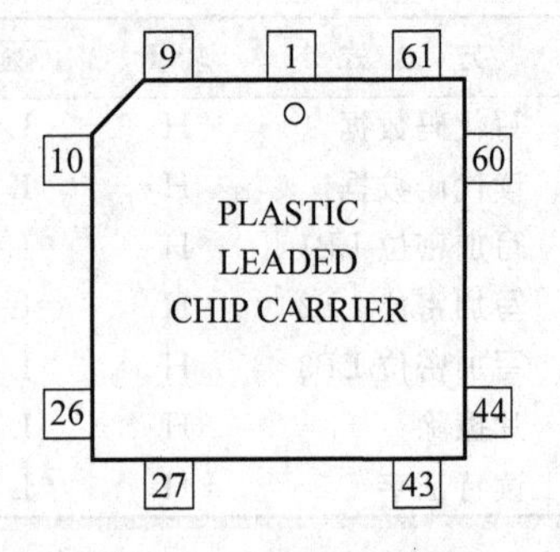

图9-7 8XC552引脚图

V_{DD}、V_{SS}：+5V电源、数字地。

$\overline{EA}$：存储器访问选择输入端，为“0”是访问外部ROM，为“1”是访问内部ROM。

$\overline{PSEN}$：外部ROM的读选通信号。

ALE：地址锁存允许信号，当访问外部ROM时，ALE的有效输出用来锁存低8位地址信号。

STADC：片内A/D转换器的启动输入(上升沿启动)，

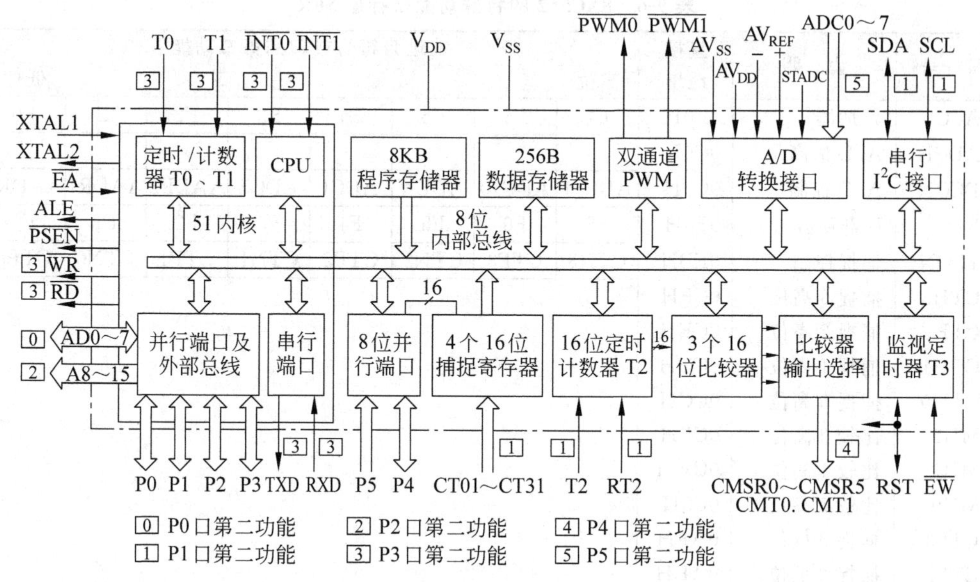

图 9-8 内结构框图

该脚不得悬空。

$\overline{\text{PWM0}}$：脉宽调制器 PWM 通道 0 输出。

$\overline{\text{PWM1}}$：脉宽调制器 PWM 通道 1 输出。

$\overline{\text{EW}}$：监视定时器 WDT 得时钟使能端，为“0”时允许 WDT 时钟和禁止低功耗方式，该脚不得悬空。

P0.0～P0.7：8 位双向 I/O 口。

P1.0～P1.7：8 位准双向 I/O 口。

P2.0～P2.7：8 位准双向 I/O 口。

P3.0～P3.7：8 位准双向 I/O 口。

P4.0～P4.7：8 位准双向 I/O 口。

P5.0～P5.7：8 位输入口/ADC0～ADC7 模拟入口。

RST：复位输入端，当监视定时器 WDT 计数溢出时，输出复位信号。

XTAL1、XTAL2：振荡器输入端。

AV_{DD}、AV_{SS}：模拟电源、模拟地。

AV_{REF+}、AV_{REF-}：A/D 转换器基准电压正、负输入端。

9.2.3 8XC552 特殊功能寄存器 SFR

8XC552 具有地址部分重叠的 256 个字节的内部数据存储器 RAM 和 128 字节的特殊功能寄存器区 SFR，其地址空间为 80H～FFH，与高 128 字节地址 RAM 重叠。8XC552 在 8051 单片机的 21 个 SFR 的基础上增加了 35 个，总共 56 个 SFR，新增加的 35 个 SFR 使用来控制片内新增加的硬件接口功能的。表 9-6 列出了 89C552 的特殊功能寄存器。

表 9-6 8XC552 的特殊功能寄存器 SFR

符 号	说 明	直接地址	地址为符号或口的第二功能 高位							低位
* ACC	累加器	0E0H	E7	E6	E5	E4	E3	E2	E1	E0
# ADCH	A/D 值高位	0C6H								
ADCON	A/D 控制	0C5H	ADC.1	ADC.0	ADEX	ADCI	ADCS	AADR2	AADR1	AADR0
* B	B 寄存器	0F0H	F7	F6	F5	F4	F3	F2	F1	F0
CTCON	捕捉控制	0EBH	CTN3	CTP3	CTN2	CTP2	CTN1	CTP1	CTN0	CTP0
# CTH3	捕捉 3 高位	0CFH								
# CTH2	捕捉 2 高位	0CEH								
# CTH1	捕捉 1 高位	0CDH								
# CTH0	捕捉 0 高位	0CCH								
CMH2	比较 2 高位	0CBH								
CMH1	比较 1 高位	0CAH								
CMH0	比较 0 高位	0C9H								
# CTL3	捕捉 3 低位	0AFH								
# CTL2	捕捉 2 低位	0AEH								
# CTL1	捕捉 1 低位	0ABH								
# CTL0	捕捉 0 低位	0ACH								
CML2	比较 2 低位	0ADH								
CML1	比较 1 低位	0AAH								
CML0	比较 0 低位	0A9H								
DPH	数据指针高位	83H								
DPL	数据指针低位	82H	AF	AE	AD	AC	AB	AA	A9	A8
* IEN0	中断允许 0	0A8H	EA	EAD	ES1	ES0	ET1	EX1	ET0	EX0
			EF	EE	ED	EC	EB	EA	E9	E8
* IEN1	中断允许 1	0E8H	ET2	ECM2	ECM1	ECM0	ECT3	ECT2	ECT1	ECT0
			BF	BE	BD	BC	BB	BA	B9	B8
* IP0	中断优先级 0	0B8H	\	PAD	PS1	PS0	PT1	PX1	PT0	PX0
			FF	FE	FD	FC	FB	FA	F9	F8
* IP1	中断优先级 1	0F8H	PT2	PCM2	PCM1	PCM0	PCT3	PCT2	PCT1	PCT0
# P5	P5 口	0C4H	ADC7	ADC6	ADC5	ADC4	ADC3	ADC2	ADC1	ADC0
			C7	C6	C5	C4	C3	C2	C1	C0
P4	P4 口	0C0H	CMT1	CMT2	CMSR5	CMSR4	CMSR3	CMSR2	CMSR1	CMSR0
			B7	B6	B5	B4	B3	B2	B1	B0
P3	P3 口	0B0H	RD	WR	T1	T0	INT1	INT0	TXD	RXD
			A7	A6	A5	A4	A3	A2	A1	A0
P2	P2 口	0A0H	A15	A14	A13	A12	A11	A10	A9	A8
			97	96	95	94	93	92	91	90
P1	P1 口	90H	SDA	SCL	TR2	T2	CT32	CT21	CT11	CT01
			87	86	85	84	83	82	81	80
P0	P0 口	80H	AD7	AD6	AD5	AD4	AD3	AD2	AD1	AD0
PCON	电源控制寄	87H	SMOD	\	\	WLE	GF1	GF0	PD	IDL
	存器		D7	D6	D5	D4	D3	D2	D1	D0
* PSW	程序状态字	0D0H	CY	AC	F0	RS1	RS0	0V	F1	P

续表

符　号	说　明	直接地址	地址为符号或口的第二功能							
			高位							低位
PWMP	脉宽调制预分频器	0FEH								
PWM1	脉宽调制 1	0FDH								
PWM0	脉宽调制 0	0FCH								
RTE	复位触发使能	0EFH	TP47	TP46	TP45	TP44	TP43	TP42	TP41	TP40
SP	堆栈指针	81H								
S0BUF	串口 0 数据缓冲器	99H								
			9F	9E	9D	9C	9B	9A	99	98
* S0CON	串口 0 控制	98H	SM0	SM1	SM2	REN	TB8	RB8	T1	R1
S1ADR	串口 1 地址	0DBH	←—— SLAVE ADDRESS ——→							
S1ADT	串口 1 数据	0DAH								
# S1STA	串口 1 状态	0D9H	SC4	SC3	SC2	SC1	SC0	0	0	0
			DF	DE	DD	DC	DB	DA	D9	D8
* S1CON	串口 1 控制	0D8H	CR2	ENS1	STA	ST0	S1	AA	CR1	CR0
STE	置位使能	0EEH	TG47	TG46	SP45	SP44	SP43	SP42	SP41	SP40
TH1	定时器 1 高位	8DH								
TH0	定时器 0 高位	8CH								
TL1	定时器 1 低位	8BH								
TL0	定时器 0 低位	8AH								
# TMH1	定时器 2 高位	0EDH								
# TML2	定时器 2 低位	0ECH								
TMOD	定时器方式	89H	GATA	C/T	M1	M0	GATE	C/T	M1	M0
			8F	8E	8D	8C	8B	8A	89	88
* TCON	定时器控制	88H	TF1	TR1	TF0	TR0	IE1	IT1	IE0	IT0
TM2CON	定时器 2 控制	0EAH	TS1S1	TS1S0	T2ER	T2B0	T2P1	T2P0	T2MS1	T2MS0
			CF	CE	CD	CC	CB	CA	C9	C8
* TM21R	定时器 2 中断标志	0C8H	T20V	CM12	CM11	CM10	CT13	CT12	CT11	CT10
T3	监视定时器 T3	0FFH								

表中带 # 者为只读寄存器，带 * 者为可位寻址寄存器。

9.2.4　8XC552 并行 I/O 端口及复用功能

8XC552 具有 6 个 8 位 I/O 口 P0～P5，每个口由一个寄存器、一个输入缓冲器和输出驱动器组成。除了 P1 口新增加了功能，P0～P3 与 8051 完全一样，P4 口的功能与 P1～P3 相同，P5 口只能作为输入口。各 I/O 端口复用功能如表 9-7 所示。

表 9-7　P1、P3、P4 和 P5 口复用功能

端　口	端口引脚	复用功能符号	具 体 功 能
P1	P1.0	CT0I	对定时器 T2 的捕捉输入信号端，也是 4 个中断源
	P1.1	CT1I	
	P1.2	CT2I	
	P1.3	CT3I	
	P1.4	T2	计数器 T2 脉冲输入端，上升沿触发
	P1.5	RT2	T2 复位信号，上升沿触发
	P1.6	SCL	I^2C 总线串行口时钟线
	P1.7	SDA	I^2C 总线串行口数据线
P3	P3.0	RXD	串行口输入线
	P3.1	TXD	串行口输出线
	P3.2	$\overline{INT0}$	外中断 0 输入
	P3.3	$\overline{INT1}$	外中断 1 输入
	P3.4	T0	T0 计数脉冲输入
	P3.5	T1	T1 计数脉冲输入
	P3.6	$\overline{WR}$	外部 RAM 写线
	P3.7	$\overline{RD}$	外部 RAM 读线
P4	P4.0	CMSR0	比较寄存器 CM0 或 CM1 与定时器 T2 匹配时置位或复位输出线，取决于 STE 和 RTE 两个 SFR 的各个位的设置
	P4.1	CMSR1	
	P4.2	CMSR2	
	P4.3	CMSR3	
	P4.4	CMSR4	
	P4.5	CMSR5	
	P4.6	CMT0	比较寄存器 CM2 与定时器 T2 匹配时触发输出端（翻转或取反）
	P4.7	CMT1	
P5	P5.0～P5.7	ADC0～ADC7	A/D 转换器为 8 路模拟输入端

9.2.5　脉冲宽度调制器 PWM

8XC552 有两路 PWM 输出通道，其输出脉冲的占空比可编程调节。脉冲宽度调制器的工作原理如图 9-9 所示。

1. PWM 的工作原理

PWM 两个脉冲调制输出$\overline{PWM0}$和$\overline{PWM1}$合用一个预分频器和计数器，并且预分频

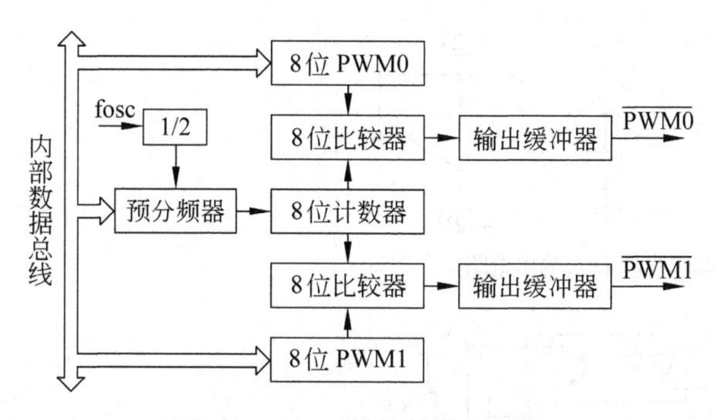

图 9-9　PWM 输出功能原理图

器的分频系数决定重复频率，脉冲的高低电平宽度分别取决于 PWM0 和 PWM1 的寄存器的值，取值范围在 0～255 之间，输出脉冲的频率由预分频率 PWMP 决定。

引脚$\overline{\text{PWM0}}$输出的重复频率 f_{PWM} 由下式决定：

$$f_{PWM}=f_{OSC}/(2\times(PWMP+1)\times 255)$$

其中，PWMP＋1 为分频系数。

在 12MHz 振荡频率时，输出的频率范围是 92Hz～23.5kHz，在 16MHz 振荡频率时，输出频率范围是 123Hz～31.4kHz。

$\overline{\text{PWM0}}$与$\overline{\text{PWM1}}$引脚输出脉冲频率 f_{PWM} 是由 PWMP 决定的，但输出脉冲宽度是可调的。

脉冲宽度寄存器 PWM0 和 PWM1 是决定引脚$\overline{\text{PWM0}}$与$\overline{\text{PWM1}}$输出脉冲高/低比例常数寄存器。当 PWM 工作时，8 位计数器的值不断和 PWM0/PWM1 寄存器的内容相比较：如果 PWM0 或 PWM1 的值大于计数器的值时，则相应引脚$\overline{\text{PWM0}}$与$\overline{\text{PWM1}}$输出为低电平；反之，输出为高电平。因此，对 PWM0 或 PWM1 编程装入不同数值时，可调整引脚输出脉冲宽度。

2. PWM 的应用

经隔离后的 PWM 输出波形通过滤波后可变为平滑的直流电压，这时应外接运算放大器，如果要求输出有较高的精度，还必须外接输出缓冲器并使用相应的电源。如图 9-10(a)所示为将 PWM 输出用作 D/A 转换器的电路，如果要求模拟输出信号与主机隔离，则可采用图 9-10(b)所示的电路。

9.2.6　A/D 转换器

8XC552 片内有 8 路 10 位逐次比较型 A/D 转换器，基准电压和模拟电源分别由相应的引脚输入，完成一次 A/D 转换需要 50 个机器周期，即当振荡器频率为 12MHz 时，A/D 转换时间为 50μs，输入电压范围为 0～＋5V，其结构如图 9-11 所示。

A/D 转换器的操作是通过访问特殊功能寄存器 ADCON 来实现的，注意 ADCON 寄存器只能通过字节寻址方法访问。ADCON 寄存器地址为 0C5H，其格式如下。

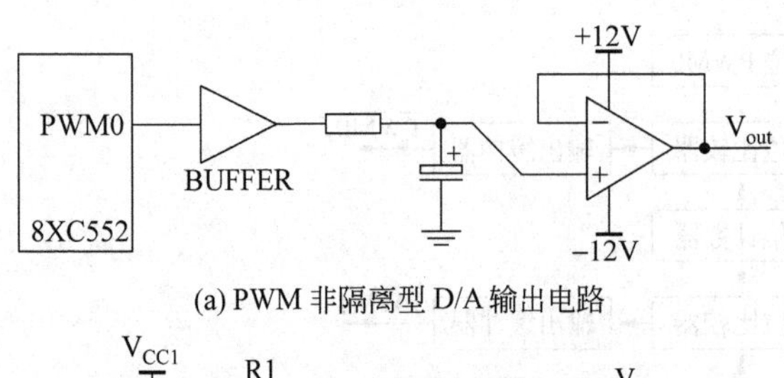

(a) PWM 非隔离型 D/A 输出电路

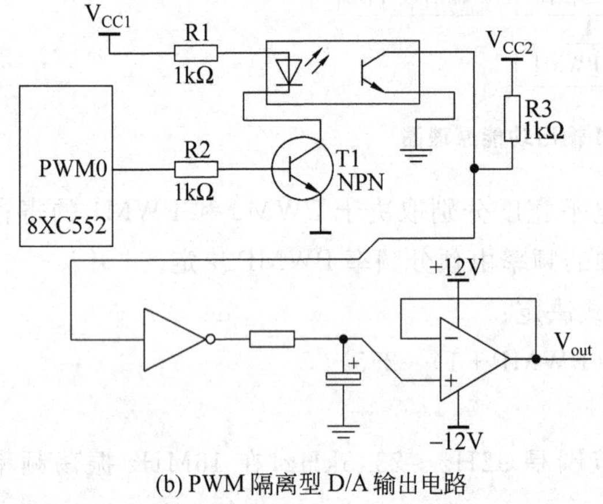

(b) PWM 隔离型 D/A 输出电路

图 9-10　PWM 输出用作 D/A 输出电路

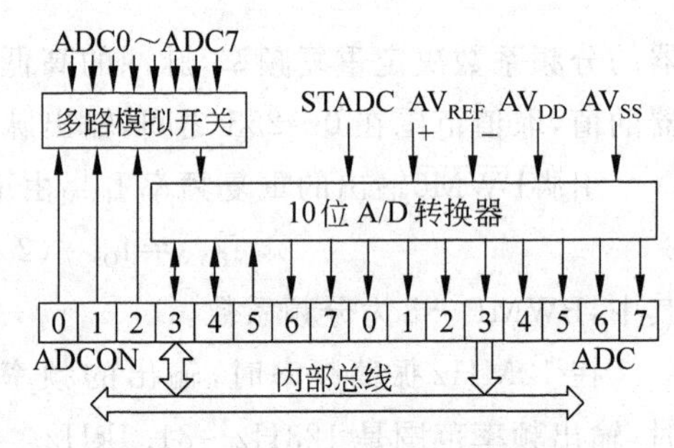

图 9-11　A/D 部件功能框图

D7	D6	D5	D4	D3	D2	D1	D0
ADC.1	ADC.0	ADES	ADCI	ADCS	AADR2	AADR1	AADR0

ADCON 各位的功能说明如下。

ADC.1、ADC.0(ADCON.7、ADCON.6)：A/D 转换结果低两位即位 1、位 0，高 8 位在 ADCH 中。

ADES(ADCON.5)：启动 A/D 转换方式。若 ADES＝0，由软件启动 A/D 转换(置 ADCS 位)；若 ADES＝1，可由软件或外部引脚 STADC 上升沿启动 A/D 转换。

ADCI(ADCON.4)：ADC 中断标志。A/D 转换结束，该标志置 1，并向 CPU 申请中断，在读 A/D 转换值中断程序中必须由软件清“0”。

ADCS(ADCON.3)：ADC 启动和标志。它实际上是由两个触发器实现的，一是启动触发器，只能写，由软件或外部引脚 STADC 设置；二是状态触发器，只能读。

当 ADC 忙时，ADCS 状态为 1，A/D 转换结束后，硬件自动复位 ADCS，同时置位 ADCI，当 ADCS 或 ADCI 之一为高电平时，禁止启动 A/D 转换。ADCS、ADCI 有 4 种组合，其功能如下。

ADCI	ADCS	功　能
0	0	ADC 空闲，可以启动 A/D 转换
0	1	ADC 忙，禁止启动 A/D 转换
1	0	转换完成，禁止启动 A/D 转换
1	1	无效

AADR2.1.0(ADCON.2.1.0)：模拟通路选择。3 位二进制编码，共有 8 种组合状

态，分别选择 8 路模拟输入信号中的一路输入到 A/D 转换器，只有在 ADCS 和 ADCI 都为低电平时才能变化。

在进行 A/D 转换的过程中，不理睬外部或软件的启动信号，转换结束后，置位 ADCI，并将转换结果的高 8 位存放在特殊功能寄存器 ADCH 中，低 2 位存放在特殊功能寄存器 ADCON 的高 2 位 ADC.1 和 ADC.0 中。

A/D 转换器具有自己独立的电源引脚（AV_{DD}和 AV_{SS}）以及连到 T 型电阻网络的引脚（V_{REF+} 和 V_{REF-}），AV_{REF+} 和 AV_{REF-} 可以在 $AV_{DD}+0.2V$ 和 $AV_{SS}-0.2V$ 之间。转换结果可由下式计算：

$$转换结果=1024\times(V_{IN}-AV_{REF-})/(AV_{REF+}-AV_{REF-})$$

9.2.7　定时器 T2 和捕捉比较逻辑

定时器 T2 是一个 16 位计数器，它和 4 个 16 位捕捉寄存器及 3 个比较寄存器相连。当在相应引脚上电平发生变化时，捕捉寄存器将捕捉定时器 T2 的内容，比较逻辑是以固定的时间去设置、复位和触发 P4 口的输出。

1. 定时器 T2

8XC552 单片机的定时器 T2 是一个 16 位的计数器，它由特殊功能寄存器 TMH2（高字节）和 TML2（低字节）所组成。它的输入可由软件编程为：fosc/12、T2 引脚输入的外部脉冲。当 T2 用作计数器时，T2 引脚上的外部输入信号经过预分频器进入 T2，预分频器的分频系数可编程为 1、2、4、8 四种，T2 引脚上的输入脉冲频率可达每个机器周期一次方波。特殊功能寄存器 TMH2 和 TML2 是只读寄存器，由复位信号或 RT2 引脚上的上跳变清“0”（若允许），预分频器也同时清“0”，RT2 是由置位 T2ER（TM2CON.5）位使能的。当 T2 发生低字节溢出或 16 位溢出时产生中断请求，这两个中断的向量是相同的，两者能同时编程为中断允许或禁止。定时器 T2 由特殊功能寄存器 TM2CON 控制，TM2CON 的地址为 EAH，其格式如下。

D7	D6	D5	D4	D3	D2	D1	D0
T2IS1	T2IS0	T2ER	T2BO	T2P1	T2P0	T2MS1	T2MS0

T2IS1：16 位溢出中断选择位；

T2IS0：字节溢出中断选择位；

T2ER：外部复位允许。T2ER=1 时，T2 可被 RT2（P1.5）引脚上的上升沿复位；

T2BO：T2 字节溢出中断标志位；

T2P1、T2P0：预分频器系数选择。4 种选择方式如下。

T2P1	P2P0	分频系数
0	0	1
0	1	2
1	0	4
1	1	8

T2MS1、T2MS0：工作方式选择。方式如下。

T2MS1	T2MS0	工作方式
0	0	停止计数
0	1	T2时钟源＝fosc/12
1	0	不使用
1	1	T2时钟源＝T2引脚输入计数脉冲

在使用12MHz晶振时，定时器T2的16位溢出每隔65.5、131、262、524ms发生一次(具体间隔时间由分频系数决定)，最大的时间间隔为0.5s。如果要求定时时间大于0.5s，就需扩展定时器T2。

2. 捕捉逻辑

定时器T2连接4个16位捕捉寄存器：CT0～CT3。捕捉寄存器输入信号CT0I～CT3I与P1口(P1.0～P1.3)复用，当引脚CT0I～CT3I上电平发生变化时，定时器T2的值装入这些捕捉寄存器并产生中断请求，中断标志存放在特殊功能寄存器TM2IR中。如果不需要捕捉功能，这些中断可作为外部中断输入。利用捕捉控制寄存器CTCON，可以捕捉输入信号的上跳变、下跳变或上下跳变。在每个机器周期的S1P1，采样输入信号，当检测到一个所选择的跳变时，在该机器周期的末尾将定时器T2的内容捕捉到寄存器中。

捕捉控制寄存器CTCON的地址为EBH，格式如下。

D7	D6	D5	D4	D3	D2	D1	D0
CTN3	CTP3	CTN2	CTP2	CTN1	CTP1	CTN0	CTP0

CTCON各位的功能如下。

CTN3～CTN0：CT3～CT0分别由CT3I～CT0I的下降沿捕捉。

CTP3～CTP0：CT3～CT0分别由CT3I～CT0I的上升沿捕捉。

利用CT3～CT0捕捉T2的功能，可方便的测量时间间隔，若一个周期变化的时间以上升或下降的形式加在一个捕捉引脚上，则两个事件之间的时间间隔可用捕捉寄存器捕捉T2中的时间值来测量，并在中断服务程序中计算出这两个事件之间的时间间隔。如采用12MHz的晶振，定时器T2最多可编程为524ms溢出一次，当事件的时间间隔大于524ms时，则应采用T2扩展程序对T2的溢出计数。

3. 比较逻辑

每当定时器T2加1时，三个16位比较寄存器CM0～CM2的内容与T2的计数值进行比较，发现相等时，在同一个机器周期的末尾置位定时器T2中断标志寄存器TM2IR中相应的中断标志。当T2与CM0相等时，置位P4口低6位中的某些位(由置位允许寄存器STE的低6位确定)；当T2与CM1相等时，复位P4口低6位中的某些位(由复位/触发允许寄存器RTE的低6位确定)；当T2与CM2相等时，触发反转P4口高两位中的某一位触发器(由复位/触发允许寄存器RTE的高两位确定)。两个附加的触发器TG46和TG47存储上次的结果，而被触发的是P4口高两位中的某一位触发器。这样，如果当前的操作是复位，即使在下次操作之前，此口被软件复位也是这样。P4口的每一位在任意时候还可以由软件来置位或复位，但是比较结果相等时所引起的硬件修改优于软件修改。当比较结果同时需要置位或复位时，口寄存器将被复位。

(1) 置位允许寄存器 STE 的地址为 0EEH，格式如下。

D7	D6	D5	D4	D3	D2	D1	D0
TG47	TG46	SP45	SP44	SP43	SP42	SP41	SP40

STE 各位的功能如下。

SP40～SP45：当某位为 1 时，T2 与 CM0 匹配，则对应置位 P4.0～P4.5，当某位为 0 时，无影响。

TG46：触发器输出(只读)。

TG47：触发器输出(只读)。

(2) 复位/触发寄存器 RTE 的地址为 0EFH，格式如下。

D7	D6	D5	D4	D3	D2	D1	D0
TP47	TP46	RP45	RP44	RP43	RP42	RP41	RP40

RTE 各位功能如下。

RP40～RP45：当某位为 1 时，T2 与 CM1 匹配复位输出 P4.0～P4.5，当某位为 0 时，对输出位无影响。

TP46、TP47：当某位为 1 时，T2 与 CM2 匹配时触发输出 P4.6、P4.7，否则无影响。

(3) 定时器 T2 中断标志寄存器 TM2IR 的地址为 0C8H，格式如下。

D7	D6	D5	D4	D3	D2	D1	D0
T2OV	CMI2	CMI1	CMI0	CTI3	CTI2	CTI1	CTI0

TM2IR 各位的功能如下。

CTI0～CTI3：CT0～CT3 捕捉到 T2 内容时中断标志。

CMI0～CMI2：CM0～CM2 与 T2 比较匹配时中断标志。

T2OV：定时器 T2 的 16 位溢出标志。

(4) 定时器 T2 中断允许寄存器 IEN1 的地址为 0E8H，格式如下。

D7	D6	D5	D4	D3	D2	D1	D0
ET2	ECM2	ECM1	ECM0	ECT3	ECT2	ECT1	ECT0

IEN1 各位的功能如下。

ET2：T2 字节溢出或 16 位溢出中断允许位。

ECM0～ECM2：比较寄存器 CM0～CM2 中断允许位。

ECT0～ECT3：捕捉寄存器 CT0～CT3 中断允许位。

其中各位为“1”时允许中断，为“0”时禁止中断。

(5) 定时器 T2 中断优先级寄存器 IP1 的地址为 0F8H，其格式如下。

D7	D6	D5	D4	D3	D2	D1	D0
PT2	PCM2	PCM1	PCM0	PCT3	PTC2	PCT1	PCT0

IP1各位的功能如下。

PT2：定时器T2溢出中断优先级。

PCM0～PCM2：比较器CM0～CM2中断优先级。

PCT0～PCT3：捕捉寄存器CT0～CT3中断优先级。

其中各位为"1"时定义为高优先级，为"0"时定义为低优先级。

9.2.8 监视定时器T3

8XC552单片机除了附加定时器T2和标准定时器T0、T1之外，还有一个监视定时器T3(Watchdog)，T3的作用是当CPU受到干扰而不能按正常方式执行程序，用户又没有在指定的时间内(监视时间间隔)重新装入监视定时器T3，则监视电路将产生一个内部系统复位信号，强迫系统复位，从而使程序重新得到正确的运行。

监视定时器T3由一个11位预分频器和一个8位定时器组成。当采用12MHz振荡频率时，定时器T3的最小计时间隔为2ms(2048个机器周期)。当T3发生溢出时，将产生一个内部复位信号使8XC552复位，同时将在RST引脚上产生一个正的复位脉冲。如果在RST引脚上连接一个电容，这个复位脉冲将被滤掉，但这并不影响内部复位。

外部引脚$\overline{EW}$为T3的时钟使能端，$\overline{EW}$为低点平时T3的操作才有效，这时不能用软件禁止监视定时器T3重新装入初始值，即用户程序必须不断地执行对T3的装入命令。采用12MHz振荡器频率时，监视时间间隔可编程为2～512ms，对应的T3初值为0～FFH。

对监视定时器T3的装入分两步，首先置位PCON.4(WLE)，然后装入T3初始置。在T3装入以后PCON.4(WLE)自动复位。如果WLE处于复位状态，T3不能被装入。在实际用户程序中，可将对的再装入操作作为一个子程序，在程序执行过程中经常调用，其程序举例如下。

在主程序中对T3进行初始化。

```
T3              EQU     0FFH        ;T3的地址为FFH
PCON            EQU     87H         ;PCON的地址为87H
WATCH_INTV      EQU     100         ;设监视间隔，T3溢出时间2ms×100=200ms
```

在用户程序中，间隔调用"看门狗"子程序LCALL WATCHDOG指令，以便程序在正常运行时能在指定的时间内(监视时间间隔)重新装入监视定时器T3，使监视电路不产生内部系统复位信号，从而使程序得到正确的运行。

"看门狗"T3的服务程序如下。

```
WATCHDOG:    ORL     PCON,#10H         ;置PCON.4=1,允许T3装初值
             MOV     T3,#WATCH_INTV    ;间隔时间装入T3
             RET
```

9.2.9　8XC552 中断系统

8XC552 的中断系统，共有 15 个中断源，分为两个中断优先级。这 15 个中断源分别是两个定时器/计数器 T0 和 T1 溢出中断；三个 T2 比较中断；两个外部中断 $\overline{INT0}$、$\overline{INT1}$；一个 T2 溢出中断；异步串行口中断 UART；A/D 转换结束中断；四个 T2 捕捉中断；I^2C 同步串行口中断。

1. 中断允许寄存器

中断允许由两个特殊功能寄存器 IEN0 和 IEN1 控制。

(1) IEN0 的地址为 A8H，格式如下。

D7	D6	D5	D4	D3	D2	D1	D0
EA	EAD	ES1	ES0	ET1	EX1	ET0	EX0

IEN0 各位的功能说明如下。

EA：中断系统总允许控制位。

EAD：A/D 转换器中断允许位。

ES1：I^2C 中断允许位。

ES0：UART 中断允许位。

ET0、ET1：定时器 T0、T1 中断允许位。

EX0、EX1：外部中断$\overline{INT0}$、$\overline{INT1}$允许位。

(2) IEN1 的地址为 E8H，其格式如下。

D7	D6	D5	D4	D3	D2	D1	D0
ET2	ECM2	ECM1	ECM0	ECT3	ECT2	ECT1	ECT0

IEN1 各位的功能说明如下。

ET2：T2 溢出中断允许位。

ECM0～ECM2：比较器 0～2 中断允许位。

ECT0～ECT3：捕捉器 0～3 输入端 CT0I～CT3I 的中断允许位。

2. 中断优先级寄存器

中断优先级由两个特殊功能寄存器 IP0 和 IP1 控制。

(1) IP0 的地址为 B8H，其格式如下。

D7	D6	D5	D4	D3	D2	D1	D0
/	PAD	PS1	PS0	PT1	PX1	PT0	PX0

IP0 各位的功能说明如下。

PAD：ADC 中断优先级控制位。

PS1：I^2C 总线中断优先级控制位。

PS0：UART中断优先级控制位。

PT0、PT1：定时器T0、T1中断优先级控制位。

PX0、PX1：外部中断$\overline{INT0}$、$\overline{INT1}$中断优先级控制位。

(2) IP1的地址为F8H,其格式定义如下。

D7	D6	D5	D4	D3	D2	D1	D0
PT2	PCM2	PCM1	PCM0	PCT3	PCT2	PCT1	PCT0

IP1格式的功能说明如下。

PT2：定时器T2中断优先级控制位。

PCM0～PCM2：比较寄存器0～2中断优先级控制位。

PCT0～PCT3：捕捉寄存器0～3中断优先级控制位。

3. 中断矢量地址

8XC552单片机与MCS-51单片机的中断结构相似,采用两级中断方式,一个低优先级中断可被一个高优先级中断,反之则不行。如果有几个同级中断同时请求中断时,则按内部规定的中断优先级顺序响应中断。表9-8为8XC552内部中断查询次序和中断矢量地址。

表9-8 8XC552中断硬件查询次序及中断矢量

中 断 源	符 号	硬件查询次序	中 断 矢 量
外部中断0	$\overline{INT0}$	1(最高)	0003H
串行口I^2C	SIO1	2	002BH
ADC转换完	ADC	3	0053H
T0溢出中断	T0	4	000BH
捕捉0输入端	CT0I	5	0033H
比较0	CM0	6	005BH
外部中断1	$\overline{INT1}$	7	0013H
捕捉1输入端	CT1I	8	003BH
比较1	CM1	9	0063H
T1溢出	T1	10	001BH
捕捉2输入端	CT2I	11	0043H
比较2	CM2	12	006BH
串行口UART1	SIO0	13	0023H
捕捉3输入端	CT3I	14	004BH
T2溢出	T2	15(最低)	0073H

需要指出的是,8XC552在响应中断后,硬件只自动清除定时器T0、T1的溢出中断标志TF0、TF1和由边沿触发的外部中断标志IE0、IE1,其余各中断标志必须在响应中断后由用户用软件加以清除。

9.2.10 I^2C总线简介

I^2C总线是Philips公司开发的一种简单、双向二线制同步串行总线。它只需要两根线(串行时钟线和串行数据线)即可在连接于总线上的器件之间传送信息。这种总线的主要特性如下。

(1) 总线只有两根线：串行时钟线和串行数据线。

(2) 每个连到总线上的器件都可由软件以唯一的地址寻址，并建立简单的主从关系，主器件既可作为发送器，又可作为接收器。

(3) 它是一个真正的多主总线，带有竞争监测和仲裁电路，可使多个主机任意同时发送而不破坏总线上的数据。

(4) 同步时钟允许器件通过总线以不同的波特率进行通信。

(5) 同步时钟可以作为停止或重新启动串行口发送的握手方式。

(6) 连接到同一总线的集成电路数只受 400pF 的最大总线电容的限制。

I^2C 总线极大地方便了系统设计者，无须设计总线接口，因为总线已经集成在片内了，从而大大缩短了设计时间，并且从系统中移去或增加集成电路芯片对总线上的其他集成电路芯片没有影响。如图 9-12 所示为一个典型的 I^2C 总线结构。

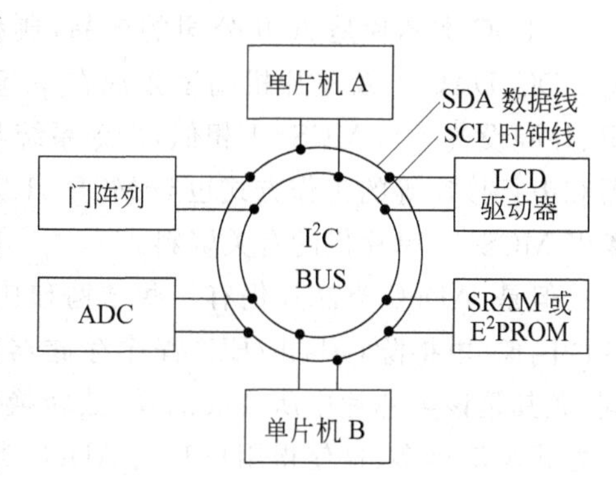

图 9-12　典型的 I^2C 总线结构

I^2C 通过两根总线：串行数据线(SDA)和串行时钟线(SCL)。这两根线使连到总线上的器件之间按一定的通信协议进行寻址和信息的传输。每个模块都有唯一的地址，在信息传输过程中，I^2C 总线上的电路模块有的是主控制器(单片机)，有的是被控制器，它们可以是发送器或接收器，这决定于它所完成的功能。

I^2C 总线在进行数据传输时，由作为主控制器的电路模块来初始化一次数据的传输，并在 I^2C 总线上提供时钟进行传送。信息传输的对象、方向以及开始、终止也由主控制器来决定。此时，在 I^2C 总线上被主控制器所寻址的电路模块称为从控器。在 I^2C 总线上数据由发送器传出，被接收器接收，接收器在每次正确接收到一个数据字节后，都要在数据总线 SDA 发送一个应答信号。

I^2C 具有多重主控的能力，这意味着可以由多个作为主控制器的芯片(具有 I^2C 总线的单片机)去控制占用总线。在 I^2C 总线上进行数据传送的电路模块可根据不同的工作状态，被分为主控发送器、主控接收器、被控(从)发送器、被控接收器。很明显，一些智能电路如单片微控制器等，可以工作在上述 4 种任一状态中，而图中的 RAM、EPROM 存储器，LCD，ADC 等只能是被控发送器或被控接收器。

在 I^2C 总线应用系统中，I^2C 总线上可挂接若干个单片机应用系统及若干个带 I^2C 接口的器件，每个 I^2C 接口作为一个节点，节点的数量和种类主要受总电容量和地址容量的限制。8XC552 单片机具有 I^2C 接口，可以直接挂在 I^2C 总线上，对没有 I^2C 接口的单片机，可通过 I^2C 接口扩展芯片 PCD8584 扩展 I^2C 接口。

I^2C 总线上所有节点都由约定的地址以便实现可靠的数据传送，单片机节点作为主器件时其地址无意义，作为从器件时其从地址在初始化程序中定位在 I^2C 总线地址寄存器 SIADR 的高 7 位中。器件节点的 7 位地址由两部分组成，完全由硬件确定，一部分为器件编号地址，由芯片厂家规定；另一部分为引脚编号地址，由引脚的高低电平决定。

如4位LED驱动器SAA1064的地址为01110 A_1A_0，其中01110为器件编号地址，表明该器件为显示LED驱动器，A_1A_0为该器件的两个引脚，分别接高/低电平时，可以有4片不同地址的LED驱动模块节点。256字节的E^2PROM器件PCF8582的地址为1010$A_2A_1A_0$，通过对三个引脚的不同电平设置，可连接8片不同地址的E^2PROM芯片。芯片内地址则由主器件发送的第一个数据字节来选择。关于I^2C总线的详细操作请查阅有关资料。

9.3 ADI公司ADuC系列微转换器

ADuC类芯片是ADI公司的产品，典型芯片有ADuC812、ADuC816、ADuC824。是将ADC、DAC以及单片机高度集成在一起，其核心仍然是MCS-51内核，内部存储器组织、外围设备等与MCS-51相似，指令系统与MCS-51的指令系统完全相同，定时器/计数器和串行接口等的工作方式也与MCS-51完全一样。所以，在使用ADuC类芯片时，可以参考MCS-51单片机的有关资料。

但是，ADuC类芯片仍有一些结构和功能与MCS-51单片机不同。例如，ADuC类芯片的闪速/电擦除（Flash/EE）程序存储器和数据存储器与MCS-51单片机的存储器不同，尤其是该类芯片中所集成的模/数转换器ADC的工作方式比传统的ADC芯片的工作方式灵活得多，这使得用户利用ADuC类器件开发数据采集系统非常方便。

9.3.1 ADuC812

1. ADuC812单片机内部结构与性能特点

ADuC812的功能方框图如图9-13所示。

1）模拟输入输出

- 8通道、高精度、12位ADC，转换速度为200KSPS（即每秒采样200K次），A/D转换可设置成DMA模式，将A/D转换结果直接送数据存储器，片上还集成了40PPM/℃参考电压源。
- 两通道、电压输出型、12位DAC。
- 片上还集成了温度传感器。

2）存储器配置

- 片上集成8KB Flash/EE程序存储器，片内外64KB寻址空间。
- 片上集成640B Flash/EE数据存储器，256B数据存储器，16MB外部数据存储器寻址空间。
- 片上集成高压充电泵，不需要外加V_{PP}编程电源。

3）8051内核

- 工作时钟12MHz，最大为16MHz。
- 三个16位定时/计数器。一个监视定时器（watchdog timer）。
- 9个中断源，两个优先级。

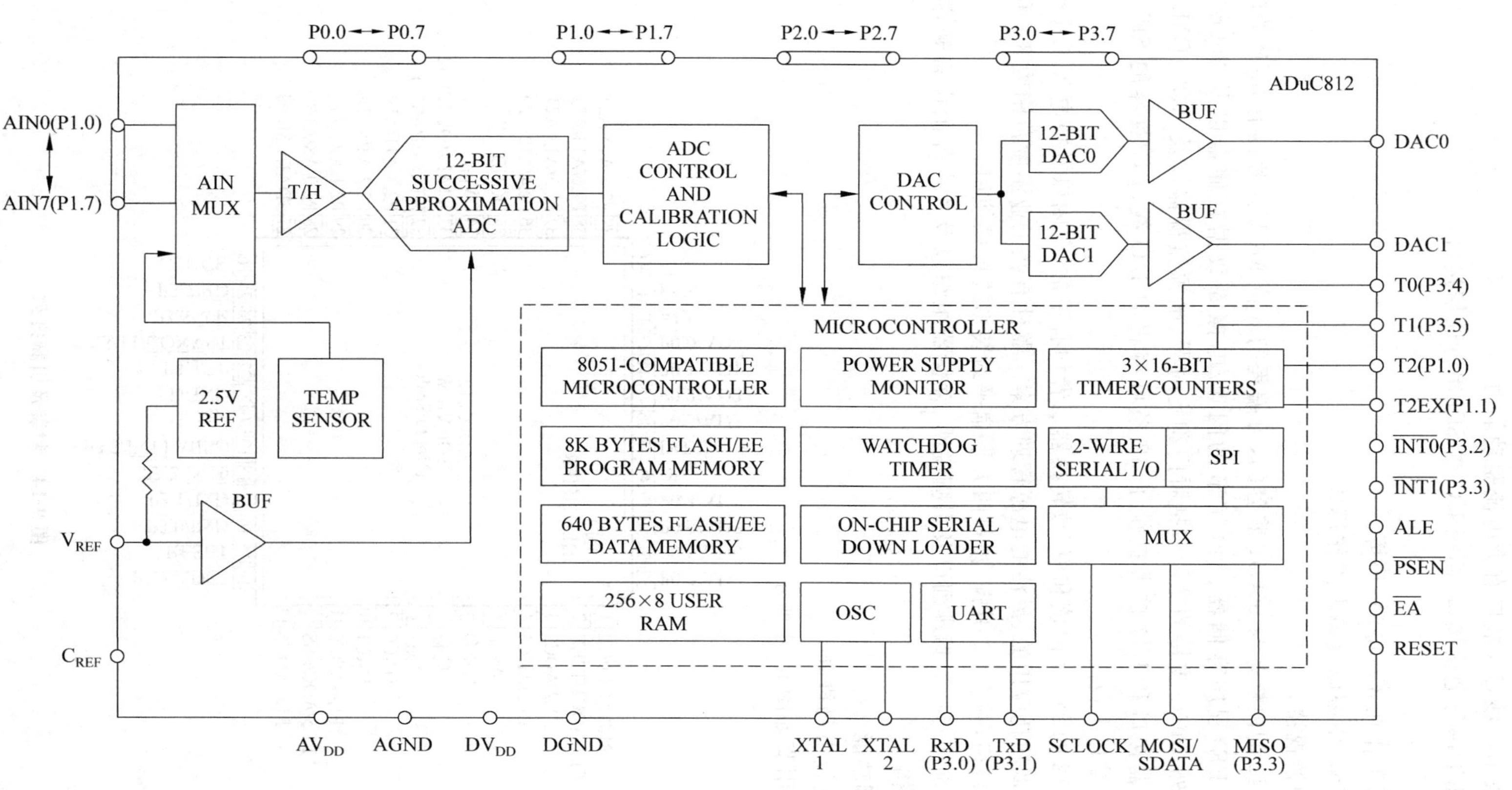

图 9-13 ADuC812 内部结构框图

- 32 条 I/O 线,P3 端口有大电流驱动能力。
- UART 串行通信接口,两线 I^2C 或 SPI 串行通信接口。

4）电源

- 可以工作在 3V 或 5V 环境。
- 有正常、空闲以及掉电工作模式。
- 电源监视器。

ADuC812 的内核是与 80C51 兼容的,可编程的 8 位 MCU。片内有 8KB 的闪速/电擦除(Flash/EE)程序存储器、640 字节的闪速/电擦除数据存储器以及 256B 的数据 SRAM。另外,MCU 支持的功能包括看门狗定时器、电源监视器以及 ADC、DMA 功能,并为多处理器接口和 I/O 扩展提供了 32 条可编程的 I/O 线、I^2C 兼容的 SPI 和标准 UART 串行端口 I/O。

ADuC812 的 MCU 内核和模/数转换器二者均有正常、空闲以及掉电等工作模式,提供了适合于低功耗应用的、灵活的电源管理方案。器件有在工业温度范围内 3V 和 5V 两种工作电压规格,并有 52 引脚、塑料四方形扁平封装形式可供使用。

下面分别从芯片引脚排列以及引脚说明、存储器组织以及片内外围设备来详细说明该芯片的结构。

2. 引脚功能

1）封装及引脚排列

封装及引脚如图 9-14 所示。

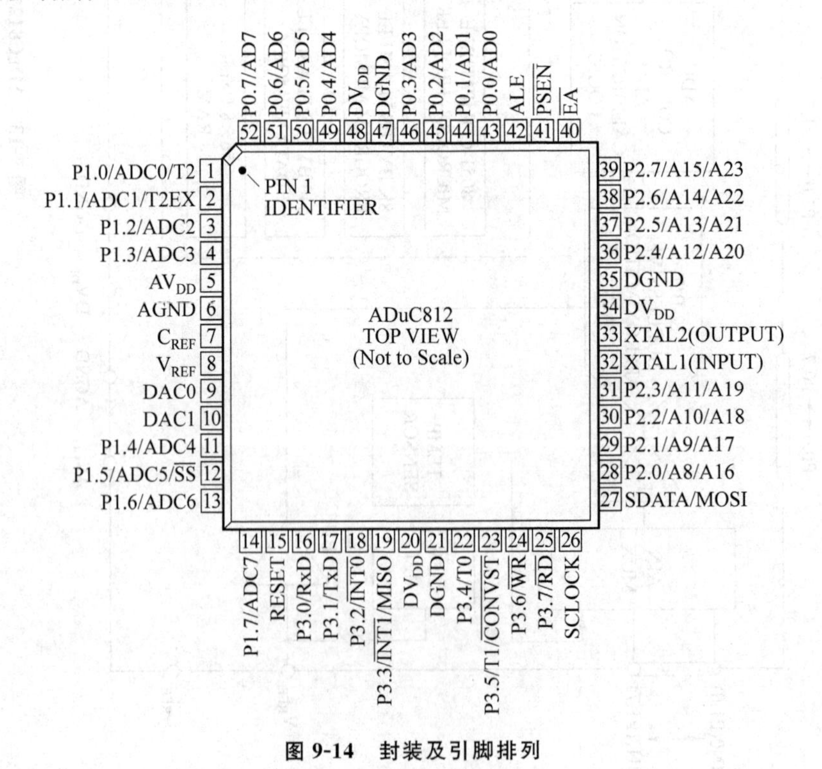

图 9-14 封装及引脚排列

2）引脚说明

ADuC812 的引脚说明如表 9-9 所示。

表 9-9　ADuC812 的引脚说明

符　号	类型	功　　能
DV_{DD}	P	数字正电源电压，额定值为＋3V或＋5V
AV_{DD}	P	模拟正电源电压，额定值为＋3V或＋5V
C_{REF}	I	片内基准的去耦引脚，在此引脚和AGND之间连接0.1μF的电容
V_{REF}	I/O	基准输入输出。次引脚通过串联电阻连接至内部基准，是模/数转换器的基准源。额定内部基准电压2.5V，且出现在此引脚(当ADC和DAC外围设备被使能时)。此引脚可以由外部引脚驱动
AGND	G	模拟地
P1.0～P1.7	I/O	端口1仅为8位输入端口。与其他端口不同，端口1默认为模拟输入端口，为了把这些端口的任一个引脚配置为数字输入，应把0写至该引脚端口锁存器。端口1引脚是多功能的且共享模/数转换器输入、定时器/计数器2、SPI接口的从属选择输入等功能
ADC0～ADC7	I	模拟输入。8个单端模拟输入。通过ADCCON2 SFR进行通道选择
T2	I	定时器2数字输入。输入至定时器/计数器2。当被使能时，对应于T2输入的1至0的跳变，计数器2为增量计数量
T2EX	I	数字输入。计数器2 Capture/Reload(捕获/重载)触发并用做计数器2 Up/Down(上/下)控制输入
$\overline{SS}$	I	SPI接口的从属输入
SDATA	I/O	用户可选，I^2C兼容输入输出引脚或SPI数据输入输出引脚
SCLOCK	I/O	I^2C兼容串行时钟引脚和SPI串行接口时钟
MOSI	I/O	用于SPI接口的SPI主输出/从输入数据I/O引脚
MISO	I/O	用于SPI接口的SPI主输入/从输出数据I/O引脚
DAC0	O	DAC0电压输出
DAC1	O	DAC1电压输出
RESET	I	数字输入。当振荡器运行时，此引脚上长达24个主时钟周期的高电平使器件复位
P3.0～P3.7	I/O	端口3是具有内部上拉电阻的双向端口，写1的端口3引脚被内部上拉电阻拉至高电平，在此状态下可被用做输入，由于内部上拉电阻，被外部拉至低电平的端口3引脚将提供电流，端口3引脚也包括各种次要功能，后面将会说明
RXD	I/O	串行(UART)端口的接收数据输入(异步)和数据输入输出(同步)
TXD	O	串行(UART)端口的发送数据输入(异步)和数据输入输出(同步)
$\overline{INT0}$	I	中断0输入，可编程为边沿或电平触发，它可以被编程为两个优先级之一。此引脚也可用做定时器0门(GATE)控制输入
$\overline{INT1}$	I	中断1输入，可编程为边沿或电平触发，它可以被编程为两个优先级之一。此引脚也可用做定时器1门(GATE)控制输入
T0	I	定时器/计数器0输入
T1	I	定时器/计数器1输入
CONVST	I	当外部转换启动被使能时ADC块低电平有效转换启动逻辑输入。此输入端低电平至高电平跳变将把跟踪/保持置入其保持方式并启动转换
$\overline{WR}$	O	写控制信号，逻辑输出。把来自端口0的数据锁存入外部数据存储器或I/O口
$\overline{RD}$	O	读控制信号，逻辑输出。允许外部数据存储器或I/O口数据送至端口0

续表

符　号	类型	功　　能
XTAL2	O	倒相振荡器放大器的输出
XTAL1	I	倒相振荡器放大器输入
DGND	G	数字地。数字电路的地基准点
P2.0～P2.7 (A8～A15) (A16～A23)	I/O	端口2是具有内部上拉电阻的双向端口。写1的端口2被内部上拉电阻拉至高电平,在此状态下它们可被用做输入。由于内部上拉电阻,被外部拉至低电平的端口2引脚将提供电流。端口2在从外部程序存储器取指期间发出高地址字节,在访问24位外部数据存储器空间发出中、高地址字节
$\overline{PSEN}$	O	程序存储器使能,逻辑输出。此输出端是控制信号,在外部取指操作期间内允许外部程序存储器送至总线。除了在外部数据存储器访问期间,$\overline{PSEN}$每6个时钟周期被激活一次。在内部程序执行期间内此引脚保持高电平。当上电或者复位通过电阻拉至低电平时,$\overline{PSEN}$也可用作使能下载模式
ALE	O	地址锁存允许,逻辑输出。在正常工作期间,此输出用于把地址的低字节(对于24位地址空间访问还有中字节)锁存入外部存储器。除了在外部数据存储器访问期间内,ALE每6个振荡周期被激活(有效)一次
$\overline{EA}$	I	外部访问使能,逻辑输入。当保持高电平时,此输入使器件能从地址为0000H至1FFFH的内部程序存储器取回代码。当保持低电平时,此输入使器件能从外部程序存储器取回所有指令
P0.7～P0.0 (A0～A7)	I/O	端口0是8位漏极开路双向I/O端口。写1的端口0引脚悬空,在此状态下可用做高阻抗输入。在访问外部程序和数据存储器期间内,端口0也是多路复用的低8位地址和数据总线

3. 存储器组织

ADuC812与所有的80C51兼容的器件一样,对于程序和数据存储器具有两个线性的地址空间。其内核中组合了片内可重新编程、非易失性闪速/电擦除程序和数据存储器。闪速存储器是最新类型的非易失性存储器技术,它基于单个晶体管单元结构,既具有E^2PROM灵活的在线可重新编程的特点,又包括了EPROM空间有效性/高密度的特点。与E^2PROM一样,虽然闪速存储器必须首先被擦除,但它可在系统内在字节级被编程,擦除操作在扇区块内执行。因此,闪速存储器常常被称作闪速/电擦除存储器。ADuC812包含了两个闪速/电擦除存储器,即程序存储器和数据存储器。

1) 程序存储器

程序存储器配置如图9-15所示。内部8KB的闪速/电擦除程序存储器空间,使代码的执行变得容易,而且无需任何外部分立的ROM器件。编程时,可以用常规的第三方提供的存储器编程器编程,或者使用开发商提供的串行下载模式在线编程,也可以并行编程。

作为厂家引导代码的一部分,ADuC812使经过标准UART串行接口实现串行代码下载。将外部引脚$\overline{PSEN}$通过外部电阻拉至低电平,则上电时将自动进入串行下载模式。一旦处于此模式,用户可以把代码下载到程序存储器阵列,同时器件仍位于其目标应用硬件中。

并行编程模式与常规的第三方闪速或E^2PROM器件编程器完全兼容,如图9-16所

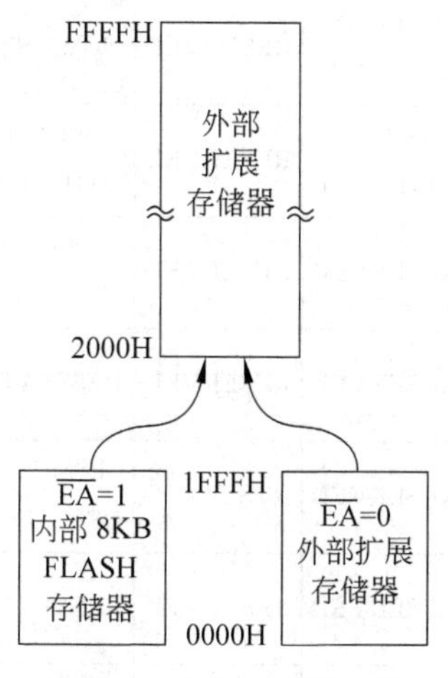

图 9-15　程序存储器配置

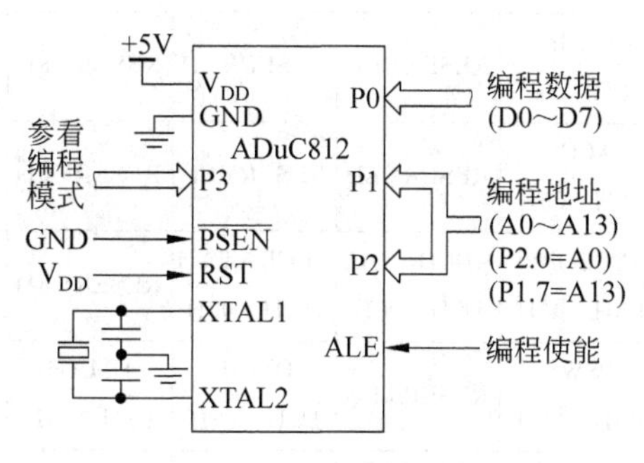

图 9-16　并行编程模式

示。在此方式下，端口 P0、P1 和 P2 用做外部数据和地址总线接口，ALE 用做写使能选通，端口 P3 编程模式配置端口，在并行编程期间内它为各种编程和擦除操作配置时序。闪速编程所需的高压(12V)电源用片内充电泵产生，为高压编程供电。表 9-10 表示用端口 P3 的位来配置的正常并行编程模式。

表 9-10　闪速存储器并行编程模式

端口引脚(P3.7～P3.0)								编 程 模 式
7	6	5	4	3	2	1	0	
1	1	1	1	0	0	0	1	擦除闪速程序
1	1	1	1	0	0	1	0	擦除闪速用户
1	1	1	1	0	0	1	1	读制造商和芯片 ID
1	1	1	1	0	1	0	1	编程字节
1	1	1	1	0	1	1	1	读字节
任何其他代码								保留

2) 数据存储器

数据存储器配置如图 9-19 所示，由五个组成部分，即低 128B 内部 RAM、高 128B 内部 RAM、特殊功能寄存器 SFR、640B Flash/EE 数据存储器和 16MB 外扩数据存储器。

低 128B 内部 RAM、高 128B 内部 RAM 与 52 系列一致，可参考第 2 章。

(1) 特殊功能寄存器 SFR。

特殊功能寄存器配置如图 9-17 所示，可位寻址的特殊功能寄存器各位功能定义如图 9-18 所示。

用于 A/D 的特殊功能寄存器有 ADCCON1、ADCCON2 、ADCOFSH、ADCOFSL、ADCGAINH、ADCGAINL、DMAP、DMAH、DMAL 、ADCDATAH、ADCDATAL。

用于 D/A 的特殊功能寄存器有 DACCON、DAC1H、DAC1L 、DAC0H、DAC0L。

用于寻址640B的特殊功能寄存器有ECON、EADRL、EDATA1、EDATA2、EDATA3、

SPICON[1] F8H 00H	DAC0L F9H 00H	DAC0H FAH 00H	DAC1L FBH 00H	DAC1H FCH 00H	DACCON FDH 04H	RESERVED	NOT USED
B[1] F0H 00H	ADCOFSL[3] F1H 00H	ADCOFSH[3] F2H 20H	ADCGAINL[3] F3H 00H	ADCGAINH[3] F4H 00H	ADCCON3 F5H 00H	RESERVED	SPIDAT F7H 00H
I2CCON[1] E8H 00H	RESERVED	RESERVED	RESERVED	RESERVED	RESERVED	RESERVED	ADCCON1 EFH 20H
ACC[1] E0H 00H	RESERVED	RESERVED	RESERVED	RESERVED	RESERVED	RESERVED	RESERVED
ADCCON2[1] D8H 00H	ADCDATAL D9H 00H	ADCDATAH DAH 00H	RESERVED	RESERVED	RESERVED	RESERVED	PSMCON DFH DCH
PSW[1] D0H 00H	RESERVED	DMAL D2H 00H	DMAH D3H 00H	DMAP D4H 00H	RESERVED	RESERVED	RESERVED
T2CON[1] C8H 00H	RESERVED	RCAP2L CAH 00H	RCAP2H CBH 00H	TL2 CCH 00H	TH2 CDH 00H	RESERVED	RESERVED
WDCON[1] C0H 00H	NOT USED	NOT USED	NOT USED	ETIM3 C4H C9H	RESERVED	EDARL C6H 00H	RESERVED
IP[1] B8H 00H	ECON B9H 00H	ETIM1 BAH 52H	ETIM2 BBH 04H	EDATA1 BCH 00H	EDATA2 BDH 00H	EDATA3 BEH 00H	EDATA4 BFH 00H
P3[1] B0H FFH	NOT USED	NOT USED	NOT USED	NOT USED	NOT USED	NOT USED	NOT USED
IE[1] A8H 00H	IE2 A9H 00H	NOT USED	NOT USED	NOT USED	NOT USED	NOT USED	NOT USED
P2[1] A0H FFH	NOT USED	NOT USED	NOT USED	NOT USED	NOT USED	NOT USED	NOT USED
SCON[1] 98H 00H	SBUF 99H 00H	I2CDAT 9AH 00H	I2CADD 9BH 00H	NOT USED	NOT USED	NOT USED	NOT USED
P1[1,2] 90H FFH	NOT USED	NOT USED	NOT USED	NOT USED	NOT USED	NOT USED	NOT USED
TCON[1] 88H 00H	TMOD 89H 00H	TL0 8AH 00H	TL1 8BH 00H	TH0 8CH 00H	TH1 8DH 04H	NOT USED	NOT USED
P0[1] 80H FFH	SP 81H 07H	DPL 82H 00H	DPH 83H 00H	DPP 84H 00H	RESERVED	RESERVED	PCON 87H 00H

图 9-17 特殊功能寄存器配置

EDATA4、ETIM1、ETIM2、ETIM3。

用于寻址外扩 16MB RAM 的特殊功能寄存器有 DPTR(DPH,DPL),DPP。

用于 SPI 通信的特殊功能寄存器有 SPICON、SPIDAT。

用于 I^2C 通信的特殊功能寄存器有 I2CON、I2CADD、I2CDAT。

用于 Watchdog 的特殊功能寄存器有 WDCON。

用于电源监视的特殊功能寄存器有 PSMCON。

其他还有 IE、IE2、IP、TMOD、TCON、SCON、SBUF、PCON 等。

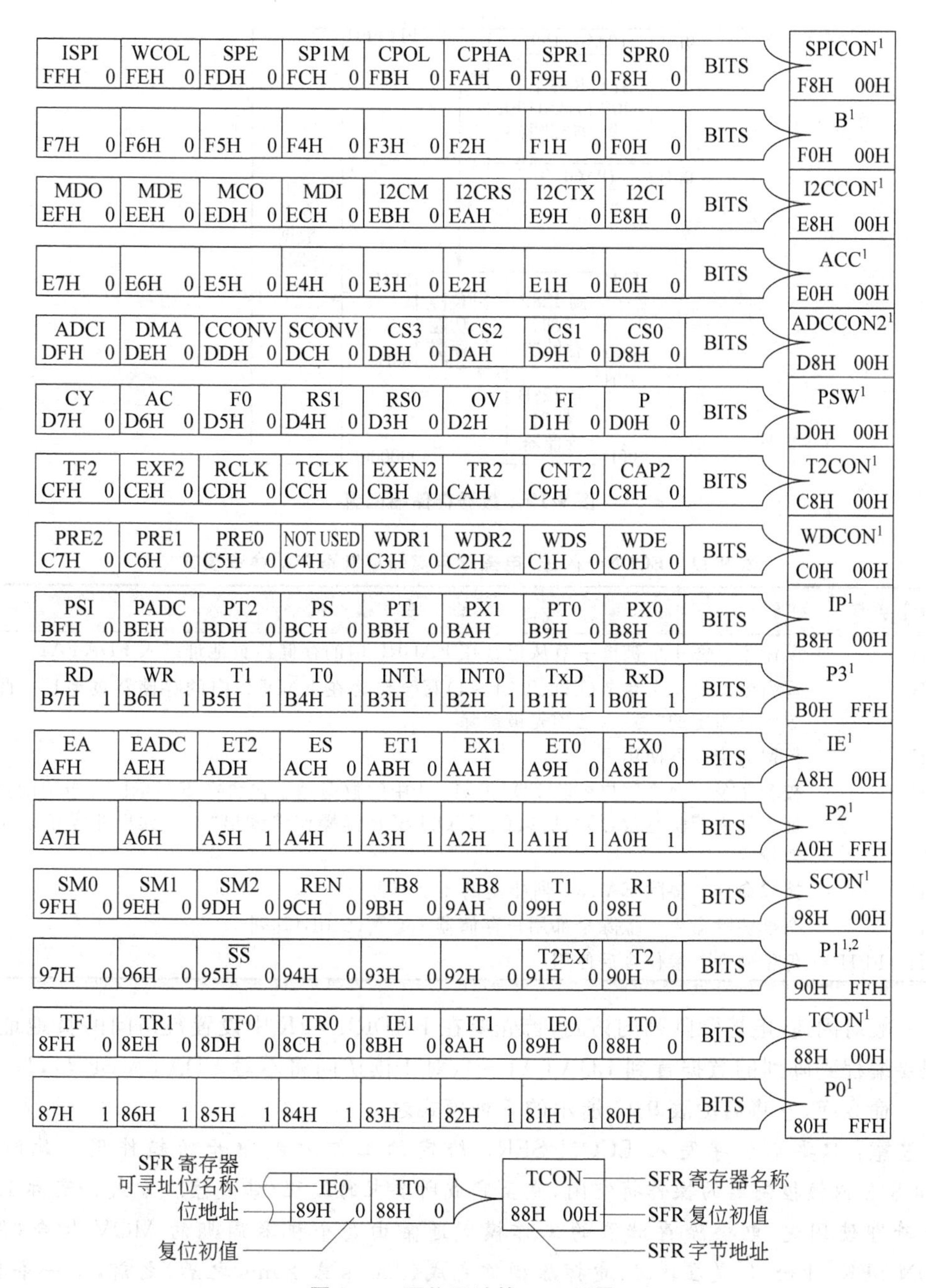

图 9-18　可位寻址的 SFR 配置

(2) 640 字节的闪速/电擦除数据存储器。

它可以被用户用做通用非易失性暂存存储器区域，如同传统的 E^2PROM。它的配置为 160 页(00H～9FH)、4B 的页，通过映射在 SFR 空间的存储器组与此存储器空间相接口。4 个数据寄存器组(EDATA1～4)用于保存刚访问的 4B 页数据。EADRL 用于保存被访问页的 8 位地址。最后，ECON 是 8 位控制寄存器，它可以写入 5 个闪速/电擦除存储器访问命令之一，以便使能各种读、写擦除和校验模式。ECON 控制寄存器命令模式如表 9-11 所示。

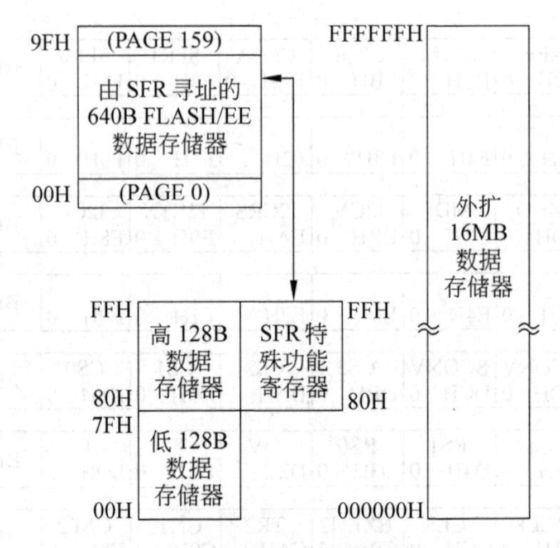

图 9-19 数据存储器配置

表 9-11 ECON—闪速/电擦除存储器控制寄存器命令模式

命令字节	命令模式
01H	读命令。使4个被读字节从包含在EADRL内的存储器页地址进入EDATA1～4
02H	写命令。使4个字节(EDATA1～4)写至包含在EADRL内的存储器页地址。此命令假设指定的"写"页已预先被擦除
03H	保留命令。不使用
04H	校验命令。允许用户校验EDATA1～4中的数据是否包含在EADRL所指定的页地址。如果校验有效,那么后续的ECON SFR读操作将读出"0"。读出非零值表示无效校验
05H	擦除命令。擦除EADRL所指定的4字节页
06H	全部擦除命令。擦除全部用户存储器160页(640B)阵列
07H～FFH	保留命令。留作今后使用

一般对闪速/电擦除阵列的访问,首先要在EADRL SFR中设置被访问的页地址,然后把要编程到阵列的数据置到EDATA1～4(对于读访问将不写EDATA SFR),最后写ECON命令字,它将启动表9-11所示的5种模式之一。

注意:只要命令字写入ECON SFR,给定的工作方式即开始起作用。此时,在ADuC812内核控制器的操作将空闲,直至完成所要求的编程/读或擦除方式。实际上,这意味着即使闪速/电擦除存储器的工作模式通常由两个机器周期的MOV指令(写至ECON SFR)开始,但是在闪速/电擦除操作完成(250μs或20ms之后)之前,下一条指令将不被执行。这表示虽然在整个这种准空闲(pseudoidle)周期内,像计数器/定时器这样的功能部件如所设置的那样计数和定时,但是直到闪速/电擦除操作完成之前,内核将不响应中断请求。

一般说来,闪速/电擦除存储器阵列只有在它预先被擦除后才能编程。具体地说,一个字节只有在它保持数值FFH时才能被编程。由于闪速/电擦除存储器的结构,这种擦除必须发生在"页"一级,因此当擦除命令开始时,最少擦除4个字节(1页)。

图9-20是一个特殊的编程过程的例子。在此例中,把F3H写入用户闪速/电擦除存储器空间中页地址为03H的第二个字节。然而,页03H已包含了4个字节的有效数据。

当用户只要求修改这些数据之一时，必须首先读出整个页，以便在擦除此页时不丢失已存在的数据。然后，把新数据写入 EDATA2 SFR。其后是擦除(ERASE)周期，它确保在新的页数据 EDATA1～4 写回到存储器之前擦除此页。如果在没有擦除周期(ECON 设置为 05H)的情况下开始编程周期(ECON 设置为 02H)，那么只有初值为“1”的位被修改。因此，为了实现对存储器阵列的有效写访问，必须预先擦除闪速/电擦除存储器字节地址。

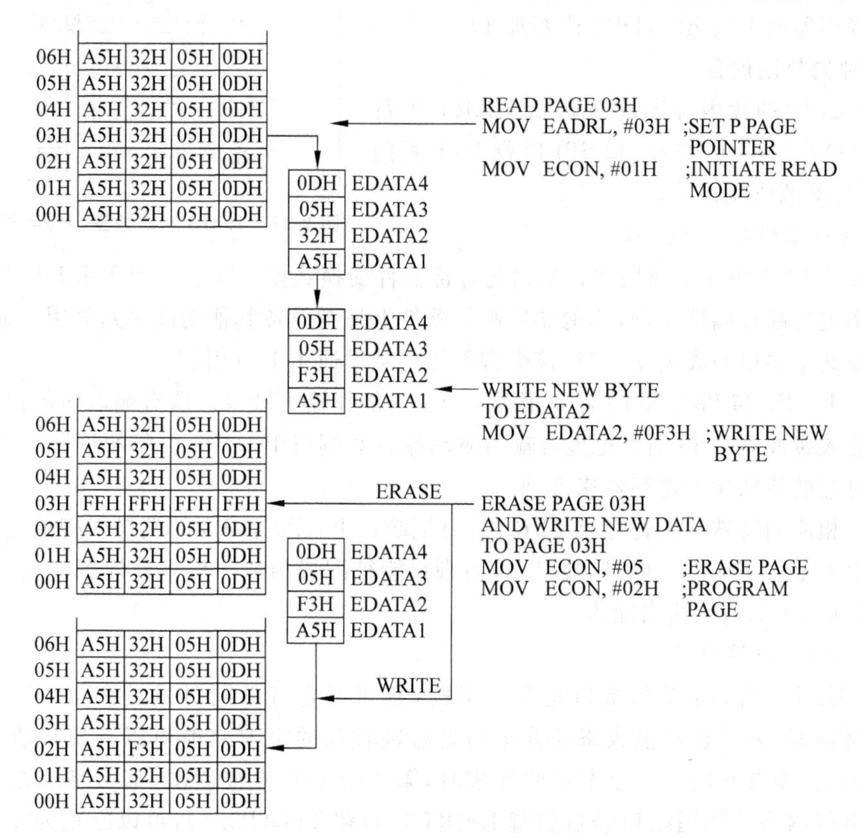

图 9-20　Flash/EE 数据存储器操作过程

用 80C51 汇编语言代码表示如下。

```
MOV     EADRL,#03H          ;设置页指针
MOV     ECON,#01H           ;读页命令
MOV     EDATA2,#0F3H        ;写新字节
MOV     ECON,#05H           ;擦除页命令
MOV     ECON,#02H           ;编程页命令
```

虽然芯片出厂时，厂家已将整个 E²PROM 空间擦除，在使用 ADuC812 的 E²PROM 时，初始化程序中，包含一段全部擦除子程序，将是一种良好的编程习惯，全部擦除命令的 80C51 汇编语言代码为：MOV ECON，#06H。

注意：全部擦除(ERASE-ALL)命令(640 字节)的持续时间与擦除(ERASE)页命令(4 字节)的持续时间是相同的，即 20ms。

(3) 外扩 16MB 数据存储器。

当外扩数据存储器容量在 64KB 以内时，扩展方法与 MCS-51 完全一致，不再赘述。

当外扩数据存储器容量在64KB以上,16MB以下时,扩展方法如图9-21所示。P2端口分时提供A8～A15和A16～A23。数据指针由三部分组成即DPP、DPH和DPL。DPP输出A16～A23,DPH输出A8～A15,DPL输出A0～A7。指令INC DPTR将进位自动送DPP(即DPTR寄存器加1溢出时,DPP内容加1)。

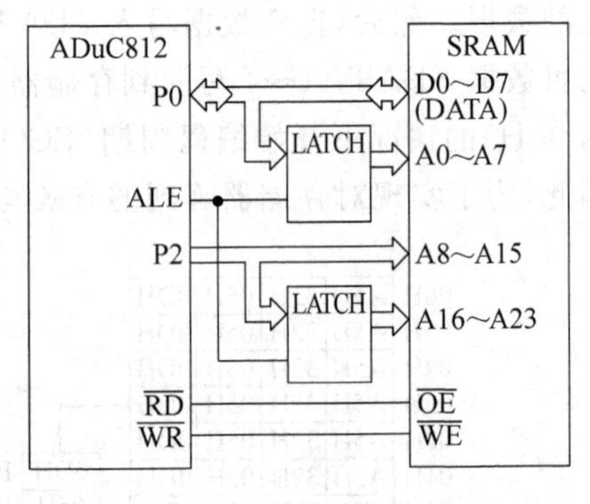

图9-21 16MB外扩数据存储器原理图

4. 片内外围设备

ADuC812的片内外围设备包括UART串行I/O、2线串行(与I^2C兼容)和SPI串行I/O、看门狗定时器、电源监视器等。

1) 并行I/O端口P0～P3

ADuC812使用4个通用数据端口与外部器件交换数据。除了使用通用I/O外,某些端口能实现外部存储器操作,其他端口则与器件上外围设备其他功能多路复用。通常,当外围设备共享端口引脚被使能时,该引脚不能再用做通用I/O引脚。

端口P0、P2和P3是双向端口,而端口P1只能作输入端口。所有端口均包含输出锁存器和输入缓冲器,I/O端口也包含输出驱动器。对端口P0～P3引脚的读和写访问,通过它们对应的特殊功能寄存器来实现。

通过相应的特殊功能寄存器SFR位,可把端口P0、P2和P3的端口引脚独立的配置为数字输入或数字输出。但是,端口P1引脚只能被配置为数字输入或模拟输入,此器件不支持端口P1的数字输出能力。

2) 串行I/O端口

(1) UART接口:串行端口是全双工的,意味着它可以同时发送和接收。它有两个接收缓冲器,表示在从接收寄存器读出先前接收到的字节之前可以开始接收第2个字节。但是,如果在第2个字节接收完成时,第1个字节未被读出,那么字节之一会丢失。至串行网络的物理接口经过引脚RxD(P3.0)和TxD(P3.1),可以配置为4种工作模式之一。

(2) 串行外设接口(SPI):串行外设接口(serial peripheral interface,SPI)是工业标准的同步串行接口,它允许8位数据同时、同步地被发送和接收。系统可配置为主(master)或从(slave)操作。

(3) I^2C兼容的串行接口:ADuC812支持2线串行接口模式,它与I^2C兼容。此接口可配置为软件主(software master)或硬件从(hardware slave)模式,且可与SPI串行接口多路复用。

3) 定时器/计数器

ADuC812具有三个16位的定时器/计数器,即定时器0、定时器1和定时器2。定时器/计数器硬件已包含在片内,以减轻用软件实现定时器/计数器功能时处理器内核固有的负担。每一个定时器/计数器包含两个8位寄存器THx和TLx(x=0,1,2)。所有3个定时器/计数器均可配置定时器或计数器。

在"定时器"功能中,每个机器周期TLx寄存器增量。因此,可以把它看作对机器周期计数。因为一个机器周期包含12个振荡周期,所以最大的计数速率是振荡频率的

1/12。

在“计数器”功能中，TLx 寄存器根据其对应的外部输入引脚 T0、T1 或在该引脚上的 1～0 的跳变增量完成计数功能。

4）片内监视器

ADuC812 集成了两个片内监视器功能，以便使灾难性的编程或其他外部系统故障期间内代码或数据的破坏为最小。此外，两个监视器功能完全可以通过 SFR 空间来配置。

(1) 看门狗定时器。

看门狗定时器的作用是，当 ADuC812 可能由于编程错误、电气噪声或 RFI 而进入出错状态达到适当的时间时产生器件的复位。看门狗的功能可通过清除看门狗控制(WDCON)SFR 中的 WDE(看门狗使能)位而永远被禁止。当看门狗被使能时，如果在预定的时间间隔内用户程序没有刷新看门狗，那么看门狗电路将产生系统复位。看门狗复位时间间隔可通过 SFR 预定标(prescale)位在 16～2048ms 范围内进行调整。

WDCON：WATCHDOG 时间控制寄存器，可位寻址。各位功能定义如下。

D7	D6	D5	D4	D3	D2	D1	D0
PRE2	PRE1	PRE0	/	WDR1	WDR2	WDS	WDE

PRE2、PRE1、PRE0：WATCHDOG 时间间隔选择位，即 000～111 分别选择 16、32、64、128、256、512、1024、2048 ms。

WDR1、WDR2：看门狗刷新控制位，用于不断地刷新看门狗定时器。

WDS：看门狗状态标志。

WDE：软件置位时，看门狗允许。

(2) 电源监视器 PSM。

当加至 ADuC812 的模拟(AV_{DD})或数字(DV_{DD})电源降至 5 个电压转变点(它们在 2.6～4.6V范围内由用户选择)之一时，电源监视器产生中断。在电源回到转变点以上至少 256ms 之前中断位不会被清除。

这种监视器功能确保用户保存工作寄存器，以避免由于低电源情况而可能造成的数据破坏，并且确保在可靠建立“安全”电源电平之前不会恢复代码的执行。电源监视器也能防止寄生的闪变信号触发中断电路。

PSMCON：电源监视控制寄存器，不能位寻址。各位功能定义如下。

PSMCON.7：未用。

PSMCON.6：PSM 状态标志位，(1=正常，0=欠压)。

PSMCON.5：PSM 中断标志位 PSMI。

PSMCON.4、PSMCON.3、PSMCON.2：监测电压选择位，000～100 对应 4.63V、4.37V、3.08V、2.93V、2.63V。

PSMCON.1：检测电源(AV_{DD}/ DV_{DD})选择位，(1 = AV_{DD}，0 = DV_{DD})。

PSMCON.0：PSM 电源控制位，(1 = ON，0 = OFF)。

5. 中断系统

ADuC812 提供具有两个优先级的 9 个中断源。

如图 9-22 所示，给定级别内中断优先级的查询以递减的顺序表示，并给出了中断系统的概述，并说明了请求和控制标志。相应中断的中断矢量地址如表 9-12 所示。

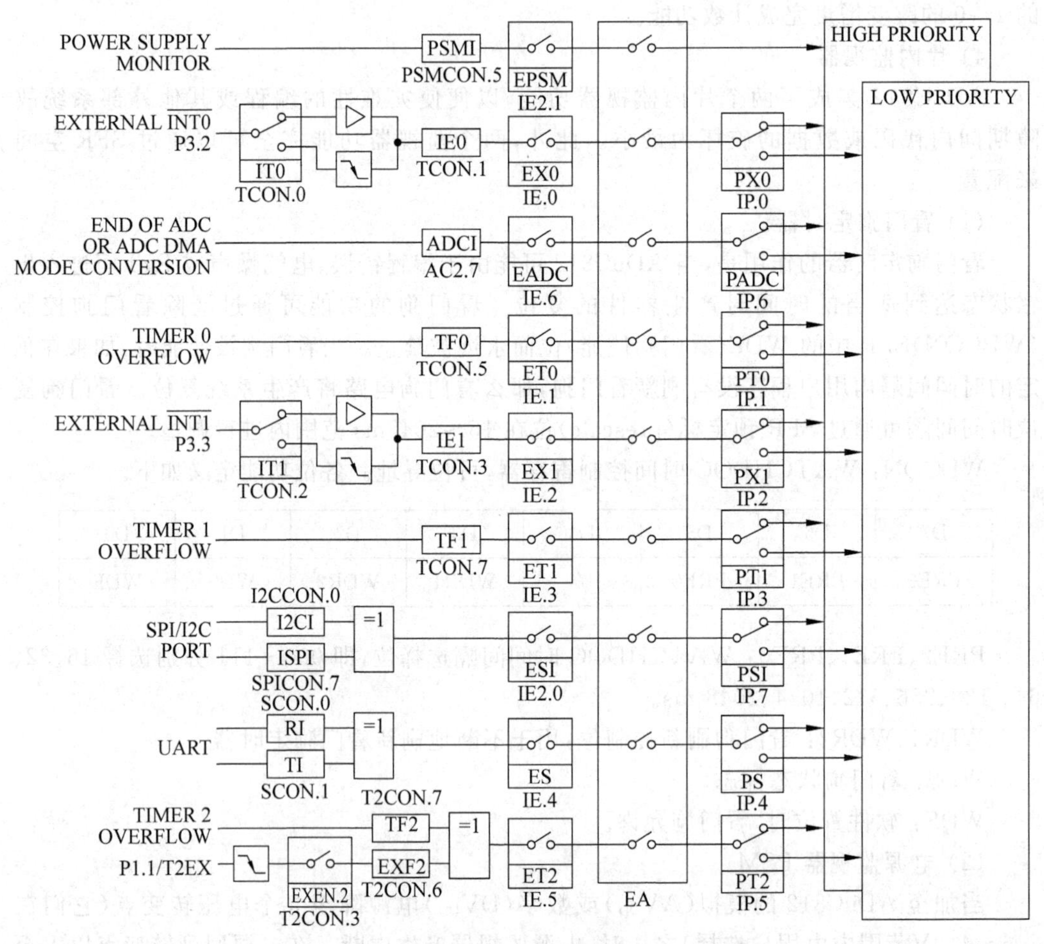

图 9-22　中断系统结构图

表 9-12　中断矢量地址

中断标志位*	中 断 名 称	中断矢量地址	优先级查询(优先)顺序
PSM1	电源监视器	0043H	1
IE0	外部$\overline{\text{INT0}}$	0003H	2
ADCI	ADC 转换结果	0033H	3
TF0	定时器 0 溢出	000BH	4
IE1	外部$\overline{\text{INT1}}$	0013H	5
TF1	定时器 1 溢出	001BH	6
T2CI/ISPI	串行中断	003BH	7
RI/TI	UART 中断	0023H	8
TF2/EXF2	定时器 2 中断	002BH	9

* 当相应中断源有有效请求时，该标志位置位；响应中断时该标志由硬件自动复位(或由指令清除)。

与中断有关的寄存器有 IE、IE2 和 IP。其中，IE 和 IP 是位可寻址的，而 IE2 仅是字节可寻址的。开放 ADuC812 的任何中断，必须遵循下列三个步骤。

- 将中断服务子程序放在该中断相应的矢量地址。
- 将 IE 中 EA(使能全部已开放的中断)设置为“1”。
- 将 IE 或 IE2 中相应的各开放中断位设置为“1”。

1）中断使能寄存器 IE

IE 寄存器使能中断系统和 7 个中断源。IE 地址为 A8H，位可寻址，如表 9-13 所示。

表 9-13　中断使能(IE)SFR 位的说明

IP	位地址	位助记符	说　明
D7	IE.7	EA	在内核识别任何中断源之前，全局中断使能位(EA)必须置为“1”，EA 置为“0”将禁止所有的中断
D6	IE.6	EADC	为使能 ADC 中断，ADC 中断使能位(EADC)，应置为“1”
D5	IE.5	ET2	为使能定时器 2 中断，定时器 2 溢出中断使能位(ET2)，应置为“1”
D4	IE.4	ES	为使能 UART 串行断口中断，UART 串行端口中断使能位(ES)，应置为“1”
D3	IE.3	ET1	为使能定时器 1 中断，定时器 1 溢出中断使能位(ET1)，应置为“1”
D2	IE.2	EX1	为使能外部$\overline{INT1}$中断，$\overline{INT1}$中断使能位(EX1)，应置为“1”
D1	IE.1	ET0	为使能定时器 0 中断，定时器 0 溢出中断使能位(ET2)，应置为“1”
D0	IE.0	EX0	为使能外部$\overline{INT0}$中断，$\overline{INT0}$中断使能位(EX0)，应置为“1”

2）中断使能寄存器 IE2

IE2 寄存器使能另外两个中断源。SFR 地址为 A9H，不能位寻址，如表 9-14 所示。

表 9-14　中断使能 2(IE2)SFR 位说明

IE2	位地址	位助记符	说　明
D7	IE2.7	NU	未用
D6	IE2.6	NU	未用
D5	IE2.5	NU	未用
D4	IE2.4	NU	未用
D3	IE2.3	NU	未用
D2	IE2.2	NU	未用
D1	IE2.1	EPSM	使能 PSM 中断，电源监视器中断使能位，应置为“1”
D0	IE2.0	ESI	使能 SPI 或 I^2C 中断，SPI/I^2C 中断使能位(ESI)，应置为“1”

3）中断优先级寄存器 IP

IP 寄存器为各种中断源设置两种主优先级之一。IP 寄存器的地址为 0B8H，可位寻址，把相应的位设置为“1”，可把中断置为高优先级；设置为“0”则把中断置为低优先级，如表 9-15 所示。

表 9-15 中断优先级(IP)SFR 位的说明

IP	位地址	位助记符	说 明
D7	IP.7	PSI	设置 SPI/I^2C 中断优先级
D6	IP.6	PADC	设置 ADC 中断优先级
D5	IP.5	PT2	设置定时器 2 中断优先级
D4	IP.4	PS	设置 UART 串行口中断优先级
D3	IP.3	PT1	设置定时器 1 中断优先级
D2	IP.2	PX1	设置外部$\overline{INT1}$中断优先级
D1	IP.1	PT0	设置定时器 0 中断优先级
D0	IP.0	PX0	设置外部$\overline{INT0}$中断优先级

6. 模/数转换器(ADC)

ADuC812 集成了一个 ADC 数据采集子系统，其中包含了 8 通道模拟开关、采样保持器、单电源 12 位逐次逼近 A/D 转换器、温度传感器、+2.5V 片内基准、误差校准及控制逻辑。

A/D 转换器为常规逐次逼近转换器，转换速度 5μs，可保证差分非线性误差为±1LSB和积分非线性误差为±1/2LSB。转换器接收的模拟输入范围为 0～$+V_{REF}$。片内提供高精度、低漂移并经厂家校准的 2.5V 基准电压。使用内部基准时，模拟信号输入范围为 0～+2.5V；使用外部基准时，基准电压可经外部 V_{REF} 引脚输入，外部基准可在 2.3V～AV_{DD}范围内，模拟信号输入范围为 0～V_{REF}。

ADuC812 装有厂家编程的校准系数，在上电时自动下载到 ADC，以确保最佳的 ADC 性能。ADC 核包括内部失调和增益校准寄存器，所提供的软件校准子程序可允许用户在需要时重写厂家编程的校准系数，以便使用户目标系统中端点误差的影响为最小。

来自片内温度传感器的电压输出正比于绝对温度，它可通过前端 ADC 多路转换器(实际上是第 9 个 ADC 通道输入)传送，这方便了温度传感器的使用。

ADuC812 的 ADC 由三种工作模式：第一，用软件或通过把转换信号加之外部引脚 23($\overline{CONVST}$)来启动单次或连续转换模式；第二，用定时器 2 来产生用于 ADC 转换的重复触发信号；第三，配置 ADC 工作在 DMA 模式。在 DMA 模式下，ADC 块连续转换并把采样值捕获到 RAM 空间而不需来自 MCU 核的任何干预。这种捕获功能可以扩展到 16MB 外部数据存储器空间，实现快速 ADC 转换。ADuC812 为用户提供了三个 SFR 寄存器 ADCCON1/ADCCON2/ADCCON3 来配置 ADC 模块。

1) ADCCON1

ADCCON1 用于控制转换和采集时间，各位功能定义如下。

D7	D6	D5	D4	D3	D2	D1	D0
MD1	MD0	CK1	CK0	AQ1	AQ0	T2C	EXC

EXC：当置位时，由外部引脚$\overline{CONVST}$的低电平来启动 ADC 转换。

T2C：当置位时，将由定时器 T2 的溢出位来启动 ADC 转换。

AQ1、AQ0：选择采样/保持电路采样输入信号的时间，可选的采样时钟数为 1/2/4/8 个 ADC 时钟。当模拟输入源内阻大于 8kΩ 时，建议将采集时钟增加到 2～4 个采集时钟。

CK1、CK0：选择输入 ADC 时钟的主时钟分频系数，可选的分频比为 1/2/4/8，一次转换需要 16 个 ADC 时钟加上所选数目的采集时钟。

MD1、MD0：工作模式控制。

00：ADC 掉电。

01：ADC 正常工作。

10：若不执行转换周期则 ADC 掉电。

11：若不执行转换周期则 ADC 待机。

2）ADCCON2

ADCCON2 用于控制通道选择和转换模式，各位功能定义如下。

D7	D6	D5	D4	D3	D2	D1	D0
ADCI	DMA	CCONV	SCONV	CS3	CS2	CS1	CS0

CS3、CS2 、CS1、CS0：通道选择位，0000～0111 选择通道 0～通道 7，1000 选择温度传感器，1111 为停止 DMA 工作。

SCONV：单次转换控制位，置为“1”时，开始单次转换周期，转换结束时自动清 0。

CCONV：连续转换控制位，置为“1”时，ADC 进入连续转换模式。

DMA：DMA 模式允许控制位，置为“1”时，启动 ADC 的 DMA 模式工作。

ADCI：ADC 中断标志位，A/D 转换结束时由硬件置位，MCU 响应中断后由硬件自动清 0。

3）ADCCON3

ADCCON3 用于 ADC 状态指示，各位功能定义如下。

D7	D6	D5	D4	D3	D2	D1	D0
BUSY	RSVD	RSVD	RSVD	CTYP	CAL1	CAL0	CALST

BUSY：ADC 忙状态，为“1”时，表示 ADC 正处于转换周期或校准周期中。

其余位：保留。

4）ADC 结果数据格式

ADC 结果数据格式如图 9-23 所示。其中低 8 位数据存储在 ADCDATAL 中，高 4 位数据存储在 ADCDATAH 的低半字节中。ADCDATAH 中的高半字节将被写入通道编码数据，用于识别 ADC 结果属于哪一个通道。

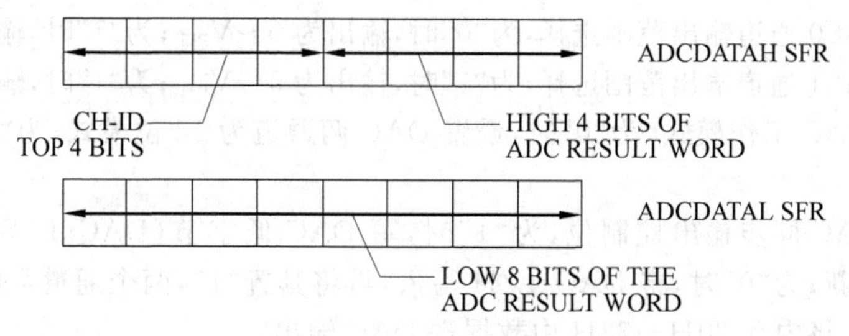

图 9-23　ADC 结果数据格式

5）编程举例

将 ADC0 通道数据采集送内部 RAM 70H～71H 单元中。

子程序如下。

```
ADCSUB:   MOV    ADCCON1,#01101100B      ;ADC上电
          MOV    ADCCON2,#00000000B      ;选ADC0通道
          SETB   SCONV                   ;启动A/D
ADCST:    MOV    A,ADCCON3               ;查询状态
          JB     ACC.7,ADCST
          MOV    R0,#70H
          MOV    A,ADCDATAH              ;读高4位
          MOV    @R0,A
          INC    R0
          MOV    A,ADCDATAL              ;读低8位
          MOV    @R0,A
          RET
```

7. DAC数模转换器及其工作原理

ADuC812组合了两片内12位的DAC,其工作通过单个特殊功能控制寄存器DACCON和4个特殊功能数据寄存器DAC0L/DAC1L DAC0H/DAC1H来控制。DAC0L/DAC1L用来存储DAC0/DAC1的低8位数据,DAC0H/DAC1H用来存储DAC0/DAC1的高4位数据,一旦在这些寄存器中写入相应的数据,就可以启动DAC。

在正常工作模式下,当写DAC低字节(DACxL)SFR时,每一个DAC被更新。使用DACCON SFR中的SYNC位可同时更新两个DAC。

在8位DAC工作模式下,只需将8位数据写入DACxL,内部自动将数据送入12位DAC高端。

DACCON用于DAC控制,地址为0FDH,复位初值04H,不能位寻址。

各位功能定义如下。

D7	D6	D5	D4	D3	D2	D1	D0
MODE	RNG1	RNG0	CLR1	CLR0	SYNC	PD1	PD0

PD0:DAC0通道电源控制位,为"0"时,关闭DAC0通道电源;为"1"时,通道电源上电。

PD1:DAC1通道电源控制位,为"0"时,关闭DAC1通道电源;为"1"时,通道电源上电。

CLR0:DAC0通道输出清除位,为"0"时,通道输出为0V;为"1"时,正常输出。

CLR1:DAC1通道输出清除位,为"0"时,通道输出为0V;为"1"时,正常输出。

RNG0:DAC0通道输出范围选择,为"0"时,输出为0～V_{REF};为"1"时,输出为0～V_{DD}。

RNG1:DAC1通道输出范围选择,为"0"时,输出为0～V_{REF};为"1"时,输出为0～V_{DD}。

MODE:DAC工作模式,为"0"时,设置DAC两通道为12位模式;为"1"时,设置为8位模式。

SYNC:DAC同步输出控制位,为"1"时,写DAC低字节(DACxL)SFR时,每一个DAC被立即更新;为"0"时,将DACxL/H写入,再将其置"1",两个通道可同步输出。

编程举例:将内存70H～73H中数据送DAC输出。

子程序如下。

```
DACSUB:   MOV    DACCON,#00011111B     ;两路非同步输出、0～VREF
          MOV    R0,#70H               ;设指针
          MOV    A,@R0                 ;取DAC0高位数据
```

```
        MOV     DAC0H,A             ;送 DAC0H
        INC     R0
        MOV     A,@R0               ;取 DAC0 低位数据
        MOV     DAC0L,A             ;送 DAC0L
        INC     R0
        MOV     A,@R0               ;取 DAC1 高位数据
        MOV     DAC1H,A             ;送 DAC1H
        INC     R0
        MOV     A,@R0               ;取 DAC1 低位数据
        MOV     DAC1L,A             ;送 DAC1L
        RET
```

9.3.2 ADuC816

1. 概述

ADuC816是AD公司新推出的高性能单片机，它在内部集成了高分辨率的A/D转换器，是目前片内资源最最丰富的单片机之一，它将8051内核、两路16位Σ-ΔA/D、12位D/A、Flash、WDT、μP监控电路、温度传感器、SPI和I^2C总线接口等丰富资源集成于一体，体积小、功耗低、非常适合用于各类智能仪表、智能传感变送器和便携式仪器等领域。

2. 性能特点

ADuC816封装及引脚排列如图9-24所示，是一个片内资源非常丰富的单片机，各种片内资源都有其独自的特点，主要表现如下。

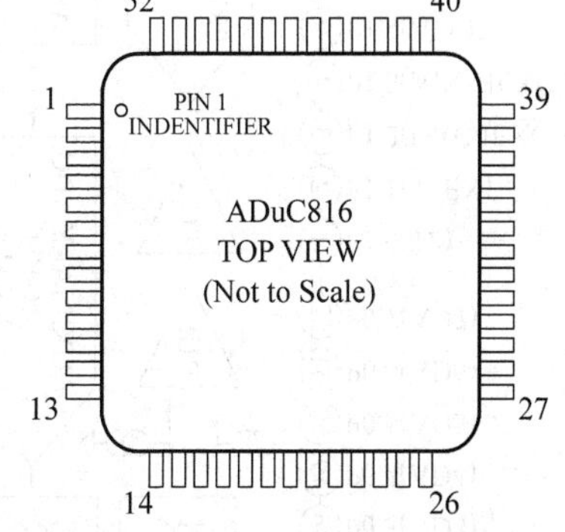

图9-24 ADuC816封装及引脚排列

- 高分辨率Σ-ΔADCS：有两个独立的通道(16位分辨率；在采样速率20Hz/20mV范围内有13位有效分辨率；在采样速率20Hz/2.56V范围内有16位有效分辨率；可编程增益放大器。
- 存储器：8KB字节片内Flash/EE程序存储器；640B片内Flash/EE数据存储器；256B片内RAM。
- 8051内核：可与8051指令系统兼容(最高时钟频率12.58MHz)；具有32kHz外部晶振和片内PLL；有3个16位定时/计数器；26条可编程I/O线；内含11个中断源，2个优先级。
- 电源：可用于3V或5V操作；一般情况下为3mA/3V(核心时钟频率为1.5MHz)；掉电保持电流为20μA(32kHz的晶振动行频率)。
- 内含的其他外围设备有：片内温度传感器；12位电压输出DAC；双激励恒流源；时间间隔计数器；2线串行(可兼容I^2C)和SPI串行I/O；看门狗定时监视器(WDT)；电源供电监视器(PSM)。

3. 结构

ADuC816的内部功能结构如图9-25所示。

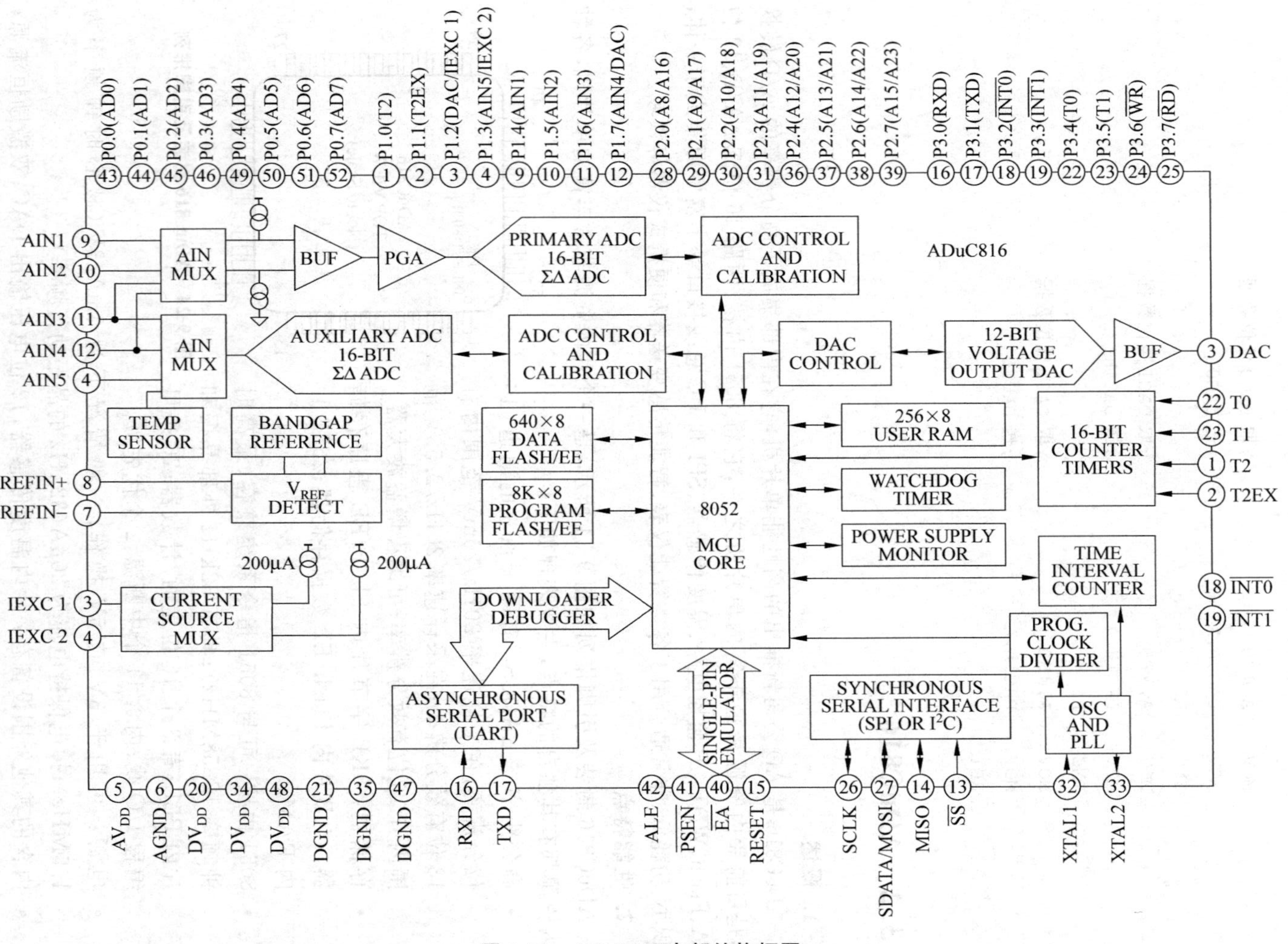

图 9-25 ADuC816 内部结构框图

1) 双通道 Σ-Δ 型 A/D

ADuC816 包括两个带有数字滤波器的 Σ-ΔADC 通道(主通道和辅助通道)。主通道用于测量主传感器的输入,这个通道具有缓冲器,可以接收来自输入管脚 AIN1/AIN2 和 AIN3/AIN4 的差分信号。有缓冲器意味着可处理较高内阻的信号源,而且可在输入通道前加入模拟 RC 滤波器。主通道可通过调节可编程放大器的增益而接收±20mV,±40mV…±2.56V等各种量程的输入。辅助通道用于接收辅助信号的输入,例如冷端二极管或热电阻的输入,此通道无缓冲器,只有一个固定为±2.56V 的输入范围。

A/D 通道的设置和控制是通过特殊功能用寄存器块(SFR)中的一组寄存器来实现的。其名称以及在 SFR 中的地址和功能如下。

ADSTAT(D8H):状态寄存器,包括数据准备就绪、校准状态和一些出错信息。

ADMODE(D1H):模式寄存器,控制主通道和辅助通道的操作模式。

AD0CON(D2H):主通道控制寄存器。

AD1CON(D3H):辅助通道控制寄存器。

SF(D4H):数字滤波器寄存器,通过调节滤波器参数来控制主、辅通道数据的更新速率。

ICON(D5H):恒流源控制寄存器,用于控制片内恒流源(片内有两个 200μA 恒流源,可给外接变送器提供激励电流)。

ADC0M/H(DA/DBH):两字节,用于存放主通道 16 位转换结果。

ADC1L/H(DC/DDH):两字节,用于存放辅助通道 16 位转换结果。

OF0M/H(E2/E3H):两字节,用于存放主通道偏移校准系数。

OF1L/H(E4/E5H):两字节,用于存放辅助通道偏移校准系数。

GN0M/H(EA/EBH):两字节,用于存放主通道增益校准系数。

GN1L/H(EC/EDH):两字节,用于存放辅助通道增益校准系数。

2) ADuC816 的存储器结构

ADuC816 的片内存储器包括 8KB 片内 Flash/EE 程序存储器、640B 片内 Flash/EE 数据存储器和 256B 片内 RAM。

ADuC816 的程序和数据存储器有各自独立的寻址空间。如用户在$\overline{EA}$置 0 时上电或复位,则芯片执行外部程序空间的指令而不能执行内部 8KB Flash/EE 程序存储器空间的指令。若$\overline{EA}$被置 1,则从内部 8KB Flash/EE 开始执行程序。附加的 640B Flash/EE 数据存储器是通过专用寄存器块(SFR)中的一组控制寄存器来间接访问的。

ADuC816 的片内 Flash/EE 程序存储器可用两种模式进行编程:即在线串行下载和并行编程。另外,ADuC816 还可通过标准的 UART 串行端口下载代码。若管脚$\overline{PSEN}$通过一个下拉电阻被下拉,芯片则自动进入串行下载模式。当设备连接正确时,源代码将自动载入到程序存储器,并可通过这种方式进行在线编程。

3) 其他外设

(1) DAC。

ADuC816 上集成了一个 12 位电压输出的数/模转换器。它有一个轨对轨的电压输出缓冲,可驱动 10kΩ/100P 的负载。它有两个输出范围:0～V_{REF}和 0～AV_{DD},能以 8 位和 12 位模式工作。DAC 有一个控制寄存器 DACCON 和两个数据寄存器 DACL/H。

(2) 片内 PLL。

一般 Σ-Δ 型 A/D 都需外接一个晶振,CPU 工作出需要外部晶振。ADuC816 使用一个32.768kHz的外部晶振同时为A/D和CPU提供时钟信号。片内PLL以倍速锁相(32×16倍)方式为系统提供稳定的12.582 912MHz的时钟信号。CPU核心可以用这个频率工作,减少干扰。A/D时钟也来源于PLL时钟,其调制速度和晶振频率相同。以上的频率选择保证了A/D调制器和CPU核心的时钟同步。PLL的控制寄存器是PLLCON。

(3) 时间间隔计数器(TIC)。

时间间隔计数器可用于计量较长的时间间隔,而标准8051的定时/计数器却不能。有6个SFR寄存器与TIC有关,TIMECON是它的控制寄存器,INTVAL是用户定时设置寄存器,当TIC的计时器达到INTVAL的设置值时,TIC将有一个主动的输出,此输出可引发一个中断或使TIMECON中的TII位置位。HOUR、MIN、SEC、HTHSEC分别是时、分、秒、1/28秒的寄存器。

ADuC816的外设还包括片内温度传感器、看门狗定时器(WDT)、电源供电监视器(PSM)、SPI串行接口和I²C串行接口等功能部件。

9.3.3 ADuC824

1. 概述

ADuC824是AD公司新推出的高性能单片机,它在内部集成了高分辨率的A/D转换器,是目前片内资源最最丰富的单片机之一,它将8051内核、两路24位+16位Σ-ΔA/D、12位D/A、Flash、WDT、μP监控电路、温度传感器、SPI和I²C总线接口等丰富资源集成于一体,体积小、功耗低、非常适合用于各类智能仪表、智能传感变送器和便携式仪器等领域。

2. 性能特点

ADuC824封装及引脚排列如图9-26所示,是一个片内资源非常丰富的单片机,各种片内资源都有其独自的特点,主要表现如下。

- 高分辨率Σ-ΔADCS:有两个独立的通道(24位+16位分辨率);在采样速率20Hz/20mV范围内有13位有效分辨率;在采样速率20Hz/2.56V范围内有18位有效分辨率。
- 存储器:8KB片内Flash/EE程序存储器;640B片内Flash/EE数据存储器;256字节片内RAM。
- 8051内核:可与8051指令系统兼容(最高时钟频率12.58MHz);具有32kHz外部晶振和片内PLL;有3个16位定时/计数器;内含12个中断源,2个优先级。

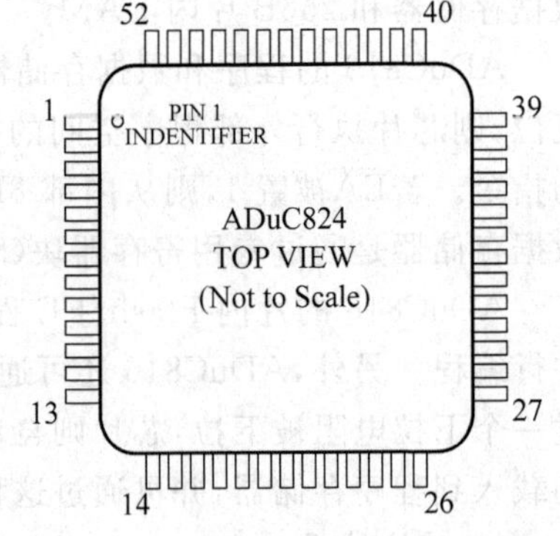

图9-26 ADuC824封装及引脚排列

- 电源:可用于3V或5V操作;一般情况下为3mA/3V(核心时钟频率为1.5MHz);掉电保持电流为20μA(32kHz的晶振动行频率)。
- 内含的其他外围设备有片内温度传感器,12位电压输出DAC,双激励恒流源,时间间隔计数器,2线串行(兼容I²C)和SPI串行I/O,看门狗定时监视器(WDT),

电源供电监视器(PSM)。

3. ADuC824 的结构

ADuC824 的内部功能结构如图 9-27 所示。

1) 双通道 Σ-Δ 型 A/D

ADuC824 包括两个带有数字滤波器的 Σ-ΔADC 通道(主通道和辅助通道)。主通道用于测量主传感器的输入,这个通道具有缓冲器,可以接收来自输入管脚 AIN1/2 和 AIN3/4 的差分信号。有缓冲器意味着可处理较高内阻的信号源,而且可在输入通道前加入模拟 RC 滤波器。主通道可通过调节可编程放大器的增益而接收±20mV,±40mV…±2.56V 等种量程的输入。辅助通道用于接收辅助信号的输入,例如冷端二极管或热电阻的输入,此通道无缓冲器,只有一个固定为±2.56V 的输入范围。

A/D 通道的设置和控制是通过特殊功能寄存器块(SFR)中的一组寄存器来实现的。其名称以及在 SFR 中的地址和功能如下。

ADSTAT(D8H):状态寄存器,包括数据准备就绪、校准状态和一些出错信息。

ADMODE(D1H):模式寄存器,控制主通道和辅助通道的操作模式。

AD0CON(D2H):主通道控制寄存器。

AD1CON(D3H):辅助通道控制寄存器。

SF(D4H):数字滤波器寄存器,通过调节滤波器参数来控制主、辅通道数据的更新速率。

ICON(D5H):恒流源控制寄存器,用于控制片内恒流源(片内有两个 200μA 恒流源,可给外接变送器提供激励电流)。

AD0L/M/H(D9/DA/DBH):三字节,用于存放主通道 24 位转换结果。

OF0L/M/H(E1/E2/E3H):三字节,用于存放主通道偏放移校准系数。

IF1L/H(E4/E5H):两字节,用于存放辅助通道偏移校准系数。

GN0L/M/H(E9/EA/EBH):三字节,用于存放主通道增益校准系数。

GN1LH(EC/EDH):两字节,用于存放辅助通道增益校准系数。

2) ADuC824 的存储器结构

ADuC824 的片内存储器包括 8KB 片内 Flash/EE 程序存储器,640B 片内 Flash/EE 数据存储器和 256B 片内 RAM。

ADuC824 的程序和数据存储器有各自独立的寻址空间。如用户在 $\overline{EA}$ 置 0 时上电或复位,则芯片执行外部程序空间的指令而不能执行内部 8KB Flash/EE 程序存储器空间的指令。若 $\overline{EA}$ 被置 1,则从内部 8KB Flash/EE 开始执行程序。附加的 640B Flash/EE 数据存储器是通过特殊功能寄存器块(SFR)中的一组控制寄存器来间接访问的。

ADuC824 的片内 Flash/EE 程序存储器可用两种模式进行编程:即在线串行下载和并行编程。另外,ADuC824 还可通过标准的 UART 串行端口下载代码。若管脚 $\overline{PSEN}$ 通过一个下拉电阻被下拉,芯片则自动进入串行下载模式。当设备连接正确时,源代码将自动载入到程序存储器,并可通过这种方式进行在线编程。

3) 其他外设

(1) DAC。

ADuC824 上集成了一个 12 位电压输出的数模转换器。它有一个轨对轨的电压输出

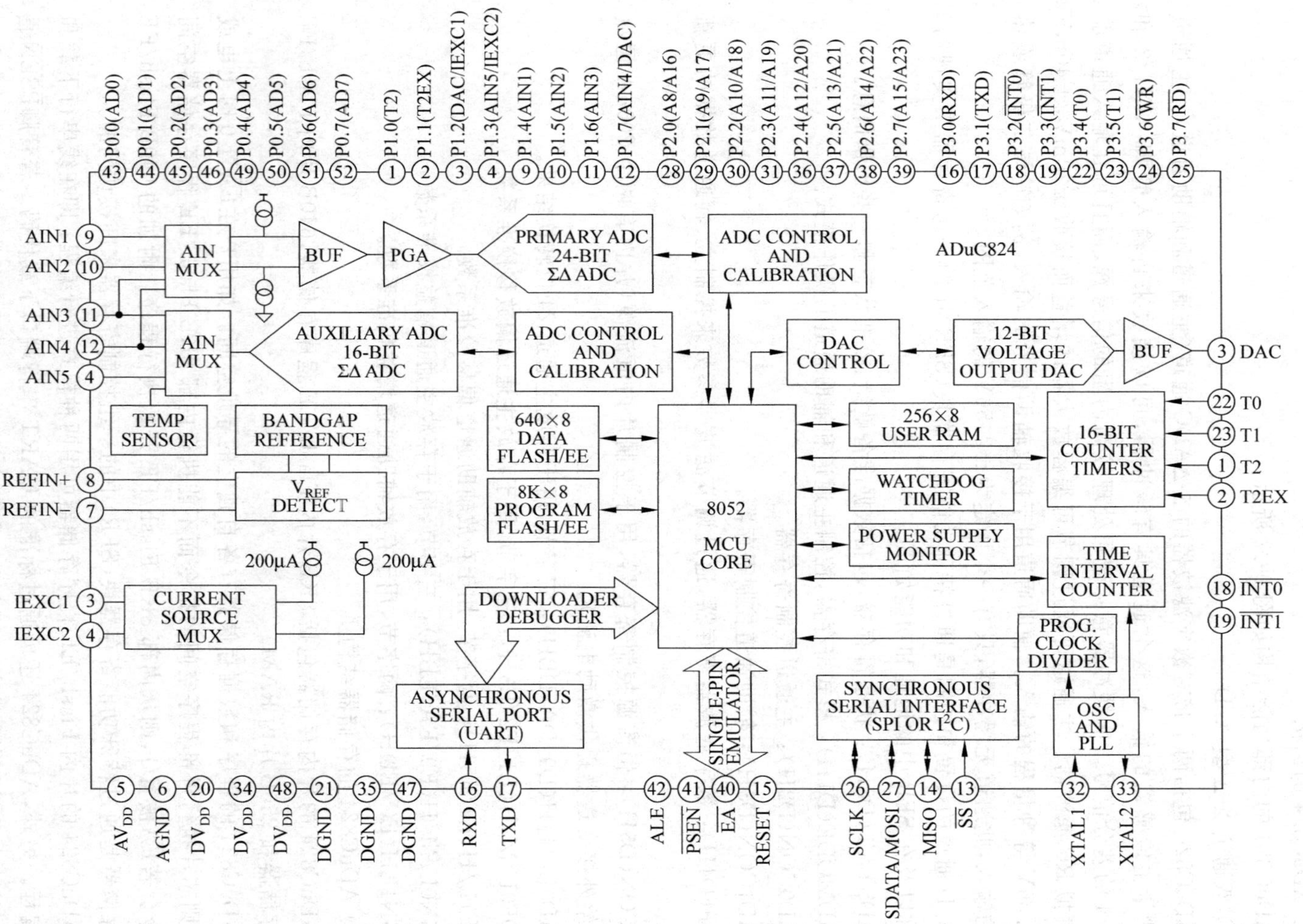

图 9-27 ADuC824内部结构框图

缓冲，可驱动 10kΩ/100pF 的负载。它有两个输出范围：0～V_{REF} 和 0～AV_{DD}，能以 8 位和 12 位模式工作。DAC 有一个控制寄存器 DACCON 和两个数据寄存器 DACL/H。

(2) 片内 PLL。

一般 Σ-Δ 型 AD 都需外接一个晶振，CPU 工作时需要外部晶振。ADuC824 使用一个 32.768kHz 的外部晶振同时为 A/D 和 CPU 提供时钟信号。片内 PLL 以倍速锁存(32×16 倍)方式为系统提供稳定的 12.582 912MHz 的时钟信号。CPU 核心可以用这个频率工作，减少干扰。A/D 时钟也来源于 PLL 时钟，其调制速度和晶振频率相同。以上的频率选择保证了 A/D 调制器和 CPU 核心的时钟同步。PLL 的控制寄存器是 PLLCON。

(3) 时间间隔计数器(TIC)。

时间间隔计数器可能用于计量较长的时间间隔，而标准 8051 的定时/计数器却不能。有六个 SFR 寄存器与 TIC 有关，TIMECON 是它的控制寄存器，INTVAL 是用户定时设置寄存器，当 TIC 的计时器达到 INTVAL 的设置值时，TIC 将有一个主动的输出，此输出可引发一个中断或使 TIMECON 中的 TII 位置位。HOUR、MIN、SEC、HTHSEC 分别是时、分、秒、1/28 秒的寄存器。

ADuC824 的外设还包括片内温度传感器、看门狗定时器(WDT)、电源供电监视器(PSM)、SPI 串行接口和 I^2C 串行接口等功能部件。

习题与思考

1. 试叙述 ATMEL89 系列单片机的结构特点与分类。
2. 试叙述 AT89C2051 单片机的主要性能、结构、指令约束条件与工作模式。
3. 试叙述 8XC552 的主要性能。
4. 深入了解 ADuC 系列转换器的特点与工作原理等。

第10章 单片机应用系统研制方法

由于单片机应用系统多种多样，技术要求各不相同，因此设计方法和研制的步骤不完全相同。本章将针对大多数应用场合，讨论单片机应用系统的一般研制方法。

10.1 单片机应用系统的设计

10.1.1 单片机应用系统设计概述

如一般的计算机系统一样，单片机的应用系统由硬件和软件所组成。硬件指单片机、扩展的存储器、输入输出设备等硬部件组成的机器，软件是各种工作程序的总称。硬件和软件只有紧密配合、协调一致，才能组成高性能的单片机应用系统。在系统的研制过程中，软硬件的功能总是在不断地调整，以便相互适应。硬件设计和软件设计不能截然分开，硬件设计时应考虑软件设计方法，而软件设计时应了解硬件的工作原理，在整个研制过程中相互协调，以利于提高工作效率。

单片机应用系统的研制过程包括总体设计、硬件设计、软件设计、在线调试、产品化等几个阶段，但它们不是绝对分开的，有时是交叉进行的。图 10-1 描述了单片机应用系统研制的一般过程。

10.1.2 总体设计

1. 确定功能技术指标

如同任何新产品的设计一样，单片机应用系统的研制是从确定目标任务开始的。在着手进行系统设计之前，必须根据系统的应用场合、工作环境、具体用途提出合理的、详尽的功能技术指标，这是系统设计的依据和出发点，也是决定产品前途的关键，必须认真做好这个工作。

不管是老产品的改造还是新产品的设计，应对产品的可靠性、通用性、可

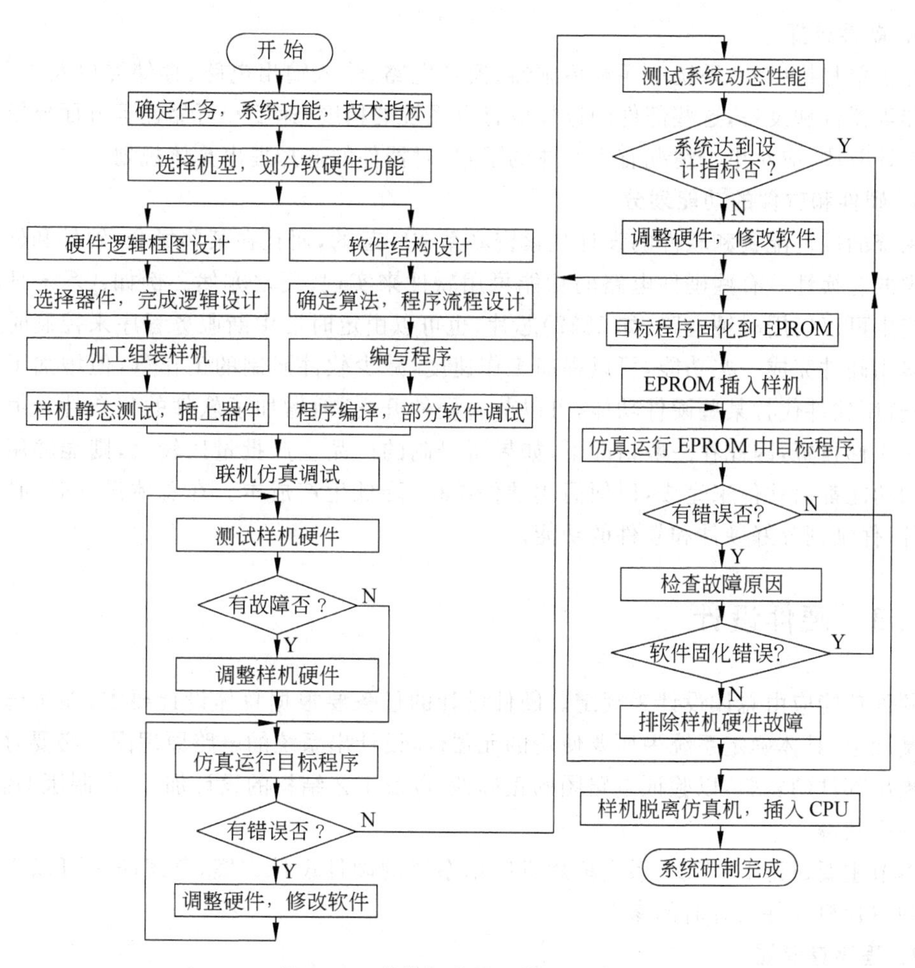

图 10-1　单片机应用系统研制过程

维护性、先进性以及成本等进行综合考虑，参考国内外同类产品有关资料，使确定的技术指标合理而且符合有关标准。应该指出，技术指标在研制的过程中还需要作适当的调整。

2. 机型选择

选择单片机型的出发点有以下几个方面。

1）市场资源

系统设计者只能在市场上能够提供的单片机中选择，特别是作为产品生产的应用系统，所选机种必须有稳定、充足的货源。目前国内外市场上常见的单片机有 Intel、ATMEL、Philips、ADI 等公司的 MCS-51 系列单片机，当然也有其他系列的单片机。

2）单片机性能

应根据系统要求和各种单片机性能，选择最容易实现产品技术指标的机种，而且能达到较高的性能价格比。单片机的性能包括片内资源、扩展能力、运算速度、可靠性等几个方面。

3）研制周期

在研制工作任务重、时间紧的情况下，还需考虑对所选择的机种是否熟悉，是否能马上着手进行系统设计。与研制周期有关的另一个重要因素是单片机的开发工具，性能优良的开发工具，能加快系统研制的过程。

3. 器件选择

除了单片机以外，系统中还有传感器、模拟电路、输入输出电路、存储器以及打印机、显示器等器件和设备，这些部件的选择应符合系统的精度、速度和可靠性等方面要求。在总体设计阶段，应对市场情况有个大体的了解，对器件的选择提出具体规划。

4. 硬件和软件的功能划分

系统的硬件配置和软件的设计是紧密联系在一起的，而且在某些场合，硬件和软件具有一定的互换性。有些硬件电路的功能可用软件来实现，反之亦然。例如：系统日历时钟的产生可以使用时钟电路（如5832）芯片，也可以由定时器中断服务程序来控制时钟计数。多用硬件完成一些功能，可以提高工作速度，减少软件研制的工作量，但增加了硬件成本；若用软件代替某些硬件功能，可以节省硬件开支，但增加了软件的复杂性。由于软件是一次性投资，因此在一般情况下，如果所研制的产品生产批量比较大，则能够用软件实现的功能都由软件来完成，以便简化硬件结构、降低生产成本。在总体设计时，必须权衡利弊，仔细划分好硬件和软件的功能。

10.1.3 硬件设计

硬件功能应由总体设计来规定。硬件设计的任务要根据总体设计要求，在所选择机型的基础上，具体确定系统中所要使用的元器件，设计出系统的电路原理图。必要时做一些新推出部件的实验，以验证电路图的正确性，以及工艺结构的设计加工、印制版的制作、样机的组装等。

本节主要讨论MCS-51系列单片机应用系统的硬件设计方案，其思路也可以作为其他系列单片机硬件设计时的参考。

1. 程序存储器

一般情况下，片内不带ROM/EPROM程序存储器的单片机（如8031，8032等）是国内较适用的单片机，它们比片内有EPROM的单片机（如8751，8752）等，价格低得多，又不需要单片机芯片制造厂商固化应用程序（如8051，8052等），批量可大可小，只要扩展一片EPROM电路（8～64KB）作为程序存储器，使用灵活方便，仍可保持单片机的各种优点。由于容量不同的EPROM芯片价格相仿，一般应选用速度高、容量较大的EPROM芯片（2764以上），使系统可靠，并为软件的扩展留有余地。亦可选择89C51/52等带有内部程序存储器的芯片。

2. 数据存储器和I/O接口

对于数据存储器的需求量，各个系统之间差别比较大。对于常规测量仪器和控制器，片内RAM（128～256B）已能满足要求。若需扩展少量的RAM，宜选用RAM/IO扩展器8155，如前所述，8155片内资源比较丰富、接口方便，特别适用于单片机系统。对于数据采集系统，往往要求有较大容量的RAM存储器，这时RAM电路的选择原则是尽可能地减少RAM芯片的数量。如前所述，大容量的RAM电路不但体积小，而且性能价格比高，如一片62256（32KB）比16片6116（2KB）性能价格比高得多，且给系统设计带来方便。

MCS-51系列单片机应用系统一般都要扩展I/O接口，在选择I/O电路时应从体积、价格、负载、功能等几方面考虑。选用标准的可编程I/O接口电路（如8255），则接口简单、使用方便、对总线负载小。但有时它们的 I/O 口线的功能没有被充分利用,造成浪费。若用三态门电路或锁存器作为 I/O 口,则比较灵活、口线利用率高、负载能力强、可靠性高。但对总线负载大、接口较复杂,故应根据系统总的输入输出要求来选择接口电路。

模拟电路应根据系统对它的速度和精度等要求来选择,同时还需要和传感器等设备的性能相匹配。由于高速高精度的模数转换器价格十分昂贵,因此尽量降低对 A/D 的要求,能用软件实现的功能尽可能用软件来实现(如软件控制的双积分 A/D 转换器)或选择片内有 A/D 转换器的单片机。

3. 地址译码

单片机的系统设计主要是地址译码问题,外部程序存储器由单片的 EPROM 电路组成,它独占 64KB 程序存储器地址空间。因此不需要译码,将 EPROM 的选片端接地即可。

扩展的数据存储器和 I/O 接口电路一般由多片电路组成,它们共占 64KB 的数据存储器地址空间,CPU 是根据地址来选择 RAM/IO 芯片以进行信息交换的,它们的地址由地址译码的方法所确定,通常采用地址译码方式有线地址译码法、部分地址译码法和全地址译码法。这在第 6 章存储器系统设计中,已详细介绍,不再赘述。

4. 总线驱动

如上所述,MCS-51 系列单片机扩展功能比较强,但扩展总线的负载能力有限(P0 口的负载能力为 4mA,P2 口 2mA)。若扩展的电路负载超过总线负载能力,系统便不能可靠地工作。这时在总线上必须加驱动器。常用的总线驱动器为 74LS245 和 74LS244,接口方法如图 10-2 所示。

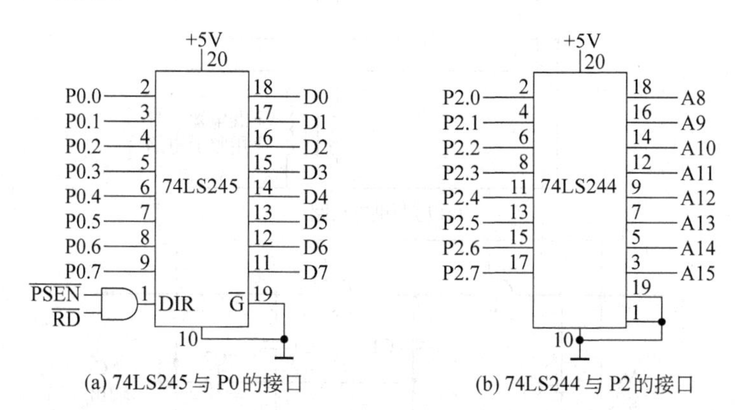

图 10-2 总线驱动电路

10.1.4 可靠性设计

随着单片机的应用深入到各个领域,对单片机应用系统的可靠性提出了越来越高的要求。特别是对于工业控制、交通管理、通信等领域中的实时控制系统,最重要最基本的技术指标是系统的可靠性。因为这些系统一旦出现故障,将造成生产过程的混乱、指挥或监视系统的失灵,从而产生严重的后果。

单片机应用系统的可靠性通常是指在规定的条件下,在规定的时间内完成规定功能(即正常工作)的能力。规定的条件包括环境条件(如温度、湿度、振动、电磁干扰、供电条件等);规定的时间是可靠性最重要的特征,以数学形式表示的基本参数(如可靠度、失效率、平均故障率、平均无故障时间等)均与时间有关;所规定的功能随单片机应用系统的不同而不同。

单片机应用系统在实际工作过程中,可能会受到各种外部和内部的干扰,使系统发生异常状态。我们把瞬时的不加修理也能恢复正常工作的异常状态(如接受到非法的命令或数据)称之为错误,而必须通过修理才能恢复正常的异常状态称之为故障。

减少系统的错误或故障,提高系统可靠性的措施如下。

(1) 采用抗干扰措施,提高系统对环境的适应能力。

(2) 提高元器件质量。

(3) 采用容错技术。

1. 抗干扰措施

来自供电系统、通过导线传输、电磁耦合等产生的电磁干扰信号,是单片机系统工作不稳定的重要原因。下面简单地指出常见的干扰源和相应的一些抗干扰措施。

1) 电源噪声及其抑制方法

电源噪声主要是从供电系统引入系统的,常规抑制电源噪声干扰措施有如下几种。

(1) 安装电源低通滤波器,并用带屏蔽层的电源变压器,与其他供电电路相隔离,参考线路如图 10-3 所示。

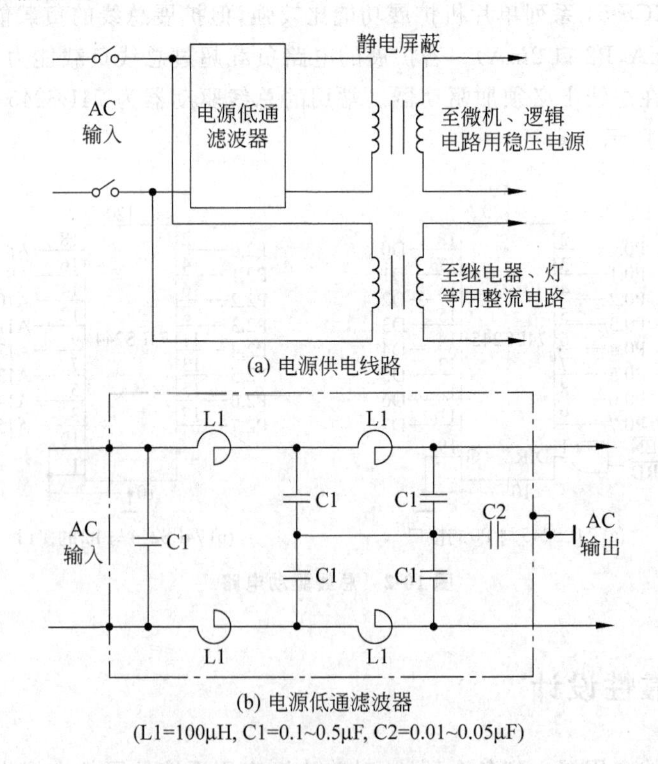

(a) 电源供电线路

(b) 电源低通滤波器

(L1=100μH, C1=0.1~0.5μF, C2=0.01~0.05μF)

图 10-3 电源供电线路及低通滤波器

(2) 交流电引进线应尽可能短,引进接口靠近变压器和低通滤波器,防止交流 50Hz 信号对系统的干扰。

(3) 电源变压器的容量留有一定余地。

（4）采用性能优良的直流稳压线路，增大输入输出滤波电容，减少电源波纹系数。

（5）逻辑电路、模拟电路的布线尽量分开，供电电源各有良好的退耦电路。

（6）系统中逻辑地、模拟地应一点相连，外壳地线和公共地线应分开走线，若允许直接相连，应在某一点可靠地相连，否则用 1～10μF 的电容相连。

2）输入输出通道的干扰及其抑制方法

输入输出通道是 CPU 与外部设备、被控对象进行信息交换的渠道。由输入输出通道引进的干扰主要是公共地线引起的，其次是受到静电噪声和电磁波干扰。常用的抗干扰措施有如下几种。

（1）使用双绞线。双绞线抗共模干扰的能力较强，可以作为接口连接线。图 10-4 给出了双绞线用于接口连接线的示意图。

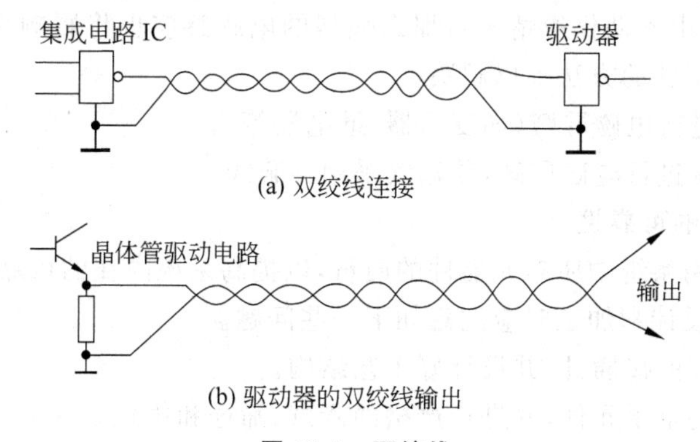

(a) 双绞线连接

(b) 驱动器的双绞线输出

图 10-4　双绞线

（2）使用光隔离电路。在噪声电平较大的地方，光电隔离器作为数字量、开关量的输入输出隔离电路，能受到良好效果。图 10-5 给出了几种光隔离耦合的电路。

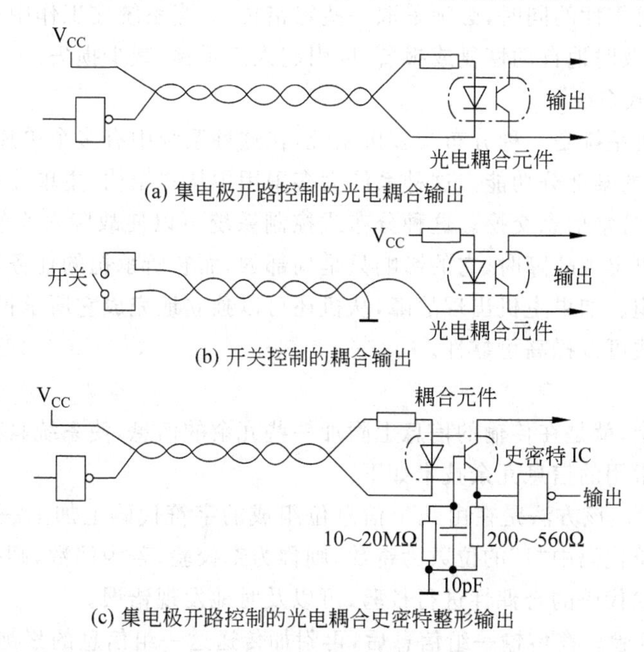

(a) 集电极开路控制的光电耦合输出

(b) 开关控制的耦合输出

(c) 集电极开路控制的光电耦合史密特整形输出

图 10-5　光隔离耦合器的连接电路

(3) 终端阻抗匹配。当数字信号进行远距离传送时，可以使用平衡输出的驱动器和平衡输入的接收器，使阻抗匹配，以提高信号的质量。图10-6给出了平衡输入输出的参考电路。

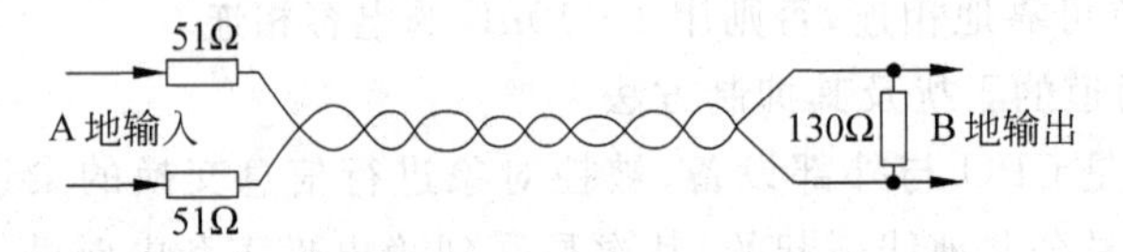

图10-6 远距离传送方式

3) 电磁场干扰及其抑制方法

若系统外部存在的电磁场的干扰源或系统控制的对象本身就是电磁场干扰源(如控制电机转速、控制继电器动作等情况)，那么强烈的电磁感应也将影响系统的可靠性。电磁场干扰可以采用屏蔽的方法加以解决。

(1) 对干扰源进行电磁屏蔽(如变压器、继电器等)。

(2) 对整个系统进行电磁屏蔽，传输线采用屏蔽线。

2. 提高元器件的可靠性

提高单片机应用系统中所有元器件的质量，以提高系统内在的可靠性，这也是关键性的措施。系统硬件设计和加工时应注意如下一些问题。

(1) 选用质量好的接插件，并设计好工艺结构。

(2) 选用合格的电子元件，并进行严格的测试、筛选和优化。

(3) 设计时技术参数(如负载)留有一定的余量。

(4) 提高印版和组装的质量。

3. 采用容错技术

在提高系统可靠性的同时，必须采取一些容错技术，当系统在工作中万一发生错误或故障时，使系统能及时地自动恢复或报警，以引起人工干预，减少损失。

1) 采用集散式系统

集散式单片机系统是一种分布式多机系统，在这种系统中有多个单片机，它们协调工作，分别完成系统的某部分功能。这种系统大多采用主从式结构，主单片机对各从单片机进行监督、管理和日常信息交换。这种分布式控制系统可以使故障对系统的影响减到最小。当某一个从机出现故障时，它的影响只是局部的，而它所承担的任务还可以由主机或其他的从机所承担。如果主机出现故障，从机还可以独立地完成它所承担的工作。因此，采用集散系统方式可以提高可靠性。

2) 信息冗余

所谓信息冗余，就是在传输的信息上附加一些冗余的信息，使系统具有检错和纠错的能力。单片机中常用的信息冗余技术如下。

(1) 奇偶校验。该方法是在由几个信息位组成的字符代码上加上一位奇偶校验位，若使组成的新字符代码中"1"的位数为奇数，则称为奇校验；若为偶数，则称为偶校验。接收方通过对所传输代码的奇偶性进行校验，可以及时地发现错误。

(2) 累加和校验。在传输一组信息后，再附加传送这一组信息的累加和，接收方对累加和进行符合校验，可以发现数据传送中的错误。

(3) 循环码校验。在发送数据时按一定的规则(如 $X^{16}+X^{12}+X^{5}+1$)产生循环冗余码,并附加在数据后面一起发送。接收方按同样的规则根据接收到的数据产生循环冗余码,并和接收到的循环冗余码进行符合比较,检验数据传送是否错误。循环码校验的检错能力高于累加和校验。

3) 系统监视器

如前所述,系统出现的异常状态可以分为两类:一类是由硬件失效等引起的固定性故障,必须经过修复才能恢复系统正常工作;另一类是由于受到干扰瞬时发生的错误,只要重新启动,系统便恢复正常工作。系统监视器的功能是检测系统发生的错误或故障,并自动报警或使系统自动恢复正常工作状态。很多单片机内部有监视定时器。图 10-7 给出了一种 MCS-51 系列单片机外接的系统监视器电路。

图 10-7 中,P1.0 是用于检测软件故障的,当 CPU 正常执行程序时,P1.0 输出周期性固定脉冲,连续触发单稳 DW0,使 Q0 输出低电平,一旦系统工作不正常,P1.0 上脉冲消失,单稳 DW0 反转,Q0 输出高电平。F1…Fm 为硬件测试点,硬件无故障时输出不同周期的脉冲信号(如可控硅的触发信号、A/D 转换结束信号等),它们连续触发单稳 DW1…DWm,使 Q1…Qm 输出保持低电平,Fm+1…Fn 为硬件测试点,无故障时均为低电平。

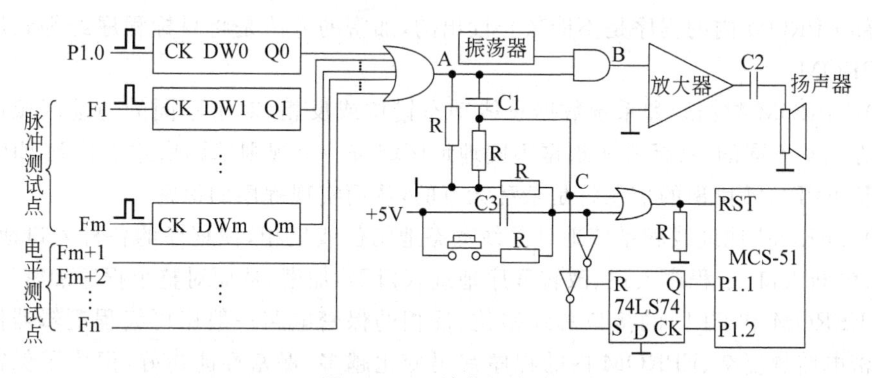

图 10-7 系统监视电路

当软硬件都正常时,A 点输出为低电平,扬声器关闭。当出现故障时,Q0…Qm 和 Fm+1…Fn 中只要有一位为高电平,便打开扬声器,产生报警信号。同时通过微分电路在 C 点产生正脉冲,该脉冲使系统复位,重新启动系统工作,同时置位触发器 74LS74,使 Q 输出高电平,而开关复位或上电则复位触发器 74LS74。系统的初始化程序通过 P1.1 测试触发器 74LS74 的状态,以区分是正常(Q=0)复位,还是故障(Q=1)置位,以便作出不同的处理。如果是偶发性错误,复位后系统便重新启动恢复正常工作,如果是固定性的故障,A 点保持高电平,扬声器保持工作,直至人工干预为止。

10.1.5 保密性设计

不少单片机应用系统需要系统保密,不公开其硬件电气原理图和软件的程序清单。在这种情况下,就需要进行保密性设计。

1. 硬件保密

1）使用可编程逻辑器件

可编程逻辑器件具有功能强、应用灵活和保密性好的优点，可以被编程为各种组合逻辑和时序控制电路，电路的局部性修改可以不影响印版的布线。它的保密功能很强，特别是Intel公司的紫外线擦除电可编程逻辑器件EPLD，一旦加密后就无法读出内部逻辑结构，如果将系统中关键性控制电路固化到EPLD之内，就可以达到硬件保密的目的。

2）使用专用电路

将系统中某些特殊电路（如放大器、软件控制的A/D电路等），由元件厂商制成专用电路，这也能达到硬件保密目的。

2. 程序保密

1）使用带EPROM的CMOS单片机

87C53、87C51BH、89C51/52等内部具有程序存储器的单片机，具有二级程序保密功能。使用这类单片机把全部程序或部分关键性程序（如各个程序的入口地址）固化到单片机内部的EPROM，加密后就禁止从外部读取内部的程序或读出结果是经编码后的杂乱信息，这样便实现了程序保密。

2）外部EPROM内程序加密

外部EPROM内的程序是不能禁止读出的，加密的方法是将目标程序经编码后再固化到EPROM。

（1）EPROM数据线和系统数据总线动态错位或反相，对于不同的地址区域错位和反相的方法是不同的，目标程序根据不同地址区域按一定规则编码后才固化到EPROM，即直接从EPROM读出的信息将是杂乱无章的，从而实现程序的保密。

（2）EPROM地址线和系统地址总线动态地错位或反相，使程序的各种入口地址（复位入口、中断入口、子程序入口、散转程序地址入口等）加密，从而对整个程序加密。

使EPROM和CPU的接口总线错位、反相的保密电路一般用可编程逻辑器件来实现。保密电路越复杂、EPROM内的程序编码变化越多，保密性能越好，但为了保密将增加不少的工作量。对于具体的单片机应用系统，应该根据它的使用价值和保密的必要性来考虑加密的方法。

10.1.6 软件设计

单片机应用系统软件（监控程序）的设计，是系统设计最基本的工作，也是工作量较大的任务。本节主要讨论软件设计的一般方法。

1. 软件研制过程

单片机应用系统的软件设计和一般在现成系统机上设计一个应用软件有所不同，后者是在系统机操作系统等支持下的纯软件设计，而单片机的软件设计是在裸机条件下开始设计的，而且随应用系统的不同而不同。图10-8给出了单片机软件的研制过程。

2. 问题定义

问题定义阶段是要明确软件所要完成的任务，确定输入输出的形式，对输入的数据进行哪些处理，以及如何处理可能发生的错误。

软件所要完成的任务已在总体设计时明确规定，现在要结合硬件结构，进一步弄清软件所承担的一个个任务细节，确定具体实施的方法。

首先要定义输入输出，确定数据的传输方式。数据传输的方式有串行或并行通信、异步或同步通信、选通或非选通输入输出、数据传输的速率、数据格式、校验方法以及所用的状态信号等。它们必须和硬件逻辑协调一致，同时还必须明确对输入数据应进行哪些处理。系统对输入输出的要求是问题定义的依据。

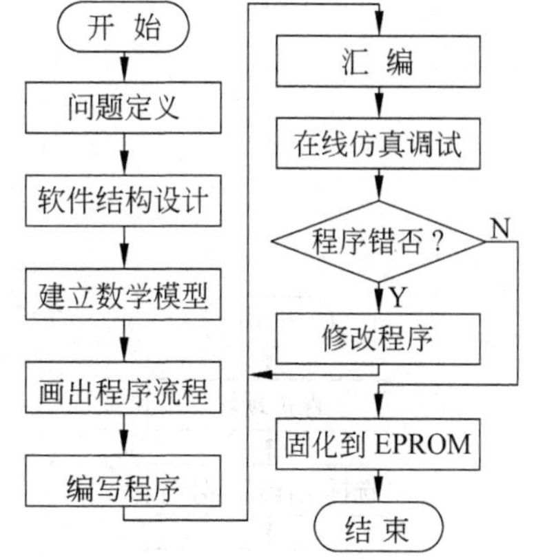

图 10-8 单片机软件研制过程

把输入数据变为输出结果的基本过程，主要取决于对算法的确定。对于实时系统，测试和控制有明确的时间要求，如对模拟信号的采样频率、何时发送数据、有多少延迟等。

另外必须考虑到可能发生的错误类型和检测方法，在软件上作何种处理，以减少错误对系统的影响。

问题定义的基础是对系统应用场合的了解程度和正确的工程判断，它对软件设计（也包括硬件设计）提供指导。

3. 软件结构设计

合理的软件结构是设计出一个性能优良的单片机应用系统软件的基础，必须给予足够的重视。由问题的定义，系统的整个工作可分解为几个相对独立的操作，根据这些操作的相互联系的时间关系，设计出一个合理的软件结构，使 CPU 并行地有条不紊地完成这些操作。

对于简单的单片机应用系统，通常采用顺序设计方法，这种系统软件由主程序和若干个中断服务程序所构成。根据系统各个操作的性质，指定哪些操作由中断服务程序完成，哪些操作由主程序完成，并指定各个中断的优先级。

中断服务程序对实时时间请求作必要的处理，使系统能实时地并行地完成各个操作。中断处理程序必须包括现场保护、中断服务、现场恢复、中断返回等 4 个部分。中断的发生是随机的，他可能在任意地方打断主程序的运行，无法预知这时主程序执行的状态。因此，在执行中断服务程序时，必须对原有程序状态进行保护。现场保护的内容应是中断服务程序所使用的有关资源（RSW，ACC，DPTR 等）。中断服务程序是中断处理程序的主体，它由中断所要完成的功能所确定，如输入或输出一个数据等。现场恢复与现场保护相对应，恢复被保护的有关寄存器状态，中断返回使 CPU 回到被该中断所打断的地方继续执行原来的程序。

主程序是一个顺序执行的无限循环程序，不停地顺序查询各种软件标志，以完成对日常事务的处理。图 10-9 和图 10-10 分别给出了中断程序和主程序的结构。

主程序和中断服务程序之间的信息交换一般采用数据缓冲器和软件标志（置位或清“0”位寻址区的某一位）方法。例如：定时中断到 1 秒后置位标志 SS，以通知主程序对日历时钟进行计数，主程序查询到 SS=1 时，清 0 该标志并完成时钟计数。又如：A/D 中断服务程序在读到一个完整数据时将数据存入约定的缓冲器，并置位标志以通知主程序对此数据进行处理。再如，若要打印，主程序判断到打印机空时，将数据装配到打印缓冲器，

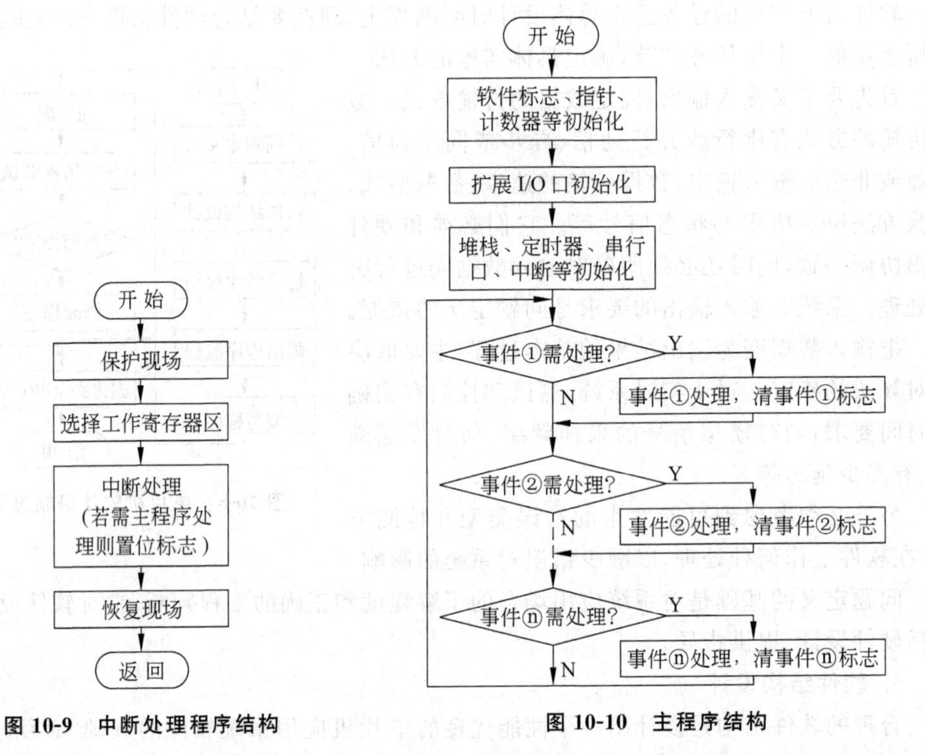

图 10-9 中断处理程序结构 **图 10-10 主程序结构**

并启动打印机和允许打印中断。打印中断服务程序将一个个数据输出打印，打印完后关机，并置位打印结束标志，以通知主程序打印机已空。

因为顺序程序设计方法容易理解和掌握，也能满足大多数简单的应用系统对软件功能的要求，因此是一种用得很广的方法。顺序程序设计的缺点是软件的结构不够清晰、软件的修改扩充比较困难、实时性差。这是因为当功能复杂的时候，执行中断服务程序要花费较多的时间，CPU执行中断程序时不响应低级或同级的中断，这可能导致某些实时中断请求得不到及时的响应，甚至会丢失中断信息。如果多采用一些缓冲器和标志，让大多数工作由主程序完成，中断服务程序只完成一些必需的操作，从而缩短中断服务程序的执行时间，这在一定程度上可以提高系统实时性，但是众多的软件标志会使软件结构变乱，容易发生错误，给调试带来困难。对于复杂的应用系统，可采用实时多任务操作系统。

4. 程序设计技术

1）模块程序设计

模块程序设计是单片机应用中常用的一种程序设计技术。它是把一个功能完整的较长的程序分解为若干个功能相对独立的较小的程序模块，各个程序模块分别进行设计、编制程序和调试，最后把各个调试好的程序模块连成一个大的程序。

模块程序设计的优点是单个功能明确的程序模块，设计和调试比较方便、容易完成，一个模块可以为多个程序所共享，还可以利用现成的程序模块(如各种现成子程序)。缺点是各个模块的连接有时有一定的难度。

程序模块的划分没有一定的标准，一般可以参考以下原则。

(1) 每个模块不宜太大。

（2）力求使各个模块之间界限明确，在逻辑上相对独立。

（3）对一些简单任务不必模块化。

（4）尽量利用现成的程序模块。

2）自顶向下的程序设计

自顶向下程序设计时，先从主程序开始设计，从属的程序或子程序用符号来代替。主程序编好后再编制各个从属的程序和子程序，最后完成整个系统软件的设计。调试也是按这个次序进行。

自顶向下程序设计的优点是比较习惯于人们的日常思维，设计、测试和连接同时按一个线索进行，程序错误可以较早地发现。其缺点是上一级的程序错误将对整个程序产生影响，一处修改可能引起对整个程序进行全面的修改。

程序设计技术还有结构程序设计等，但在单片机中用得较少。

5. 程序设计

在选择好软件结构和所采用的程序设计技术后，便可着手进行程序设计，把问题的定义转化为具体的程序。

1）建立数学模型

根据问题的定义，描述出各个输入变量和各个输出变量之间的数学关系，这就是建立数学模型。数学模型的正确程度，是系统性能好坏的决定性因素之一。例如，在直接数字控制系统中，采用数字PID控制算法或其改进形式，参数P、I、D的确定是至关重要的。在测量系统中，从模拟输入通道得到的温度、流量、压力等现场信息与该信息对应的物理量之间常常存在非线性关系，用什么样的公式来描述这种关系，进而进行线性化处理，这对仪器的测量精度起着决定性作用。还有为了削弱或消除干扰信号的影响选择何种数字滤波方法等。

2）绘制程序流程图

通常在编程之前先绘制程序流程图。程序流程图在前几章中已有很多例子。程序流程图以简明直观的方式对任务进行描述，并很容易由此编写程序，故对初学者来说尤为适用。所谓程序流程图，就是把程序应该完成的各种分立操作，表示在不同的框框中，并按一定顺序把它们连接起来，这种互相联系的框图称为程序流程图，也称为程序框图。

在设计过程中，先画出简单的功能性流程图（粗框图），然后对功能性流程图进行扩充和具体化。对存储器、寄存器、标志位等工作单元作具体的分配和说明，把功能流程图中每一个粗框的操作转变为对具体的存储器单元、工作寄存器或I/O口的操作，从而绘出详细的程序流程图（细框图）。

3）编写程序

在完成了程序流程图设计以后，接着便可编写程序。单片机应用程序大多用汇编语言编写，如果有条件可以用高级语言编写，如MBASIC51、PL/M 51、C51等。

编写程序时，应采用标准的符号和格式书写，必要时作若干功能性注释，以利于今后的调试。

6. 程序的汇编、调试和固化

程序的汇编（或编译）、调试和固化工作与所提供的研制工具有关，根据开发装置的不同而不同，读者可参考自己手中开发装置的说明书，这里不详尽叙述。

10.2 单片机开发系统

10.2.1 单片机开发系统与开发工具

一个单片机应用系统(或称目标系统)从提出任务到正式投入运行(或批量生产)的过程,称为单片机的开发。

如前所述,单片机本身只是一个电子元件,只有当它和其他的器件、设备有机地组合在一起,并配置适当的工作程序(软件)后,才能构成一个单片机应用系统,以完成规定的操作,具有特定的功能。因此,单片机的开发包括硬件和软件两个部分。

单片机本身没有自开发功能(通用计算机系统具有这种功能,用户可以在上面研制应用软件或对系统进行扩展),必须借助于开发工具来排除目标系统样机中的硬件故障,生成目标程序,并排除程序错误,当目标系统调试成功以后,还需要用开发工具把目标程序固化到单片机的内部或外部EPROM芯片中。

由于单片机内部功能部件多、结构复杂、外部测试点(即外部引脚)少,因此不能全靠万用表、示波器等工具箱调试简单电子产品(例如晶体管收音机等)那样,测试单片机内部和外部电路的状态。单片机的开发工具通常是一个特殊的、功能完备的计算机系统——开发系统(或称为仿真器)。

近几年来,随着IBM PC微机系统的不断普及,用户界面越来越友好,国内外推出了不少以PC机为基础的单片机开发系统,它们的组成和典型结构如图10-11所示。

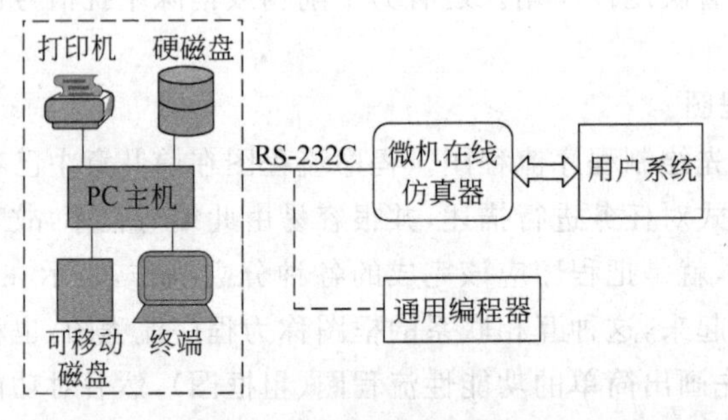

图10-11 微机开发系统

微机开发系统和一般通用计算机系统相比,在硬件上增加了目标系统的在线仿真器、逻辑分析仪、编程器等部件,软件中除了一般计算机系统所具有的操作系统、编辑程序、编译等以外;还增加了目标系统的汇编和编译系统以及调试程序等。

微机开发系统有通用和专用两种类型。通用的微机开发系统配备多种在线仿真器和相应的开发软件,使用时只要更换系统中的仿真器板,就能开发相应的单片机。

Intel公司在推出MCS-48,MCS-51,MCS-96这3个系列单片机的同时,还及时地推出了Intellec开发系统和单片机仿真器ICE-48/49,ICE-51和VLSICE-96。

只能开发一种类型的单片机或微处理器开发系统,称为专用开发系统。

Intel公司为了研制MCS-51系列单片机的在线仿真器的需要,特地研制了一种64

引脚的仿真芯片 BANDOUT 芯片 8051E，把仿真时需要的内部控制信号引到扩充的外部引脚上，Intel 公司的仿真器多数是用这类芯片作为 51 系列仿真处理机。Intel 公司的 51 系列开发系统还有 iPDS51 个人型开发系统，它以 EMV-51 作为在线仿真器，后来又推出功能更强的以 PC 机为基础的 51 单片机开发系统，它的仿真器是 ICE-5100/252。

国内研制的各种 51 系列仿真器都是以 8031/8032 作为开发芯片的，它们采用软硬件相结合的方法，达到或接近 Intel 公司的同类产品水平，但它们的性能价格比却比 Intel 公司产品高。

单片机开发工具还包括简单的开发装置和具有自开发功能的单片单板机。此外，通用的逻辑分析仪也可以作为单片机的开发工具来使用。

单片机开发装置（如 48 系列的 DPT-35-Ⅱ，DSG-51 等），它们也具有在线开发单片机应用系统的功能，只是程序输入是以机器码形式进行的，用七段显示器显示目标系统的状态，调试的手段比较落后，从而开发的效率较低。

单片单板机具有一定的自开发功能。用户可以在单片单板机基础上，扩展一些功能部件，配置适当的应用程序，就可以把它变成用户所需要的单片机应用系统，如 SBC-51 是开发型单片单板机。

10.2.2 单片机开发系统的功能

用户单片机应用系统的研制周期和所选用的单片机开发系统的性能优劣有密切关系。一个单片机开发系统功能的强弱可以从以下几个方面来分析。

（1）在线仿真功能。

（2）调试功能。

（3）软件辅助设计功能。

1. 在线仿真功能

开发系统中的在线仿真器应能仿真目标系统中单片机，并能模拟目标系统的 ROM、RAM 和 I/O 口。使在线仿真时目标系统的运行环境和脱机运行环境完全"逼真"，以实现目标系统的完全的一次性开发。仿真功能具体地体现在下面几方面。

1）单片机仿真功能

在线仿真时，开发系统应能将在线仿真器中的单片机完整地"出借"给目标系统，不占用目标系统单片机的任何资源，使目标系统在联机仿真和脱机运行时的环境（工作程序，使用的资源和地址空间）完全一致，实现完全的一次性的仿真。

单片机的资源包括片上的 CPU、RAM、SFR、定时器、中断源、I/O 口以及外部可扩充的程序存储器和数据存储器地址空间。这些资源应允许目标系统充分地、自由地使用，不应受到任何限制，使目标系统能根据单片机固有的资源特性进行硬件和软件的设计。

2）模拟功能

在开发目标系统的过程中，单片机的开发系统允许用户使用它内部的 RAM 存储器和输入输出来替代目标系统中的 ROM 程序存储器、RAM 数据存储器以及 I/O 口，使用户在目标系统样机还未完全配置好以前，便可以借用开发系统提供的资源进行软件开发。

最重要的是目标机的程序存储器模拟功能。因为在研制目标系统开始的初始阶段，目标程序还未生成，更谈不上在目标系统中固化程序。因此，用户的目标程序必须存放在开发系统RAM存储器内，以便于在调试过程中对程序修改。开发系统所能出借的作为目标系统程序存储器的RAM，常称为仿真RAM。开发系统中仿真RAM的容量和地址映射应和目标机系统完全一致。对于MCS-51系列单片机开发系统，最多应能出借64KB的仿真RAM，地址为0～65 535，并保持原有的复位入口和中断入口地址不变。

2. 排错功能

开发系统对目标系统软硬件的排错功能（也称为调试功能）强弱，将直接关系到开发的效率。性能优良的单片机开发系统应具有下面所述的排错功能。

1）运行控制功能

开发系统应能使用户有效地控制目标程序的运行，以便检查程序运行的结果，对存在的硬件故障和软件错误进行定位。

（1）单步运行：能使CPU从任意的目标程序地址开始执行一条指令后停止运行。

（2）断点运行：允许用户任意设置条件断点，启动CPU从规定地址开始运行后，当碰到断点条件（程序地址和指定断点地址符合或者CPU访问到指定的数据存储器单元等条件）符合以后停止运行。

（3）连续运行：能使CPU从指定地址开始连续地全速运行目标程序。

（4）启停控制：在各种运行方式中，允许用户根据调试的需要，来启动或者停止CPU执行目标程序。

2）对目标系统状态的读出修改功能

当CPU停止执行目标系统的程序后，允许用户方便地读出或修改目标系统中所有资源的状态，以便检查程序运行的结果、设置断点条件以及设置程序的初始参数。可供用户读出/修改的目标系统资源包括如下内容。

（1）程序存储器（开发系统中的仿真RAM存储器或目标机中的程序存储器）。

（2）单片机片内资源。

- 工作寄存器。
- 特殊功能寄存器。
- I/O口。
- RAM数据存储器。
- 位寻址单元。

（3）系统中扩展的数据存储器及I/O接口。

3）跟踪功能

高性能单片机开发系统具有逻辑分析仪的功能，在目标程序运行过程中，能跟踪存储目标系统总线上的地址、数据和控制信号的状态/变化，跟踪存储器能同步地记录总线上的信息，用户可以根据需要显示跟踪存储器搜集到的信息，也可以显示某一位总线的状态变化的波形。使用户掌握总线上状态变化的过程，对各种故障的定位特别有用，从而大大地提高工作效率。

3. 辅助设计功能

软件的辅助设计功能的强弱也是衡量单片机开发系统性能高低的重要标志。单片机应用系统软件开发的效率在很大程度上取决于开发系统的辅助设计功能，这些功能包括下面几方面。

1）程序设计语言

单片机的程序设计语言有机器语言、汇编语言和高级语言。

机器语言只在简单的开发装置中才使用，程序的设计、输入、修改和调试都很麻烦。只能用来开发非常简单的单片机应用系统。

汇编语言具有使用灵活、程序容易优化的特点，容易设计出高质量的程序，故是单片机中最常用的程序设计语言。但是用汇编语言编写程序还是比较复杂，只有对单片机的指令系统非常熟悉，并具有一定的程序设计经验，才能研制出功能复杂的应用软件。

高级语言通用性好、功能强，程序设计人员只要掌握该种语言的特点和使用方法，不需要完全掌握具体的单片机指令系统，就可以编写程序。MCS-51 系列单片机的编译型高级语言包括 PL/M51，C-51，MBASIC-51 等。解释型高级语言有 BASIC-52，TINY BASIC 等。编译型高级语言可生成机器码，解释型高级语言必须在解释程序的支持下直接解释执行。因此，编译型高级语言才能作为微机开发语言。

应该指出的是，在程序设计时可以交叉地使用汇编语言和高级语言。

2）程序编辑

程序输入方法有机器码输入和利用行编辑或屏幕编辑对目标系统的源程序进行编辑。

机器码输入方式只在简单的开发装置中使用。几乎所有的单片机开发系统允许用户用汇编语言或高级语言编写程序，提供功能很强的编辑程序。例如，PC 机上的 EDLIN 行编辑和 Q、WS 等屏幕编辑程序，使用户方便地将源程序输入到开发系统中，生成汇编语言或高级语言的源文件，然后利用开发系统提供的汇编或编译系统，将源程序编译成可在目标机上直接运行的目标程序，并生成程序清单文件以供打印。

3）其他软件功能

一些单片机的开发系统还提供反汇编功能，并提供用户宏调用子程序库，以减少用户软件研制的工作量。

单片机开发系统的其他功能指标和一般的计算机系统相类似，如系统的可靠性、可维护性以及 I/O 口的种类和存储器的容量等。

10.3　单片机应用系统调试

在完成了目标系统样机的组装和软件设计以后，便进入系统的调试阶段。用户系统的调试步骤和方法是相同的，但具体细节则和所采用的开发系统以及目标系统所选用的单片机型号有关。本节以 SICE 作为开发工具，以 MCS-51 单片机应用系统为例说明单片机应用系统调试的一般方法。

10.3.1　硬件调试方法

单片机应用系统的硬件调试和软件调试是分不开的，许多硬件故障是在调试软件时才发现的，但通常是先排除系统中明显的硬件故障后才和软件结合起来调试。

1. 常见的硬件故障

1) 逻辑错误

样机硬件的逻辑错误是由于设计错误和加工过程中的工艺性错误所造成的。这类错误包括：错线、开路、虚焊、短路、相位错等几种，其中虚焊和短路是最常见也较难排除的故障。单片机的应用系统往往要求体积小，从而使印制板的布线密度高，由于工艺原因造成引线之间的短路。开路常常是由于印版的金属化孔质量不好、虚焊或接插件接触不良引起的。

2) 元器件失效

元器件失效的原因有两个方面：一是器件本身已损坏或性能指标较差，诸如电阻电容的型号、参数(或离散性引起)不正确，集成电路已损坏，器件的速度、功耗等技术参数不符合要求等；二是由于组装错误造成的元器件失效，如电容、二极管、三极管的极性错误和集成块安装的方向错误等。

3) 可靠性差

系统不可靠的因素很多，如金属化孔、虚焊、接插件接触不良会造成系统时好时坏；经不起振动；内部和外部的干扰、电源波纹系数过大、器件负载过大等会造成逻辑电平不稳定。另外，走线和布局的不合理等也会引起系统的可靠性问题。

4) 电源故障

若样机中存在电源故障，则加电后将造成器件损坏，因此电源必须单独调试好以后才加到系统的各个部件中。电源的故障包括：电压值不符合设计要求，电源引出线和插座不对应，各档电源之间的短路，变压器功率不足，内阻大，负载能力差等。

2. 硬件调试方法

1) 静态测试

测试方法如下。

(1) 在样机加电之前，首先用万用表等工具，根据硬件电气原理图和装配图仔细检查样机线路的正确性，并核对元器件的型号、规格和安装是否符合要求。应特别注意电源的走线，防止电源之间的短路和极性错误，并重点检查扩展系统总线(地址总线、数据总线和控制总线)是否存在相互间的短路或与其他信号线的短路。

(2) 加电后检查各插件上引脚的电位，仔细测量各点电位是否正常，尤其应注意单片机插座上的各点电位，若有高压，联机时将会损坏仿真器。

(3) 在不加电情况下，除单片机以外，插上所有的元器件，用仿真插头将样机的单片机插座和SICE的仿真接口相连，这样便为联机调试做好了准备。

2) 联SICE调试

在静态测试中，只对样机硬件进行初步测试，只排除一些明显的硬件故障。目标样机中的硬件故障主要靠联机调试来排除的。静态测试完成后分别打开样机和仿真器电源，就可开始联机调试。

(1) 测试扩展RAM存储器。

用SICE的读出/修改目标系统扩展RAM/IO口的命令(SXn ↵)，将一批数据写入样机的外部RAM存储器，然后用读样机扩展RAM/IO口的命令(DXn1，n2 ↵)读出外部RAM的内容，若对任意的单元读出和写入的内容一致，则该RAM电路和CPU的连接没有逻辑错误。若存在写不进、读不出或读出和写入内容不一致的现象，则有故障存在，故障原因可能是地址、数据线短路，或读/写信号没有加到芯片，或 RAM 电路没有加电，或总线信号对 ALE、$\overline{WR}$、$\overline{RD}$干扰等。此时可编一段程序，循环地对某一 RAM 单元进行读和写。举例如下。

```
START:   MOV    DPTR,#ADRM     ;ADRM为RAM中一个单元地址
         MOV    A,#0AAH
LOOP:    MOVX   @DPTR,A
         MOVX   A,@DPTR
         SJMP   LOOP
```

连续运行这一段程序，用示波器测试 RAM 芯片上的选片信号、读信号和写信号以及地址、数据信号是否正常，以进一步查明故障原因。

(2) 测试 I/O 口和 I/O 设备。

I/O 口有输入和输出口之分，也有可编程和不可编程的 I/O 接口差别，应根据系统对 I/O 口的定义进行操作。对于可编程接口电路，先用读出修改命令(SXn ↵)把控制字写入命令口，使之具有系统所要求的逻辑结构。然后，分别将数据写入输出口，测量或观察输出口和设备的状态变化(如显示器是否被点亮，继电器、打印机等是否被驱动等)，用读命令读输入口的状态，观察读出内容和输入口所接输入设备(拨盘开关、键盘等)的状态是否一致。如果对 I/O 口的读/写操作和 I/O 设备的状态变化一致，则 I/O 接口和所连设备没有故障；如果不一致，则根据现象分析故障原因。可能存在的故障有 I/O 电路和单片机连接存在逻辑错误、写入的命令字不正确，设备没有连好等。

(3) 测试程序存储器。

输入 MAP0 ↵命令，使样机中的 EPROM 作为目标系统的程序存储器，再用命令 DC 或(DI)n1,n2 ↵读出 EPROM 中内容，若读出内容和 EPROM 内容一致则无故障，否则有错误。一般在目标系统中只有一片 EPROM，若有故障很容易定位。

(4) 测试晶振和复位电路。

用选择开关，使目标系统中晶振电路作为系统晶振电路，此时系统若正常工作，则晶振电路无故障，否则检查一下晶振电路便可查出故障所在。按下样机复位开关(如果存在)或样机加电应使系统复位，否则复位电路也有错误。

10.3.2 软件调试方法

1. 常见的软件错误类型

1) 程序失控

这种错误的现象是当以断点或连续方式运行时，目标系统没有按规定的功能进行操作或什么结果也没有，这是由于程序转移到没有预料到地方或在某处死循环所造成的。这类错误的原因有：程序中转移地址计算错误、堆栈溢出(出界)、工作寄存器冲突等。在采用实时多任务操作系统时，错误可能在操作系统中，没有完成正确的任务调度操作，也可能在高优先级任务程序中，该任务不释放处理机，使 CPU 在该任务中死循环。

2）中断错误

（1）不响应中断。

CPU 不响应任何中断或不响应某一个中断。这种错误的现象是连续运行时不执行中断服务程序的规定操作，当断点设在中断入口或中断服务程序中时碰不到断点。错误的原因有中断控制寄存器（IE，IP）的初值设置不正确，使 CPU 没有开放中断或不允许某个中断源请求；或者对片内的定时器、串行口等特殊功能寄存器和扩展的 I/O 口编程有错误，造成中断没有被激活；或者某一中断服务程序不是以 RETI 指令作为返回主程序的指令，CPU 虽已返回到主程序但内部中断状态寄存器没有被清除，从而不响应中断；或由于外部中断源的硬件故障使外部中断请求无效。

（2）循环响应中断。

这种错误是 CPU 循环地响应某一个中断，使 CPU 不能正常地执行主程序或其他的中断服务程序。这种错误大多发生在外部中断中。若外部中断（$\overline{\text{INT0}}$或$\overline{\text{INT1}}$）以电平触发方式请求中断，当中断服务程序没有有效清除外部中断源（例如：8251 的发送中断和接收中断，在 8251 受到干扰时，不能被清除）或由于硬件故障使中断源一直有效而使 CPU 连续响应该中断。

3）输入输出错误

这类错误包括输入输出操作杂乱无章或根本不动作，错误的原因有输入输出程序没有和 I/O 硬件协调好（如地址错误、写入的控制字和规定的 I/O 操作不一致等）；时间上没有同步；硬件中还存在故障。

4）结果不正确

目标系统基本上已能正常操作，但控制有误动作或者输出的结果不正确。这类错误大多是由于程序中的错误引起的。

2. 软件调试方法

软件调试与所选用的软件结构和程序设计技术有关。如果采用实时多任务操作系统，一般是逐个任务进行调试。在调试某一个任务时，同时也调试相关的子程序、中断服务程序和一些操作系统程序。若采用模块程序设计技术，则逐个模块（子程序、中断程序、I/O 程序等）调试好以后，再连成一个大的程序，然后进行系统程序调试。下面举例说明软件的调试方法。

1）计算程序的调试方法

计算程序的错误是一种静态的、固定的错误，因此主要用单拍或断点运行方式来调试。根据计算程序的功能，事先准备好一组测试数据。例如，对于乘法程序，准备一组乘数和被乘数，在计算机上或计算器上算得相应的一组乘积。调试时，用 SICE 的读出/修改命令，将数据写入计算程序的参数缓冲单元，然后从计算程序开始运行到结束，运行的结果和正确结果比较，如果对所有的测试数据进行测试，都没有发现错误，则该计算程序调试成功；如果发现结果不正确，改用断点运行或单步运行方式，即可以检查出错误所在。

计算程序的修改视错误性质而定。若是算法错误，那是根本性错误，应重新设计该程序；若是局部的指令错误，修改一下就行了。

如果用于测试的数据没有全部覆盖实际计算的原始数据的类型，调试没有发现的错误将可能在系统运行过程中暴露出来。

2）串行口通信程序调试

串行口通信程序是实时处理程序，只能用全速断点或连续全速运行方式调试，若用单拍方式调试就会丢失数据，不能实现正常的输入输出操作。

为了方便用户的串行通信程序的调试，SICE具有ESIO方式，在这种方式中，可以借用SICE CN5串行接口上的终端或主机来调试目标系统的串行通信程序。开机时设置的SICE串行口波特率和目标系统所工作的波特率相一致。以全速断点运行方式（断点设在串行口中断入口0023H或中断处理程序中）或连续方式运行，若程序没有错误，则程序输出到串行口上的数据会在主机（或终端）上显示出来，而主机（或终端）上键入的数据会被接收中断程序接收到。用这种方法模拟目标系统和从机或设备的通信。

3）I/O处理程序的调试

对于A/D转换一类的I/O处理程序也是实时处理程序，因此也必须用全速断点方式或连续运行方式运行调试。

4）综合调试

在完成了各个模块程序（或各个任务程序）的调试工作以后，接着便进行系统的综合调试，综合调试一般采用全速断点运行方式，这个阶段的主要工作是排除系统中遗留的错误以提高系统的动态性能和精度。在综合调试的最后阶段，应使用目标系统的晶振电路工作，使系统全速运行目标程序，实现了预定功能技术指标后，便可将软件固化，然后再运行固化的目标程序，成功后目标系统便可脱机运行。一般情况下，这样一个应用系统就算研制成功了。如果脱机后出现了异常情况，大多是由目标系统的复位电路中有故障或上电复位电路中元件参数等引起的。

习题与思考

1. 在一个8031应用系统中扩展一片2764、一片8255、一片0809、一片0832，试画出其系统框图，并指出所扩展的各个芯片的地址范围。

2. 在一个MCS-51应用系统中，需8KB程序存储器、40位输出线、24位输入线，试画出其系统框图。

3. 在一个8032应用系统中，扩展了8片74LS377作为输出口、4片74LS245作为输入口，扩展了8KB程序存储器，试画出其系统逻辑框图。

4. 在一个8031系统中扩展一片74LS245，通过光隔器件外接8路TTL开关量输入信号，试画出其有关的硬件电路。

附录A REG51.H 文件

```
#ifndef __REG51_H__
#define __REG51_H__
// BYTE Register
sfr P0 = 0x80;
sfr P1 = 0x90;
sfr P2 = 0xA0;
sfr P3 = 0xB0;
sfr PSW = 0xD0;
sfr ACC = 0xE0;
sfr B = 0xF0;
sfr SP = 0x81;
sfr DPL = 0x82;
sfr DPH = 0x83;
sfr PCON = 0x87;
sfr TCON = 0x88;
sfr TMOD = 0x89;
sfr TL0 = 0x8A;
sfr TL1 = 0x8B;
sfr TH0 = 0x8C;
sfr TH1 = 0x8D;
sfr IE = 0xA8;
sfr IP = 0xB8;
sfr SCON = 0x98;
sfr SBUF = 0x99;

// BIT Register
// PSW
sbit CY = 0xD7;
sbit AC = 0xD6;
```

```
sbit F0 = 0xD5;
sbit RS1 = 0xD4;
sbit RS0 = 0xD3;
sbit OV = 0xD2;
sbit P = 0xD0;

// TCON
sbit TF1 = 0x8F;
sbit TR1 = 0x8E;
sbit TF0 = 0x8D;
sbit TR0 = 0x8C;
sbit IE1 = 0x8B;
sbit IT1 = 0x8A;
sbit IE0 = 0x89;
sbit IT0 = 0x88;

// IE
sbit EA = 0xAF;
sbit ES = 0xAC;
sbit ET1 = 0xAB;
sbit EX1 = 0xAA;
sbit ET0 = 0xA9;
sbit EX0 = 0xA8;

// IP
sbit PS = 0xBC;
sbit PT1 = 0xBB;
sbit PX1 = 0xBA;
sbit PT0 = 0xB9;
sbit PX0 = 0xB8;

// P3
sbit RD = 0xB7;
sbit WR = 0xB6;
sbit T1 = 0xB5;
sbit T0 = 0xB4;
sbit INT1 = 0xB3;
sbit INT0 = 0xB2;
sbit TXD = 0xB1;
sbit RXD = 0xB0;

// SCON
sbit SM0 = 0x9F;
sbit SM1 = 0x9E;
sbit SM2 = 0x9D;
```

```
sbit REN = 0x9C;
sbit TB8 = 0x9B;
sbit RB8 = 0x9A;
sbit TI = 0x99;
sbit RI = 0x98;

#endif
```

附录 B ABSACC.H 文件

```
#define CBYTE ((unsigned char volatile code *)0)
#define DBYTE ((unsigned char volatile data *)0)
#define PBYTE ((unsigned char volatile pdata *)0)
#define XBYTE ((unsigned char volatile xdata *)0)

#define CWORD ((unsigned int volatile code *)0)
#define DWORD ((unsigned int volatile data *)0)
#define PWORD ((unsigned int volatile pdata *)0)
#define XWORD ((unsigned int volatile xdata *)0)
```

附录 C ASCII 码字符表

ASCII(美国信息交换标准码)字符表

	高位 654→	0	1	2	3	4	5	6	7
低位 3210↓		000	001	010	011	100	101	110	111
0	0000	NUL	DLE	SP	0	@	P	、	p
1	0001	SOH	DC1	!	1	A	Q	a	q
2	0010	STX	DC2	”	2	B	R	b	r
3	0011	ETX	DC3	#	3	C	S	c	s
4	0100	EOT	DC4	$	4	D	T	d	t
5	0101	ENQ	NAK	%	5	E	U	e	u
6	0110	ACK	SYN	&	6	F	V	f	v
7	0111	BEL	ETB	′	7	G	W	g	w
8	1000	BS	CAN	(	8	H	X	h	x
9	1001	HT	EM	)	9	I	Y	i	y
A	1010	LF	SUB	*	:	J	Z	j	z
B	1011	VT	ESC	+	;	K	[	k	{
C	1100	FF	FS	,	<	L	\	l	|
D	1101	CR	GS	—	=	M	]	m	}
E	1110	SO	RS	·	>	N	↑	n	~
F	1111	SI	US	/	?	O	←	o	DEL

表中符号说明：

NUL	空	DLE	数据链换码	SOH	标题开始	DC1	设备控制 1
STX	正文结束	DC2	设备控制 2	ETX	本文结束	DC3	设备控制 3
EOT	传输结束	DC4	设备控制 4	ENQ	询问	NAK	否定
ACK	承认	SYN	空转同步	BEL	报警符	ETB	信息组传送结束
BS	退一格	CAN	作废	HT	横向列表	EM	纸尽
LF	换行	SUB	减	VT	垂直制表	ESC	换码
FF	走纸控制	FS	文字分隔符	CR	回车	GS	组分隔符
SO	移位输出	RS	记录分隔符	SI	移位输入	US	单元分隔符
SP	空格	DEL	作废				

附录D MCS-51系列单片机指令表

表 D-1 按照功能排列的指令表

数据传送指令							
序号	助 记 符	指 令 功 能	对标志位影响				操作码
			C_y	AC	OV	P	
1	MOV A, R_n	A←R_n	×	×	×	√	E8H～EFH
2	MOV A, direct	A←(direct)	×	×	×	√	E5H
3	MOV A, @R_i	A←(R_i)	×	×	×	√	E6H,E7H
4	MOV A, #data	A←data	×	×	×	√	74H
5	MOV R_n, A	R_n←A	×	×	×	×	F8H～FFH
6	MOV R_n, direct	R_n←(direct)	×	×	×	×	A8H～AFH
7	MOV R_n, #data	R_n←data	×	×	×	×	78H～7FH
8	MOV direct, A	direct←A	×	×	×	×	F5H
9	MOV direct, R_n	direct←R_n	×	×	×	×	88H～8FH
10	MOV direct1, direct2	direct1←(direct2)	×	×	×	×	85H
11	MOV direct, @R_i	direct←(R_i)	×	×	×	×	86H, 87H
12	MOV direct, #data	direct←data	×	×	×	×	75H
13	MOV @R_i, A	(R_i)←A	×	×	×	×	F6H, F7H
14	MOV @R_i, direct	(R_i)←(direct)	×	×	×	×	A6H, A7H
15	MOV @R_i, #data	(R_i)←data	×	×	×	×	76H, 77H
16	MOV DPTR, #data16	DPTR←data16	×	×	×	×	90H
17	MOVC A, @A+DPTR	A←(A+DPTR)	×	×	×	√	93H
18	MOVC A, @A+PC	A←(A+PC)	×	×	×	√	83H
19	MOVX A, @R_i	A←(R_i)	×	×	×	√	E2H, E3H
20	MOVX A, @DPTR	A←(DPTR)	×	×	×	√	E0H
21	MOVX @R_i, A	(R_i)←A	×	×	×	×	F2H, F3H
22	MOVX @DPTR, A	(DPTR)←A	×	×	×	×	F0H
23	PUSH direct	SP←SP+1, (direct)→SP−1	×	×	×	×	C0H
24	POP direct	direct←(SP), SP←SP−1	×	×	×	×	D0H
25	XCH A, R_n	A←→R_n	×	×	×	√	C8H, CFH
26	XCH A, direct	A←→(direct)	×	×	×	√	C5H
27	XCH A, @R_i	A←→(R_i)	×	×	×	√	C6H, C7H
28	XCHD A, @R_i	A_{3-0}←→$(R_i)_{3-0}$	×	×	×	√	D6H, D7H

续表

算术运算指令

序号	助 记 符	指 令 功 能	对标志位影响				操作码
			C_y	AC	OV	P	
1	ADD A, R_n	A←A+R_n	√	√	√	√	28H～2FH
2	ADD A, direct	A←A+(direct)	√	√	√	√	25H
3	ADD A, @R_i	A←A+(R_i)	√	√	√	√	26H, 27H
4	ADD A, #data	A←A+data	√	√	√	√	24H
5	ADDC A, R_n	A←A+R_n+C_y	√	√	√	√	38H～3FH
6	ADDC A, direct	A←A+(direct)+C_y	√	√	√	√	35H
7	ADDC A, @R_i	A←A+(R_i)+C_y	√	√	√	√	36H, 37H
8	ADDC A, #data	A←A+data+C_y	√	√	√	√	34H
9	SUBB A, R_n	A←A−R_n−C_y	√	√	√	√	98H～9FH
10	SUBB A, direct	A←A−(direct)−C_y	√	√	√	√	95H
11	SUBB A, @R_i	A←A−(R_i)−C_y	√	√	√	√	96H, 97H
12	SUBB A, #data	A←A−data−C_y	√	√	√	√	94H
13	INC A	A←A+1	×	×	×	√	04H
14	INC R_n	R_n←R_n+1	×	×	×	×	08H～0FH
15	INC direct	direct←(direct)+1	×	×	×	×	05H
16	INC @R_i	(R_i)←(R_i)+1	×	×	×	×	06H, 07H
17	INC DPTR	DPTR←DPTR+1	×	×	×	×	A3H
18	DEC A	A←A−1	×	×	×	√	14H
19	DEC R_n	R_n←R_n−1	×	×	×	×	18H～1FH
20	DEC direct	direct←(direct)−1	×	×	×	×	15H
21	DEC @R_i	(R_i)←(R_i)−1	×	×	×	×	16H, 17H
22	MUL AB	BA←A×B	0	×	√	√	A4H
23	DIV AB	A÷B=A…B	0	×	√	√	84H
24	DA A	对A进行BCD调整	√	√	√	√	D4H

逻辑运算和移位指令

序号	助 记 符	指 令 功 能	对标志位影响				操作码
			C_y	AC	OV	P	
1	ANL A, R_n	A←A∧R_n	×	×	×	√	58H～5FH
2	ANL A, direct	A←A∧(direct)	×	×	×	√	55H
3	ANL A, @R_i	A←A∧(R_i)	×	×	×	√	56H, 57H
4	ANL A, #data	A←A∧data	×	×	×	√	54H
5	ANL direct, A	direct←direct∧A	×	×	×	×	52H
6	ANL direct, #data	direct←(direct)∧data	×	×	×	×	53H
7	ORL A, R_n	A←A∨R_n	×	×	×	√	48H～4FH
8	ORL A, direct	A←A∨(direct)	×	×	×	√	45H
9	ORL A, @R_i	A←A∨(R_i)	×	×	×	√	46H, 47H
10	ORL A, #data	A←A∨data	×	×	×	√	44H
11	ORL direct, A	direct←direct∨A	×	×	×	×	42H

续表

逻辑运算和移位指令							
序号	助 记 符	指 令 功 能	对标志位影响				操作码
			C_y	AC	OV	P	
12	ORL direct，#data	direct←(direct)∨data	×	×	×	×	43H
13	XRL A，R_n	A←A⊕R_n	×	×	×	√	68H～6FH
14	XRL A，direct	A←A⊕(direct)	×	×	×	√	65H
15	XRL A，@R_i	A←A⊕(R_i)	×	×	×	√	66H，67H
16	XRL A，#data	A←A⊕data	×	×	×	√	64H
17	XRL direct，A	direct←(direct)⊕A	×	×	×	×	62H
18	XRL direct，#data	direct←(direct)⊕data	×	×	×	×	63H
19	CLR A	A←0	×	×	×	√	E4H
20	CPL A	A←$\overline{A}$	×	×	×	×	F4H
21	RL A	A_7 ← A_0	×	×	×	×	23H
22	RR A	A_7 → A_0	×	×	×	×	03H
23	RLC A	C_Y ← A_7 ← A_0	√	×	×	√	33H
24	RRC A	C_Y → A_7 → A_0	√	×	×	√	13H
25	SWAP A	$A_7 \sim A_4$，$A_3 \sim A_0$	×	×	×	×	C4H

控制转移指令							
序号	助 记 符	指 令 功 能	对标志位影响				操作码
			C_y	AC	OV	P	
1	AJMP addr11	PC_{10}～PC_0←addr11	×	×	×	×	&0(注)
2	LJMP addr16	PC←addr16	×	×	×	×	02H
3	SJMP rel	PC←PC+2+rel	×	×	×	×	80H
4	JMP @A+DPTR	PC←(A+DPTR)	×	×	×	×	73H
5	JZ rel	若A=0，则PC←PC+2+rel 若A≠0，则PC←PC+2	×	×	×	×	60H
6	JNZ rel	若A≠0，则PC←PC+2+rel 若A=0，则PC←PC+2	×	×	×	×	70H
7	CJNE A，direct，rel	若A≠(direct)，则PC←PC+3+rel 若A=(direct)，则PC←PC+3 若A≥(direct)，则C_y=0； 否则，C_y=1	√	×	×	×	B5H
8	CJNE A，#data，rel	若A≠data，则PC←PC+3+rel 若A=data，则PC←PC+3 若A≥data，则C_y=0；否则，C_y=1	√	×	×	×	B4H
9	CJNE R_n，#data，rel	若R_n≠data，则PC←PC+3+rel 若R_n=data，则PC←PC+3 若R_n≥data，则C_y=0；否则，C_y=1	√	×	×	×	B8H～BFH

续表

控制转移指令							
序号	助 记 符	指 令 功 能	对标志位影响				操作码
			C_y	AC	OV	P	
10	CJNE @R_i,#data,rel	若(R_i)≠data,则 PC←PC+3+rel 若(R_i)=data,则 PC←PC+3 若(R_i)≥data,则 C_y=0;否则,C_y=1	√	×	×	×	B6H,B7H
11	DJNZ R_n,rel	若 R_n−1≠0,则 PC←PC+2+rel 若 R_n−1=0,则 PC←PC+2	×	×	×	×	D8H～DFH
12	DJNZ direct,rel	若(direct)−1≠0,则 PC←PC+3+rel 若(direct)−1=0,则 PC←PC+2	×	×	×	×	D5H
13	ACALL addr11	PC←PC+2 SP←SP+1,(SP)←PC_L SP←SP+1,(SP)←PC_H PC_{10}～PC_0←addr11	×	×	×	×	&1(注)
14	LCALL addr16	PC←PC+3 SP←SP+1,(SP)←PC_L SP←SP+1,(SP)←PC_H PC_{15}～PC_0←addr16	×	×	×	×	12H
15	RET	PC_H←(SP),SP←SP−1 PC_L←(SP),SP←SP−1	×	×	×	×	22H
16	RETI	PC_H←(SP),SP←SP−1 PC_L←(SP),SP←SP−1	×	×	×	×	32H
17	NOP	PC←PC+1 空操作	×	×	×	×	00H

位操作指令							
序号	助 记 符	指 令 功 能	对标志位影响				操作码
			C_y	AC	OV	P	
1	CLR C	C_y←0	√	×	×	×	C3H
2	CLR bit	bit←0	×	×	×	×	C2H
3	SETB C	C_y←1	1	×	×	×	D3H
4	SETB bit	bit←1	×	×	×	×	D2H
5	CPL C	C_y←$\overline{C_y}$	√	×	×	×	B3H
6	CPL bit	bit←($\overline{bit}$)	×	×	×	×	B2H
7	ANL C,bit	C_y←C_y∧(bit)	√	×	×	×	82H
8	ANL C,/bit	C_y←C_y∧($\overline{bit}$)	√	×	×	×	B0H
9	ORL C,bit	C_y←C_y∨(bit)	√	×	×	×	72H
10	ORL C,/bit	C_y←C_y∨($\overline{bit}$)	√	×	×	×	A0H
11	MOV C,bit	C_y←(bit)	√	×	×	×	A2H
12	MOV bit, C	bit←C_y	×	×	×	×	92H
13	JC rel	若 C_y=1,则 PC←PC+2+rel 若 C_y=0,则 PC←PC+2	×	×	×	×	40H
14	JNC rel	若 C_y=0,则 PC←PC+2+rel	×	×	×	×	50H

续表

位操作指令							
序号	助　记　符	指　令　功　能	对标志位影响				操作码
			C_y	AC	OV	P	
15	JB　bit, rel	若 C_y=1,则 PC←PC+2 若(bit)=1,则 PC←PC+3+rel 若(bit)=0,则 PC←PC+3	×	×	×	×	20H
16	JNB　bit,rel	若(bit)=0,则 PC←PC+3+rel 若(bit)=1,则 PC←PC+3	×	×	×	×	30H
17	JBC　bit,rel	若(bit)=1,则 PC←PC+3+rel 且 bit←0 若(bit)=0,则 PC←PC+3	×	×	×	×	10H

注：&0=$a_{10}a_9a_8$00001B　　√：表示对标志位产生影响
　　&1=$a_{10}a_9a_8$10001B　　×：表示不影响标志位

表 D-2　按照字母顺序排列的指令表

序号	助　记　符	指　令　码	字节数	机器周期数
1	ACALL　addr11	&1 $addr_{7\sim0}$(注)	2	2
2	ADD　A,R_n	28H～2FH	1	1
3	ADD　A, direct	25H direct	2	1
4	ADD　A, @R_i	26H～27H	1	1
5	ADD　A, #data	24H data	2	1
6	ADDC　A, R_n	38H～3FH	1	1
7	ADDC　A, direct	35H direct	2	1
8	ADDC　A, @R_i	36H～37H	1	1
9	ADDC　A, #data	34H data	2	1
10	AJMP　addr11	&0 $addr_{7\sim0}$(注)	2	2
11	ANL　A, R_n	58H～5FH	1	1
12	ANL　A, direct	55H direct	2	1
13	ANL　A, @R_i	56H～57H	1	1
14	ANL　A, #data	54H data	2	1
15	ANL　direct, A	52H direct	2	1
16	ANL　direct, #data	53H direct data	3	2
17	ANL　C, bit	82H bit	2	2
18	ANL　C, /bit	B0H bit	2	2
19	CJNE　A, direct, rel	B5H direct rel	3	2
20	CJNE　A, #data, rel	B4H data rel	3	2
21	CJNE　R_n, #data, rel	B8H～BFH data rel	3	2
22	CJNE　@R_i, #data, rel	B6H～B7H data rel	3	2
23	CLR　A	E4H	1	1
24	CLR　C	C3H	1	1
25	CLR　bit	C2H bit	2	1
26	CPL　A	F4H	1	1
27	CPL　C	B3H	1	1

续表

序号	助 记 符	指 令 码	字节数	机器周期数
28	CPL bit	B2H bit	2	1
29	DA A	D4H	1	1
30	DEC A	14H	1	1
31	DEC R_n	18H～1FH	1	1
32	DEC direct	15H direct	2	1
33	DEC @R_i	16H～17H	1	1
34	DIV AB	84H	1	4
35	DJNZ R_n，rel	D8H～DFH rel	2	2
36	DJNZ direct，rel	D5H direct rel	3	2
37	INC A	04H	1	1
38	INC R_n	08H～0FH	1	1
39	INC direct	05H direct	2	1
40	INC @R_i	06H～07H	1	1
41	INC DPTR	A3H	1	2
42	JB bit，rel	20H bit rel	3	2
43	JBC bit，rel	10H bit rel	3	2
44	JC rel	40H rel	2	2
45	JMP @A+DPTR	73H	1	2
46	JNB bit，rel	30H bit rel	3	2
47	JNC rel	50H rel	2	2
48	JNZ rel	70H rel	2	2
49	JZ rel	60H rel	2	2
50	LCALL addr16	12H $addr_{15\sim8}$ $addr_{7\sim0}$	3	2
51	LJMP addr16	02H $addr_{15\sim8}$ $addr_{7\sim0}$	3	2
52	MOV A，R_n	E8H～EFH	1	1
53	MOV A，direct	E5H direct	2	1
54	MOV A，@R_i	E6H～E7H	1	1
55	MOV A，#data	74H data	2	1
56	MOV R_n，A	F8H～FFH	1	1
57	MOV R_n，direct	A8H～AFH direct	2	1
58	MOV R_n，#data	78H～7FH data	2	1
59	MOV direct，A	F5H direct	2	1
60	MOV direct，R_n	88H～8FH direct	2	1
61	MOV $direct_2$，$direct_1$	85H $direct_1$ $direct_2$	3	2
62	MOV direct，@R_i	86H～87H direct	2	2
63	MOV direct，#data	75H direct data	3	2
64	MOV @R_i，A	F6H～F7H	1	1
65	MOV @R_i，direct	A6H～A7H direct	2	2
66	MOV @R_i，#data	76H～77H data	2	1
67	MOV C，bit	A2H bit	2	2
68	MOV bit,C	92H bit	2	2
69	MOV DPTR，#data16	90H $addr_{15\sim8}$ $addr_{7\sim0}$	3	2

续表

序号	助　记　符	指　令　码	字节数	机器周期数
70	MOVC　A，@A+DPTR	93H	1	2
71	MOVC　A，@A+PC	83H	1	2
72	MOVX　A，@R_i	E2H～E3H	1	2
73	MOVX　A，@DPTR	E0H	1	2
74	MOVX　@R_i，A	F2H～F3H	1	2
75	MOVX　@DPTR，A	F0H	1	2
76	MUL　AB	A4H	1	4
77	NOP	00H	1	1
78	ORL　A，R_n	48H～4FH	1	1
79	ORL　A，direct	45H direct	2	1
80	ORL　A，@R_i	46H～47H	1	1
81	ORL　A，#data	44H data	2	1
82	ORL　direct，A	42H direct	2	1
83	ORL　direct，#data	43H direct data	3	2
84	ORL　C，bit	72H bit	2	2
85	ORL　C，/bit	A0H bit	2	2
86	POP　direct	D0H direct	2	2
87	PUSH direct	C0H direct	2	2
88	RET	22H	1	2
89	RETI	32H	1	2
90	RL　A	23H	1	1
91	RLC　A	33H	1	1
92	RR　A	03H	1	1
93	RRC　A	13H	1	1
94	SETB　C	D3H	1	1
95	SETB　bit	D2H bit	2	1
96	SJMP　rel	80H rel	2	2
97	SUBB　A，R_n	98H～9FH	1	1
98	SUBB　A，direct	95H direct	2	1
99	SUBB　A，@R_n	96H～97H	1	1
100	SUBB　A，#data	94H data	2	1
101	SWAP　A	C4H	1	1
102	XCH　A，R_n	C8H～CFH	1	1
103	XCH　A，direct	C5H direct	2	1
104	XCH　A，@R_i	C6H～C7H	1	1
105	XCHD　A，@R_i	D6H～D7H	1	1
106	XRL　A，R_n	68H～6FH	1	1
107	XRL　A，direct	65H direct	2	1
108	XRL　A，@R_i	66H～67H	1	1
109	XRL　A，#data	64H data	2	1
110	XRL　direct，A	62H direct	2	1
111	XRL　direct，#data	63H direct data	3	2

注：&0＝$a_{10}a_9a_8$00001B
　　&1＝$a_{10}a_9a_8$10001B

参考文献

[1] 万福君.单片微机原理系统设计与开发应用(第 2 版).合肥：中国科学技术大学出版社,2001
[2] 张友德.单片微机原理应用与实验.上海：复旦大学出版社,1995
[3] 李朝青.单片机原理及接口技术.北京：北京航空航天大学出版社,1998
[4] 余永权.ATMEL 89 系列 Flash 单片机原理及应用.北京：电子工业出版社,1997
[5] 余锡存,曹国华.单片机原理及接口技术.西安：西安电子科技出版社,2000
[6] 涂时亮.单片机软件设计技术.北京：科学技术文献出版社,1988
[7] 徐君毅,张友德,余良洪,涂时亮.单片微型计算机原理与应用.北京：科学技术出版社,1986
[8] 潘永雄,刘殊.单片机原理与应用.西安：西安电子科技出版社,2000
[9] 张友德.飞利浦 80C51 系列单片机原理与应用技术手册.北京：北京航空航天大学出版社,1991
[10] 郑子礼.单片微机及外围集成电路手册.上海：上海实用计算机自动控制工程公司,1990
[11] 李勋,林广艳,卢景山.单片微型计算机大学读本.北京：北京航空航天大学出版社,1998